AF453165

COURS

DE PHYSIQUE

DE

L'ÉCOLE POLYTECHNIQUE.

Se trouve aussi

à BORDEAUX, chez Gassiot, Libraire,
Fossés-de-l'Intendance, n° 61.

IMPRIMERIE DE BACHELIER,
rue du Jardinet, n° 12.

COURS
DE PHYSIQUE
DE

L'ÉCOLE POLYTECHNIQUE,

PAR G. LAMÉ,

Ingénieur des Mines, Professeur à l'École Polytechnique

TOME PREMIER.

PROPRIÉTÉS GÉNÉRALES DES CORPS. — THÉORIE PHYSIQUE
DE LA CHALEUR.

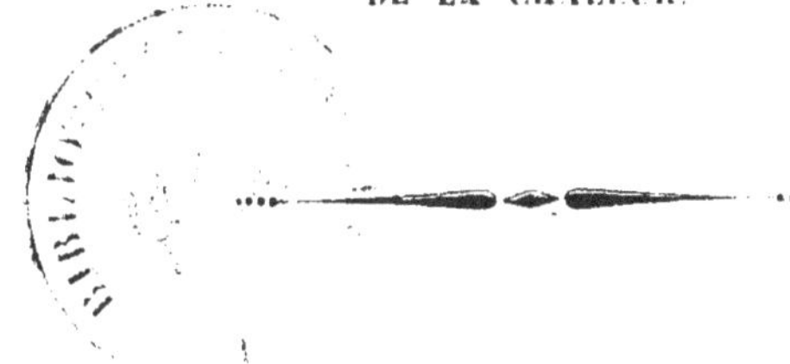

PARIS,

BACHELIER, IMPRIMEUR-LIBRAIRE

DE L'ÉCOLE POLYTECHNIQUE, ETC.,

QUAI DES AUGUSTINS, N° 55.

1836.

Le seul objet de ce Cours est d'offrir le résumé des leçons de physique faites à l'École Polytechnique. Il se distingue, par le titre et la forme, d'un traité complet, qui, considérant la science dans toute son étendue, devrait comprendre l'histoire de ses découvertes, de ses applications, et citer tous les savans dont les travaux ont plus ou moins accéléré ses progrès.

Il s'agissait de renfermer dans un cadre très limité l'exposé des phénomènes principaux et des lois fondamentales de la physique, de telle sorte que des élèves destinés à diriger des constructions et l'emploi des matériaux, ou à travailler aux progrès des arts mécaniques et chimiques, pussent y trouver les notions indispensables pour leurs autres études, et les connaissances nécessaires à leurs missions futures. Ce but spécial paraît avoir été parfaitement compris par les deux savans illustres qui ont successivement professé la physique à l'École Polytechnique, et dont les travaux ont si puissamment contribué à l'étendre et en même temps à la simplifier.

MM. Petit et Dulong ont constamment cherché à dégager l'enseignement de ces théories incertaines et métaphysiques, de ces hypothèses vagues et désormais stériles, qui composaient presque toute la science avant que l'art de l'expérience fût assez perfectionné pour lui servir de guide certain. Leurs admirables travaux sur la thermométrie et les lois du refroidissement, ont complétement reconstruit la théorie physique de la chaleur, en créant des instrumens précis et comparables, et en présentant une base irrécusable aux raisonnemens mathématiques. Ils sont ainsi parvenus, dans un ordre de recherches incomparablement plus difficile que tout autre, à des lois générales, qui par leur certitude et leur fécondité ne le cèdent en rien aux plus belles lois de l'acoustique et de la lumière, dont la découverte est due en grande partie à la perfection de nos organes, et à la précision géométrique des instrumens dont ils empruntent le secours. On pouvait concevoir dès lors qu'il serait possible un jour de faire consister l'enseignement de la physique dans le seul exposé des procédés d'expérience et d'observation conduisant aux lois des phénomènes naturels, sans qu'il fût nécessaire d'énoncer aucune hypothèse prématurée, et souvent nuisible, sur la cause primitive de ces phénomènes. C'est à cet état positif et rationnel qu'il importe de ramener la science.

Tels paraissent avoir été l'objet pratique et le caractère philosophique des cours que MM. Petit et Dulong ont faits à l'École Polytechnique. Chargé depuis trois ans d'occuper la chaire illustrée par ces deux savans professeurs, ce n'est qu'en essayant de reproduire leurs leçons que j'ai pu remplir la tâche difficile qui m'était confiée. Convaincu que le mode de leur enseignement est le seul qui convienne à l'avenir de la science, j'ai cherché à m'en rappro-

cher le plus qu'il m'a été possible. Le cours que je
publie aujourd'hui n'est donc qu'une œuvre d'imi-
tation, et son but sera atteint si je ne me suis pas
trop éloigné des modèles que je voulais suivre.

TABLE DES MATIÈRES

DU PREMIER VOLUME.

PREMIÈRE LEÇON.

DES CORPS.

DEUXIÈME LEÇON.

PESANTEUR.

I.   *a*

TROISIÈME LEÇON.

PRESSIONS HYDROSTATIQUES.

QUATRIÈME LEÇON.

BAROMÈTRE.

CINQUIÈME LEÇON.

ÉLASTICITÉ DES GAZ.

SIXIÈME LEÇON.

PESANTEURS SPÉCIFIQUES.

NEUVIÈME LEÇON.

TEMPÉRATURES.

DIXIÈME LEÇON.

DILATATIONS.

ONZIÈME LEÇON.

THERMOMÈTRE A AIR.

DOUZIÈME LEÇON.

USAGE DES DILATATIONS.

TREIZIÈME LEÇON.

CHALEUR RAYONNANTE.

QUATORZIÈME LEÇON.

CORPS DIATHERMANES.

QUINZIÈME LEÇON.

ÉQUILIBRE DE TEMPÉRATURE.

SEIZIÈME LEÇON.

CONDUCTIBILITÉ.

DIX-SEPTIÈME LEÇON.

LOIS DU REFROIDISSEMENT.

DIX-HUITIÈME LEÇON.

CHALEURS SPÉCIFIQUES.

DIX-NEUVIÈME LEÇON.

TENSIONS DES VAPEURS.

VINGTIÈME LEÇON.

PROPRIÉTÉS DES VAPEURS.

VINGT-UNIÈME LEÇON.

CHALEURS LATENTES.

VINGT-DEUXIÈME LEÇON.

SOURCES DE CHALEUR.

VINGT-TROISIÈME LEÇON.

HYGROMÉTRIE.

VINGT-QUATRIÈME LEÇON.

MÉTÉORES AQUEUX.

FIN DE LA TABLE DES MATIÈRES.

COURS
DE PHYSIQUE.

PREMIÈRE LEÇON.

Sciences physiques. — But et progrès de la Physique. — Propriétés générales des corps. — Étendue. Mesure des longueurs. — Impénétrabilité. Porosité. — Divisibilité. — Mobilité. Inertie. — Forces. Équilibre.

1. La Physique, considérée sous un point de vue général, embrasse l'étude de la nature entière, c'est-à-dire la description des êtres et des corps, leurs propriétés différentes ou semblables, leurs actions réciproques, enfin tous les phénomènes qu'ils présentent, et les lois qui régissent ces phénomènes. Mais l'accumulation des connaissances que l'homme a acquises sur ces objets divers, et principalement l'inégalité de leurs progrès, ont nécessité le partage de la Physique générale en plusieurs sciences.

Il importait surtout d'en séparer l'étude des êtres organisés, qui restera presque réduite à des travaux de description et de classification tant que les lois de la Physique inorganique ne seront pas complétement connues. Cette étude comprend : la Zoologie et la Botanique, qui s'occupent de classer les êtres ; l'Anatomie, qui les décrit et les compare ; enfin la Physiologie , qui cherche à définir les différentes parties d'un être organisé et les modifications que leur font éprouver les agens extérieurs.

La Physique générale, ainsi réduite à l'étude des phénomènes indépendans du principe de la vie, a éprouvé une autre simplification par la séparation des phénomènes célestes, qui forment une science à part. Il est bon de remarquer à ce sujet, que si le premier partage était motivé sur la lenteur inévitable des progrès de la science des Êtres, cette dernière soustraction se fonde au contraire sur la marche plus rapide de l'Astronomie.

Enfin la Physique, restreinte à l'étude des phénomènes inorganiques et terrestres, se subdivise encore en trois sciences partielles : la Géologie, comprenant la Minéralogie, s'occupe de classer les corps inertes dont le globe est composé ; la Chimie, ou en quelque sorte l'Anatomie inorganique, les décompose et étudie les lois de leurs combinaisons ; enfin la Physique proprement dite, ou la science particulière dont nous devons nous occuper, considère spécialement les propriétés générales des corps et les phénomènes qui, n'entraînant pas de changemens permanens dans leur composition intime, paraissent dépendre de plusieurs agens universels, dont il faut rechercher les lois et la définition.

Les progrès que toutes ces sciences font séparément, vers le but partiel et défini que chacune d'elles se propose, conduiront tôt ou tard à la nécessité de les réunir de nouveau, pour réformer en quelque sorte la science générale de la Nature. Déjà plusieurs d'entre elles travaillent pour ainsi dire sur le même terrain ; leurs points de contact et de fusion se multiplient tous les jours, et il devient de plus en plus difficile d'établir entre elles des lignes de démarcation bien déterminées, et qu'elles ne puissent franchir.

La Physique et la Chimie présentent surtout cette difficulté. Long-temps la première de ces sciences a semblé ne devoir s'occuper que d'actions exercées à des distances sensibles, et la seconde de celles qui ne se manifestent qu'au contact, ou à des distances inappréciables. Mais cette distinction ne peut plus être adoptée, aujourd'hui que l'étude des phénomènes capillaires est placée dans le domaine de la Physique, et qu'il est reconnu que le frottement, le contact et les combinaisons chimiques, donnent lieu à des développemens d'électricité, de chaleur et de lumière, dont on ne peut se dispenser d'étudier les lois pour connaître complétement le rôle de ces agens dans les phénomènes naturels.

2. Mais c'est que la Physique proprement dite n'est plus limitée aujourd'hui à la part trop restreinte que lui assigne le partage successif des sciences naturelles. Les progrès plus rapides qu'elle a faits, dégagée qu'elle était de la complication des phénomènes organiques et chimiques, ont agrandi sa tâche et reculé son but. Il ne s'agit plus seulement, comme pour les autres sciences, de découvrir, d'étudier ou de classer des faits particuliers, de rechercher des lois empiriques qui permettent de les distribuer en groupes moins nombreux. Il faut maintenant découvrir les lois réelles qui régissent les phénomènes, et ensuite la cause unique ou la loi générale qui peut les embrasser toutes.

Dans l'état actuel des sciences naturelles, on entrevoit trois causes générales qui paraissent produire, seules ou en se combinant, tous les phénomènes de l'Univers, mais qui

semblent encore n'avoir aucune filiation, aucune communauté d'origine. Ce sont : la Pesanteur universelle, ou l'action à distance de la matière sur la matière ; la cause unique
des phénomènes de la Lumière, de la Chaleur, de l'Électricité et des combinaisons chimiques ; enfin, la Vie, ou le
principe de l'existence des êtres organisés. L'Astronomie a
complétement défini la première de ces causes générales.
La Physique a maintenant pour but réel de définir les lois
de la seconde. Elle doit employer pour cela les données de
l'expérience et de l'observation, quelle que soit la science en
apparence étrangère où elles sont puisées ; et dans cette recherche critique, où le raisonnement a nécessairement une
grande part, elle doit s'aider de l'analyse mathématique,
qui seule peut rendre le raisonnement infaillible.

Les empiétemens que la Physique fait tous les jours sur
les sciences voisines, et la création récente de la Physique
mathématique, indiqueraient suffisamment ce but nouveau
de la science qui nous occupe, s'il n'était signalé d'ailleurs
d'une manière plus frappante, par une sorte de travail intérieur, par la concentration qui s'opère entre les différentes
théories partielles composant depuis long-temps le domaine
spécial de la Physique. Naguère elles étaient au nombre de
cinq : celle des Corps pondérables, et les théories de la
Chaleur, de l'Électricité, du Magnétisme et de la Lumière ;
on n'en compte plus que quatre, aujourd'hui que les phénomènes magnétiques paraissent devoir être attribués au
mouvement de l'Électricité. Et il est aussi devenu impossible de maintenir séparées trois des quatre théories qui
restent : le mouvement de la Chaleur occasione celui de
l'Électricité ; l'Électricité développe de la chaleur et de la
lumière ; la Chaleur et la Lumière émanent des mêmes

sources, ont une marche commune et des propriétés identiques. Ce serait nier l'évidence, que de ne pas reconnaître dans ces faits une tendance continuelle de ces trois théories partielles vers un lien commun, une source unique, une théorie générale, dont elles ne seront que des corollaires ou des chapitres particuliers. Tel est le but actuel de la Physique; voici maintenant la marche qu'elle a suivie, et qu'elle devait suivre pour l'atteindre.

3. Un phénomène est un changement quelconque survenu dans l'état d'un corps; c'est un mouvement ou l'effet d'un mouvement dont il faut trouver la cause. Pour y parvenir, le physicien cherche d'abord à découvrir les lois que suivent les phénomènes, c'est-à-dire les relations constantes qui existent entre les causes et leurs effets, ou plus généralement entre deux élémens de nature différente. Telles sont, par exemple, les lois suivantes : des corps pesans tombant de la même hauteur, acquièrent une même vitesse; le volume d'un gaz est en raison inverse de la pression qu'il supporte; des volumes égaux de différens gaz simples à la même pression, étant comprimés de la même fraction de leur volume, dégagent la même quantité de chaleur; etc.

Lois physiques.

4. Il n'est pas toujours aisé de distinguer les lois des phénomènes, car ils sont le résultat d'une complication plus ou moins grande des effets simultanés de plusieurs forces naturelles. Il faut savoir discerner dans l'effet général la part qui est due à la cause ou à la force particulière que l'on veut étudier. L'*art de l'expérience*, qui consiste à isoler autant que possible chaque couple de force et d'effet, est alors d'un puissant secours au physicien. L'*observation*, qui consiste à étudier les phénomènes, tels qu'ils se présentent naturellement et avec toute leur complication,

Expérience et observation.

conduit plus rarement à la connaissance des lois qui régissent ces phénomènes. Mais il y a bien des circonstances où l'observation est le seul guide que le physicien ait à sa disposition. Quelquefois, à défaut de l'expérience, on peut recourir à l'*analogie,* pour en tirer des inductions plus ou moins probables sur l'identité des causes ; mais on n'obtient pas de cette manière des résultats aussi précis.

Théories physiques.

5. Lorsque les lois trouvées empiriquement peuvent être traduites en nombres, on y applique le calcul, et l'analyse mathématique donne toutes les conséquences qui peuvent dériver de ces lois, supposées réelles. La concordance entre les résultats déduits de l'analyse et ceux fournis par l'expérience et l'observation, est un indice en faveur de la loi soupçonnée ; mais ce n'est qu'après avoir fait ainsi un grand nombre de vérifications, qu'on peut la regarder comme exacte. L'énoncé de cette loi et le développement rationnel de toutes ses conséquences, constituent alors l'explication des phénomènes qui en dépendent, et cette explication prend le nom de *théorie*. En général, on doit entendre par *théorie physique* l'ensemble des lois au moyen desquelles on parvient à expliquer la dépendance qui existe entre les effets et les causes d'une certaine classe de phénomènes.

Physique mathématique.

6. Mais on conçoit que toutes les lois qui composent une théorie physique puissent n'être que les corollaires d'une loi unique ; or la découverte de cette loi ne peut être que l'œuvre du raisonnement, et c'est ici que l'analyse mathématique devient indispensable. En partant d'une des hypothèses particulières sur la cause générale, auxquelles la connaissance de tous les phénomènes semble conduire, le géomètre traduit cette hypothèse en langage algébrique.

Les formules analytiques résultant de cette traduction doivent d'abord comprendre exactement toutes les lois empiriques indiquées par l'expérience. Mais cette première épreuve ne suffit pas. Si l'hypothèse posée est la cause réelle de la classe de phénomènes qu'on a en vue, elle doit non-seulement expliquer tous les faits connus, mais encore en indiquer d'autres que le physicien n'aurait pas aperçus ; et si ces faits nouveaux indiqués par la théorie mathématique sont nombreux, s'ils sont complétement vérifiés par l'expérience, il en résultera des preuves irrécusables de la réalité de l'hypothèse qui aura servi de point de départ. Cette seconde épreuve est seule décisive.

Les géomètres se sont occupés depuis long-temps de ce genre de recherches, et la Physique mathématique, dont nous nous contenterons par la suite d'énoncer les principaux résultats, possède déjà d'importantes théories. Plusieurs, telles que la théorie analytique de la Chaleur, celle des corps élastiques et des phénomènes capillaires, la théorie de l'Électricité statique à la surface des corps conducteurs, celle de l'Électro-Dynamique, et même la théorie mathématique de l'ancien Magnétisme, n'embrassent, il est vrai, qu'une faible partie des phénomènes d'une même classe. Mais, d'après la concordance de leurs résultats et des faits plus ou moins restreints qu'elles envisagent, on doit penser qu'elles s'encadreront dans les théories mathématiques complètes, comme autant de chapitres terminés d'avance ; il est probable qu'elles n'exigeront alors que des changemens de définition des quantités variables qu'elles emploient, ou que leurs calculs devront seulement être poussés plus loin, afin de rendre compte de l'influence de certaines causes perturbatrices.

La **Physique** comprend actuellement quatre parties principales, savoir : l'exposé des propriétés générales de la matière, et l'étude des phénomènes qui dépendent de la Chaleur, de l'Électricité et de la Lumière. Tel est l'ordre que nous suivrons pour développer ces différentes théories.

On distingue deux classes de propriétés générales des corps : celles qui appartiennent nécessairement à toute espèce de matière, et celles qui ne paraissent pas essentielles à son existence. Les propriétés essentielles se bornent à deux : l'étendue et l'impénétrabilité.

Étendue. 7. L'étendue est la propriété dont jouit tout corps d'occuper une certaine partie de l'espace ou un certain volume. Lorsque ce volume est compris sous des formes géométriques, on peut l'évaluer au moyen de certaines longueurs que l'on considère dans la configuration extérieure du corps. Mais si ce volume n'est pas terminé par des surfaces susceptibles d'une définition simple, on ne parviendrait à l'évaluer que très imparfaitement par des considérations géométriques ; il faut alors avoir recours aux procédés que la Physique enseigne.

Il est souvent nécessaire de mesurer une dimension d'un corps, soit qu'on veuille l'employer à l'évaluation de son volume, soit qu'on se propose tout autre objet. L'opération consiste à porter sur la longueur que l'on veut mesurer, l'unité linéaire autant de fois qu'elle peut y être contenue. Mais, à moins que cette unité n'y soit comprise un nombre exact de fois, ce qui est infiniment rare, il faut ou négliger la fraction restante, ou subdiviser l'unité pour apprécier cette fraction. Aussi a-t-on divisé le mètre en décimètres, centimètres et millimètres ; mais ce mode de subdivision décimale ne saurait être poussé plus loin, parce qu'alors la largeur nécessaire du trait qui doit marquer la division dépasserait celle des subdivisions elles-mêmes. Il faut donc employer un moyen plus précis que celui qui vient d'être décrit, si l'on veut évaluer, à moins d'une fraction donnée de millimètre, la longueur proposée, qui doit être regardée comme incommensurable avec l'unité linéaire, puisque le contraire n'est que l'effet d'un très grand hasard.

8. Voici le moyen le plus fréquemment employé ; il peut donner la longueur cherchée, à moins d'un cinquantième de millimètre, quand ce degré de précision est jugé suffisant. Supposons que la règle qui sert à mesurer les longueurs soit divisée en millimètres, et que l'on porte sur une autre règle 9 millimètres, dont on divisera l'ensemble en 10 parties égales. Chacune des divisions de cette nouvelle règle sera de $\frac{9}{10}$ de millimètre. Si donc on porte la petite règle sur la grande, de manière que deux de leurs traits de division coïncident en A, il n'y aura de nouveau coïncidence qu'à la neuvième division de la grande règle, à partir de A. Les traits intermédiaires seront en avant de ceux du même ordre sur la petite règle, le premier de $\frac{1}{10}$ de millimètre, le second de $\frac{2}{10}$ de millimètre, etc. Enfin, le n^e trait de division intermédiaire de la grande règle sera écarté du n^e trait de la petite, de n dixièmes de millimètre.

On conçoit facilement, d'après cela, que pour évaluer une longueur donnée à un dixième de millimètre près, il suffira de porter la grande règle sur cette longueur, ce qui donnera d'abord le nombre entier N de millimètres qu'elle contient ; de placer ensuite le zéro de la petite règle à l'extrémité même de la longueur proposée, et de compter enfin le nombre n de ses divisions qui sépare ce point de celui où l'un de ses traits paraît coïncider avec un des traits de la grande règle. La longueur cherchée sera alors $\left(N + \dfrac{n}{10}\right)$ millimètres, à moins d'un dixième de millimètre d'erreur. La petite règle dont il s'agit porte le nom de *Vernier*.

Si au lieu de 9 millimètres, portés primitivement sur le vernier, on en portait 19, 29, 39 ou 49, et qu'on divisât leur ensemble en 20, 30, 40 ou 50 parties égales, on pourrait mesurer des longueurs à moins de $\frac{1}{20}$, $\frac{1}{30}$, $\frac{1}{40}$, ou $\frac{1}{50}$ de millimètre près. Mais cette diminution de l'erreur à négliger a une limite physique : car les traits ayant une certaine largeur, il arriverait que plusieurs traits successifs du vernier se confondraient avec ceux de la règle, ce qui empêcherait de distinguer la véritable coïncidence. La fraction de millimètre qui indique l'approximation ne saurait donc être moindre que la largeur des traits ; c'est pour cela qu'on ne peut, en général, pousser cette approximation, dans la mesure des longueurs au moyen du vernier, au-dessous d'un cinquantième de millimètre. Cette limite dépend au reste de l'habileté du constructeur : quelques artistes peuvent aujourd'hui tracer 100 traits de division, égaux et distincts, dans l'épaisseur d'un millimètre ; un d'eux était même parvenu à porter ce nombre à 400.

Comparateur   9. Lorsqu'on a pour objet d'apprécier la différence de deux longueurs qui passent pour être égales, de deux mètres étalons, par exemple, on peut employer le *Comparateur*, dont la précision est beaucoup plus grande que celle du vernier. La pièce principale de cet instrument est un levier coudé à branches inégales, dont la position est horizontale, et qui est mobile sans aucun balottement autour d'un axe vertical. La longue branche est dix fois plus grande que l'autre ; son extrémité libre se meut au-dessus d'un petit arc fixe, divisé en cinquièmes et dixièmes de millimètre ; elle porte elle-même une petite plaque divisée, faisant fonction de vernier par rapport à l'arc immobile. La règle à comparer., couchée horizontalement, est butée contre un obstacle fixe qu'on nomme *talon*, et son autre extrémité touche une petite pièce mobile dans une coulisse, et aboutissant normalement à l'extrémité du petit bras de levier ; une lame de ressort qui presse la longue branche, établit toujours le contact de la petite avec la pièce mobile. On examine alors avec une loupe le trait de division de l'arc fixe, pour lequel il y a coïncidence avec un des traits du vernier. Une autre règle substituée à la première, dont elle doit différer très peu, occasionera un petit déplacement du vernier, que l'on évaluera facilement en cherchant de nouveau les traits de division qui coïncident. En divisant le déplacement trouvé par 10, ou par le rapport des deux bras du levier, on aura la différence des deux règles comparées. On pourra donc ainsi estimer facilement une différence de longueur d'un cinq-centième de millimètre.

10. On emploie très fréquemment la *vis* pour mesurer des longueurs et pour les diviser en parties égales ; c'est le moyen le plus parfait que l'on connaisse. Lorsqu'une vis est bien exécutée, le *pas* a précisément la même longueur dans toute son étendue ; si l'on tourne cette vis d'un tour entier, on fait avancer l'écrou de la longueur du pas ; mais si l'on adapte à la tête de la vis une plaque circulaire dont

le bord soit divisé en 400 parties égales, on pourra la faire mouvoir de $\frac{1}{400}$ de tour, relativement à un plan méridien fixe, et conséquemment faire avancer l'écrou de $\frac{1}{400}$ de la longueur du pas. Or on construit maintenant des vis dont le pas régulier n'a qu'un millimètre; on pourra donc par ce moyen faire marcher un écrou de un quatre-centième de millimètre, et évaluer des longueurs avec cette limite d'approximation.

Machine
à diviser.

Fig. 3.

11. C'est ainsi que l'on trace les divisions sur les règles et les verniers : l'écrou faisant marcher la longueur à diviser, le style qui creuse les traits reste constamment dans un plan fixe, perpendiculaire à l'axe de la vis; ou bien les objets à diviser restent fixes, c'est l'écrou mobile qui porte le style. Les instrumens fondés sur ce principe portent le nom de *machines à diviser*; on donne particulièrement celui de *vis micrométriques* à celles dont on se sert pour évaluer des longueurs ou des épaisseurs.

Sphéromètre

Fig. 4.

12. Pour mesurer l'épaisseur d'un corps, on peut se servir du *Sphéromètre*, instrument imaginé par M. Cauchoix. Il se compose d'un écrou fixe, porté sur trois pointes dont le plan est perpendiculaire à l'axe de la vis; celle-ci a une tête circulaire divisée en 400 ou 500 parties égales. On place cet instrument sur un plan horizontal : il reste alors en équilibre stable sur ses trois pieds; mais si l'on fait tourner la vis de manière à abaisser son extrémité inférieure au-dessous du plan des trois pointes, l'équilibre est rompu, et l'instrument balotte à la moindre secousse. En faisant tourner la vis dans un sens ou dans l'autre, on parvient aisément à mettre son extrémité dans le plan même des trois pointes; elle doit alors toucher la plaque parfaitement plane sur laquelle l'instrument est

placé, sans que celui-ci puisse faire entendre le moindre balottement. On détermine alors le trait de division du cadran qui aboutit à une ligne verticale tracée sur une règle graduée et fixée à l'écrou. On remonte ensuite la vis, afin de placer dessous l'objet dont on veut mesurer l'épaisseur; on la tourne de nouveau pour abaisser son extrémité inférieure jusqu'au contact du corps soumis à l'épreuve, sans balottement de l'appareil. On observe encore le trait de division du cadran qui coïncide avec la ligne verticale fixe. Le nombre et la fraction de tours que la vis doit faire pour passer du premier contact au second, donnent, en fraction du pas, dont la longueur est connue, l'épaisseur du corps proposé.

13. La seconde propriété générale de la matière, essen- *Impénétra-* tielle à son existence, est l'impénétrabilité, qui s'oppose *bilité.* à ce que tout autre corps puisse pénétrer dans le lieu qu'elle occupe. Il y a des corps dont le mélange paraît occuper un volume moindre que la somme de leurs volumes primitifs, ce qui semblerait indiquer une pénétration. Par exemple, dans un tube long et étroit, fermé par un bout, on verse d'abord de l'eau, puis on le remplit avec de l'alcool; bouchant ensuite ce tube avec le doigt, on le retourne à plusieurs reprises pour opérer le mélange des deux liquides, et l'on remarque une diminution très sensible du volume total. Mais ce fait et d'autres faits semblables, ne prouvent pas que la matière soit pénétrable; ils résultent de ce que les corps sont réellement formés de parties matérielles qui ne se touchent pas, et dont les intervalles peuvent être occupés par d'autre matière. La dilatation des corps par la chaleur, et l'augmentation considérable de volume qu'une matière

liquide paraît subir lorsqu'elle se transforme en fluide élastique, prouvent que les corps sont ainsi composés.

Porosité.   14. Outre les deux propriétés générales que nous avons énoncées, les corps en possèdent d'autres, mais qui ne leur sont pas tellement essentielles qu'on ne puisse les en concevoir dépourvus. Telle est la *Porosité;* car, outre les faits qui viennent d'être cités, il en est d'autres qui démontrent plus directement encore que les corps de la nature sont composés de parties non contiguës, laissant entre elles des intervalles plus ou moins apparens. Ainsi une peau laisse échapper par ses pores du mercure qu'elle contient, lorsqu'on la comprime suffisamment. On peut, par la pression ou par tout autre moyen, manifester l'existence de l'eau dans les pores de certains bois. Les substances minérales elles-mêmes, dont la constitution paraît si différente de celle des corps organisés, ont des pores : on distingue à la vue simple ceux de la pierre meulière, de la pierre ponce, de la pierre à filtrer. Lorsqu'on plonge dans l'eau une pierre connue sous le nom d'*hydrophane,* on voit se dégager en bulles l'air qu'elle contenait, et que l'eau remplace dans des cavités invisibles, en sorte que le poids de l'hydrophane se trouve augmenté. Un grand nombre de pierres de construction éclatent ou se fendillent à l'époque des grands froids, par la congélation de l'eau dont elles sont imbibées. Le fer doux ou pur se laisse pénétrer par le carbone dans les fours à cémentation, et devient acier.

Divisibilité.   15. La Divisibilité, ou la propriété dont jouissent tous les corps de pouvoir être subdivisés en parties très petites, est encore regardée comme une propriété générale, mais non essentielle, de la matière. On peut donner un très grand nombre d'exemples de divisibilité. Un grain de carmin, quantité de matière colorante à peine visible, communique sa couleur à une quantité d'eau dix millions de fois plus grande, et peut par conséquent se diviser en plus de dix millions de parties. L'or et l'argent ont une ductilité telle, qu'ils peuvent être réduits en feuilles assez minces pour que cinquante pouces carrés ne pèsent pas un grain, et l'on peut cependant concevoir ces feuilles partagées en un très grand nombre de petites parties. Dans le tirage à la filière, on est parvenu à obtenir, avec une partie d'or de la grosseur d'un dé à jouer, un fil d'argent d'une longueur de cent lieues, doré dans toute sa longueur; en aplatissant ce fil, on en fait un ruban recouvert d'or sur toute sa surface, et qu'on peut couper en quatre lanières de même longueur; on peut ensuite diviser ces lanières en dixièmes de millimètre, ce qui donne trente-deux milliards de parties d'or visibles, en comptant les deux faces de chaque parcelle.

Mais tous ces exemples ne sont pas comparables à la divisibilité de la matière qu'on observe dans les animaux microscopiques, trop petits pour être aperçus à l'œil nu, et dont on ignorerait l'existence sans la découverte de certains instrumens d'optique; et cependant il faut concevoir que ces animaux se nourrissent, et qu'ils ont conséquemment des organes. Enfin, ce qui est au-dessus de toute comparaison, c'est la divisibilité des substances odorantes : une très petite portion de musc peut fournir des particules odorantes à l'air qui se renouvelle autour d'elle pendant plusieurs années; il est évident que si l'on pouvait isoler une de ces particules, elle serait plus petite que ce qui peut être soumis à notre observation.

16. La divisibilité des corps peut donc être poussée assez Atomes
indivisibles.

loin pour que les dernières parties qui en résultent échappent à nos sens. Cette division peut-elle être indéfinie ? C'est ce que l'on ne saurait admettre : car les propriétés chimiques des particules seraient nécessairement altérées par des changemens survenus dans leur forme et leur grosseur; or, de ce que l'on ne remarque jamais aucune altération dans ces propriétés, on peut conclure qu'il y a certaines dimensions de la matière au-dessous desquelles il est impossible de la réduire.

On ignorera peut-être toujours les dimensions absolues des atomes matériels indivisibles; cependant on pourra dire, dans certaines circonstances, qu'il y a autant de ces particules dans un poids donné d'une certaine substance, que dans un autre poids d'une autre espèce de matière. Par exemple, il est très probable que deux volumes égaux d'oxigène et d'hydrogène, soumis à la même pression, contiennent le même nombre de molécules, et que les masses ou les poids des atomes indivisibles de ces deux espèces de matière, sont entre eux comme 16 est à 1. On est obligé d'admettre en Chimie qu'il existe des rapports invariables entre les masses des atomes ou dernières particules des corps; cette science fournit même les moyens de déterminer les valeurs numériques de ces rapports.

Mobilité.   17. La Mobilité et l'Inertie sont encore deux propriétés générales des corps, corrélatives l'une de l'autre. On entend par la première, qu'un corps peut être en mouvement ou en repos; par la seconde, que lorsqu'il passe de l'un à l'autre de ces états, ce changement est l'effet d'une cause étrangère, et ne peut jamais être produit par la matière elle-même. Le Mouvement est l'état d'un corps qui occupe successivement des lieux différens dans l'espace; il peut être absolu ou relatif. Lorsqu'un système de corps se meut de telle manière que ses différentes parties restent aux mêmes distances, ces parties sont en repos relativement les unes aux autres; mais le système a un mouvement *absolu*. Si le mouvement est partagé par l'observateur, et si les points réellement fixes sont très éloignés de lui, le système lui semble immobile; et lorsque quelques-uns des corps changent de distance, il ne juge que de leurs mouvemens *relatifs*, comme s'il faisait abstraction du mouvement commun.

Il n'y a pas de repos absolu dans la nature. Tous les corps, à la surface de la terre, sont animés d'un mouvement de rotation autour de son axe; ce mouvement se combine avec un autre beaucoup plus rapide, celui de translation autour du soleil; et le soleil lui-même n'est pas immobile, il est emporté dans l'espace, ainsi que son système planétaire, avec une vitesse au moins égale à celle de la terre dans son orbite. Tous les mouvemens que nous aurons l'occasion d'étudier ne seront donc que relatifs; mais tout ce que l'on pourra conclure à leur égard leur serait applicable s'ils étaient absolus.

18. L'Inertie est une propriété évidente dans les corps en repos. On ne la conçoit pas aussi facilement dans les corps en mouvement, car beaucoup de faits tendent à faire croire que le mouvement d'un corps ne peut persister; mais en étudiant avec soin les mouvemens qui s'opèrent à la surface de la terre, on reconnaît que les retards et les destructions qu'ils éprouvent sont dus à certains obstacles; et l'on acquiert la conviction qu'ils continueraient d'exister, si ces obstacles pouvaient être écartés. Une des causes qui s'opposent à la durée du mouvement est le frottement; on

peut diminuer de plus en plus son influence en polissant les surfaces des corps frottans, et l'on voit alors le mouvement durer plus long-temps; mais on ne peut détruire entièrement cet obstacle. Une autre cause retardatrice est la présence, dans l'espace où les corps se meuvent, d'un fluide qui doit être déplacé aux dépens des quantités de mouvement imprimées à ces corps. Il paraîtrait que les corps célestes se meuvent dans un milieu qui n'offre pas de résistance, puisqu'on n'a remarqué aucune altération dans les lois de leurs vitesses, depuis les plus anciennes observations astronomiques dont on ait conservé la tradition; quoi qu'il en soit, la persistance de ces lois peut être considérée comme une preuve de l'inertie des corps en mouvement.

Équilibre.　　19. On donne le nom de *force* à toute cause qui peut faire passer un corps de l'état de repos à celui de mouvement, ou produire l'effet inverse. Lorsqu'un corps, quoique sollicité par plusieurs forces, reste cependant en repos, on dit que ce corps est en équilibre. On conçoit que le repos du corps, dans ces circonstances, exige que les intensités des forces, leurs directions et leurs points d'application satisfassent à de certaines conditions. La *Statique*, dont la connaissance est supposée dans le cours de Physique actuel, a pour objet de rechercher les relations nécessaires à l'équilibre. En partant de l'axiome que deux forces sont égales lorsqu'elles maintiennent au repos un point matériel, qu'elles sollicitent dans deux sens opposés, et en admettant que les distances qui séparent les différentes parties d'un corps, restent invariables, quelles que soient les forces qui lui sont appliquées, les données de la statique peuvent toutes être représentées par des lignes et

des points. Les questions que cette science se propose ne
sont alors que des problèmes de pure géométrie, et leurs
solutions ont toute la rigueur des démonstrations mathématiques. Mais il ne faut pas perdre de vue qu'elles reposent sur le principe abstrait de l'invariabilité de forme des
corps solides, sous l'action des forces ; or il n'en est pas
ainsi dans la nature, et il peut exister telles circonstances
où les changemens de forme des corps sollicités produiraient des états d'équilibre que la Statique géométrique ne
saurait prévoir, ou qu'elle n'étudierait que très imparfaitement.

20. La *Mécanique*, ou la science du mouvement, s'oc- Mécanique.
cupe de deux genres de questions : celles où l'on se donne
des forces pour chercher les lois des mouvemens qu'elles
doivent produire; et celles où, connaissant les mouvemens
produits, il s'agit de découvrir les forces auxquelles on peut
les attribuer. Ces problèmes généraux peuvent être traités
rationnellement, en partant de deux principes empruntés
à l'expérience, savoir : l'inertie et la proportionnalité
des forces aux vitesses (§ 23). Toutes les lois du mouvement se déduisent en effet de ces deux principes, considérés comme des axiomes soit par le raisonnement, soit par
l'analyse mathématique. Nous ne citerons de la Mécanique
rationnelle, qui est l'objet d'un autre Cours, que quelques
propositions indispensables pour l'étude de la Physique.

Les propriétés générales que nous venons de parcourir
pouvaient être facilement définies. Mais les corps jouissent
encore d'autres propriétés, moins évidentes ou plus ca-
chées, qu'il n'est possible de concevoir d'une manière
complète qu'après avoir passé en revue tous les phénomènes qu'elles occasionent, soit pour constater leur exis-

2..

tence, soit pour rendre compte des anomalies qu'elles présentent, ou des modifications qu'elles subissent, lorsqu'on les étudie successivement dans différens corps. Telles sont : la Pesanteur et l'Attraction, la Compressibilité et l'Élasticité. On peut considérer les leçons suivantes comme ayant pour but principal de démontrer que tous les corps sont pesans et s'attirent mutuellement, qu'ils sont tous compressibles et élastiques.

DEUXIÈME LEÇON.

Mouvemens uniformes. — Forces. Masses. Vitesses. — Mouvemens variés. — Force centrifuge. — Pesanteur. Machine d'Atwood. Pendule. — Poids et densités.

---

21. Une force peut agir sur un corps, ou dans un instant inappréciable, ou constamment et d'une manière continue. Dans le premier cas, la force est dite *instantanée;* elle communique alors au mobile un genre de mouvement que l'on appelle *uniforme,* et qui est tel, que le corps parcourt toujours le même espace dans le même temps. On donne le nom de *vitesse* au rapport de l'espace parcouru divisé par le temps employé, ou, en d'autres termes, à l'espace parcouru dans l'unité de temps, quantité invariable pour le même mouvement uniforme. Une force instantanée ne peut imprimer qu'un mouvement rectiligne, car en vertu de l'inertie, le corps lancé en ligne droite ne saurait par lui-même s'écarter de cette direction. Un mouvement curviligne ne peut résulter que d'une force agissant d'une manière continue dans des directions variant sans cesse, ou d'une résistance altérant à chaque instant le mouvement imprimé par une force instantanée.

Il y a trois choses à considérer dans un mouvement

Mouvemens uniformes.

uniforme : l'espace, le temps et la vitesse; quantités d'espèces differentes qui doivent être rapportées à diverses unités, pour qu'on puisse comparer les nombres qui les représentent. e étant le rapport de l'espace parcouru à l'unité de longueur, t celui du temps employé à l'unité de temps, la vitesse v, d'après sa définition, sera donnée par l'équation $v = \dfrac{e}{t}$, d'où $e = vt$; c'est-à-dire que l'espace est égal à la vitesse multipliée par le temps employé à le parcourir. On pourrait aussi représenter la vitesse et le temps par des lignes; l'espace serait alors égal en nombre à la surface du rectangle dont ces lignes seraient les côtés.

Masses.   22. Lorsqu'une même force instantanée agit successivement sur différens mobiles, elle ne leur imprime pas à tous la même vitesse; ou bien, il faut généralement des forces d'intensités différentes pour faire acquérir à ces mobiles la même vitesse. S'il arrive cependant que, dans ces circonstances, deux corps reçoivent de la même quantité de force un même mouvement uniforme, on dit que leurs *masses* sont *égales*. Si ces deux corps sont d'une même espèce de matière, l'égalité de leurs masses, ou plutôt celle des forces qui les ont ébranlées, entraîne celle de leurs quantités de matière, ou des nombres de particules indivisibles dont ils sont formés; c'est ce qui n'a plus lieu lorsque ces corps sont de substances différentes. Dans tous les cas les rapports des masses des corps sont définis et se mesurent, par les rapports des quantités de force de même nature qui peuvent imprimer à ces corps des mouvemens de même vitesse. On ne fait que répéter cette définition, la seule exacte, du mot *masse,* lorsqu'on dit que *les forces instantanées sont proportionnelles aux masses qu'elles animent d'une même vitesse.*

On conçoit que le choc des corps puisse servir à comparer les forces qui ont déterminé leurs mouvemens, et par suite, à mesurer leurs masses. Lorsque deux corps se mouvant en sens contraire, ou l'un vers l'autre sur la même ligne droite, et avec la même vitesse, restent immobiles après le choc, les forces qui les ont tirés primitivement de l'état de repos étaient évidemment égales ; d'où l'on conclut que ces corps ont des masses égales. Si deux corps A et B, reconnus de masses égales par l'essai précédent, et animés d'un mouvement commun, sont rencontrés par un troisième corps C, se mouvant en sens contraire avec la même vitesse, et que l'effet du choc soit le repos des trois corps, il est évident que la force dépensée pour faire mouvoir le troisième, était double de celle qui a poussé chacun des deux premiers ; d'où l'on conclura que la masse de C est double de celle de A ou de B.

23. On ne peut voir, *à priori,* ce que deviendrait la vitesse d'un corps, si la force instantanée qui agit sur lui augmentait ou diminuait ; ou bien, quel est le rapport de deux forces capables d'imprimer à un même mobile deux vitesses différentes. Mais l'expérience et l'observation indiquent que *les forces sont proportionnelles aux vitesses qu'elles imprimeraient à une même masse.* Le fait constamment observé, que les mouvemens relatifs de plusieurs corps ne sont pas changés, lorsqu'on imprime à tout leur système un mouvement commun plus ou moins rapide, ne peut s'accorder avec aucune autre loi que celle de la proportionnalité des forces aux vitesses.

24. Ainsi, deux forces imprimant des vitesses égales à des masses différentes, sont entre elles comme ces masses; et deux forces donnant des vitesses différentes à des masses égales, sont proportionnelles aux vitesses. Il est aisé de conclure de ces deux propositions, que deux forces F, F', imprimant respectivement à deux masses M, M', des vitesses V et V', sont entre elles comme les produits MV, M'V'. Le produit MV, auquel on donne le nom de *quantité de mouvement*, peut donc servir de mesure à la force F; si cette force agissait sur une masse M', différente de M, elle lui imprimerait une vitesse V', qui serait donnée par l'équation $MV = M'V'$, d'où $V' = \dfrac{MV}{M'}$.

Telles sont les lois des mouvemens uniformes dus à l'action des forces instantanées. Ce genre de mouvement s'observe surtout dans des circonstances où des forces artificielles sont mises en jeu. Quant aux forces naturelles, elles agissent d'une manière continue sur les corps, et prennent le nom de *forces accélératrices*.

25. Une force accélératrice peut agir, ou constamment avec la même intensité à toutes les époques du mouvement qu'elle imprime à un mobile, ou avec des intensités variables. Dans le premier cas elle est dite *force accélératrice constante*, et le mouvement est *uniformément varié*. La vitesse d'un mobile soumis à l'action d'une force continue, change à chaque instant; pour se faire une idée exacte de cette vitesse, il faut concevoir qu'à une certaine époque la force accélératrice cesse d'agir; le corps se mouvra alors d'un mouvement uniforme, plus ou moins rapide, suivant l'époque que l'on considère; c'est la vitesse de ce mouvement uniforme qui représente la *vitesse ac-*

quise par le mobile au moment où l'on a supposé que la force était suspendue. On conçoit que le calcul puisse donner la valeur de cette vitesse, sans qu'il soit nécessaire d'arrêter l'action de la force pour la connaître.

26. Dans le cas d'un mouvement uniformément varié, il est aisé de voir que la vitesse croît proportionnellement au temps. Pour cela, on peut admettre que la force, au lieu d'être continue, soit décomposée en une série d'impulsions successives et très rapprochées ; ou bien, le temps étant partagé en instans infiniment petits, égaux entre eux, on peut supposer que la force agisse au commencement de chacun de ces instans pour communiquer au mobile une plus grande vitesse, et l'abandonne ensuite jusqu'au commencement de l'instant suivant. La force accélératrice étant constante, les impulsions successives auront toutes la même intensité, et conséquemment les accroissemens de vitesse qu'elles occasioneront seront égaux. La vitesse totale, qui est la somme de ces accroissemens, sera donc proportionnelle au temps.

27. Il résulte de là que si v est la vitesse acquise par le mobile, g son accroissement constant dans l'unité de temps, et t le temps écoulé depuis l'instant où la force accélératrice constante a fait sortir le corps de l'état de repos, on aura entre ces quantités l'équation $v = gt$. De cette valeur de la vitesse, on déduit par le calcul, ou par des considérations géométriques, que l'espace e parcouru est donné par la formule $e = \dfrac{gt^2}{2}$. Ainsi, dans un mouvement uniformément varié, la vitesse croît proportionnellement au temps, et l'espace parcouru comme le carré du temps.

Voici deux conséquences importantes qui résultent de ces lois. Si la force accélératrice constante cessait d'agir au bout d'un temps τ, le corps ayant parcouru d'un mouvement accéléré l'espace $\varepsilon = \dfrac{g\tau^2}{2}$, le mouvement uniforme qui s'ensuivrait aurait lieu en vertu de la vitesse acquise $v = g\tau$, et le mobile parcourrait alors, dans le même temps τ, un espace $\varepsilon' = v\tau = g\tau^2$, qui serait conséquemment double du premier. L'élimination de t entre les deux équations $V = gt$, $\quad e = \dfrac{gt^2}{2}$, donne

$$v = \sqrt{2ge},$$

formule qui donne la vitesse correspondante à un certain espace parcouru, sans qu'on soit obligé de connaître le temps employé.

28. La loi de la proportionnalité des forces instantanées aux vitesses, indique que les forces accélératrices constantes sont proportionnelles aux vitesses qu'elles feraient acquérir dans le même temps à un même corps. Ainsi l'on peut prendre pour mesure d'une force accélératrice constante, agissant sur l'unité de masse, l'accroissement g de vitesse qu'elle occasione dans l'unité de temps ; ce qui revient à prendre pour unité de ce genre de force, celle qui augmenterait de l'unité de longueur la vitesse de l'unité de masse, dans l'unité de temps. D'après cette convention, l'équation $e = \dfrac{gt^2}{2}$ donnant $g = \dfrac{2e}{t^2}$, on peut conclure qu'une force accélératrice constante, est égale au double de l'espace qu'elle fait parcourir à l'unité de masse, divisé par le carré du temps employé.

29. Lorsqu'un corps, animé d'une vitesse initiale a, est soumis à l'action d'une force continue agissant en sens contraire de son mouvement primitif, la vitesse de ce corps va en diminuant, et la force est dite *retardatrice*. Si cette force est constante, la vitesse v diminue proportionnellement au temps, et est donnée par l'équation $v = a - gt$; on trouve alors que l'espace parcouru e, compté à partir du point où la vitesse était a, doit être

$$e = at - \frac{gt^2}{2}.$$ Au bout du temps $\tau = \frac{a}{g}$ la vitesse est détruite, et l'espace est égal à $\frac{a^2}{2g}$. Si, après cette époque, la force agit toujours, elle entraîne le corps d'un mouvement uniformément accéléré, en restituant successivement à la vitesse les élémens qu'elle lui avait enlevés. Au bout d'un autre intervalle de temps égal à τ ou à $\frac{a}{g}$, le nouvel espace est $\varepsilon = \frac{g\tau^2}{2}$, on $\varepsilon = \frac{a^2}{2g}$, et la nouvelle vitesse $v = g\tau = a$; en sorte que le corps est retourné à sa position primitive, et a recouvré sa vitesse initiale, mais dans un sens contraire.

30. Lorsqu'un corps, lié par un fil inextensible à un point fixe C, décrit d'un mouvement uniforme la circonférence du cercle dont C est le centre et CM le rayon, il doit nécessairement éprouver à chaque instant, et dans la direction du fil, une impulsion qui lui fait quitter la tangente au cercle, où il tend à se mouvoir en vertu de son inertie, pour le ramener sur la circonférence. La somme de ces impulsions est une force continue, de la nature des forces accélératrices constantes; elle peut être regardée

Force
centrifuge.

Fig. 5.

comme détruisant les impulsions d'une force contraire, qui sollicite le corps à s'éloigner du centre, et qui l'en écarterait effectivement si le fil venait à se rompre. Cette dernière force, qui porte le nom de *force centrifuge,* détermine la plus ou moins grande tension du fil, et la quantité de résistance que doit opposer le point fixe pour que le mouvement proposé puisse avoir lieu.

L'intensité de la force centrifuge dont il s'agit, peut se déduire de l'effet produit par la force centrale, qui lui est égale en valeur absolue. Si le corps, arrivé en M avec sa vitesse sur la courbe, cessait d'être lié au point fixe, il décrirait sur la tangente au cercle, pendant un temps très court τ, un espace MT; d'un autre côté, si le corps parvenu en M sans vitesse acquise éprouvait l'action de la force centrale, il parcourrait d'un mouvement varié, sur le rayon CM et dans le même temps τ, un espace MP. Or, il résulte de la loi de la proportionnalité des forces aux vitesses, que lors de l'existence simultanée de la vitesse acquise et de la force centrale, le corps doit décrire d'un mouvement composé, et toujours dans le temps τ, un élément circulaire MN, tel que MP soit sa projection sur le rayon CM; en supposant, comme on le fait ici, que l'arc MN soit assez peu étendu, pour que l'on puisse regarder les directions des impulsions centrales, comme étant toutes parallèles à CM, lorsqu'elles agissent sur le corps allant de M à N, dans le temps très court τ.

D'après cela, si r est le rayon du cercle, et v la vitesse du corps sur la courbe, l'arc MN sera égal à $v\tau$; cet arc pouvant être confondu avec sa corde, qui est moyenne proportionnelle entre le diamètre $2r$ et sa projection MP, on aura $MP = \dfrac{\overline{MN}^2}{2r} = \dfrac{v^2\tau^2}{2r}$. Connaissant l'espace que la force centrale ferait décrire au corps dans le temps τ, il est facile d'en conclure son intensité; car toute force accélératrice constante a pour mesure le double de l'espace décrit, divisé par le carré du temps employé ($\S$ 28). La force centrale qu'il s'agissait d'évaluer a donc pour mesure $\dfrac{2MP}{T^2}$, ou, en substituant à MP sa valeur, $\dfrac{v^2}{r}$.

Ainsi, la force centrifuge f qui sollicite le corps proposé, dont la masse est prise pour unité, à s'éloigner du centre, est égale au carré de la vitesse qui l'anime, divisé par le rayon du cercle décrit. Si le corps suivait une courbe autre que le cercle, la force qui tendrait à l'éloigner sur la normale à cette courbe, serait encore représentée par $\dfrac{v^2}{r}$, v étant la vitesse acquise par le corps au point considéré de sa trajectoire, et r le rayon du cercle osculateur de la courbe en ce point. Cette force variable, à laquelle on donne aussi le nom de force centrifuge, est détruite par une des composantes de la force qui fait décrire au corps son mouvement curviligne, lorsque ce corps est libre; quand il est assujetti à se mouvoir sur une courbe donnée, cette même force est détruite par la résistance de la courbe, et sert à déterminer la pression qu'elle éprouve.

Dans le cas du mouvement circulaire uniforme, le seul qu'il nous importait d'analyser, l'expression de la force centrifuge peut se mettre sous une autre forme. Si T représente le temps que le corps emploie à décrire la circonférence entière, on aura $2\pi r = v\mathrm{T}$, d'où $v = \dfrac{2\pi r}{\mathrm{T}}$,

et par suite $f = \dfrac{4\pi^2}{\mathrm{T}^2}\, r$. Ainsi, lorsqu'un corps de forme invariable tourne uniformément autour d'un axe fixe, ses différentes parties sont animées d'une force centrifuge, qui varie de l'une à l'autre proportionnellement aux distances qui les sépare de l'axe, puisque la durée de la rotation est la même pour toutes.

31. On peut, au moyen d'un appareil fort simple, vérifier les lois de la force centrifuge. Il se compose d'une longue barre horizontale AB, mobile sur un pivot vertical CD, et terminée par deux tiges verticales AA′, BB′; les deux extrémités A′ et B′ servent à maintenir horizontalement une baguette métallique, sur laquelle on peut enfiler des boules de masses différentes. Si l'on place une de ces boules au milieu de la baguette, de manière que son centre soit sur le prolongement de l'axe CD, elle reste à cette place lorsqu'on imprime à l'appareil un mouvement de rotation rapide. Mais si, pendant ce mouvement, la boule est écartée du centre, elle s'en éloigne de plus en plus, et va frapper contre une des tiges AB, A′B′. Dans le premier cas, la boule tourne autour de son diamètre vertical; toutes ses parties sont alors animées de forces centrifuges différentes, mais égales et contraires deux à deux, en sorte que leur effet total est nul pour transporter la boule. Dans le second cas, cet équilibre n'est plus possible, et la boule doit s'éloigner de l'axe de rotation; car les forces centrifuges qui animent deux de ses parties correspondantes, sont dirigées dans le même sens, ou si elles sont encore opposées, l'une est plus intense que l'autre.

Fig. 6.

Si l'on introduit dans l'appareil deux boules de même nature, unies entre elles par un fil inextensible, l'expérience indique qu'il est toujours possible de placer ces deux boules, de part et d'autre de l'axe CD, de telle manière que lors du mouvement de l'appareil, elles restent aux mêmes places sur la baguette. On reconnaît que, dans cette position, les distances qui séparent les deux boules de l'axe sont à très peu près en raison inverse de leurs volumes ou de leurs masses. Il est facile d'expliquer ce résultat, car en supposant la masse du fil négligeable, et les deux boules très denses et très petites, la force centrifuge que possède chacune d'elles peut être regardée comme proportionnelle au produit de sa masse par sa distance à l'axe, et lorsque ce produit est le même pour les deux boules, leur système invariable est sollicité à fuir le centre par des forces égales et opposées. Si l'on écarte le système de la position trouvée, la rotation de l'appareil continue à l'éloigner dans le même sens.

Les propositions de Mécanique rationnelle que nous venons de développer, suffisent pour comprendre toutes les conséquences que nous aurons à déduire de l'examen des effets produits par les forces naturelles.

32. Tous les corps sont *pesans,* c'est-à-dire que libres Pesanteur. dans l'espace, ils tendent tous vers le centre de la terre. La Pesanteur, ou la cause de cette propriété générale, produit un mouvement uniformément varié, comme le prouvent les expériences que nous citerons plus tard; elle peut donc être regardée comme une force accélératrice constante. Cette force est attribuée à des attractions que toutes les molécules du globe exerceraient à distance sur les corps, et qui seraient fonction de cette distance. La

terre étant supposée sphérique et homogène, la résultante de toutes ces attractions sur un même point matériel doit évidemment se diriger vers le centre de ce globe ; cette direction doit être, par la même raison de symétrie, et d'après les lois de l'équilibre des fluides, normale à la surface des eaux tranquilles. L'expérience prouve, en effet, que la verticale, ou la ligne que suit un corps qui tombe librement, est perpendiculaire à la surface des lacs et des mers en temps de calme. L'observation fait aussi reconnaître que la surface des mers est à très peu près sphérique ; d'où il résulte que toutes les verticales peuvent être regardées comme concourant en un même point.

33. Les observations ordinaires indiquant que certains corps ne tombent pas aussi vite que d'autres, tendraient à faire croire que la pesanteur ne s'exerce pas sur tous avec la même intensité ; mais il est facile de trouver la cause de ces anomalies. L'air, ou le milieu dans lequel les corps tombent, oppose une résistance à leur mouvement, qui agit comme une force retardatrice ; et cette force dépendant uniquement de la forme et de l'étendue des surfaces, doit retarder d'autant plus la chute d'un corps, qu'il a moins de masse sous le même volume, ou, pour se servir de l'expression vulgaire, qu'il est plus léger.

Si l'on fait tomber plusieurs corps différens dans un tube vide d'air, ils tombent tous également vite, qu'ils soient lourds ou légers. Si l'on prend une pièce de métal et un disque de papier de même contour, séparés, ils tombent dans l'air avec des vitesses très différentes, parce que, offrant la même surface à la résistance du milieu, ils ont des masses inégales ; mais si l'on place le papier au-dessus de la pièce, ils ne se séparent plus, et la durée de leur chute est la même; c'est qu'alors la résistance de l'air ne s'exerce directement que sur le métal. On remarque que les liquides ne tombent pas à la surface de la terre de la même manière que les solides ; mais c'est que l'air les divise et oppose une résistance inégale à la chute de leurs diverses parties. Dans le *marteau d'eau,* qui consiste en un tube fermé contenant de l'eau, et dont on a retiré l'air, on observe que le liquide tombe sans se diviser, et que toute sa masse arrive en même temps. On doit conclure de ces expériences diverses, que la pesanteur s'exerce de la même manière sur tous les corps.

34. Lorsqu'un obstacle fixe empêche la chute d'un corps pesant, il doit en résulter une pression exercée sur cet obstacle, et détruite par la résistance égale et contraire qu'il lui oppose. Cette pression est appelée *poids* ; c'est, comme on voit, la résultante des actions que la pesanteur exerce sur toutes les parties du corps. Il résulte de là, et de ce que la pesanteur imprime une vitesse égale à toute matière tombant d'une même hauteur, que *les poids des corps sont proportionnels à leurs masses,* et peuvent servir à les mesurer. Mais cette sorte d'identité entre les poids et les masses n'a rien d'essentiel, car elle n'aurait pas lieu si la pesanteur n'agissait pas de la même manière sur des substances différentes; et lors même que cette force n'existerait pas dans la nature, les masses pourraient encore être définies et mesurées par d'autres moyens, tels que le choc des corps, ainsi que nous l'avons indiqué (§ 22).

Poids.

35. Pour prouver par l'expérience que la pesanteur est réellement une force accélératrice constante, il faut constater que dans les mouvemens qu'elle imprime à un corps,

Lois de la pesanteur.

I   3

la vitesse croît proportionnellement au temps, et l'espace parcouru comme le carré de cette même variable. La trop grande rapidité de ce mouvement empêche qu'on puisse observer directement ses lois; mais il existe des moyens de le ralentir sans en changer la nature, ce qui permet de prendre des mesures, et en outre rend négligeable la résistance de l'air, insensible pour de petites vitesses. On peut pour cela, comme Galilée l'a imaginé le premier, faire tomber les corps sur un plan incliné. Si α représente l'angle que ce plan fait avec la verticale, et g l'intensité de la pesanteur, $g\sin\alpha$ sera la composante de cette force, normale au plan, laquelle sera détruite par la résistance égale et contraire qu'oppose la matière dont il est formé. D'un autre côté, $g\cos\alpha$ sera la composante dirigée suivant l'inclinaison; ce sera à elle que le mobile obéira; l'angle α étant constant, elle sera constante si la pesanteur l'est, et réciproquement. Or on peut rendre α assez grand, ou $g\cos\alpha$ assez petit, pour pouvoir observer les lois du mouvement d'un corps pesant tombant sur le plan incliné, et vérifier, par exemple, que les espaces parcourus croissent comme le carré du temps. Dans ce genre d'expérience il importe de diminuer autant que possible le frottement du corps sur le plan incliné, afin de rendre négligeables les retards variables qu'il pourrait produire; il faut alors prendre pour corps pesant un chariot supporté sur quatre roues égales, dont les jantes cylindriques soient en métal et très polies; le plan incliné doit être dur et dépourvu d'aspérités.

Machine d'Atwood. **36.** La machine d'Atwood offre aussi le moyen de ralentir le mouvement imprimé par la pesanteur sans en changer les lois. Cette machine se compose de deux mas-

ses m, n suspendues aux deux extrémités d'un fil assez
fin pour qu'on puisse négliger son poids, et enroulé dans
la gorge d'une poulie. L'axe de cette poulie repose sur les Fig. 7.
jantes croisées de quatre roues mobiles, disposition qui a
pour objet de diminuer le frottement. Enfin une règle
verticale graduée, servant à comparer les espaces parcourus lors de la chute d'une des masses, et une horloge pour
mesurer le temps, complètent la machine d'Atwood.

Lorsque les deux masses m, n, sont égales, le système
est en équilibre. Si ces deux masses sont différentes, $m > n$,
la plus grande, cédant à la pesanteur, entraîne dans son
mouvement la plus petite, qui est soulevée en vertu de la
liaison du système. On peut alors considérer la différence
$m - n$, comme étant seule sollicitée par la pesanteur,
puisque ses actions sur le reste se détruisent. Mais les impulsions successives de cette force sur la seule partie
$m - n$, déterminant le mouvement de la somme totale
$m + n$ des masses, les accroissemens de vitesse qu'elles
impriment au système, sont tous diminués dans le rapport
constant de $m - n$ à $m + n$ ($\S$ 24); en sorte que le
mouvement est ralenti, et qu'il peut être facilement observé, si $m - n$ est très petit relativement à $m + n$. Il
résulte en outre de la constance de ce rapport, que si le
mouvement réduit est uniformément varié, c'est que
celui plus rapide de la masse $m - n$, tombant librement
sur la verticale, le serait pareillement; d'où l'on pourra
conclure que la pesanteur est une force accélératrice
constante.

On reconnaît d'abord que deux espaces, l'un quadruple
de l'autre, sont parcourus par une des masses chargée d'un
petit poids additionnel, dans des temps qui sont entre eux

comme 2 est à 1 ; la loi des espaces se trouve ainsi vérifiée. Pour constater celle des vitesses, on emploie, comme augmentation de poids, une petite lame métallique, qui peut être retenue par un anneau fixé à la règle, à une certaine époque du mouvement. On reconnaît alors que la masse chargée, franchissant l'espace qui la sépare de l'anneau, pendant un certain temps et d'un mouvement accéléré, parcourt ensuite dans le même temps, lorsque la lame s'en est séparée, un espace double du premier, mais d'un mouvement uniforme. On trouve enfin que ce dernier espace varie proportionnellement au temps employé à le parcourir, lorsqu'on répète l'expérience en plaçant l'anneau à différentes hauteurs.

De la pesanteur universelle.

37. La pesanteur n'est qu'un cas particulier de l'attraction universelle, en vertu de laquelle toutes les parties matérielles des corps célestes tendent les unes vers les **autres** proportionnellement à leurs masses et en raison inverse du carré des distances qui les séparent. L'existence de cette force et la loi qui la régit, ont été conclues par le calcul d'un très grand nombre d'observations astronomiques; ces conclusions ont été ensuite éprouvées par tant de vérifications, qu'elles servent aujourd'hui de base à la théorie physique la plus complète et la mieux établie parmi les connaissances humaines.

Lorsqu'un globe composé de couches sphériques homogènes, mais dont la densité peut varier de l'une à l'autre, exerce sur un corps extérieur des attractions qui suivent la loi précédente, le calcul indique que la résultante de ces actions est la même que si toute la masse du globe était réunie en son centre. La pesanteur, ou la résultante des attractions terrestres, doit donc varier en raison inverse du carré de la distance au centre du globe, ce qui n'empêche pas qu'à la surface, et dans le même lieu, cette force ne puisse être regardée comme constante, à cause de la petitesse des dimensions des corps que nous y considérons, et des hauteurs dont ils peuvent tomber, comparées au rayon de la terre.

38. Pour donner un exemple d'un mouvement curviligne, et en même temps décrire un instrument propre à constater les variations de la pesanteur, considérons le mouvement d'un corps pesant lié à un axe horizontal fixe, par une tige inextensible et inflexible. Il est évident que la trajectoire qu'il décrira sera la circonférence d'un cercle dont le centre est sur l'axe fixe, et dont le rayon est la longueur de la tige. Il pourra être en équilibre dans deux positions différentes, lorsqu'il sera placé sans vitesse acquise, sur la verticale passant par le centre fixe, au-dessus ou au-dessous de ce point; dans les deux cas l'action de la pesanteur sera détruite par la résistance de l'axe. Mais ces deux positions diffèrent essentiellement l'une de l'autre : en effet, lorsque le corps sera au-dessus du point fixe, au moindre dérangement la pesanteur l'éloignera de la verticale; tandis que si le corps est au-dessous de l'axe de suspension, lorsqu'on l'écartera de la verticale, il tendra à y revenir. C'est à raison de cette différence que la première de ces deux positions est appelée *équilibre instable,* et la seconde *équilibre stable.*

39. Le système dont nous venons de décrire les liaisons et les conditions d'équilibre, porte le nom de *pendule.* Pour trouver les lois de son mouvement, nous supposerons d'abord par abstraction, que le corps pesant se réduise à un seul point matériel, et que la tige soit sans pesanteur ;

c'est ce système qu'on appelle *pendule simple* en mécanique. Si le pendule est écarté de sa position d'équilibre
stable, puis abandonné à lui-même, il tend à revenir sur
la verticale en vertu de l'action de la pesanteur. Il décrit
alors un arc de cercle d'un mouvement varié, mais non
uniformément : car α étant l'angle que le fil fait avec la
verticale à une époque quelconque, et g l'intensité de la
pesanteur, cette force peut être décomposée en deux autres, l'une $g\cos\alpha$ suivant le prolongement du fil, qui est
détruite par la résistance du point fixe, et l'autre $g\sin\alpha$
suivant l'élément de la courbe décrite ou sa tangente ; or
cette dernière composante, qui représente l'impulsion
réellement donnée, varie avec l'angle α ; la force accélératrice du mouvement considéré n'est donc pas constante.
Le point matériel se meut donc d'un mouvement accéléré
en vertu d'impulsions décroissant en intensité ; il arrive au
point le plus bas de sa course avec une vitesse acquise, et
remonte alors de l'autre côté de la verticale. Dans cette
partie ascendante de sa trajectoire, la pesanteur agit sur
lui comme force retardatrice, et diminue la vitesse des
mêmes quantités dont elle l'avait augmentée dans la partie
descendante ; il suit de là que le point matériel parviendra
avec une vitesse nulle à la même hauteur dont il est descendu. La pesanteur continuant d'agir, il redescendra de
nouveau pour remonter ensuite, en parcourant en sens
contraire, et avec les mêmes vitesses, l'arc total qu'il avait
décrit. Il continuerait ainsi à faire des oscillations semblables et dans le même temps, si des obstacles ou des forces
retardatrices étrangères ne s'y opposaient pas.

40. Le calcul indique que si l'écartement primitif est
d'un petit nombre de degrés, le temps t d'une oscillation

est donné par la formule : $t = \pi \sqrt{\dfrac{l}{g}}$, l étant la longueur
de la tige, et π la circonférence dont le diamètre est l'unité.
Ce temps est donc indépendant de l'écartement primitif ;
ce résultat tient à ce que la force accélératrice efficace
$g \sin \alpha$ peut être regardée comme proportionnelle à α, ou
à l'arc à parcourir jusqu'à la position d'équilibre, lorsque
cet arc variable est peu étendu pendant toute la durée du
mouvement. L'expérience confirme d'ailleurs cette conséquence théorique ; elle indique pareillement que la durée
de l'oscillation n'est pas altérée par la résistance du milieu,
qui tend seulement à diminuer son amplitude ; toutefois ,
cette résistance finirait par arrêter le mouvement pendulaire, si une force artificielle ne restituait pas la portion de
vitesse qu'elle détruit.

41. Mais ces expériences ne peuvent être faites que sur
un *pendule composé*, qui a un volume sensible et une tige
pesante. Dans ce nouveau système , chaque point matériel,
s'il était isolé et considéré comme un pendule simple , décrirait une oscillation dont la durée serait proportionnelle à
la racine carrée de sa distance au point de suspension ; tous
les points matériels du pendule composé étant au contraire
réunis d'une manière invariable, le mouvement oscillatoire
des uns sera ralenti, et celui des plus éloignés sera accéléré
par le mode de leur liaison mutuelle. Mais il y aura toujours des points du système, tous situés sur une droite
parallèle à l'axe horizontal de suspension , qui feront leurs
oscillations comme s'ils étaient isolés des autres. La droite
qui contient ces points particuliers est appelée *axe d'oscillation ;* la distance qui la sépare de l'axe de suspension, distance
que l'on nomme *longueur d'oscillation ,* est la longueur

Pendule
composé.

du pendule simple qui ferait son oscillation dans le même temps que le pendule composé fait la sienne. L'axe d'oscillation et celui de suspension jouissent de la propriété remarquable de pouvoir changer de rôle sans que la durée d'oscillation soit changée ; cette propriété donnerait un moyen de déterminer par le tâtonnement la longueur d'oscillation d'un pendule composé, si la mécanique n'en offrait pas de plus simple.

42. On a donc des moyens exacts de déterminer la longueur du pendule simple qui ferait ses oscillations dans le même temps qu'un pendule composé donné. Cette longueur étant trouvée, la formule $t = \pi \sqrt{\dfrac{l}{g}}$, peut servir à déterminer la durée t de l'oscillation lorsque g est connu, ou g lorsque t est donné. Dans ce dernier cas, la valeur de t peut être obtenue très exactement en observant la durée totale d'un grand nombre d'oscillations, et la divisant par ce nombre. Quand on se propose seulement de chercher si la pesanteur varie, on peut prendre pour sa mesure le carré du nombre N des oscillations qu'un pendule de longueur constante fait dans un certain temps T, très grand et toujours le même ; car la durée d'une oscillation étant alors $t = \dfrac{T}{N}$; la formule du pendule donne $\dfrac{T}{N} = \pi \sqrt{\dfrac{l}{g}}$, et l'on voit que si l et T restent constans, g variera comme le carré de N. Le pendule offre donc un moyen très précis de mesurer l'intensité de la pesanteur, et de la comparer dans différens lieux ; résultats qu'on ne pourrait obtenir avec la machine d'Atwood, par la difficulté de connaître l'effet des rouages. Le pendule peut aussi servir à confirmer ce principe, que la pesanteur agit de la même manière sur

tous les corps; car l'expérience donne une égale durée d'oscillation, pour des pendules de même longueur et de substances différentes.

43. Les observations du pendule, faites à Paris, donnent, en prenant la seconde pour unité de temps, $g = 9^m,8088$. Ainsi un corps pesant, tombant librement dans le vide, décrit à Paris, dans la première seconde de sa chute, un espace de $4^m,9044$, et il acquiert à chaque seconde un accroissement de vitesse égal à $9^m,8088$ (§ 27). On peut encore déduire de cette valeur de g, que la longueur du pendule simple qui ferait ses oscillations dans une seconde de temps, est à Paris de $0^m,99384$; on sait par d'autres mesures que sur l'équateur cette longueur n'est que de $0^m,991$; or, en vertu de la formule $t = \pi \sqrt{\dfrac{l}{g}}$, les intensités de la pesanteur dans ces lieux différens sont entre elles comme ces nombres; on peut donc conclure de ce rapprochement que la pesanteur varie à la surface de la terre. C'est d'ailleurs ce que les observations comparées d'un pendule de longueur constante ont pleinement confirmé. Cette variation est due au mouvement de rotation du globe, ou à l'inégalité de la force centrifuge qui s'ensuit, et à la forme de la terre, renflée à l'équateur et aplatie vers les pôles. Par ces deux causes réunies la pesanteur doit diminuer avec la latitude.

Mesure de la pesanteur.

44. Le mouvement pendulaire est le type de la plupart des mouvemens oscillatoires ou vibratoires autour d'une position d'équilibre; tous ces mouvemens, entre des limites d'étendue convenables, suivent la même loi, et leurs oscillations sont alors *isochrones*. Si g et g' représentent deux forces, ou les intensités d'une même force, dans des

circonstances différentes, t et t' les durées des oscillations de peu d'étendue qu'elles impriment à un même système, on a toujours, comme pour le pendule, $g : g' :: t'^2 : t^2$, ou mieux, en désignant par N et N', les nombres d'oscillations faites dans le même temps $T = Nt = N't'$, $g : g' :: N^2 : N'^2$.

Densités.   45. Le poids P d'un corps, ou la pression qu'il occasione sur l'obstacle qui le retient ($\S$ 34), est évidemment proportionnel au produit de sa masse M par l'intensité g de la pesanteur; on peut donc poser $P = gM$. Il suit de là que le poids d'un même corps doit varier avec la pesanteur; comme cette variation existe également pour tous les corps, on ne saurait l'apercevoir au moyen de la balance; mais on peut la constater en équilibrant un poids par une force d'une autre nature, ainsi que nous le verrons par la suite ($\S$ 87). L'équation $P = gM$ peut prendre une autre forme : si le corps est homogène, sa masse M est **égale** à son volume V, multiplié par la masse D comprise sous l'unité de volume; on a ainsi $M = DV$ et $P = gDV$. La quantité D, ou la masse plus ou moins grande que contient l'unité de volume d'un corps homogène, est ce qu'on appelle la *densité* de ce corps; elle est indépendante des variations de la pesanteur; nous indiquerons plus tard les moyens de la mesurer, ou de l'évaluer en nombre en la rapportant à une unité de même espèce. Souvent, lorsqu'on opère dans un même lieu, on pose plus simplement $P = DV$; mais alors le nombre D, que l'on appelle encore *densité,* a une nouvelle définition, et se rapporte à une autre unité : il représente le poids de l'unité de volume du corps proposé.

TROISIÈME LEÇON.

Constitution intérieure des corps. — Pressions et tractions. —
État solide. — État fluide. — État liquide. — État gazeux. —
Pressions dans les liquides pesans. — Principe d'Archimède. —
Corps flottans. — Vases communiquans.

---

46. Tout corps étant composé de parties matérielles
non contiguës, chacune de ses particules doit être considérée comme soumise à l'action de plusieurs forces, qui
se font équilibre lorsque le corps conserve sa forme. Plusieurs faits paraissent indiquer que ces forces émanent des
particules elles-mêmes, qu'elles varient d'intensité avec la
distance, mais qu'elles deviennent insensibles lorsque cette
distance est appréciable à nos sens. C'est l'hypothèse généralement adoptée pour concevoir la constitution interne
des corps.

Mais pour se rendre compte de tous les phénomènes
qui en dépendent, il faut admettre deux genres de forces
très différentes, quoique émanant des mêmes particules :
les unes attractives, et ne variant dans un même corps
qu'avec la distance, les autres répulsives, qui dépendent
à la fois et de la distance et de l'énergie de la chaleur. On
suppose que, si la température vient à augmenter, les
particules pondérables s'approprient une plus grande quantité de calorique, d'où résulte un accroissement dans leur

Hypothèse sur la constitution d'un corps.

action répulsive. Enfin, il faut admettre encore que cette dernière action diminue plus rapidement que l'action attractive, lorsque la distance augmente.

Définition
de la
pression.

47. Si l'on imagine un milieu matériel coupé par un plan P, sur ce plan un élément de surface S infiniment petit, qui serve de base à un cylindre droit SC, très délié, et situé au-dessous du plan, la résultante des actions exer-

Fig. 5.

cées par toutes les particules supérieures au plan P, sur toutes celles comprises dans le cylindre inférieur, est ce qu'on appelle en général *la pression ou la traction exercée sur l'élément de surface* S. Ce sera une pression si cette résultante tend à abaisser le cylindre, une traction si elle tend à le soulever, enfin une force tangentielle, si cette résultante tend simplement à faire glisser le cylindre parallèlement au plan P. Lorsque le milieu est en équilibre, l'élément S se trouve soumis à deux pressions égales et contraires qui se détruisent : l'une est celle qui vient d'être définie, l'autre est la résultante des actions exercées par toutes les particules inférieures au plan P, sur celles comprises dans un second cylindre droit SC', de même base S, mais situé au-dessus du plan.

On conçoit que la direction commune de ces deux résultantes puisse dépendre de l'orientation des axes de figure des particules pondérables indivisibles, si elles ne sont pas sphériques ou homogènes, ou de celle des axes qui joignent les centres de l'action répulsive, lesquels peuvent occuper des positions distinctes dans ces particules, de telle sorte qu'un dérangement apporté dans la direction de ces axes, puisse occasioner des modifications dans l'état d'équilibre du milieu. Dans tous les cas, l'intensité de ces pressions ou tractions intérieures dépend du degré de rapprochement des particules du milieu. En général ces résultantes peuvent varier d'intensité, et même quelquefois de signe, en un même lieu, suivant la direction de l'élément plan S; c'est-à-dire que les pressions peuvent n'être pas les mêmes dans toutes les directions autour d'un même point. Telles sont les idées théoriques par lesquelles on se rend compte aujourd'hui des différens états des corps.

48. L'état solide ne peut exister dans un milieu, que lorsque l'action répulsive du calorique est assez diminuée pour pouvoir faire équilibre à l'action attractive des particules, sans le concours d'aucune force étrangère. En effet, un corps solide conserve en général sa forme et son état, lorsqu'il est placé dans un espace vide de toute matière pondérable, d'où il suit que sa surface n'est alors soumise à aucune pression, et que la traction ou la pression exercée de chaque côté, sur un élément plan S quelconque pris dans l'intérieur, doit être considérée comme étant nulle d'elle-même, dans ces circonstances, si le corps est en outre dépourvu de pesanteur. Si les particules subissent un rapprochement par la naissance d'une pression étrangère, ou d'une force accélératrice émanée de centres extérieurs, telle que la pesanteur, il suivra de ce rapprochement une augmentation plus rapide des forces répulsives que des forces attractives, et conséquemment une pression exercée de chaque côté sur l'élément S, qui pourra varier suivant le lieu qu'il occupe, et dans le même lieu avec la direction de son plan. Si au contraire les particules s'écartent les unes des autres par l'application d'une traction extérieure, il résultera de cet écart une diminution plus rapide des forces répulsives que des forces attrac-

tives, et conséquemment une traction exercée de chaque
côté de l'élément plan **S**. Si l'énergie de la chaleur augmente dans l'intérieur du corps, les particules devront
s'éloigner, jusqu'à ce que les actions répulsives aient assez
diminué pour faire de nouveau équilibre aux actions attractives, dont la diminution est moins rapide quand la
distance augmente.

Mais ce qui caractérise surtout l'état solide, c'est l'influence puissante que paraît occasioner l'orientation des
axes des particules. Suivant les idées reçues, cette influence serait la cause des changemens de volume ou de
densité qu'on observe dans les phénomènes de la cristallisation, ou en général dans le passage de l'état liquide à
l'état solide. Elle déterminerait ainsi cette stabilité d'équilibre que présente l'agglomération des particules d'un milieu solide, et qui ne peut être détruite que par des efforts
extérieurs, le plus souvent considérables. Enfin, il résulterait encore de cette influence que les tractions ou pressions qui naissent dans un corps solide, lorsque des forces
artificielles ont détruit son équilibre d'homogénéité, ne sont
pas nécessairement normales aux élémens plans sur lesquels
elles s'exercent, et qu'elles peuvent changer de direction,
d'intensité et même de signe, par rapport aux différens
élémens plans qui se croisent en un même point du milieu.

Ainsi, dans un corps solide, les particules ont non-seulement des positions, mais encore des directions particulières et essentielles. Écartées un instant de ces positions
ou de ces directions d'équilibre stable, elles tendent à les
reprendre, et oscillent autour d'elles, jusqu'à ce que la force
vive de leur mouvement vibratoire disparaisse, en se partageant entre toutes les masses environnantes.

49. L'état fluide d'un milieu se distingue de l'état so- État fluide
lide, en ce que l'orientation des axes des particules paraît
avoir une influence, sinon tout-à-fait nulle, au moins extrêmement petite sur leurs conditions d'équilibre. Dans cet
état, les particules cèdent avec une grande facilité à un
changement de position ou de direction, d'où résulte la
nécessité que la pression exercée sur un élément plan pris
dans l'intérieur du milieu, soit normale à ce plan, et que
son intensité reste constante autour d'un même point.

50. La diminution rapide qui s'opère dans l'influence État liquide.
des axes des particules, lorsqu'un milieu passe de l'état
solide à l'état liquide, jointe à l'augmentation que subit
alors la quantité de chaleur qu'il contient, laquelle est
prouvée par un grand nombre de faits, comme nous le
verrons plus tard, semble indiquer que le calorique se répand alors plus uniformément sur la surface ou dans toute
l'étendue d'une particule, et que son action répulsive n'é-
mane plus de centres particuliers, comme dans l'état solide; en sorte que si ces particules étaient homogènes et
sphériques, et qu'ainsi elles n'eussent pas non plus d'axes
par rapport à l'action attractive, leur direction deviendrait
tout-à-fait indifférente pour l'équilibre. Les phénomènes
qui dépendent de la viscosité, et qui ne permettent pas de
regarder les liquides comme des fluides parfaits, sont probablement dus à ce que leurs particules ont des axes at-
tractifs, qui exercent encore une influence sur l'état du
milieu.

La plupart des liquides ne paraissent pas pouvoir conserver leur état dans un espace vide de toute matière pondérable : une partie s'y transforme en gaz, et exerce une
pression sur le liquide restant. Il suit de là qu'en général

un élément plan, pris dans l'intérieur de toute masse liquide en équilibre, éprouve de part et d'autre une pression. Cette pression doit être considérée comme étant la même dans toute direction autour d'un même point, et normale à l'élément plan, lorsqu'on néglige la faible influence de la viscosité. Elle peut augmenter avec la pression extérieure ; mais cette augmentation est nécessairement accompagnée du rapprochement des particules, qui en est la véritable cause. Les liquides doivent donc être compressibles, et c'est en effet ce que l'expérience confirme, comme nous le ferons voir plus tard. Toutefois, ce qui caractérise principalement les liquides, parmi les fluides en général, c'est le grand accroissement de la pression intérieure, qui peut correspondre à un rapprochement de leurs particules à peine sensible, et qu'il n'est même possible de constater que par des procédés délicats et d'une grande précision.

État gazeux. 51. Lorsqu'un milieu matériel passe de l'état liquide à l'état gazeux, son volume apparent augmente en général dans une très grande proportion, et, comme on le verra plus tard, la quantité de chaleur qu'il contient devient aussi beaucoup plus considérable. Il n'y a plus aucun signe de l'influence des axes des particules, rien même d'analogue à la viscosité. La fluidité du corps devient parfaite. Il occupe uniformément tout l'espace vide qui lui est offert, quelque étendu qu'il soit. Il ne peut être maintenu dans un espace limité qu'en exerçant sur lui des pressions extérieures, ou en le coërçant entre des parois solides. Un élément plan quelconque, pris dans l'intérieur, est donc normalement pressé sur ses deux faces, et cette pression a la même intensité autour d'un même point. Cette pression peut augmenter beaucoup, soit par l'accroissement des pressions extérieures, qui détermine alors un rapprochement des particules ou une diminution considérable du volume occupé par le gaz, soit par l'élévation de sa température, qui augmente l'énergie des forces répulsives dues à la chaleur. Les physiciens ont constaté, comme nous le verrons, que les lois suivies par ces augmentations de pressions ou ces diminutions de volume sont identiques, dans les mêmes circonstances, pour tous les gaz, quelle que soit leur nature ; il faut en conclure que les forces attractives sont insensibles dans ces fluides, ou qu'elles disparaissent devant des forces répulsives incomparablement plus grandes.

Les gaz et les liquides sont désignés collectivement sous le nom de fluides ; les variations de volume qui accompagnent celles de la pression, étant très grandes dans les gaz et presque insensibles dans les liquides, on distingue souvent ces deux états des corps par les dénominations de *fluides élastiques* et de *fluides incompressibles* ; mais cette dernière, appliquée aux liquides, doit être rejetée comme énonçant un fait reconnu faux.

Les détails dans lesquels nous venons d'entrer étaient nécessaires pour faire concevoir les différences qui caractérisent les trois états sous lesquels se présentent les corps de la nature, et surtout pour donner la définition la plus exacte de ce que l'on doit entendre par la pression, dans les liquides et les gaz. Il est essentiel maintenant de revenir sur chacun de ces états en particulier, afin d'énoncer les lois qui régissent leurs propriétés spéciales, et de répéter les expériences qui ont servi à les découvrir. Nous commencerons par les liquides et les gaz ; les propriétés des corps solides, plus

Principes
hydrostatiq.

1.   4

compliquées et moins connues, seront traitées plus tard. On donne le nom d'*hydrostatique* à la partie de la mécanique rationnelle qui s'occupe de l'équilibre des fluides en général ; ce sont les principes de cette science qu'il s'agit d'exposer.

Principe de l'égalité de pression dans tous les sens.

52. Toutes les propriétés des liquides en équilibre sont des conséquences de ce principe fondamental : qu'*un liquide transmet sans altération à toutes ses parties une pression exercée sur une portion quelconque de sa surface*. Concevons dans un vase prismatique un liquide, que nous supposerons d'abord soustrait à l'action de la pesanteur, et sur lequel on exerce une pression au moyen d'un piston ; suivant le principe énoncé, il faut admettre que toutes les parties du vase éprouveront cette même pression proportionnellement à leurs surfaces ; en sorte que si l'on pratiquait un trou dans la paroi, et que l'on voulût maintenir l'équilibre du liquide qui tendrait à sortir par cette ouverture, il faudrait appliquer au nouveau piston qui la fermerait, une force ou pression qui serait à celle exercée sur le premier, dans le rapport des surfaces de ces deux pistons, et qui lui serait égale si ces deux surfaces étaient elles-mêmes égales entre elles. C'est-à-dire enfin que si l'on prend pour mesure de la pression celle exercée sur l'unité de surface, elle sera la même partout, sur les parois du vase ainsi que sur tout corps à faces planes qui serait plongé dans le liquide.

Le principe de l'égalité de pression ainsi défini, est une conséquence nécessaire de l'hypothèse admise pour concevoir la constitution intérieure des corps. Les molécules qui composent la couche du liquide que le piston presse directement, doivent se rapprocher les unes des autres, afin que la pression propre de cette couche, augmentée par ce rapprochement, puisse détruire l'effort extérieur. Mais l'équilibre de la masse liquide exige qu'un élément plan, pris sur la surface qui séparerait la première couche de la suivante, soit soumis à deux pressions égales et contraires, et il faut pour cela que les molécules de la seconde couche se soient autant rapprochées que celles de la première ; le même effet devra être produit dans la troisième couche, et par suite dans toute la masse. L'effort extérieur ayant ainsi déterminé un rapprochement égal de toutes les molécules du liquide, la pression exercée sur un élément plan sera conséquemment la même, en quelque lieu qu'il soit situé, dans l'intérieur de la masse ou sur une paroi.

53. Supposons maintenant que la pesanteur agisse sur le liquide proposé. Il résultera de cette action une pression variable d'une partie à l'autre de la masse ; car elle sera plus grande vers le fond que vers le haut du vase, puisque les molécules inférieures sont les obstacles qui s'opposent à la chute des molécules supérieures. Cette pression variera donc proportionnellement à la hauteur du liquide au-dessus du point que l'on y considérera ; elle sera la même pour tous les points situés sur un même plan horizontal, ou sur une même couche de niveau ; mais d'une couche à celle qui lui est inférieure, elle augmentera sur la même étendue en surface, du poids de la première couche ; de telle sorte que les pressions exercées en deux points placés sur une même verticale différeront entre elles d'une quantité égale au poids d'une colonne du liquide, qui aurait pour base l'unité de surface, et pour hauteur la distance de ces deux points. Il est facile de voir, d'après cela, que la pression résultant de l'action de la pesanteur sur

Pressions dans les liquides pesans.

4..

toutes les parties d'une masse liquide, ne dépend que de la profondeur au-dessous de sa surface libre, et est indépendante de la forme du vase.

Ainsi il faut bien distinguer dans un liquide en équilibre, la pression provenant d'une action exercée sur sa surface, et qui se transmet également à toute la masse, de celle due à la pesanteur, laquelle est différente pour des masses partielles situées à différentes hauteurs. La variation de cette dernière pression est nécessairement accompagnée d'un changement correspondant dans l'intervalle des molécules. Cette inégalité de densité, beaucoup trop faible pour être aperçue quand la masse liquide a peu d'étendue, peut être constatée dans l'eau des mers et des lacs profonds.

Surface libre d'un liquide.

54. Il résulte de la mobilité relative des parties d'un même liquide, que la résultante des forces qui sollicitent une molécule de sa surface doit agir de dehors en dedans, et être normale à cette surface; car si elle était oblique, elle pourrait se décomposer en une force normale ou pression qui se transmettrait dans la masse, et une force tangentielle qui ferait glisser les molécules et troublerait conséquemment l'équilibre. C'est par cette raison que la surface des eaux tranquilles est perpendiculaire, en chacun de ses points, à la direction de la pesanteur, et que les liquides contenus dans des vases s'y terminent par des plans horizontaux.

Pression sur le fond d'un vase.

55. La pression p due à l'action de la pesanteur sur un liquide en équilibre, est évidemment proportionnelle à l'intensité g de cette force, à la densité d du liquide, et à la hauteur h qui sépare du niveau supérieur, le plan horizontal où se trouve l'unité de surface sur laquelle s'exerce

cette pression. On pourra donc poser $p = gdh$. Si le vase qui contient le liquide a un fond horizontal comprenant b unités de surface, et situé à une profondeur h au-dessous de la surface libre, la pression totale P exercée sur ce fond sera donnée par la formule $P = gdhb$, et cela quelle que soit la forme des parois latérales du vase. Si donc on prend plusieurs vases, dont les fonds soient égaux en surface, et situés sur un même plan horizontal, mais qui aient les uns la forme d'un cylindre droit ou oblique, les autres celle d'un cône tronqué posé sur sa plus petite ou sur sa plus grande base, un même liquide s'élevant à la même hauteur dans tous ces vases, devra exercer sur leurs fonds des pressions qui seront toutes égales entre elles; cette consé-quence est vérifiée par l'expérience.

56. Il ne faut pas confondre ici la pression exercée sur le fond, avec celle produite par le vase sur le plan horizon-tal qui le soutient et qui s'oppose à sa chute. Cette der-nière est égale, dans tous les cas, au poids de la matière solide qui compose le vase, plus celui du liquide qu'il con-tient. Cette proposition est évidente : car un système de corps pesans en repos éprouve nécessairement, de la part de l'obstacle qui l'empêche de tomber, une résistance qui dé-truit la somme des actions que la pesanteur exerce sur toutes ses parties; or, dans le système actuel, la résistance du support étant directement développée par la pression du vase, cette dernière force doit lui être égale et opposée, et a conséquemment la même valeur et le même sens que le poids total.

57. D'un autre côté, la masse liquide étant en repos, il faut en conclure qu'elle éprouve de la part du vase, une résistance totale, égale et contraire à son poids; or cette

Pression d'un vase sur son support.

Résultante des pressions d'un liquide sur un vase.

résistance est directement développée par les pressions que
le liquide exerce sur les différentes parties de la paroi ; la
résultante de ces pressions a donc nécessairement la même
valeur et le même sens que le poids de la masse liquide. Il
importe de faire voir que ce dernier résultat est une conséquence nécessaire des lois énoncées plus haut comme
régissant les pressions dans les liquides pesans, ce qui
fournira une preuve de la réalité de ces lois.

Soit ω un élément de la paroi inclinée du vase, assez
petit pour être considéré comme plan, quoiqu'il puisse
appartenir à une surface courbe ; soit z la distance verticale qui sépare un de ses points de la surface plane libre
du liquide ; d'après la petitesse supposée de l'élément ω,
cette distance sera sensiblement la même pour tous ses
points, et la pression qu'il éprouvera de dedans en dehors
aura ainsi pour valeur $g\rho\omega z$, g étant l'intensité de la pesanteur, et ρ la densité du liquide. Représentons par α, β, γ,
les angles que la direction de cette pression, ou la normale
à la paroi au lieu de l'élément ω, fait avec trois axes
rectangulaires, desquels l'un AZ est dirigé dans le sens de
la pesanteur, et les deux autres AY, AX, sont pris dans le
plan de la surface libre ; la pression $g\rho\omega z$ peut être remplacée
par trois composantes parallèles aux axes, et dont les valeurs
seront $g\rho\omega z \cos \alpha$, $g\rho\omega z \cos \beta$, $g\rho\omega z \cos \gamma$. Or, si l'on désigne par a, b, c, les projections de l'élément ω, sur les
plans coordonnés des yz, des zx et des xy, avec lesquels
son plan prolongé formerait des angles dièdres égaux à α,
β et γ, on aura, d'après un théorème connu relatif aux
projections des aires planes : $a = \omega \cos \alpha$, $b = \omega \cos \beta$,
$c = \omega \cos \gamma$; d'où il suit que les trois composantes de la
pression exercée sur la partie ω de la paroi, deviennent

$g\rho az$, $g\rho bz$, $g\rho cz$. Si l'on imagine qu'une décomposition semblable soit faite pour les pressions exercées sur toutes les parties du vase en contact avec le liquide, on aura à considérer trois groupes de forces respectivement parallèles aux trois axes, et qui sollicitent l'enveloppe solide.

Il est facile de voir que le groupe des forces parallèles à l'axe AX a une résultante nulle. En effet, considérons le cylindre horizontal qui projette l'élément ω sur le plan des zy, il découpe sur la partie opposée de la paroi un autre élément ϖ, de même profondeur z au-dessous de la surface libre du liquide, et ayant la même projection a que ω; d'après cela, la composante parallèle à AX de la pression exercée sur ϖ, a aussi pour valeur numérique $g\rho az$, mais elle est évidemment dirigée en sens contraire de la composante semblable provenant de l'élément ω; en sorte que ces deux composantes se détruisent dans la sommation de la résultante du groupe considéré, qui se trouve ainsi composée d'un nombre pair de termes, deux à deux égaux et de signes contraires, et est conséquemment zéro. La résultante du groupe des forces horizontales parallèles à AY est pareillement nulle.

Le groupe des forces verticales subsiste donc seul, et il suffit d'évaluer sa résultante, pour obtenir celle des pressions que le liquide exerce sur l'enveloppe solide. Pour cela, considérons le cylindre vertical qui projette l'élément ω sur le plan de la surface libre; il découpe sur la partie supérieure de la paroi un autre élément ω', mais situé à une profondeur z' moindre que z; la composante verticale de la pression exercée sur ω' a ainsi pour valeur $g\rho cz'$; mais elle est évidemment dirigée en sens contraire de la composante $g\rho cz$, correspondante à l'élément ω; en sorte que ces deux composantes réunies, donnent dans l'expression de la résultante totale, un terme de la forme $g\rho c$ $(z - z')$. Or, ce terme doit être regardé comme égal au poids de la colonne liquide, actuellement comprise dans le cylindre vertical ayant ω et ω' pour sections, d'où il suit que la résultante cherchée, qui doit se composer d'autant de termes semblables que l'on peut imaginer de cylindres verticaux analogues dans l'intérieur du vase, est précisément égale au poids total de la masse liquide, et dirigée dans le sens de la pesanteur. Ceux des filets cylindriques qui aboutissent à la surface libre elle-même, donnant dans la somme des termes de la forme $g\rho cz$, ne changent rien au résultat précédent. Donc la résultante des pressions que le liquide exerce sur les parois du vase est égale au poids de ce liquide ; donc enfin la pression exercée par le vase sur l'obstacle horizontal qui s'oppose à sa chute, est égale au poids de l'enveloppe solide, plus le poids du liquide qu'elle contient.

58. On peut déduire de l'expérience une autre vérification des considérations théoriques qui précèdent. Les composantes horizontales des pressions exercées sur les parois latérales d'un vase contenant un liquide en équilibre, doivent se détruire mutuellement, ainsi que nous l'avons démontré ; mais s'il existe, sur un côté de ces parois, une ouverture par laquelle le liquide s'échappe, il existera sur le côté opposé une pression dont la composante horizontale ne sera pas détruite, et le vase devra être poussé dans le sens de cette composante. Or c'est ce que l'on pourrait vérifier par l'expérience, en diminuant autant que possible le frottement qui s'oppose au mouvement du vase.

On peut écarter facilement cet obstacle en transformant

le mouvement de translation en un mouvement de rotation. On prend pour cela un tube cylindrique vertical, mobile autour de son axe, et terminé vers le bas par plusieurs
tubes horizontaux avec lesquels il communique, qui sont
mobiles avec lui et bouchés à leur extrémité libre, mais qui
ont chacun une ouverture latérale du même côté de cette ex- Fig. 10.
trémité. De l'eau qui, remplissant le tube vertical et les
branches horizontales, s'écoule par les ouvertures latérales,
exerce sur les côtés des tubes horizontaux opposés à ceux
où se trouvent ces ouvertures, des pressions horizontales
non détruites qui font tourner tout le système. Cet appareil porte le nom de *roue à réaction*.

59. Lorsqu'on plonge un corps dans un liquide pesant, Principe
d'Archimède
il éprouve sur sa surface des pressions que l'on pourrait
évaluer analytiquement par la méthode que nous avons
exposée; car il n'y a que des différences de signe entre ces
pressions et celles qui s'exercent sur les parois du vase qui
contient le liquide. On trouverait ainsi que toutes les composantes horizontales des pressions exercées s'entre-détrui-
sent, et que la somme des composantes verticales est dirigée de bas en haut, et a pour valeur le poids d'un volume
de liquide égal à celui du corps plongé.

On peut aussi démontrer ces conséquences par des considérations fort simples. Lorsqu'un liquide est en repos,
chacune de ses molécules est elle-même en équilibre, et
détruit par sa résistance les pressions exercées sur elle. Si
l'on conçoit qu'une partie de ce liquide, ayant une forme
quelconque, vienne à se solidifier en conservant la même
densité, cette masse solide sera encore en repos, car une
liaison invariable établie entre ses molécules ne saurait les
tirer de cet état; donc toutes les pressions exercées sur sa

surface et son poids, doivent être combinées de manière à se faire équilibre, ce qui exige que les composantes horizontales des pressions se détruisent mutuellement, et que la somme de leurs composantes verticales soit égale et directement opposée au poids de la masse.

Si l'on imagine maintenant qu'à la place de cette masse liquide solidifiée on substitue un corps solide de même forme, de même volume, mais de densité différente; ce corps sera sollicité à se mouvoir de haut en bas en vertu de son poids P. Mais il sera en outre sollicité sur sa surface par les pressions du liquide, qui seront évidemment les mêmes que celles exercées sur la masse liquide solidifiée, et qui se décomposeront par conséquent en pressions horizontales se détruisant, et en pressions verticales, dont la résultante sera dirigée de bas en haut, et égale au poids P' du liquide déplacé par le corps. Si $P = P'$, le corps sera en équilibre. Si P surpasse P', le corps tendra à tomber dans le liquide comme s'il ne pesait que $P - P'$, et l'on pourra dire qu'il a perdu de son poids une quantité égale au poids du liquide déplacé. Cette dernière conséquence porte le nom de *principe d'Archimède;* elle est vraie pour tous les liquides et pour tous les fluides pesans dans lesquels les corps peuvent être plongés.

Pour vérifier ce principe par l'expérience, on se sert d'un cylindre plein de cuivre, qui remplit exactement un vase cylindrique creux du même métal; on pèse le tout dans l'air; après avoir ôté le cylindre plein du cylindre

Fig. 11. creux, on accroche le premier au-dessous du second, et on le fait plonger entièrement dans l'eau. Ainsi disposé, le système a perdu de son poids, et la balance n'est plus en équilibre. Mais si l'on remplit d'eau le cylindre creux, l'équilibre se rétablit ; ce qui prouve que la différence entre la première et la seconde pesée était précisément le poids d'un volume d'eau égal à celui du cylindre immergé.

60. Lorsque le poids P du corps solide plongé est moindre que la résultante verticale et opposée P′ des pressions que le fluide exerce sur sa surface, le corps tend à monter en vertu de l'excès P′ — P. Si aucun obstacle ne s'oppose à cette ascension, le corps s'élève dans le liquide, et flotte sur sa surface libre lorsqu'il ne déplace plus qu'une quantité de liquide dont le poids est égal au sien ; il est alors sollicité par deux forces verticales de même intensité : l'une, dirigée de haut en bas, est la résultante des actions que la pesanteur exerce sur ses diverses parties, et passe par son centre de gravité ; l'autre, dirigée au contraire de bas en haut, est la résultante des pressions qu'il éprouve, et passe par le centre de gravité du volume de liquide déplacé, point qu'on appelle *centre de pression*. Le corps sera évidemment en équilibre stable, si le premier centre de gravité est au-dessous du second sur la même verticale ; mais cette condition n'est pas indispensable.

Corps
flottans.

En effet, considérons un corps flottant de forme convexe, tel que deux plans particuliers rectangulaires entre eux, et passant par son centre de gravité, le coupent chacun en deux parties symétriques. Si l'axe d'intersection de ces plans est vertical, il contient à la fois le centre de gravité et celui de pression, et le corps flotte en équilibre. Mais, pour que cet équilibre soit stable, il faut et il suffit que l'une des sections restant verticale, et l'autre s'inclinant un peu, la ligne verticale qui passe par le centre de pression déplacé, vienne rencontrer l'axe maintenant incliné, en un

Fig. 12.

point situé au-dessus du centre de gravité qu'il contient toujours ; car cet axe se trouve alors soumis à l'action d'un couple qui tend à le ramener dans son ancienne position. Or, cette condition de stabilité peut être remplie quand même le centre de pression serait au-dessous du centre de gravité.

Il est souvent nécessaire en Physique qu'un corps ou une enveloppe de forme donnée, flotte à la surface d'un liquide dans une position déterminée : on atteint ce but en chargeant la partie inférieure du corps flottant d'une quantité suffisante de matière plus dense que la sienne, afin d'amener le centre de gravité de la masse totale au-dessous du centre de pression. On appelle *lest* ce poids additionnel, et le système est dit lesté.

Liquides
superposés.

61. Quand plusieurs liquides de densités différentes, et n'ayant aucune action chimique l'un sur l'autre, ont été fortement agités dans un même vase, qu'on laisse ensuite en repos, ces liquides ne tardent pas à se séparer et à se placer les uns au-dessus des autres, les plus denses au fond, les plus légers vers la partie supérieure. Cette séparation s'opère par les mêmes causes qui font mouvoir les corps solides dans les fluides : le liquide le plus dense, se réunissant en gouttes dont le poids est plus considérable que celui du fluide hétérogène qu'elles déplacent, doit descendre ; l'inverse a lieu pour le liquide le plus léger. Lorsque l'équilibre est établi, les liquides se trouvent superposés dans l'ordre décroissant de leurs densités, en sorte que le centre de gravité de la masse totale est le plus bas possible, comme l'exige la condition de stabilité ; toutes les surfaces de séparation sont des plans horizontaux, ce qui devait être d'après la loi des pressions intérieures.

62. Si une force accélératrice étrangère à la pesanteur et ayant une autre direction, agit sur une masse liquide et sur les corps qui s'y trouvent plongés, les conditions d'équilibre du système, ou les mouvemens relatifs qui s'y manifestent, pourront différer beaucoup de ce qui aurait lieu si la pesanteur agissait seule. On peut citer à ce sujet l'expérience suivante. On dispose sur l'appareil qui sert à vérifier les lois de la force centrifuge, des tubes cylindriques $A'A''$, $B'B''$, légèrement inclinés vers l'axe; le premier contient de l'eau et des boules plus denses qui reposent sur son fond A''; le second renferme des liquides différens, superposés suivant l'ordre décroissant de leurs densités. Or, lorsqu'on imprime à l'appareil un mouvement de rotation rapide, toutes les masses mobiles dans les tubes s'élèvent et se dirigent vers les extrémités supérieures A' et B'; mais les plus denses y arrivent les premières, et les plus légères sont repoussées plus bas et plus près de l'axe de rotation. Ces mouvemens sont déterminés par la force centrifuge, qui agit en sens inverse et beaucoup plus fortement que la pesanteur, parallèlement aux arètes des tubes. Cet excès occasione une pression dans la masse liquide tournante qui augmente avec la distance au centre; d'où il suit que tout corps étranger qui s'y trouve plongé, éprouve une pression totale dirigée vers l'axe, et égale en valeur absolue à la force centrifuge que posséderait la masse liquide qu'il déplace; et comme ce corps est en outre animé, au même lieu, d'une force centrifuge qui dépend de sa propre masse, il doit s'éloigner ou se rapprocher du centre, suivant que sa densité est plus grande ou plus petite que celle du liquide qui l'entoure.

Fig. 13.

63. Lorsqu'une masse liquide est partagée entre plu-

Vases
communi
quans.

sieurs vases, et que les masses partielles communiquent entre elles par des tubes inférieurs à leurs surfaces libres, l'équilibre de la masse totale exige que le liquide ait le même plan horizontal de niveau dans tous les vases; car lorsque l'équilibre existe, une membrane ou un piston mobile, qu'on imaginerait placé transversalement dans un des tubes de communication, devrait être également pressé sur ses deux faces, ce qui exige que le liquide soit à la même hauteur dans les deux vases réunis par ce tube. C'est sur ce principe qu'est fondé l'instrument connu sous le nom de *niveau d'eau.*

64. Lorsque deux liquides de densités différentes d et d' peuvent être en contact sans se combiner et l'un au-dessous de l'autre sans se mélanger, s'ils sont contenus séparément dans deux vases communiquans, leurs niveaux supérieurs seront à des hauteurs différentes h, h', au-dessus du plan horizontal P de leur surface de séparation. Mais, pour que ces liquides soient en équilibre, les hauteurs h, h', devront être telles, que la pression sur l'unité de surface du plan P soit la même de part et d'autre. On devra donc avoir $gdh = gd'h'$, ou $h : h' :: d' : d$, c'est-à-dire que *les hauteurs des deux liquides devront être en raison inverse de leurs densités.* Cette conséquence peut être vérifiée par l'expérience : si l'on prend un tube recourbé, que dans une des branches on verse du mercure, et de l'eau dans la seconde, lorsque l'équilibre

Fig. 14. est établi, on remarque que l'eau s'élève treize fois et demie plus haut que le mercure au-dessus du plan de la surface de séparation des deux liquides; et l'on sait que le mercure pèse treize fois et demie plus que l'eau, sous le même volume.

Les rapports des dimensions des deux vases communiquans pouvant varier sans que le principe précédent
cesse d'avoir lieu, on voit qu'il est possible de faire équilibre à une grande masse de liquide contenue dans un vase
très large, au moyen d'une petite masse du même liquide
contenue dans un second vase communiquant avec le premier, et beaucoup plus étroit. On conçoit encore que l'on
puisse remplacer de chaque côté une portion du liquide
par un piston sur lequel on exercera une pression équivalente au poids du liquide supprimé, sans que l'équilibre
cesse d'avoir lieu. C'est sur ce principe qu'est fondé la
presse hydraulique.

65. Les mouvemens des fluides en général sont étudiés
dans l'hydrodynamique; mais cette science ne conduit pas
à des résultats exacts quand il s'agit des liquides, parce
qu'elle les traite comme des fluides parfaits et incompressibles, et fait abstraction de la viscosité, dont les lois inconnues ne peuvent être soumises au calcul. Cette imperfection de la mécanique rationnelle, sur un sujet si utile
aux ingénieurs, a fait chercher des formules empiriques qui
représentent assez bien les lois de l'écoulement de l'eau
dans les circonstances où on les emploie; l'ensemble de ces
recherches, à la fois théoriques et expérimentales, constitue aujourd'hui la science importante de l'hydraulique. Il
n'est utile de citer ici qu'un seul principe d'hydrodynamique.

Il s'agit de déterminer la vitesse constante d'un liquide
à l'orifice inférieur d'un vase où le niveau est entretenu invariable. Pour résoudre cette question on peut s'appuyer
sur quelques considérations relatives aux forces vives. Lorsqu'un moteur soulève un poids P d'une hauteur h, l'effet

produit est représenté par Ph; on dit alors que le moteur dépense une quantité de *force vive* Ph. D'après cela, une masse m animée d'une vitesse v possède une force vive $\frac{1}{2}mv^2$; car si la pesanteur agit sur m en sens contraire de la vitesse v, cette masse pourra atteindre avec une vitesse nulle la hauteur $h = \frac{v^2}{2g}$ (§ 29); l'effet produit par la destruction complète de la vitesse initiale v sera donc représenté par $mg\,\frac{v^2}{2g}$ ou $\frac{1}{2}mv^2$. D'où il suit qu'une masse m pesante, pouvant descendre d'une hauteur h, et acquérir ainsi une vitesse $v = \sqrt{2gh}$, possède par cela même une force vive $\frac{m}{2}\,2gh$, ou mgh.

Ces principes établis, revenons à la question posée. Le niveau restant le même et la vitesse d'écoulement (x) étant uniforme, le liquide contenu dans le vase possède toujours la même somme de forces vives. Or tandis qu'une masse m s'écoule, emportant une force vive $\frac{1}{2}mx^2$, une autre masse m la remplace vers le haut du vase à une hauteur h au-dessus de l'orifice, apportant ainsi une force vive mgh; on doit donc avoir $\frac{1}{2}mx^2 = mgh$, ou $x = \sqrt{2gh}$, c'est-à-dire que la vitesse d'écoulement sera la même que celle acquise par un corps tombé de la hauteur h. Cette loi peut être vérifiée par l'expérience (§ 96). On suppose ici que le liquide affluent ait une vitesse très petite, négligeable dans la sommation des forces vives.

QUATRIÈME LEÇON.

Des gaz. — Pesanteur de l'air. — Baromètre. — Machine
pneumatique. — Machine de compression.

66. Les fluides élastiques sont rangés en deux classes,   Des gaz.
les gaz permanens et les vapeurs. Les premiers sont ceux
qui, soumis aux pressions ou aux diminutions de température les plus fortes dont on puisse disposer, ne peuvent se
liquéfier. Les vapeurs, au contraire, passent facilement à
l'état liquide par des variations de pression et de température. Il n'y a réellement aucune différence essentielle entre
les gaz et les vapeurs. Il est très probable que l'on parviendra à liquéfier les gaz qui ont été regardés jusqu'ici
comme permanens. D'un autre côté, les vapeurs, tant
qu'elles ne changent pas d'état, présentent les mêmes
propriétés que les gaz; elles ne jouissent de propriétés
particulières que lorsqu'elles se trouvent dans des circonstances où elles doivent se liquéfier en partie.

67. Il faut distinguer dans un fluide élastique en équi-   Pressions
libre, comme dans les liquides, deux sortes de pressions :   dans les gaz.
celle qui provient d'une action exercée sur la surface, laquelle se transmet sans altération dans la masse; et la
pression due à la pesanteur, qui varie avec la profondeur

1.   5

du point que l'on considère. La somme de ces deux pressions forme en chaque point la pression propre du fluide, ou ce qu'on appelle son *élasticité*, sa *force élastique*; elle tend à écarter les molécules du gaz, et agit de dedans en dehors sur les corps étrangers qui s'opposent à son expansion.

On peut démontrer par l'expérience que les fluides élastiques exercent des pressions sur les parois des vases qui les contiennent. Lorsqu'une portion de gaz est contenue dans une vessie non gonflée, les parois sont sollicitées intérieurement et extérieurement par des pressions égales, et le système est en équilibre; mais si l'on diminue les pressions extérieures par un procédé que nous indiquerons, la vessie fermée se gonfle de plus en plus, quoique le gaz intérieur n'ait pas augmenté en masse; son volume seul augmente, et sa force élastique diminuant, fait à chaque instant équilibre à la pression extérieure.

Pesanteur de l'air.

68. C'est Galilée qui le premier démontra par l'expérience que l'air atmosphérique était pesant. Pour se convaincre de cette vérité, il suffit de prendre le poids d'un ballon de verre fermé, contenant de l'air ou tout autre fluide élastique; d'enlever par la machine pneumatique, que nous décrirons par la suite, la presque totalité de ce gaz; enfin de peser le ballon de nouveau. Cette seconde pesée donne un poids très sensiblement moindre que le premier.

L'air étant pesant, l'atmosphère qu'il compose au-dessus de la terre, doit exercer sur tous les corps entourés par elle, des pressions plus ou moins fortes, suivant sa densité et la hauteur où se trouvent ces corps. On peut, en effet, prouver par l'expérience l'existence de ces pressions, et constater que leurs variations avec la hauteur et la densité de l'air, sont celles que leur assigne la cause qui vient d'être énoncée.

69. Lorsqu'un liquide est en équilibre dans un vase, sa surface libre est un plan horizontal. Si sur toutes les parties de cette surface libre on exerce des pressions égales, elle restera plane, et l'équilibre ne cessera pas de subsister. C'est ce qui arrivera, par exemple, si l'on met un autre liquide différent et moins dense sur le premier. Mais si l'on empêche la pression nouvelle de s'exercer sur tous les points de la surface du premier liquide, en y plongeant un tube avant de verser le second, la surface de ce dernier ne pourra plus rester entièrement dans le même plan, à cause de l'inégalité des pressions. L'équilibre ne pourra subsister que lorsque le liquide inférieur se sera élevé dans le tube à une hauteur capable de balancer la pression extérieure.

C'est ce qui doit arriver si l'atmosphère exerce une pression sur le niveau du liquide extérieur, et que le tube soit fermé par en haut et vide d'air. Or, si l'on remplit de mercure un tube fermé par un bout, et d'un mètre de longueur, qu'on le renverse en pressant le doigt sur son ouverture pour le plonger verticalement ainsi renversé dans un bain de mercure, son extrémité cessant d'être bouchée, on voit le liquide descendre et s'arrêter dans le tube, à $0^m,76$ environ au-dessus du niveau extérieur. La pression que l'atmosphère exerce sur la surface du bain est donc égale au poids d'une colonne cylindrique de mercure, qui aurait cette surface pour base, et $0^m,76$ de hauteur. Cette expérience fut faite pour la première fois par Toricelli, disciple de Galilée.

5..

70. La pression atmosphérique peut être mesurée par la hauteur de la colonne de mercure contenue dans le tube, qui doit évidemment diminuer ou augmenter avec cette pression. L'ensemble du tube, de la cuvette, et du mercure qu'ils contiennent, forme ainsi un instrument utile auquel on donne le nom de *Baromètre*. A l'époque de son invention, les principes hydrostatiques sur lesquels il est fondé ayant été jusque alors inconnus, on constata, pour vérifier l'explication de ce fait nouveau, que les colonnes verticales de différens liquides capables de faire équilibre à la pression atmosphérique, étaient en raison inverse de leurs densités. On reconnut que la forme et l'inclinaison du tube barométrique n'avaient pas d'influence sur la distance verticale comprise entre les plans de niveau du mercure, dans la cuvette et le tube, cette distance restant toujours la même dans tous les cas. Enfin, comme dernière vérification, on constata qu'en s'élevant dans l'atmosphère, la pression indiquée par le baromètre allait en diminuant. Toutes ces conséquences du fait de la pesanteur de l'air et des principes de l'hydrostatique, sont aujourd'hui trop évidentes pour qu'il soit nécessaire de s'étendre sur ce sujet.

A Paris la hauteur barométrique varie de $0^m,72$ à $0^m,78$; sa grandeur moyenne est $0^m,756$. Au niveau des mers, la hauteur moyenne du baromètre paraît être partout de $0^m,7629$. On adopte généralement $0^m,76$ pour la pression normale à laquelle on rapporte les forces élastiques des gaz.

71. Pour obtenir un baromètre qui puisse donner des résultats exacts et précis, il faut prendre certaines précautions dans sa construction et son emploi. Il y a des baro-

mètres de différentes formes, mais ils ont tous une partie commune, c'est le tube dans lequel le mercure doit s'élever. Il est bon de prendre ce tube un peu large, pour éviter l'inconvénient de l'action mutuelle du verre et du mercure, qui pourrait nécessiter une trop grande correction à chaque observation, comme nous le verrons par la suite; cependant ce tube ne doit pas être trop gros, si l'on veut que l'instrument soit portatif.

Il faut éviter avec soin que le tube ne contienne de l'air adhérent à ses parois; car cet air, par sa légèreté spécifique, montant dans la partie supérieure, exercerait sur la surface du mercure une pression qui diminuerait la hauteur de la colonne, et conduirait à des résultats faux. De plus, le mercure et le tube doivent être parfaitement desséchés, car l'eau se répandant en vapeur dans le vide du baromètre, occasionerait aussi une dépression. On éloigne ces causes d'erreurs en ne versant d'abord dans le tube qu'une partie du mercure destiné à le remplir, que l'on échauffe jusqu'à la faire bouillir; on la laisse refroidir avant d'en verser une seconde, que l'on échauffe de la même manière, et ainsi de suite. Par ces ébullitions successives les bulles d'air sont chassées, l'eau vaporisée se dégage, et la vapeur de mercure entraîne leurs dernières parties dans l'atmosphère. Lorsque le tube est presque plein, on achève de le remplir en y versant du mercure parfaitement sec. On doit se servir à cet effet d'un entonnoir capillaire, et abaisser son bec jusqu'à la surface du liquide dans le tube, car il pourrait se glisser des bulles d'air si le mercure y tombait en gouttes.

Il ne faut faire bouillir qu'une petite longueur de mercure à la fois pour éviter la rupture du tube, qui serait occasionée par la chute d'une trop grande colonne que les vapeurs pourraient soulever. Il faut se garder aussi de prolonger trop long-temps chaque ébullition partielle ; car il pourrait se former de l'oxide de mercure ayant une densité moindre que celle du métal liquide, et qui formerait une petite couche au sommet de la colonne barométrique, en sorte qu'il deviendrait impossible de mesurer exactement la hauteur de mercure pur faisant équilibre à la pression de l'atmosphère. On est averti de cette imperfection par la forme de la surface libre dans le tube barométrique en place ; elle devient alors concave ou plane, tandis qu'elle est convexe quand le liquide est parfaitement pur. C'est en cherchant à expliquer cette anomalie dans la forme de la surface, que M. Dulong a découvert la cause qui la produisait.

C'est par le moyen de mesurer exactement la hauteur à laquelle le mercure s'élève dans le tube, au-dessus du niveau extérieur de la cuvette, que les baromètres diffèrent beaucoup. Comme on n'emploie pas ordinairement une cuvette d'un très grand diamètre, le niveau du liquide qu'elle contient s'élève ou s'abaisse lorsque la pression atmosphérique, et par suite la colonne barométrique, diminuent ou augmentent. Si donc on se servait d'une échelle fixe, la division correspondante à la surface libre du mercure dans le tube ne donnerait pas sa véritable hauteur. Si une cuvette très large n'était pas trop incommode, elle remédierait à cet inconvénient, car la variation de niveau du mercure qu'elle contiendrait pourrait être assez petite pour être négligeable, surtout dans les observations qui n'exigeraient pas un grand degré de précision. Quelquefois on se contente de rendre l'échelle mobile, de manière à ramener le zéro de ses divisions au niveau extérieur du mercure.

72. On a imaginé en Angleterre un genre de baromètre dans lequel la variation du niveau extérieur du mercure est insensible. Le milieu du fond de la cuvette DE communique, par un goulot AB, avec un réservoir sphérique ACB, où plonge le tube. Le mercure qui remplit ce réservoir déborde dans la cuvette, d'une quantité capable de couvrir au moins la moitié de sa base, mais insuffisante pour se répandre sur toute la surface. Or, quand on augmente la masse d'une large goutte de mercure étendue sur le fond plat d'un vase de verre, l'expérience indique que la hauteur de cette goutte ne varie pas d'une quantité appréciable, pourvu que sa largeur soit plus grande qu'une certaine limite, et moindre que le diamètre du vase. Ainsi tant que l'abaissement du mercure dans le tube barométrique n'étendra pas la goutte DF jusqu'en E, le niveau DF pourra être regardé comme constant. Il suffira donc que, dans les plus grandes variations extrêmes du baromètre, la largeur de la goutte ne soit jamais moindre que DB, ni égale à DE; et l'on pourra alors mesurer exactement la hauteur de la colonne barométrique, au moyen d'une échelle fixe ayant son zéro à la hauteur du niveau supérieur de la goutte. On parvient à remplir ces conditions en donnant au tube et à la cuvette des diamètres convenables, quand on se propose uniquement de constater les variations de la pression atmosphérique dans un même lieu, et que l'on connaît d'avance les limites extrêmes de cette pression.

73. Le baromètre le plus généralement employé par les physiciens et les voyageurs, est celui de Fortin. Il se dis-

tingue des autres en ce qu'on peut toujours ramener, avec beaucoup d'exactitude, le niveau du mercure dans la cuvette au zéro de l'échelle, en rendant ce niveau mobile et laissant l'échelle fixe. La cuvette est composée d'un vase cylindrique de verre, dont le fond est formé par un sac de peau, qui peut être soulevé et abaissé au moyen d'une vis de pression. Le zéro est indiqué par une pointe d'ivoire fixe, dont on voit l'image réfléchie par la surface du mercure dans la cuvette. A moins que la pointe ne touche ce miroir, on aperçoit une distance entre elle et son image; or, en agissant sur la vis de pression, on peut soulever le mercure jusqu'à ce que cette distance disparaisse. On est sûr alors que le niveau correspond au zéro de l'échelle.

Le tube barométrique se termine dans la cuvette par un bec dont l'ouverture très étroite s'oppose plus efficacement à l'entrée de l'air. Le réservoir cylindrique est fermé vers le haut par une peau qui laisse tamiser l'air, et la pression atmosphérique se transmet ainsi à la surface du mercure. L'échelle est pratiquée sur un tuyau de cuivre qui enveloppe le tube de verre et le préserve des chocs; à ce tuyau sont pratiquées deux fentes verticales opposées, assez larges pour qu'on puisse apercevoir facilement le niveau de la surface libre. Pour mesurer exactement la hauteur de ce niveau, on se sert d'un vernier porté sur une pièce métallique, mobile le long de la garniture au moyen d'une vis micrométrique. Cette pièce cylindrique creuse est percée vers le bas de deux échancrures opposées, dont les bords sont exactement dans le même plan horizontal. L'œil doit suivre ce plan dans son mouvement descendant, jusqu'à ce que le milieu de la surface de niveau devienne obscur. Car cette surface étant convexe, on aperçoit toujours un trait de lumière en son sommet, pour peu que le plan tangent à la surface en ce point ne se confonde pas encore avec le plan des bords du curseur. C'est cette coïncidence qu'il faut saisir, pour obtenir, au moyen du vernier, la hauteur barométrique à un vingtième de millimètre près.

Afin de rendre ce baromètre portatif, on se sert d'une espèce de canne se divisant en trois tiges, qui séparées peuvent former un trépied pour supporter l'instrument, et qui rapprochées l'enveloppent de toutes parts. L'instrument est fixé au trépied par le système de deux axes croisés rectangulairement; il peut ainsi se mouvoir dans FIG. 20. tous les sens autour de son point de suspension, et prendre de lui-même la position verticale nécessaire pour l'observation. On peut renverser ce baromètre sans risque de le briser ou de le déranger, propriété que ne possèdent pas au même degré toutes les autres formes employées. Pour le transporter, on fait remonter le mercure du réservoir au moyen de la vis de pression, jusqu'à ce qu'on éprouve une légère résistance; alors le tube barométrique est rempli. Il peut encore rester de l'air dans la cuvette; mais il se loge contre la paroi, et ne pourrait pénétrer dans le tube, à moins qu'on ne le renversât avec une trop grande précipitation pour le mettre en place.

74. Les observations du baromètre doivent subir deux Corrections. corrections pour donner une mesure exacte de la pression de l'air : l'une, relative à la capillarité, tient compte de la dépression occasionée dans la colonne de mercure par son contact avec le tube de verre; l'autre est relative à la température, dont les variations occasionent des changemens dans la densité du mercure, ce qui oblige de ré-

duire les hauteurs observées à la même température normale, pour qu'elles puissent devenir comparables. Nous donnerons plus tard les valeurs de ces corrections. (Leçons 8ᵉ et 12ᵉ.)

Baromètre à syphon.

75. On emploie fréquemment le baromètre à syphon, qui consiste en un tube recourbé vers le bas, dont les deux branches sont d'inégales longueurs; la plus grande est fermée, l'autre ouverte; elles peuvent avoir d'ailleurs la même largeur ou des largeurs différentes. Pour le construire, on remplit de mercure la branche la plus longue, en faisant les mêmes opérations que pour le tube droit. L'instrument étant ensuite placé dans la position qu'il doit occuper, si la branche fermée est suffisamment longue, le liquide descend, mais se maintient à à 0ᵐ,76 environ au-dessus du niveau de la branche ouverte, qui sert ainsi de cuvette.

Fig. 21.

L'instrument connu sous le nom de *baromètre à cadran* n'est autre qu'un baromètre à syphon ordinaire. L'aiguille tourne avec l'axe d'une poulie cachée derrière le cadre, sur laquelle s'enroule un fil, tendu d'un côté par un contre-poids, et de l'autre par un flotteur en fer qui suit les variations de niveau du mercure dans la branche ouverte. Cet appareil ne saurait donner des indications très précises, à cause de son inertie et du frottement de la poulie sur son axe.

Fig. 22.

Dans tout baromètre à syphon, la distance verticale comprise entre les deux plans de niveau du mercure, donnera toujours la hauteur qui doit servir de mesure à la pression atmosphérique, que le tube ait ou n'ait pas la même section transversale; mais s'il est partout d'égal diamètre, à chaque changement de cette pression, le mercure descendra autant dans l'une des branches qu'il remontera dans l'autre, en sorte qu'on pourra se contenter d'observer la variation d'un des niveaux, et la doubler ensuite pour avoir la variation totale. Il y a d'ailleurs un autre avantage à donner aux deux branches la même section transversale : on évite ainsi la correction due à la capillarité, car cette force a la même intensité, et agit en sens contraires aux deux extrémités de la colonne liquide, quand les parties du tube où elles aboutissent ont le même diamètre. (8ᵉ leçon.)

Le baromètre à syphon, tel que nous venons de le décrire, n'est pas transportable, les secousses pouvant facilement faire rentrer l'air dans le vide du long tube. On avait proposé d'adapter à la petite branche un robinet qui fermât toute communication avec l'air extérieur quand on voulait déplacer le baromètre ; mais un robinet ne ferme bien qu'avec le secours d'un corps gras, dont le contact déterminant l'oxidation du mercure, obligerait de démonter souvent l'appareil pour renouveler le liquide.

76. M. Gay-Lussac a imaginé un baromètre à syphon portatif, où l'air ne peut s'introduire lors des secousses du transport, sans qu'il soit nécessaire pour cela de faire usage d'un robinet. Le tube total est composé de trois parties distinctes, $\overline{AB}$, $\overline{BCD}$, $\overline{DE}$; la première et la troisième ont un même diamètre, égal à celui des tubes barométriques ordinaires; quant à la seconde, qui forme le coude, elle est beaucoup plus étroite. La longue branche CBA est fermée; la petite CDE sert de cuvette, mais ne communique avec l'atmosphère que par une très petite ouverture E, qui laisse entrer l'air, et par laquelle le mercure ne pourrait sortir. Le tube est fixé sur une échelle double.

dans une boîte longue et étroite, contenant en outre un thermomètre qui donne la température de l'appareil.

La boîte étant ouverte et suspendue, en sorte que les deux branches du tube soient verticales et le coude en bas, le baromètre a la position propre à l'observation ; les extrémités de la colonne aboutissent dans les parties AB et DE, de même diamètre, en des points dont on peut constater les positions variables au moyen de deux verniers mobiles sur la double échelle. Pour transporter ce baromètre, on le renverse sans précipitation ; le mercure de la cuvette s'écoule dans la longue branche qui se remplit ; mais son niveau doit rester dans la partie courbe DCB. Lorsqu'on veut observer de nouveau, on retourne la boîte ; alors le mercure retourne à la cuvette en chassant l'air devant lui par le canal BCD, trop étroit pour que la colonne liquide puisse s'y diviser.

Il paraît cependant que des secousses trop vives, qu'il est impossible d'éviter en voyage, introduisent quelquefois de l'air dans le vide de ce baromètre. Mais on doit à M. Bunten une modification ingénieuse qui détruit toute chance d'un semblable accident ; elle consiste à terminer la partie AB en pointe très fine, et à souder autour d'elle l'extrémité supérieure du tube, convenablement élargie. Par cette disposition, les bulles d'air auxquelles les cahots du transport font franchir le canal étroit ne peuvent s'élever dans la partie supérieure du baromètre, car il leur faudrait pour cela passer par l'ouverture très fine de la pointe, isolée au milieu d'une masse de mercure ; elles vont alors se loger entre cette pointe et la paroi gonflée, et l'on peut facilement les chasser de cette cavité en secouant un peu l'instrument renversé.

Fig. 24.

Fig. 25.

Le baromètre de M. Gay-Lussac est beaucoup moins pesant et conséquemment plus portatif que celui de Fortin ; mais il exige deux observations de hauteur au lieu d'une, ce qui double l'incertitude du résultat. Ce désavantage est surtout sensible quand il s'agit de constater de légères différences dans la pression atmosphérique ; car de très petites variations de hauteur, sensibles dans le baromètre de Fortin, peuvent rester inaperçues étant partagées entre les deux branches du baromètre à syphon.

77. Dans tout baromètre, l'espace intérieur que la colonne de mercure laisse au-dessus d'elle, est vide de toute matière pondérable, ou du moins il ne peut contenir que de la vapeur de mercure, dont la densité doit être tellement petite aux températures ordinaires de l'atmosphère, qu'on peut se dispenser d'y avoir égard dans le plus grand nombre de circonstances. Cet espace est appelé *vide barométrique*. Les corps qu'on y introduirait se trouveraient privés du contact de tout gaz ; mais, à moins d'avoir à manœuvrer des appareils très incommodes et qui exigeraient une très grande quantité de mercure, on ne peut donner à cet espace vide assez d'étendue, pour observer la plupart des phénomènes que peuvent présenter des corps ainsi isolés. Il est presque toujours préférable d'employer dans ce but la machine pneumatique, instrument dont il nous importe d'ailleurs de donner ici la description, pour pouvoir étudier d'une manière plus complète les propriétés des gaz.

78. Pour priver autant que possible un corps du contact de l'air, on l'isole comme il le serait dans un vase fermé, en le recouvrant d'une cloche de verre, dont l'ouverture est appliquée sur un plan métallique qu'on appelle *pla-*

tine ; on assure la perfection de ce contact par l'interposition d'un corps gras. La portion d'espace ainsi limitée porte le nom de *récipient ;* elle communique par un canal recourbé qui traverse la platine avec un corps de pompe cylindrique, dans lequel peut se mouvoir un piston. Un robinet placé près de ce corps de pompe, traverse le canal, et permet d'établir ou d'intercepter à volonté la communication. Enfin une ouverture est pratiquée dans l'épaisseur du piston ; elle est munie d'une soupape qui se ferme lorsqu'elle est plus pressée de haut en bas que dans le sens opposé, mais qui s'ouvre facilement dans le **cas** contraire.

Le robinet étant ouvert, on soulève le piston ; l'air extérieur ne peut se glisser à travers les joints qui le séparent du cylindre, si, comme nous le supposons, l'appareil est bien exécuté ; alors, la soupape étant fermée, l'air du récipient se dilate et se répand dans le corps de pompe. Lorsque le piston est parvenu au plus haut de sa course, on l'abaisse après avoir fermé le robinet ; il comprime la masse d'air isolée au-dessous de lui, et la force élastique de ce gaz augmentant, finit par devenir supérieure à celle de l'atmosphère ; alors la soupape s'ouvre, et l'air du corps de pompe s'échappe.

Le piston étant arrivé au bas de sa course, on peut recommencer la même série d'opérations, et diminuer ainsi successivement l'air du récipient. Il est facile de voir que sa masse décroît en progression géométrique, lorsque le nombre des coups de piston augmente en progression arithmétique ; car le jeu de l'appareil enlève à chaque coup la même fraction de la masse d'air restante, fraction qui a pour numérateur le volume du corps de pompe, et pour dénominateur ce même volume augmenté de la capacité du récipient. Mais cette progression décroissante ne saurait continuer indéfiniment : le poids qu'on est obligé de conserver à la soupape pour qu'elle soit suffisamment résistante, et l'impossibilité de réduire à zéro l'espace compris entre les parois du corps de pompe et le piston baissé arrêtent toujours l'efficacité de l'appareil, et s'opposent à l'extraction de la totalité de l'air. En effet, pour que le gaz renfermé dans le corps de pompe puisse s'échapper lors de la descente du piston, il faut qu'il soulève la soupape ; or, lorsqu'on aura répété les opérations précédentes un certain nombre de fois, il arrivera nécessairement que la quantité de ce gaz, devenue très petite, se logera entre les parois du cylindre et du piston, sans pouvoir exercer contre la soupape une pression suffisante pour la soulever. A partir de ce moment, la masse d'air du récipient ne pourra plus diminuer.

La machine pneumatique, telle que nous venons de la décrire, est la première qu'on ait employée. On avait à manœuvrer le robinet deux fois à chaque coup de piston. Sur la fin de l'opération, la pression intérieure étant très faible, il fallait vaincre, pour soulever le piston, la pression de l'atmosphère sur sa face supérieure, ou le poids d'une colonne cylindrique de mercure de même base, ayant 28 pouces environ de hauteur.

Mais la machine pneumatique a été perfectionnée depuis son invention. On se sert de deux corps de pompe de mêmes dimensions, communiquant tous deux par un même conduit avec le récipient, et dont les tiges, disposées en crémaillères, peuvent être mises en mouvement par l'intermédiaire d'un pignon, qu'une double manivelle

Fig. 27. assemblée sur son axe permet de faire tourner, tantôt dans un sens, tantôt dans l'autre. On est ainsi parvenu à équilibrer entre elles les pressions exercées par l'atmosphère sur les deux pistons, puisque, dans le mouvement produit, l'un de ces pistons monte tandis que l'autre descend.

Pour remplacer le robinet, on a pratiqué dans le piston, formé d'un grand nombre de rondelles en cuir réunies par pression, un trou dans lequel une tige de cuivre bien rodée peut se mouvoir à frottement ; cette tige est terminée vers le bas par un cône, qui ferme l'ouverture du tube de communication avec le récipient lorsque le piston s'abaisse, mais qui la laisse libre quand le piston s'élève. Pour limiter l'ascension de ce petit cône, et faire en sorte qu'il reste toujours très près de l'ouverture, la tige, prolongée au-dessus du piston, va butter contre un plan horizontal fixe vers le haut du corps de pompe. Il est aisé de concevoir le jeu de ce mécanisme.

La soupape du piston est formée d'une petite rondelle en cuir, pincée en deux points diamétralement opposés, de manière à s'appliquer exactement sur l'orifice, et dont il faut que l'air intérieur surmonte l'élasticité pour sortir par ses joints latéraux. Cette rondelle retombe ensuite en vertu de cette élasticité et de la pression de l'atmosphère quand le piston est soulevé. Pour pouvoir à volonté fermer ou ouvrir une communication entre le récipient et l'air extérieur, on se sert d'un robinet auquel on donne le nom de *clé* de la machine. Ce robinet est placé transversalement au conduit principal qui va du récipient aux corps de Fig. 28. pompe ; il est percé de deux canaux : l'un, transversal, doit être dans l'axe du conduit lorsqu'on veut faire le vide ; l'autre traverse la tête du robinet, se recourbe et aboutit latéralement à un quadrant de distance des ouvertures du premier ; son orifice extérieur est fermé par un bouchon métallique. Pour faire rentrer l'air, on ôte le bouchon et l'on tourne le robinet d'un quart de révolution ; l'ouverture intérieure du second canal est alors dans l'axe du conduit principal de la machine.

79. On adapte ordinairement à la machine pneumatique une éprouvette renfermée sous une cloche communiquant avec le récipient, et qui indique la pression de l'air intérieur vers la fin de l'opération. Cette éprouvette est un baromètre à syphon tronqué, dont les deux branches ont une même longueur de 1 à 2 décimètres seulement. Lors des premiers coups de piston, le mercure remplit toute la branche fermée ; mais il baisse dans cette branche, et remonte dans l'autre quand la pression de l'air du récipient a suffisamment diminué ; alors les deux niveaux se rapprochent de plus en plus ; mais ils s'arrêtent toujours, malgré le mouvement continué des pistons, avant d'avoir atteint le même plan horizontal ; ce qui tient, comme nous l'avons dit, à l'inertie de la soupape et à l'espace compris entre les parois et le dessous du piston baissé, espace qu'il est impossible d'annuler. Le degré de perfection d'un appareil pneumatique se mesure par la différence des hauteurs du mercure dans les deux branches de l'éprouvette, lorsqu'elles ont atteint leur état stationnaire. Les meilleures machines de ce genre font le vide à 1 ou 2 millimètres près.

80. M. Babinet a imaginé de faire subir à la machine pneumatique une modification qui permet d'obtenir un vide plus complet ; elle consiste principalement dans un robinet placé à la bifurcation du conduit horizontal, ayant

1 6

la forme d'un T, qui fait communiquer le récipient et les corps de pompe. Ce robinet est percé d'un canal longitudinal toujours situé dans l'axe du conduit principal de la machine, et qui aboutit à trois canaux transversaux, desquels deux se correspondent sur un même diamètre, et le troisième est perpendiculaire à cette ligne. Lorsqu'on commence à faire le vide, le robinet est tourné de telle manière que les deux canaux transversaux opposés l'un à l'autre, soient dans l'axe des conduits partiels dirigés vers les corps de pompe. Le troisième canal transversal, aboutissant alors à la paroi du cône tronqué creux dans lequel se meut le robinet, est sans issue. La machine est dans l'état ordinaire et fonctionne de la même manière.

Mais lorsque l'éprouvette devient stationnaire, on tourne le robinet d'un quart de révolution, de manière à placer le troisième canal transversal dans l'axe d'un des conduits partiels; les deux premiers sont alors sans issue, et le récipient ne peut fournir d'air qu'à l'un des deux corps de pompe A. Quant au second B, son conduit partiel maintenant fermé du côté du récipient, communique directement avec le fond du premier corps de pompe A au moyen d'un conduit oblique C, lequel doit être fermé lors du premier état de la machine. On concevra facilement qu'un petit canal traversant la partie pleine du robinet puisse remplir ce double objet, ce nouveau canal n'ayant pas d'issue lors de la première position, et se tournant dans l'axe du conduit C lors de la seconde.

En continuant à faire agir la machine dans le nouvel état, lorsque le piston de A s'élève, une portion de l'air restant dans le récipient peut se répandre dans ce corps de pompe, mais non dans B, car le second piston descendant, le conduit C est fermé par sa tige. Lorsque au contraire le piston de A descend, il refoule de l'air dans B par le conduit C alors ouvert, et ainsi de suite. Dans cette seconde série d'opérations, la soupape du piston de A reste constamment fermée, c'est comme si ce piston était plein ; mais le gaz, constamment refoulé dans le corps de pompe B, peut acquérir une force élastique suffisante pour soulever la soupape de son piston et s'échapper dans l'atmosphère, ce qui diminuera d'autant la masse d'air intérieure.

Pour évaluer numériquement l'importance de la modification dont il s'agit, soient, dans le premier état de la machine : P la capacité du corps de pompe B, lorsque le piston est au plus haut de sa course, p l'espace que ce piston laisse encore au-dessous de lui lorsqu'il est au plus bas, et m la masse d'air qui reste dans p quand l'efficacité de la machine s'arrête par les causes connues. $\frac{m}{p}$ est la densité de l'air renfermé au-dessous du piston baissé, lorsque la soupape cesse de s'ouvrir. Cette densité peut être prise pour celle de l'air atmosphérique, car au coup de piston précédent la soupape s'était ouverte, et l'espace p communiquait avec l'atmosphère. $\frac{m}{P}$ est la densité de l'air contenu dans le corps de pompe lorsque le piston est au plus haut de sa course ; cette densité est évidemment celle de l'air du récipient quand sa masse ne peut plus diminuer. Ainsi l'unité de volume du récipient, qui contenait une quantité d'air égale à $\frac{m}{p}$ au commencement de l'opération, ne contient plus à la fin qu'une masse $\frac{m}{P}$; la fraction $\frac{p}{P}$ représente donc le pouvoir raréfiant de la machine dans son état ordinaire; c'est-à-dire que la quantité d'air qu'on ne peut enlever, est à celle que le récipient contenait dans l'origine, comme p est à P.

Revenons maintenant au second état. L'efficacité s'arrêtera lorsque le corps de pompe B ne contiendra plus qu'une quantité d'air égale à m, et qu'il n'en recevra plus de A, c'est-à-dire quand la masse d'air de ce dernier corps de pompe restera stationnaire malgré le jeu de son piston. Cela posé, supposons que les deux corps de pompe aient exactement les mêmes dimensions, et désignons par p' la capacité du conduit C. Lorsque le piston de B est au plus haut et celui de A au plus bas, $\frac{m}{P}$ est la densité de l'air dans B; et les deux corps de pompe communiquant alors, $\frac{m}{P}$ est aussi la densité du gaz contenu dans l'espace $p+p'$ que le piston de A laisse au-dessous de lui. Il suit de là que la masse d'air stationnaire de A est $\frac{m}{P}(p+p')$; quand son piston est au plus haut, cette même masse d'air occupe l'espace $P+p'$, et sa densité, alors la même que sous le récipient, est $\frac{m}{P}\cdot\frac{p+p'}{P+p'}$. Ainsi l'unité de volume du récipient, qui contenait primitivement une quantité d'air égale à $\frac{m}{p}$, ne contient plus, lorsque l'appareil cesse d'être efficace dans le second état, qu'une masse d'air $\frac{m}{P}\cdot\frac{p+p'}{P+p'}$. Le pouvoir raréfiant de la machine pneumatique, perfectionnée par M. Babinet, est donc égal à la fraction $\frac{p(p+p')}{P(P+p')}$

S'il était possible d'annuler l'espace p', la fraction précédente deviendrait $\dfrac{P^2}{P'^2}$; et l'on pourrait dire que la densité de l'air restant dans la nouvelle machine, est à celle de l'air qu'on ne peut extraire au moyen de l'ancienne, comme cette dernière est à la densité de l'air atmosphérique. Quoi qu'il en soit, le mercure est un liquide trop dense pour rendre sensible la faible pression que conserve l'air du récipient, lorsqu'on fait usage du perfectionnement dont il s'agit. Il faut alors se servir d'une éprouvette d'acide sulfurique, et quand elle semble rester stationnaire, la différence des hauteurs est plus petite qu'un millimètre. D'après la théorie, le vide devrait être encore plus parfait que ne l'indique ce résultat de l'expérience; mais il est impossible d'éviter que les ouvertures des conduits partiels, que les tiges doivent alternativement laisser ouvertes et fermées, ne restent au moins une fraction de seconde ouvertes en même temps, et il est facile de concevoir que cette cause doit s'opposer à ce que la raréfaction puisse être poussée aussi loin.

81. Parmi les appareils dont on se sert pour augmenter la pression de l'air dans un espace limité, il en est un qui ne diffère pas quant à sa forme de la machine pneumatique ordinaire, et qu'on appelle *machine de compression*. Dans chaque corps de pompe, l'ouverture que la soupape conique à tige tient fermée, lors de la descente du piston, communique avec l'atmosphère; une soupape en cuir est disposée au-dessous de l'orifice du conduit partiel allant au récipient, de manière à le fermer lors d'un excès de pression de bas en haut. Par cette disposition, le corps de pompe se remplit d'air atmosphérique lorsque son pis-

ton monte, et la masse de gaz qu'il contient est ensuite refoulée dans le récipient par le piston descendant. On fait ainsi entrer à chaque coup un volume d'air égal à la capacité des corps de pompe, en sorte que la masse de gaz renfermée augmente suivant les termes d'une progression arithmétique. Mais cette progression ne saurait continuer indéfiniment, et il y a encore ici une cause d'arrêt ; car il arrive un moment où l'air de chaque corps de pompe peut se loger au-dessous du piston baissé, sans acquérir une force élastique suffisante pour vaincre la pression intérieure au récipient et ouvrir la soupape du conduit.

Dans cette machine, le récipient doit être vissé sur la platine, ou fortement pressé contre elle, sans quoi l'élasticité croissante de l'air qui s'y accumule finirait par le soulever. Cette précaution est inutile dans la machine pneumatique, car la pression atmosphérique étant au contraire plus forte que celle de l'air intérieur maintient le récipient sur la platine. L'éprouvette de la machine de compression a encore la forme d'un baromètre à syphon tronqué ; mais la branche fermée contient au-dessus du mercure une colonne de gaz, dont le volume diminue de plus en plus à mesure que la compression augmente, suivant une loi que nous indiquerons par la suite (§ 86).

CINQUIÈME LEÇON.

Effets de la pression atmosphérique. — Mesure de l'élasticité des gaz. — Loi de Mariotte. — Mélanges des gaz. — Cuves à eau et à mercure. — Mélanges des liquides et des gaz. — Pression de l'air sur l'eau. — Pompe aspirante. — Flacon de Mariotte. — Syphon.

82. L'air atmosphérique doit être soumis aux condi-tions générales de l'équilibre des fluides. La pression nor-male exercée sur un élément plan quelconque, pris dans son intérieur, doit donc avoir la même intensité dans toutes les directions autour d'un point, et pour tous les points d'un même plan horizontal. Or puisque la pression de l'air, agissant de haut en bas sur la cuvette d'un baromètre, est égale au poids de la colonne de mercure soulevée, elle doit avoir la même mesure dans toute autre direction. Cette conséquence se vérifie par l'expérience. Si l'on retire len-tement de sa cuvette le tube d'un baromètre, assez étroit pour que l'air ne puisse y diviser la colonne liquide, il la maintient suspendue contre l'action de la pesanteur; la pression de l'air agit donc de bas en haut avec la même in-tensité que dans la direction opposée. Si l'on remplit de mercure un tube barométrique, auquel soit soudé à angle droit un autre tube ouvert de petit diamètre, et qu'on ren-verse cet appareil, le mercure se répand en partie dans le

Élasticité
de l'air.

Fig. 33.

second tube devenu horizontal, et se maintient dans le premier à la même hauteur que dans un baromètre ordinaire; la pression de l'air agit donc horizontalement, sur la surface libre inférieure du mercure, avec la même force que dans une direction verticale.

Ainsi la force élastique d'une portion d'air atmosphérique renfermée dans un vase, ou la pression qu'elle exerce, de dedans en dehors, en tout point des parois qui la contiennent, est équivalente au poids d'une colonne cylindrique de mercure, ayant l'unité de surface pour base, et $0^m,76$ environ de hauteur; ce qui donne à peu près un kilogramme par centimètre carré. Et c'est encore avec cette force que l'air presse normalement, et de dehors en dedans, toutes les parties de la surface des corps qu'il entoure à la surface de la terre. On peut rendre sensibles ces pressions partielles par plusieurs expériences. Si l'on place sur la platine de la machine pneumatique, une cloche percée d'une ouverture que l'on ferme par une membrane tendue, aussitôt que l'on fait mouvoir les pistons cette membrane se courbe vers l'intérieur, par l'excès de la pression atmosphérique sur celle de l'air raréfié; sa courbure augmente jusqu'à ce qu'elle soit déchirée, et l'air extérieur pénètre alors dans la cloche, brusquement et avec bruit.

Le récipient de la machine pneumatique, lorsque le vide existe dans son intérieur, éprouve sur toutes ses parties des pressions égales et même plus fortes que celle qui déchire la membrane dans l'expérience précédente. Si ces pressions ne peuvent le briser, à cause de sa forme et de sa rigidité, elles se manifestent par un effet non moins sensible, en pressant fortement le récipient contre la platine. Il faudrait pour l'en séparer, et vaincre la résultante de ces pressions, produire un effort capable de soulever le poids d'une colonne de mercure qui aurait la même base que ce récipient et o^m,76 de hauteur ; la platine devrait être en outre retenue par une force semblable.

Mais pour rendre sensibles les efforts qu'exige la séparation de deux corps simplement juxta-posés, lorsqu'ils enveloppent un espace privé d'air, il est plus commode de se servir d'un appareil imaginé par Otto de Guéricke, inventeur de la machine pneumatique. Cet appareil se compose de deux hémisphères creux en métal, dont les bords peuvent s'appliquer exactement l'un sur l'autre ; l'un d'eux est percé d'un petit canal qu'on peut ouvrir ou fermer au moyen d'un robinet ; deux anneaux vissés sur leur surface permettent de les tirer en sens contraires. Lorsque la sphère creuse qu'ils forment étant réunis est remplie d'air atmosphérique, on n'a à vaincre pour les désunir que leur adhérence et leurs poids. Mais quand, au moyen du petit canal, on a fait le vide dans l'intérieur, la force nécessaire pour déterminer leur séparation devient beaucoup plus considérable ; elle s'accroît alors d'autant de kilogrammes que la base de chaque hémisphère contient de centimètres carrés. Si l'on suspend par un des anneaux la sphère vide sous le récipient de la machine pneumatique, lorsqu'on enlève l'air qui l'entoure, ce qui supprime la pression extérieure, l'hémisphère inférieur se détache de lui-même et tombe sur la platine.

Fig. 34.

83. Les pressions que l'air atmosphérique exerce sur les différentes parties d'un corps, toutes considérables qu'elles paraissent étant isolées, se contre-balancent mutuellement, et sont presque détruites par la résistance que le corps oppose au rapprochement de ses particules, puisque leur résultante totale, dirigée de bas en haut, est simplement

Pression de l'air sur le corps humain.

égale au poids de l'air déplacé. L'existence de la pression atmosphérique ne saurait donc gêner le mouvement d'un corps dans l'air ; la résistance opposée dans cette circonstance est d'une autre nature, elle tient à ce que les masses d'air rencontrées doivent aussi entrer en mouvement pour remplir l'espace vide que le mobile tend à laisser derrière lui ; cette résistance est d'ailleurs insensible quand le corps est très dense et animé de petites vitesses.

Ainsi le corps humain dont la surface est moyennement de $\frac{7}{4}$ de mètre carré, et sur lequel l'atmosphère exerce des pressions dont la somme totale est de 17500 kilogrammes environ, résiste à cette force par la réaction égale et opposée des fluides qu'il contient, et ses mouvemens n'en éprouvent aucune gêne sensible. Mais les effets seraient tout différens si l'air cessait de presser une partie du corps avec la même intensité. La main placée sur un verre qui communique avec le conduit d'une machine pneumatique, y reste fixée lorsque l'air est en partie retiré au-dessous d'elle par le jeu des pistons, et c'est avec effort qu'on parvient à la retirer de cette position. Quand on applique une ventouse sur une partie du corps humain, c'est-à-dire une cloche sous laquelle on raréfie l'air, l'élasticité des fluides intérieurs qui faisait équilibre à la pression de l'atmosphère, n'est plus contre-balancée en cet endroit, et le sang jaillit sous la cloche par des incisions faites à la peau. C'est par une cause analogue que des hémorrhagies et d'autres accidens graves peuvent résulter d'une ascension trop rapide sur une montagne élevée, si la pression des liquides intérieurs aux organes n'a pas eu le temps de diminuer graduellement, pour être toujours équilibrée par la pression de l'air ambiant, devenue beaucoup plus faible.

84. On concevra facilement, d'après ce qui précède, comment le baromètre peut servir à mesurer la force élastique d'un gaz contenu dans un espace fermé. Par exemple, si cet espace communique avec les conduits de la machine pneumatique, le baromètre indique à chaque instant la pression de l'air intérieur. On voit la colonne de mercure diminuer de hauteur à mesure que le jeu des pistons raréfie le gaz du récipient; lorsqu'au contraire, après avoir fait le vide, on tourne la clé de la machine pour introduire l'air atmosphérique, le baromètre remonte jusqu'à sa hauteur primitive. Si en outre le récipient communique avec la longue branche d'un tube recourbé qui contient du mercure, et dont la petite branche, suffisamment élargie pour servir de cuvette, s'ouvre dans l'atmosphère, les deux niveaux du mercure, dans ce nouvel appareil, s'éloignent au contraire quand la machine agit, et se rapprochent lors de la rentrée de l'air; leur distance verticale indique à chaque instant l'excès de la pression atmosphérique sur l'élasticité du gaz raréfié. D'où il suit que si l'on ajoute cette distance à la hauteur indiquée au même instant par le baromètre renfermé, on doit retrouver une longueur égale à la colonne d'un baromètre disposé à l'air libre; c'est en effet ce qui se vérifie toujours.

On substitue quelquefois à l'éprouvette de la machine pneumatique l'un ou l'autre des deux appareils que nous venons de supposer réunis. On se sert du baromètre intérieur complet quand on veut mesurer directement la pression de l'air raréfié, après un petit nombre de coups de piston, qui suffisent pour l'objet qu'on se propose; ce qu'on ne pourrait faire avec l'éprouvette ordinaire. L'emploi du tube recourbé, ou d'un simple tube vertical ouvert sous un des conduits de la machine, et plongeant dans une **cu-** vette à l'air libre, permet d'évaluer avec plus d'exactitude la pression du gaz intérieur ; on observe alors la hauteur du mercure dans ce tube au moyen d'une échelle fixe, d'un vernier et d'une cuvette à fond mobile, et l'on retranche cette hauteur de la colonne d'un baromètre voisin.

85. Les changemens de niveau du mercure, dans les appareils qui viennent d'être décrits, indiquent seulement que la pression des gaz diminue avec leur densité, ou avec la quantité de leur masse comprise dans l'unité de volume ; mais il est important de connaître la relation exacte qui existe entre ces élémens différens. On la met en évidence au moyen d'un appareil imaginé par Mariotte, et qui se compose d'un tube recourbé à branches très inégales ; la petite est fermée, graduée sur une de ses arêtes, et doit être bien calibrée, c'est-à-dire partout d'un même diamètre ; l'autre branche, très longue, est ouverte vers le haut en forme d'entonnoir. On met du mercure dans ce tube, de manière qu'il soit de niveau dans les deux branches ; l'élasticité de l'air renfermé dans la petite, et qui doit être parfaitement desséché, est alors égale à la pression atmosphérique ; on note le nombre N de divisions occupé par cet air. On verse encore du mercure dans la longue branche, jusqu'à ce que la distance verticale des deux niveaux soit égale à la hauteur barométrique ; l'élasticité de l'air intérieur est alors double de la pression atmosphérique, ou de ce qu'elle était au commencement lorsque le gaz occupait N divisions ; or on trouve qu'il n'en occupe plus que $\frac{N}{2}$, c'est-à-dire que son volume a diminué de moitié, ou que sa densité a doublé. En portant successivement la

différence des hauteurs du mercure dans les deux branches à deux fois, à trois fois, etc., la longueur de la colonne barométrique, la masse d'air comprimée n'occupe plus que $\frac{N}{3}$, $\frac{N}{4}$, etc., divisions. Ces expériences démontrent ou vérifient la loi connue sous le nom de *loi de Mariotte*, savoir : que *les volumes occupés par une même masse de gaz sont en raison inverse des pressions qu'elle supporte*. Cette loi a été vérifiée sur tous les gaz connus ; elle ne subsiste que lorsque la température du gaz éprouvé reste constante pour tous les degrés de compression qu'on lui fait subir ; mais elle est vraie quelle que soit cette température. MM. Dulong et Arago, dans une série d'expériences que nous aurons l'occasion de décrire par la suite, ont poussé la vérification de cette loi sur l'air sec jusqu'à des pressions équivalentes à 27 atmosphères.

On peut vérifier la loi de Mariotte pour des pressions moindres que celle de l'atmosphère, en se servant d'un tube assez large pour qu'on puisse négliger l'influence de la capillarité, fermé par un bout, et gradué en divisions d'égale capacité sur toute sa longueur ; on le renverse, après l'avoir rempli de mercure, dans un vase très haut contenant le même liquide ; il est ensuite facile d'introduire dans le vide de ce baromètre le gaz que l'on veut éprouver. On descend d'abord le tube dans le vase jusqu'à ce que les niveaux du mercure intérieur et extérieur soient tangens au même plan horizontal ; on observe alors le nombre N des divisions occupées par le gaz, dont l'élasticité est alors égale à la pression de l'atmosphère, et peut être mesurée par la hauteur H de la colonne d'un baromètre voisin ; on soulève ensuite le tube, le gaz se dilate et occupe un volume N′ plus grand que N; le niveau intérieur du mercure s'élève à une hauteur h au-dessus du bain; la pression du gaz est alors moindre que celle de l'atmosphère, et a pour mesure H — h. Or, on trouve toujours que les quantités observées satisfont à l'équation NH $=$ N′ (H — h), ou à la proportion N′ : N :: H : H — h. La loi de Mariotte est donc vraie pour les pressions moindres que celles de l'atmosphère.

Ainsi, lorsqu'une même masse de gaz occupe successivement deux volumes V et V′, et que P et P′ représentent les pressions correspondantes, on a toujours VP $=$ V′P′. Si D et D′ représentent en outre les densités du même gaz dans ces deux circonstances, on a aussi VD $=$ V′D′, d'où D : D′ :: P : P′, c'est-à-dire que ces densités sont proportionnelles aux pressions.

86. A l'aide de ces formules, on peut déduire facilement des hauteurs indiquées par l'éprouvette d'une machine de compression, la mesure exacte de la force élastique et de la densité du gaz intérieur. L'instrument est fixé sur une double échelle qui donne en millimètres la différence des hauteurs du mercure; la branche fermée est graduée en parties d'égale capacité, ce qui permet de connaître à chaque instant le nombre de divisions, ou le volume occupé par le gaz qu'elle renferme. Avant qu'on fasse agir la machine, le liquide a le même niveau dans les deux branches; le gaz occupe alors un volume V, et sa force élastique est mesurée par la hauteur H du mercure dans un baromètre. Lorsque l'air du récipient est condensé par le jeu des pistons, le gaz de l'éprouvette n'occupe plus qu'un volume V′ moindre que V; soit alors h la distance verticale des deux niveaux, et x la hauteur in-

connue de mercure qui ferait équilibre à la pression de l'air du récipient. $x - h$ mesurera la force élastique du gaz indicateur dans le volume V', et la loi de Mariotte donnera

$$V' (x - h) = VH, \text{ d'où } x = h + \frac{V}{V'} H.$$ Le rapport de la densité de l'air condensé à celle de l'air atmosphérique

sera $\dfrac{x}{H} = \dfrac{h}{H} + \dfrac{V}{V'}.$

87. On peut substituer, dans la formule $VP = V'P'$, Manomètre. aux pressions P et P' les poids des colonnes de mercure qui leur feraient équilibre. Soient d la densité du mercure, H et H' les hauteurs barométriques correspondantes aux deux pressions P et P', et supposons, pour plus de généralité, qu'elles soient mesurées, à la même température, dans des lieux différens, où la pesanteur puisse avoir des intensités différentes g et g'. On aura $P = gdH$, $P' = g'dH'$, et la formule précédente deviendra, en supprimant le facteur commun d, $gHV = g'H'V'$. Si les variations de volume et de pression s'opèrent dans le même lieu, g sera en outre égal à g', et l'équation se réduira à $HV = H'V'$; c'est habituellement sous cette forme qu'on en fait usage.

Mais si les volumes V et V' de la masse de gaz considérée, et les hauteurs barométriques correspondantes H et H', sont observées à la même température dans deux lieux différens, il pourra se faire que les produits HV, $H'V'$, ne soient pas égaux, et l'équation $gHV = g'H'V'$ donnera alors $g' : g = HV : H'V'$, pour le rapport des intensités de la pesanteur aux deux stations. C'est pour utiliser ce moyen de constater les variations de la pesanteur qu'on a imaginé le *manomètre*. Cet instrument n'est autre qu'un baromètre à syphon, dont la cuvette est graduée et fermée à la lampe, de manière à isoler la portion d'air atmosphérique qu'elle contient. Nous le supposerons construit sur le principe du baromètre de M. Gay-Lussac pour qu'il soit facilement transportable : soient à la première station N le nombre de millimètres occupés par le gaz dans la cuvette lorsque la distance des niveaux du mercure est H ; soient aussi N′ et H′ ce volume et cette hauteur, à la seconde station, lorsque la température de l'appareil est redevenue la même. On aura $N' - N = \frac{1}{2}(H' - H)$, d'après la forme de l'instrument ; d'où $\frac{V'}{V} = \frac{N'}{N} = 1 + \frac{H' - H}{2N}$,

et enfin $\frac{g}{g'} = \frac{H'}{H}\left(1 + \frac{H' - H}{2N}\right)$.

Mélanges des gaz.

88. La loi de Mariotte se vérifie sur tous les gaz simples ou composés dans le sens chimique ; elle a lieu pareillement pour l'air, qui contient à l'état de mélange $\frac{1}{5}$ environ d'oxigène, et $\frac{4}{5}$ d'azote ; il était important de vérifier si elle avait lieu pour tous les mélanges de gaz. Voici ce que l'expérience a appris à leur égard. Deux liquides qui ne se combinent pas peuvent rester séparés dans le même vase lorsqu'ils ont des densités différentes ; la stabilité de leur équilibre exige que le plus dense soit au fond du vase, et que le moins dense occupe la partie supérieure (§ 61). Mais toutes les fois que deux fluides élastiques sont mêlés, il s'établit rapidement un mélange homogène qui persiste, en sorte que chaque partie du volume total contient les mêmes proportions des deux gaz. Cette condition d'équilibre des fluides élastiques mélangés se vérifie toujours, même dans les circonstances les plus défavorables à son établissement : si l'on place l'un au-dessus de l'autre deux ballons contenant des fluides élastiques à la même pres

sion, mais de densités différentes, que le ballon inférieur renferme, par exemple, de l'acide carbonique, et l'autre de l'hydrogène, gaz beaucoup plus léger, ces deux ballons étant réunis par un tube, les deux gaz finissent toujours par s'y mélanger en proportions égales.

Ce résultat se vérifie pour deux gaz quelconques, n'ayant pas d'action chimique l'un sur l'autre dans les circonstances où l'expérience est faite. On remarque que la rapidité avec laquelle le mélange atteint son homogénéité définitive, augmente avec la différence de densité des deux gaz; cette propriété dépend donc de l'extrême porosité des fluides élastiques. Il résulte de là que dans l'atmosphère, il ne peut y avoir à une hauteur quelconque un mélange différent dans ses proportions de celui qu'on observe à la surface de la terre. L'hypothèse émise par quelques physiciens de l'existence de l'hydrogène dans les hautes régions de l'atmosphère, pour expliquer certains phénomènes météorologiques, ne saurait donc être adoptée.

89. Lorsque dans un vase à parois inextensibles, on introduit plusieurs fluides élastiques de nature différente, on trouve toujours qu'en écartant les variations de température, la force élastique du mélange est égale à la somme des forces élastiques des gaz mélangés, rapportée chacune au volume total d'après la loi de Mariotte. Par exemple, si deux gaz différens, occupant primitivement des volumes V et V', sous des pressions P et P', sont introduits dans un même vase de volume U, la pression Π du mélange est égale à

$P\dfrac{V}{U}$, pression du premier gaz rapportée au volume U,

plus $P'\dfrac{V'}{U}$, pression du second gaz rapportée encore au volume U, c'est-à-dire que l'on a toujours l'équation $\Pi U = PV + P'V'$. Si deux gaz occupant des volumes V et V', sous la même pression P, sont réunis dans un vase à parois extensibles, de telle sorte que la pression du mélange puisse être encore P, on trouve que cette dernière condition étant remplie, le volume du mélange est toujours égal à la somme $V + V'$. Ce nouveau fait se déduit d'ailleurs du premier : car si l'on fait dans l'équation précédente $\Pi = P' = P$, elle donne $U = V + V'$.

La formule $\Pi U = PV + P'V'$ étant vérifiée dans toutes les circonstances, on peut en conclure que la loi de Mariotte a lieu pour un mélange de deux gaz dans des proportions quelconques. En effet, si les deux gaz qui occupent séparément des volumes V et V', sous des pressions P et P', devaient être réunis dans un même volume U, on sait d'avance que la pression Π du mélange satisferait à l'équation $\Pi U = PV + P V'$; et que s'ils étaient réunis sous un autre volume U', la pression Π' qu'on y observerait devrait aussi vérifier l'équation $\Pi'U' = PV + P'V'$; d'où l'on conclut $\Pi'U = \Pi U'$; c'est-à-dire que le premier mélange étant opéré, et ramené ensuite au volume U', sa pression Π deviendrait $\Pi' = \Pi \dfrac{U}{U'}$, comme la loi de Mariotte l'eût indiqué.

On peut encore conclure de la vérification constante de la formule $\Pi U = PV + P'V'$, qu'il n'y a aucune force attractive sensible entre les molécules de deux gaz différens, réunis dans des circonstances où ils ne peuvent se combiner chimiquement; car, si cela était, leur mélange occuperait un volume moindre que celui déduit de la loi de Mariotte.

90. Les expériences dont nous venons d'énoncer les ré- Cuve
à mercure.
sultats, peuvent être faites au moyen d'une cuve à mercure
et de plusieurs éprouvettes ou cloches. Chaque éprouvette
doit avoir été graduée en parties d'égale capacité, opération très facile, car il suffit de la tenir le bout fermé en
bas, d'y verser successivement des poids ou des volumes
égaux de mercure, et de tracer avec une pointe de diamant des traits de division sur une des arêtes de la paroi
extérieure, dans les plans des niveaux successifs du liquide.
Une éprouvette étant d'abord remplie de mercure, on la renverse dans la cuve avec les mêmes précautions que pour Fig. 39.
placer un tube barométrique sur sa cuvette ; elle reste
pleine, si, comme on le suppose, sa hauteur est moindre
que $0^m,76$. On la dépose sur une platine trouée fixée horizontalement au-dessous de la surface du bain, et il est
facile ensuite, au moyen d'un tube doublement recourbé,
d'y faire arriver une certaine quantité d'un gaz qui s'é-
chappe d'une vessie que l'on presse, ou d'un vase contenant les substances propres à le produire chimiquement.

Le nombre des divisions que le gaz occupe dans l'éprouvette donne son volume ; la hauteur barométrique, diminuée de celle du niveau du mercure sous la cloche au-
dessus du bain extérieur, mesure sa pression. Ces opérations
étant faites pour deux gaz différens, on peut les réunir en
abaissant l'éprouvette qui contient l'un d'eux, et la retournant dans le bain au-dessous d'un entonnoir renversé, inférieur à la platine, et dont le goulot communique avec
l'intérieur de la seconde éprouvette restée fixe. Le volume
et la pression du mélange se mesurent ensuite comme pour
un gaz seul. Enfin, en abaissant ou soulevant une cloche
dans le bain, on peut faire varier à volonté la pression du

7··

gaz qu'elle contient, et, par exemple, amener le mercure intérieur de niveau avec celui du bain, en sorte que la pression du gaz soit égale à celle de l'atmosphère. Cette opération produit le même effet qu'un vase à parois extensibles.

Lorsqu'on soutient au-dessus d'une cuve à eau ou à mercure une cloche ou tout autre vase renversé plein de liquide, et ayant son orifice plongé dans le bain, on éprouve une résistance égale au poids de l'enveloppe augmenté de celui du liquide soulevé. Pour expliquer ce résultat, soient S la section de l'orifice faite par le plan du niveau extérieur, H la hauteur du liquide employé qui ferait équilibre à la pression atmosphérique. Afin de simplifier, prenons pour unité de poids celui d'un volume de ce liquide égal à l'unité, et supposons que le vase soit symétrique autour d'un axe vertical. Si l'on décompose, comme au § 57, les pressions exercées à l'extérieur du vase, qui sont toutes égales entre elles et à celle de l'atmosphère, on trouvera facilement que leur résultante, verticale et dirigée de haut en bas, a pour expression le produit de la hauteur H, par la somme algébrique des projections horizontales de toutes les parties de la surface externe, laquelle somme est évidemment S; cette résultante sera donc dirigée dans le sens de la pesanteur et égale à **SH**. Quant aux pressions exercées intérieurement, ou du dedans au dehors, elles seront les mêmes que si le vase communiquait par le bas avec un canal recourbé, où le liquide s'éleverait dans une branche verticale et vide, à une hauteur H au-dessus du plan de niveau de la cuve; en décomposant pareillement ces pressions variables avec la profondeur, comme au § 57, on trouvera sans peine

FIG. 40.

que leur résultante est verticale, dirigée de bas en haut, et a pour expression SH — P, P étant le poids ou le volume du liquide contenu dans le vase au-dessus du bain. La résultante totale de toutes les pressions, tant extérieures qu'intérieures, sera donc enfin SH — (SH — P), ou P, et dirigée dans le même sens que le poids de l'enveloppe.

91. Les expériences nécessaires pour vérifier l'exactitude de la loi de Mariotte, ne pourraient être faites sur une cuve à eau, à cause des gaz que ce liquide peut absorber ou dégager. En général, quoiqu'un fluide élastique ne soit pas soluble dans un liquide avec lequel il est en contact, il y a toujours cependant une portion de ce gaz qui pénètre dans le volume occupé par le liquide. Le mercure paraît s'opposer entièrement à cette pénétration; mais l'eau en subit toutes les conséquences. De l'eau distillée, mise en contact avec l'atmosphère, se laisse pénétrer par une certaine quantité d'azote et d'oxigène, quoique ces gaz n'y soient pas solubles. Lorsqu'on place de l'eau qui a séjourné à l'air sous le récipient de la machine pneumatique, les gaz qu'elle contient se manifestent en bulles à mesure que la pression intérieure diminue; on peut ainsi l'en purger complétement; mais si on l'expose de nouveau au contact de l'atmosphère, elle reprend les mêmes quantités des gaz qu'elle contenait primitivement.

Lorsqu'on recueille par l'ébullition, ou par tout autre moyen, la portion d'un gaz qu'une certaine masse de liquide a absorbée, après avoir été mise en contact avec un espace rempli de ce gaz, entretenu à une pression constante P (§ 98), ce qui produisait le même effet qu'une atmosphère indéfinie, on trouve que le gaz recueilli, ramené

Mélanges
des gaz et des
liquides.

à la pression P, est une certaine fraction du volume de la masse liquide, qui est toujours la même pour chaque gaz et chaque liquide, quand on répète l'expérience à différentes pressions. Ainsi le volume de gaz absorbé par une masse liquide, étant ramené à la pression de l'atmosphère supérieure, est toujours le même, quelle que soit cette pression; ou, en d'autres termes, la densité du gaz répandu dans le liquide est toujours dans le même rapport avec celle du gaz extérieur. Ce rapport varie pour chaque gaz suivant le liquide qui l'absorbe; il est différent pour chaque liquide d'un gaz à l'autre; par exemple, l'eau absorbe proportionnellement plus d'oxigène que d'azote.

Si au lieu d'un seul fluide élastique l'atmosphère supérieure au liquide en contient plusieurs, on trouve que chaque gaz se comporte comme s'il était seul, quel que soit du reste le nombre des gaz mélangés, en tenant compte de la pression propre à chacun d'eux. Ainsi l'eau en contact avec l'air atmosphérique, soumise à une pression barométrique P, absorbe autant d'azote que si elle était soumise à une atmosphère indéfinie de ce gaz seul, exerçant une pression de $\frac{4}{5}$ P, plus autant d'oxigène que si l'atmosphère ne contenait que ce gaz pur à la pression $\frac{1}{5}$ P.

Si la masse liquide et les fluides élastiques qui peuvent la pénétrer, sont contenus dans un vase fermé, ou dans un espace limité par des parois inextensibles, on peut prévoir d'après ce qui précède le résultat de l'absorption. Chaque gaz se comportera toujours comme s'il était seul; mais les conditions d'équilibre ne seront plus les mêmes, parce que le volume des gaz sera comparable à celui du liquide, ou parce que la pression du mélange changera. Soient alors V le volume occupé par le gaz, U celui du liquide; d, d', d'',..

les densités primitives des différens gaz dans le volume V ; x, x', x'',.. les densités de ces mêmes fluides dans le même volume V après l'absorption ; $\frac{1}{n}$ le rapport d'équilibre qui doit s'établir entre la densité du premier gaz dans V, et sa densité dans le volume U occupé par le liquide ; $\frac{1}{n'}$, $\frac{1}{n''}$,... les rapports d'équilibre correspondans aux autres fluides mélangés ; ces fractions $\frac{1}{n}$, $\frac{1}{n'}$, $\frac{1}{n''}$,... ayant été déterminées pour le liquide proposé, et pour chaque gaz, quelle que soit du reste sa pression, par le procédé d'expérience indiqué précédemment. Les masses des gaz ne changeant pas dans l'appareil, on devra avoir évidemment les équations

$$V d = V x + U \frac{x}{n}, \quad V d' = V x' + U \frac{x'}{n'},..,$$

lesquelles serviront à déterminer x, x', x'',..., et par suite les quantités $U\frac{x}{n}$, $U\frac{x'}{n'}$, $U\frac{x''}{n''}$,... des différens gaz, absorbées par le liquide.

On peut déduire de cette théorie plusieurs conséquences que l'expérience vérifie. Lorsqu'un liquide saturé d'un fluide élastique, est mis en contact avec une atmosphère indéfinie d'autres gaz, celui que le liquide contient s'échappera, et se répandant dans l'atmosphère dont la masse est incomparablement plus grande que la sienne, y deviendra insensible. Si l'atmosphère est limitée, le fluide élastique dissous ne s'y répandra qu'en partie, en même temps que le liquide absorbera une portion des gaz de cette atmosphère. On concevra facilement pourquoi du gaz hydrogène, par exemple, recueilli au-dessus de l'eau, se trouve bientôt mélangé d'oxigène et d'azote.

Pression
de l'air
sur l'eau.

92. Le mercure est le seul liquide dont les différences de niveau nous aient servi à constater les variations de la pression des gaz; mais il est facile de deviner les résultats qu'on obtiendrait dans des circonstances semblables, si l'on employait l'eau au lieu du mercure. Car la densité de ce dernier liquide étant à celle du premier comme 13,586 est à l'unité, il suffira de multiplier par 13,586 chaque hauteur de mercure, pour obtenir la colonne d'eau qui ferait équilibre à la même différence de pression. Ainsi, lorsque la hauteur barométrique est de $0^m,76$, on peut en conclure que la pression atmosphérique équivaut au poids d'une colonne cylindrique d'eau ayant l'unité de surface pour base, et $10^m,325$ de hauteur. Au lieu de ce dernier nombre on peut adopter 10^m de hauteur d'eau, qui correspond à une colonne barométrique de $0^m,736$, supérieure encore à $0^m,713$, limite inférieure des colonnes barométriques observées à Paris; la pression de l'atmosphère, s'exerçant sur un centimètre carré, équivaudra au poids de 1000 centimètres cubes d'eau ou d'un kilogramme, et l'on aura ainsi l'espèce d'unité appelée *atmosphère*, dont on se sert dans les arts pour comparer les hautes pressions.

Pompe
aspirante.

93. Pour donner un exemple des effets dus à la pression de l'air, lorsqu'elle est équilibrée par des colonnes d'eau, nous choisirons entre les différens systèmes de pompes qui sont tous étudiés dans les cours de machines et d'hydrodynamique, celui qui présente le plus d'analogie avec les appareils que nous avons déjà décrits. Le mécanisme et l'effet de la pompe dite *aspirante* employée à élever l'eau, sont, aux dimensions près, semblables au mécanisme et à l'effet d'un des corps de pompes de la machine pneumatique, au-dessous duquel on adapterait comme unique récipient, un

Fig. 41.

tube barométrique plongé dans une cuvette extérieure, ou le second des appareils décrits au § 84. Le tube ou tuyau dit *aspirateur*, doit avoir moins de 10 mètres au-dessus du niveau de l'eau dans le puits où plonge son extrémité inférieure ; il débouche vers le haut au fond du corps de pompe, par un orifice muni d'une soupape qui s'ouvre de bas en haut ; une autre soupape s'ouvrant dans le même sens ferme le canal qui traverse le piston.

Lorsque la pompe est mise en activité, l'air du tuyau aspirateur est d'abord raréfié, et l'eau s'y élève pour faire équilibre à l'excès de la pression atmosphérique. Ce premier effet s'explique comme celui de la machine pneumatique ; il peut être arrêté par les mêmes causes qui limitent le degré de raréfaction de l'air dans cette machine, en sorte que les soupapes restant fermées la pompe jouerait inutilement. Mais dans un appareil bien construit et ayant des proportions convenables, après quelques coups de piston l'eau entre dans le corps de pompe, et l'effet produit change de nature. La soupape du tuyau aspirateur se ferme par son propre poids ; le piston descend, plonge dans l'eau à laquelle sa soupape livre passage, et il la soulève en remontant jusqu'à la bache destinée à la recevoir. A partir de cette époque il n'y a plus d'air dans la pompe, et si, ce qui a lieu ordinairement, le piston, même au plus haut de sa course, est à moins de 10^m au-dessus du niveau du puits, l'eau poussée par la pression atmosphérique le suit toujours dans son mouvement ascendant.

D'après cela, il est facile de calculer la charge du piston, ou la résistance qu'il faut vaincre pour le soulever. Soient, à un instant quelconque de son ascension, z la hauteur de l'eau située au-dessus de lui, et y celle de la co-

lonne liquide qui le suit, prise à partir du niveau du puits ;
représentons par S sa surface ou la section intérieure du
corps de pompe, et par H la hauteur d'eau qui fait équilibre au poids de l'atmosphère. Le piston sera sollicité de
haut en bas par la pression atmosphérique et par celle due
au poids de l'eau supérieure ; ce qui produira une résistance égale à $S (H + z)$, en prenant pour unité le poids
de l'unité de volume d'eau. Mais il sera en outre sollicité
de bas en haut par l'excès de la pression atmosphérique sur
celle due au poids d'une hauteur d'eau égale à y, ou par
une force $S (H - y)$. La charge totale sera donc $S (z + y)$;
c'est-à-dire que la résistance à vaincre pour soulever le piston équivaut au poids d'une colonne d'eau qui aurait sa
face pour base, et pour hauteur celle de l'eau comprise actuellement dans la pompe.

Si la bache a des dimensions telles, et est disposée de
manière, que le niveau de l'eau affluente et qui s'en écoule
n'y éprouve que des oscillations très petites relativement
à z et y, on pourra regarder la somme $z + y$ comme
constante pendant le jeu de la pompe. Soient alors représentés par h cette somme, et par l la longueur de la course
du piston ; à chaque ascension le moteur entraîne la résistance continue Sh sur un espace l ; et l'on démontre en
mécanique que la force vive dépensée dans cette circonstance est égale à Shl. D'un autre côté, l'effet produit est
un volume ou un poids d'eau Sl, soulevé par le piston
dans sa course ascendante, et qui passe dans la bache à
une hauteur h au-dessus du puits ; or tout effet de cette nature est égal au produit du poids par la hauteur verticale
dont il est définitivement élevé : l'effet produit est donc
égal à Shl, ou à la force vive dépensée. Mais nous avons

négligé ici les résistances offertes par le frottement du piston, par celui de l'eau dans les tuyaux, et par le mécanisme auquel le moteur est appliqué, résistances qui exigeront une dépense de force additionnelle; nous avons
supposé pareillement que les joints du piston et des soupapes ne laissaient pas s'écouler d'eau. D'après cela l'effet
produit sera réellement moindre que la force vive employée, et quelque parfaite que fût la machine, leur rapport ne saurait atteindre l'unité.

C'est par des considérations analogues à celles qui précèdent, et plus complètes encore, que l'on doit étudier
toute machine. Une description détaillée de son mécanisme, qui ne serait pas suivie du calcul de son effet et de
ses résistances, ne donnerait qu'une idée très imparfaite,
souvent fausse, de l'avantage qu'elle peut présenter; et
quelque ingénieuse qu'elle fût, si ces inconvéniens mieux
sentis la font rejeter dans la pratique, il est plutôt nuisible
qu'utile de la citer. Or, comme il nous est impossible de
donner ici des évaluations d'effets qui exigent souvent
l'emploi de calculs longs et difficiles, nous nous contenterons par la suite d'exposer les principes physiques qui servent de base aux machines les plus utiles; leur description
et leur étude complète doivent faire l'objet d'un autre cours.

94. Mariotte a imaginé un appareil où l'eau exécute cer- Flacon
tains mouvemens, et prend diverses positions d'équilibre, de Mariotte
qui peuvent être facilement expliqués par l'effet de la pression atmosphérique, et celui des pressions qu'elle occasione
dans l'intérieur du liquide. Cet appareil fournit ainsi plusieurs vérifications importantes; il est connu sous le nom
de *flacon de Mariotte*. Ce flacon est rempli d'eau; sa paroi latérale est percée de trois ouvertures C, B, A, situées Fig. 42.

à différentes hauteurs, et que l'on peut ouvrir et fermer à volonté, mais qui sont assez étroites pour ne pas permettre la rentrée de l'air en même temps qu'elle donne issue à l'eau, ou inversement. La tubulure du vase est exactement fermée par un bouchon, traversé par un tube ouvert aux deux bouts et qui est d'abord plein d'eau. Si l'on débouche l'orifice B, on voit le liquide s'écouler par cet orifice jusqu'à ce que son niveau dans le tube soit descendu en b sur le même plan horizontal que B ; alors l'équilibre se rétablit. On doit conclure d'abord de cet équilibre que la pression exercée par l'air sur le liquide en b, et qui agit de haut en bas, est égale à celle que l'air exerce en B dans une direction horizontale.

En effet, la pression en b est celle qui serait due au poids d'une colonne d'eau de 10 mètres environ de hauteur. L'équilibre existant dans la masse liquide exige que toutes les molécules d'eau situées sur le plan horizontal PbB supportent cette même pression, et réagissent par leur propre résistance pour la détruire. Une molécule en contact avec la paroi supérieure du vase, telle que m, doit éprouver dans tous les sens une pression égale à celle qui serait due au poids d'une colonne d'eau ayant pour hauteur 10 mètres diminués de la distance verticale de m au plan Pb : la résistance offerte par la paroi et la réaction qui s'ensuit sont donc équivalentes à cette dernière pression. Ainsi, toutes les molécules situées sur le plan PbB sont sollicitées par la pression due au poids d'une colonne d'eau de 10 mètres, que le vase ait effectivement cette hauteur au-dessus du plan, ou que ses parois ajoutent par leur réaction ce qui manque à cette hauteur. Le liquide tend donc à sortir en B en vertu d'une pression égale au poids de 10 mètres d'eau ; mais cette pression est détruite par celle opposée de l'atmosphère à l'ouverture B , et l'équilibre subsiste.

Si l'on bouche maintenant B, et qu'on ouvre l'orifice A plus élevé, l'équilibre sera détruit, car la pression atmosphérique qui agira sur le liquide en A, de dehors en dedans, sera plus grande que celle qui pousse ce liquide à sortir, l'excès de la première sur la seconde étant égal au poids d'une colonne qui aurait pour base l'orifice A, et pour hauteur AB. De l'air entrera donc nécessairement dans le vase jusqu'à ce que le liquide, s'élevant dans le tube, atteigne le niveau de A ; un nouvel équilibre s'ensuivra. La portion d'air introduite dans la partie supérieure du vase aura alors une force élastique moindre que la pression extérieure, d'une quantité égale au poids d'une colonne d'eau qui aurait toujours pour base l'unité de surface, et pour hauteur la distance verticale comprise entre le niveau intérieur du liquide dans le flacon et le plan horizontal en A.

Si, au contraire, les deux ouvertures A et B étant fermées, on ouvre l'orifice C situé plus bas que le tube, le liquide s'écoulera ; car la pression atmosphérique en C sera moindre que celle qui pousse le liquide à sortir, d'une quantité égale au poids d'une colonne d'eau ayant pour hauteur la distance verticale comprise entre l'orifice C et le niveau du liquide dans le tube. Ce niveau baissera d'abord ; lorsqu'il aura atteint l'extrémité inférieure du tube, l'équilibre ne pouvant encore subsister, de l'air s'introduira par cette extrémité O dans l'intérieur du vase , et le liquide continuera de couler en C. Tant que le niveau de l'eau dans le flacon sera supérieur à O, on conçoit que la vitesse de l'écoulement en C restera constante, car elle sera toujours due à la différence des pressions éprouvées par le liquide sur les plans horizontaux en O et C. Mais lorsque toute la masse d'eau du vase supérieur à O aura disparu, l'écoulement diminuera de vitesse jusqu'à ce que le niveau mobile ait atteint l'orifice C.

Syphon.

95. On se sert pour transvaser les liquides d'un appareil connu sous le nom de *syphon*, dont le jeu s'explique facilement d'après les lois que suivent les pressions dans les liquides et les gaz. Le syphon consiste en un tube recourbé

Fig. 43.

à branches inégales, qui plongent dans deux vases V et V', contenant un même liquide dont le tube est aussi rempli. Concevons que tout l'appareil soit placé dans une capacité A contenant un fluide élastique ou un autre liquide pesant. Si les surfaces de niveau du liquide, dans les deux vases V et V', sont sur le même plan horizontal, il est évident que le liquide du syphon sera en équilibre, car il n'y aura pas de raison pour qu'il coule d'un côté plutôt que de l'autre.

Il s'agit de prévoir ce qui doit avoir lieu, si l'un des vases, V' par exemple, est plus bas que l'autre. Soient à cet effet h la différence de hauteur des niveaux dans les deux vases, d et d' les densités du liquide contenu dans le syphon, et du fluide enveloppant. Le plan du niveau dans V' sera sollicité extérieurement à la branche du syphon par une pression dépendant du fluide ambiant, qui surpassera de ghd' la pression correspondante sur le plan de niveau en V. Cet excès de pression, exercé en O de bas en haut, tendrait à faire marcher le liquide du syphon, de V' vers V. Mais en même temps la pression exercée par le liquide du syphon sur le plan du niveau en V', surpassera de ghd celle qu'il exerce en V. L'excès de cette nouvelle pression, exercée en O de haut en bas, tendra à détruire l'effet des pressions du fluide enveloppant. D'après cela, si $d = d'$, le système sera en équilibre; si d surpasse d', le liquide du syphon marchera du vase le plus haut vers le plus bas; si d' surpasse d, il montera au contraire du vase le plus bas vers le plus haut.

Fig. 45.

Lorsque le fluide enveloppant est un gaz ou l'air atmosphérique, d surpasse d'; le liquide s'écoulera donc de V en V', et cet écoulement continuera jusqu'à ce que les surfaces libres du liquide dans les deux vases aient atteint le même plan de niveau. Il n'est pas indispensable que l'orifice inférieur du syphon soit immergé; il suffit qu'il soit au-dessous du niveau dans le vase supérieur, et la veine d'écoulement pourra traverser l'air avant d'atteindre le vase destiné à la recevoir; mais aussitôt que le niveau supérieur s'abaissera au-dessous de cet orifice, l'air ou le gaz ambiant pénétrera dans le syphon, et son effet cessera.

Dans tous les cas, pour faire usage de cet instrument, il faut d'abord remplir le tube; c'est ce qu'on appelle *amorcer le syphon*. Pour cela, on peut le retourner, y verser directement le liquide, et le mettre en place en bouchant ses deux extrémités, ou même une seule si le tube est d'un diamètre assez petit pour que l'air ne puisse diviser la colonne qui restera libre; ou bien on met de suite le syphon vide dans la position qu'il doit occuper, et plaçant la bouche sur l'extrémité inférieure, on en retire l'air par une forte aspiration; le liquide du vase dans lequel il plonge par sa plus courte branche, étant poussé par l'excès de la pression atmosphérique, s'élève dans le tube et le remplit. Cette opération est rendue très facile au moyen d'un tube vertical ouvert par le haut, et qui communique vers le bas avec l'extrémité de la longue branche; on bouche cette

Fig. 46.

branche avec le doigt, tandis que l'on aspire l'air par le
bout supérieur du tube additionnel; mais il faut avoir soin
que l'orifice de communication de ce tube reste au-dessous du niveau du liquide à transvaser, car l'air atmosphérique agissant directement à cet orifice, c'est comme si le
syphon se terminait en cet endroit.

On se sert quelquefois, dans les travaux hydrauliques,
de canaux ayant la forme du syphon, et destinés à déver-
ser une grande masse d'eau d'un niveau à un autre plus
bas de quelques mètres. Pour amorcer ce genre de syphon
sur place, on bouche ses deux extrémités, et on le remplit par une ouverture pratiquée au sommet du coude supérieur, que l'on ferme ensuite; ou mieux encore, on
adapte sur cette ouverture le corps d'une pompe aspirante
qui enlève l'air intérieur. Le syphon une fois rempli d'eau,
produit son effet; mais cet effet s'arrête quelquefois, à cause
de l'air entraîné ou des gaz dégagés par l'eau, lesquels
s'accumulant dans l'appareil finissent par remplir la partie courbe; il faut alors faire mouvoir la pompe qui enlève
ces gaz, et l'écoulement recommence.

SIXIÈME LEÇON.

Écoulemens constans. Gazomètres. — Écoulemens intermittens. — Mesure des poids. Balance. — Mesure des densités. Aréomètres. — Mesure des volumes.

Les propriétés des liquides et des gaz sont utilisées dans un grand nombre de circonstances ; mais de toutes les applications des principes de l'hydrostatique, nous ne pouvons citer ici que les appareils et les moyens de mesure qu'il importe de connaître, pour continuer l'étude de la physique.

96. On a souvent besoin de se procurer un écoulement de liquide, ayant une vitesse constante et donnée. Voici plusieurs moyens de remplir cet objet. Le flacon de Mariotte peut servir dans cette circonstance ; car en faisant varier convenablement la distance verticale qui sépare l'orifice inférieur du tube, de l'ouverture pratiquée au fond du vase, le liquide s'écoulera uniformément, avec telle vitesse que l'on voudra. On peut encore employer le syphon, en l'équilibrant par un contre-poids, et en maintenant son orifice dans la même position, relativement à la surface du liquide, au moyen d'un flotteur ; de cette manière tout le syphon suit le mouvement du niveau, et l'écoulement est toujours occasioné par la même différence de pression.

Écoulemens constans de liquides.

Fig. 46.

I.   8

Un autre appareil très commode consiste dans un flacon plein d'eau, à deux tubulures : l'une d'elles est traversée par un tube droit comme dans le flacon de Mariotte, l'autre par la plus courte branche d'un syphon qu'on amorce facilement en soufflant par le tube ; l'écoulement continue ensuite avec une vitesse constante, due à la différence de niveau des orifices inférieurs du tube droit et de la branche extérieure du syphon.

Enfin on produit un écoulement constant de liquide en rendant son niveau stationnaire, dans le vase d'où il s'échappe. Pour cela on plonge dans le vase A, sur lequel la pression atmosphérique agit directement, le goulot d'un autre vase renversé B rempli du même liquide, et servant de réservoir ; l'orifice O de B doit être placé dans A au lieu même du niveau proposé. Lorsque le liquide s'écoulant laisse libre l'ouverture O, de l'air entre dans le réservoir B, et l'eau qui en sort relève le niveau au-dessus de l'orifice ; il baisse de nouveau jusqu'à ce que l'ouverture O étant encore une fois découverte, une nouvelle quantité d'air puisse s'introduire, et ainsi de suite. De cette manière le niveau n'est pas précisément constant, mais les limites entre lesquelles il oscille peuvent être assez rapprochées, relativement à la profondeur de l'ouverture qui laisse écouler le liquide de A , pour qu'on puisse négliger cette variation. Des procédés analogues à ceux que nous venons de décrire sont employés dans les quinquets et les lampes. afin d'alimenter la mèche par un courant d'huile de vitesse constante, condition essentielle pour obtenir un éclairage régulier.

C'est ici le lieu de donner la description du flotteur de M. de Prony, qui sert à vérifier la loi d'écoulement des liquides démontrée au § 65. Une cuve rectangulaire est divisée en trois cases A, B, A′, par deux cloisons verticales C, C′, que surmonte le niveau du liquide. Deux vases vides ou flotteurs semblables F, F′, plongent dans les cases extrêmes; ils sont liés l'un à l'autre par des barres horizontales qui supportent en outre, au moyen de tiges extérieures, T, T′, un réservoir R disposé au-dessous de l'appareil. Une des parois latérales de la cuve est percée sur la même verticale de plusieurs ouvertures, où l'on peut adapter des orifices de différentes formes, qu'on ouvre successivement pour laisser écouler sous différentes pressions le liquide du vase intermédiaire B, dans un entonnoir extérieur dont le goulot flexible aboutit au réservoir R. Par cette disposition un poids p de liquide s'écoulant par un des orifices ouvert, augmente d'autant le poids du système des flotteurs; ce système déplace alors en A et A′ une quantité p de liquide, qui passe dans B au-dessus des cloisons C et C′; la case intermédiaire reçoit ainsi autant qu'elle perd, et le niveau restant invariable l'écoulement est uniforme.

Si l'on compare les temps que le réservoir de capacité connue met à se remplir, quand le liquide s'écoule par un orifice circulaire d'un centimètre de diamètre, adapté à différentes ouvertures, on trouve qu'ils sont en raison inverse des racines carrées des distances qui séparent ces ouvertures du niveau constant; d'où l'on conclut que le carré de la vitesse d'écoulement est proportionnel à la hauteur du liquide. Lorsque l'orifice est à mince paroi ou sans ajutage, la veine liquide qui en sort se contracte jusqu'à une distance à peu près égale au rayon du cercle de l'ouverture, pour s'élargir et se diviser ensuite dans l'air; la section *minima* de la veine est environ les $\frac{7}{10}$ de celle de l'orifice. Si l'on divise la capacité du réservoir par le temps employé à le remplir, et par la section contractée, on trouve toujours un résultat sensiblement égal à $\sqrt{2gh}$, h étant la hauteur du liquide dans la cuve au-dessus de l'ouverture; il suit de là que la vitesse d'écoulement calculée au § 65 n'existe que sur la section minima de la veine. Des orifices d'une autre grandeur ou d'une autre forme, des ajutages cylindriques ou coniques, apportent des modifications remarquables dans le phénomène de l'écoulement; mais les bornes de ce Cours ne nous permettent pas d'entrer dans tous ces détails.

Écoulemens constans de gaz.

97. Tous les appareils qui procurent un courant uniforme de liquide peuvent être utilisés pour produire des écoulemens constans de gaz. A cet effet le vase qui contient

Fig. 50. le fluide élastique est muni d'une tubulure par laquelle s'introduit le courant de liquide avec vitesse constante, et le gaz déplacé s'écoule alors uniformément par un tube latéral.

Dans les usines où l'on prépare et distribue le gaz pour l'éclairage, on se sert d'un procédé différent pour remplir le même objet. La cloche en tôle où le gaz est recueilli, et qui porte le nom de *gazomètre*, est soutenue au-dessus

Fig. 51. d'une cuve à eau par un contre-poids tel, que lors de l'équilibre, le niveau du liquide dans la cloche soit inférieur de quelques centimètres au niveau extérieur. Le gaz ayant ainsi une force élastique un peu plus grande que la pression atmosphérique, s'écoule par le tuyau de conduite général, qui débouche en syphon au fond du gazomètre. A mesure que la quantité de gaz diminue, la cloche s'abaisse, plonge davantage dans la cuve, et perd conséquemment de son poids; mais on peut compenser exactement cette perte en donnant une dimension convenable à la chaîne pesante qui soutient le gazomètre, car elle s'allonge au-dessus de lui en se raccourcissant du côté du contre-poids. De cette manière la différence de niveau est conservée, et la vitesse d'écoulement du gaz reste constante. Pour remplir le gazomètre, on ferme le tuyau de conduite général, afin d'en ouvrir un autre débouchant aussi sous la cloche, et qui communique avec l'appareil où le gaz est produit; on augmente ensuite le contre-poids.

98. Un appareil semblable au gazomètre précédent peut être employé pour rendre constante la pression d'un gaz dans un espace limité; car la chaîne pesante ayant l'épaisseur nécessaire pour fournir un compensateur exact, la cloche peut être équilibrée par un contre-poids tel, que la différence des niveaux dans un sens ou dans l'autre ait une grandeur constante et donnée. Si l'on met un espace limité en communication avec l'intérieur de cette cloche, au moyen d'un tube doublement recourbé, le gaz renfermé dans cet espace aura, lors de l'équilibre, une force élastique totale équivalente à la pression de l'atmosphère, augmentée ou diminuée de celle correspondante à la différence des niveaux du liquide, dans le gazomètre et la cuve. Et si cette force élastique tendait à changer en vertu de l'absorption ou du dégagement d'un gaz, par un liquide ou des matières contenues dans l'espace proposé, la cloche serait soulevée ou bien s'abaisserait par le poids du système, en sorte que la pression intérieure reviendrait bientôt à sa grandeur primitive.

Au moyen de ce gazomètre la pression constante peut être inférieure ou supérieure à celle de l'atmosphère; dans le premier cas il faut donner une grandeur convenable au contre-poids, dans l'autre c'est le poids du gazomètre qui doit être augmenté. Mais on peut obtenir une pression constante un peu supérieure à celle de l'atmosphère, avec tous les appareils qui servent à donner un courant uniforme de gaz; car si le tube qui lui donne issue communique avec un espace fermé, le liquide continuera de couler jusqu'à ce que le volume du gaz renfermé ayant diminué, sa force élastique fasse équilibre à la pression de l'atmosphère, augmentée de celle due à la hauteur du liquide qui produisait un écoulement de vitesse constante. Il faut alors que le tube à eau soit d'un diamètre assez étroit pour que le gaz ne puisse y diviser la colonne liquide, ou bien qu'il soit recourbé vers le bas et se redresse un peu verticalement. Dans le cas d'une absorption du fluide élastique, le liquide coulant de nouveau, la pression primitive sera bientôt rétablie.

Fig. 53.

Écoulemens
de liquide
intermittens.

99. Il est quelquefois utile de se procurer un écoulement de liquide intermittent, dont la durée et la période puissent être graduées à volonté; il y a divers moyens de remplir ce but. On pourrait employer à cet effet un appareil analogue à l'instrument connu sous le nom de *fontaine intermittente*. Il se compose principalement d'un ballon **A** rempli d'eau, à l'exception de sa partie supérieure qui contient une couche d'air. Dans cette couche aboutit l'orifice T d'un tube vertical TO, qui traverse la paroi du ballon et se termine vers le bas par une ouverture O, au milieu d'une bache B. L'eau de **A** peut sortir par plusieurs orifices très petits a, a,..; celle de B s'échappe par un seul canal b. Voici maintenant le jeu de l'appareil : l'eau de A s'écoule par les ouvertures a, a.., dans la bache B, où le niveau s'élève d'abord, parce que l'ouverture b est d'une dimen-

Fig. 54.

sion telle, qu'elle ne laisse pas sortir autant d'eau qu'il en arrive. L'orifice O étant alors ouvert, l'air s'introduit par le tube OT pour remplacer le liquide qui s'échappe de A. Mais lorsque le niveau de B atteint l'orifice O, l'air extérieur ne pouvant s'introduire dans le ballon, celui qu'il contient se dilate. Il y a encore écoulement, jusqu'à ce que l'élasticité de l'air renfermé ait assez diminué pour que la pression atmosphérique exercée en a, a, fasse équilibre à cette élasticité, augmentée de la pression due au poids du liquide situé au-dessus de ces ouvertures. L'écoulement cesse alors et ne recommence que quand le liquide de B, qui sort toujours par le canal b, laisse libre l'orifice O. Les mêmes circonstances se reproduisent ensuite de nouveau et dans le même ordre. L'écoulement du liquide contenu dans le ballon A est donc intermittent. On pourrait donner une forme convenable au ballon, et augmenter ou diminuer par des robinets plus ou moins ouverts les orifices a, a,.. et b, de manière à graduer à volonté la durée de l'intermittence et celle de l'écoulement.

Mais on obtient avec plus de facilité un écoulement intermittent régulier par le procédé suivant. Dans un vase ouvert A, on dispose un syphon OTS dont l'orifice inférieur S débouche seul à l'extérieur en traversant la paroi. Un robinet a verse constamment un liquide dans A ; le syphon étant d'abord rempli d'air, le niveau du liquide dans le vase s'élève, atteint l'orifice O, le dépasse, et la petite branche du syphon se remplit successivement. Lorsque le niveau atteint le plan horizontal NN', tangent au sommet du syphon, et commence à le dépasser, la pression atmosphérique exercée en M de bas en haut, sur la surface libre dans le syphon, est surpassée par la pression que transmet le liquide, et qui agit au même point de haut en bas ; le syphon s'amorce alors et le liquide s'écoule. Cet écoulement plus rapide que celui en *a*, fait baisser le niveau dans A, et continue jusqu'à ce que l'orifice O soit découvert. L'air rentre alors dans le syphon, l'écoulement cesse, mais le robinet *a* fournissant toujours du liquide au vase A, son niveau commence de nouveau à s'élever, et ainsi de suite.

Au lieu du syphon on peut se servir d'un tube droit qui débouche au-dessous du vase en traversant son fond, et qu'on recouvre d'une cloche ou éprouvette, échancrée vers le bas. L'espace annulaire compris entre l'éprouvette et le tube joue le rôle de la petite branche du syphon, le tube seul celui de la longue branche. On pense que les fontaines intermittentes naturelles sont dues à des cavités souterraines qui se remplissent successivement d'eau provenant des infiltrations, et dont l'écoulement à la surface du sol est rendu intermittent par des fissures ayant la forme d'un syphon.

Enfin on obtient un écoulement intermittent, en disposant un vase dans lequel un courant de liquide se déverse constamment, à l'extrémité d'un levier ou fléau, soulevée par un contre-poids opposé. Lorsque le vase est suffisamment rempli, il entraîne le contre-poids, et la tige d'une soupape qui ferme une partie de son fond, va butter contre un obstacle ; la soupape s'ouvre et le liquide s'écoule par son ouverture. Le vase vide remonte ensuite entraîné par le contre-poids, la soupape se ferme et les effets se renouvellent dans le même ordre. En ouvrant plus ou moins le robinet du liquide affluent, on peut rendre l'intermittence plus ou moins longue. En Angleterre, on emploie ce système comme régulateur des machines à vapeur à simple effet, qui servent à l'épuisement des mines.

Dans les établissemens destinés à recueillir et distribuer l'eau dans les quartiers et les maisons des villes, on fait un fréquent usage des écoulemens intermittens, pour ouvrir et fermer, à de certaines heures de la journée, les vannes ou robinets des conduits principaux ou partiels. Ce sont des vases constamment alimentés par un filet d'eau, et se vidant par intervalles, qui tantôt plus lourds, tantôt plus légers, soulèvent les vannes, et sont ensuite entraînés par elles, ou bien agissent dans un sens, puis dans l'autre, sur les clés des robinets. Ou bien encore un flotteur qui suit le niveau de l'eau d'un réservoir, presse successivement deux leviers, l'un quand il est trop bas ou que le réservoir est vide, l'autre quand il est trop haut ou que le réservoir est plein ; le premier de ces leviers étant pressé, ouvre le robinet du conduit qui amène l'eau, le second le ferme au contraire. Dans la ville de Greennock, patrie du célèbre Watt, la distribution des eaux se fait complétement par des procédés de cette nature.

100. Les fontaines jaillissantes artificielles s'obtiennent en amenant dans des lieux bas, par des tuyaux de conduite, l'eau d'un réservoir élevé. Cette eau se trouvant soumise dans les tuyaux à une pression proportionnelle à sa profondeur au-dessous du niveau supérieur, s'échappe en jets par des ouvertures étroites, ou s'élève dans les tubes verticaux qu'on lui présente. Il est maintenant reconnu que les puits artésiens, ou les fontaines jaillissantes naturelles, sont dus à une cause tout-à-fait semblable ; c'est de l'eau tombée sur des lieux plus élevés, qui s'infiltre au-dessous d'une couche de terrain imperméable ; la sonde ne fait que lui

Jets
de liquide.

procurer une issue dans un tuyau vertical, qui rencontre la surface de la terre en un point plus bas que celui d'où elle est partie.

S'il était nécessaire de se procurer un jet de liquide, on pourrait se servir d'un appareil analogue à l'instrument connu sous le nom de fontaine d'Héron. Il se compose essentiellement de deux vases fermés A et B, situés l'un au-dessus de l'autre; une cuvette C pleine d'eau surmonte le plus élevé A. Le vase A est aussi presque rempli d'eau, d'huile ou de tout autre liquide que l'on veut faire jaillir; quant au vase B, il ne contient dans l'origine que de l'air atmosphérique. Trois tubes traversent les parois du système; le premier TS descend du fond de la cuvette et aboutit dans le vase B très près de son fond; le second $T'S'$ s'élève de la paroi supérieure de B, dans A, jusqu'à la petite couche d'air qui surmonte son liquide; enfin le troisième $T''S''$ part d'un point très voisin du fond de A, et se termine au-dessus du niveau de la cuvette en bec effilé. Il est aisé de deviner le jeu de cet appareil; l'eau de la cuvette s'écoule dans B par le tube TS; l'air de ce vase est comprimé, et acquiert une force élastique qui surpasse la pression atmosphérique, de celle due à la différence des niveaux en B et C; il transmet cet excès par le tube $T'S'$ au liquide de A, qu'il force ainsi à s'élever par le tube $T''S''$, et à jaillir au dehors par le bec S''. On peut donner à la fontaine d'Héron des formes différentes; l'effet produit s'explique de la même manière.

Si l'on prolongeait le tube $T''S''$, le liquide, au lieu de jaillir, s'éleverait à une hauteur capable de faire équilibre à l'excès de pression de l'air intérieur; là il resterait en équilibre, à moins que le tube ne fût un peut moindre que cette hauteur, ce qui donnerait un écoulement de petite vitesse. Dans la lampe de Girard, l'huile est élevée jusqu'à la mèche par un procédé de cette nature. La cuvette C et la capacité B peuvent être à des niveaux plus élevés que le reste du système; le tube T'S' se recourbe alors pour descendre vers le vase A, dont le liquide est toujours soulevé par la pression de l'air intérieur, dans le tube T''S''. Cette disposition a été utilisée pour épuiser les mines de Schemnitz en Hongrie.

L'appareil le plus simple que l'on puisse employer pour se procurer un jet de liquide, consiste dans un vase dont le bouchon est traversé par un tube vertical, qui se termine extérieurement en bec effilé, et aboutit à une petite distance de son fond. Le liquide qui ne le remplit pas entièrement, jaillira par le tube, si la force élastique de l'air renfermé surpasse suffisamment la pression extérieure. Il suffit pour produire cet effet d'insuffler d'abord dans le tube l'air des poumons. Mais si l'air intérieur a été condensé par une pompe de compression, le jet pourra être plus élevé, et l'appareil prendra alors le nom de *Fontaine de compression*. Si le vase est placé sous le récipient de la machine pneumatique, et qu'on raréfie au contraire l'air qui l'entoure par quelques coups de piston, on aura l'instrument appelé *Fontaine dans le vide*. Dans tous les cas, le gaz renfermé diminuant de force élastique à mesure que son volume augmente, la hauteur du jet ira en décroissant.

Fic. 59.

101. Jusqu'ici nous avons étudié les propriétés des corps solides, liquides et gazeux, sans spécifier aucun d'eux en particulier. Mais ces propriétés, quoique générales, présentent des élémens variables d'un corps à l'autre, qu'il faut savoir comparer ou mesurer. Connaissant les lois de la

Mesure des masses et poids.

pesanteur et les principes de l'hydrostatique, on peut concevoir maintenant les procédés dont on fait usage pour obtenir ces élémens.

Pour comparer les masses de différens corps, il suffit de chercher leurs poids dans un même lieu à la surface de la terre (§ 34). On est convenu de prendre pour unité de poids, celui d'un centimètre cube d'eau à une certaine température, auquel on donne le nom de *gramme*. La masse de matière contenue dans un centimètre cube d'eau à la température convenue peut donc être prise pour l'unité de masse, mais cette dernière unité est indépendante de la pesanteur, et ne change pas lorsque cette force varie d'intensité.

D'après ces conventions, le poids d'un corps est le nombre de centimètres cubes d'eau qui produirait la même pression que ce corps sur un obstacle qui l'empêche de tomber. Ce nombre n'est en quelque sorte que le poids relatif; il peut aussi représenter la masse du corps, et est alors indépendant de la pesanteur et de ses variations. Si l'on voulait exprimer le poids absolu, ou la résultante des actions de la pesanteur sur un corps, de manière à pouvoir comparer des poids dans différens lieux de la surface de la terre, il faudrait convenir que l'unité de poids, ou le gramme, est le poids d'un centimètre cube d'eau, non-seulement à une certaine température, mais encore à une latitude ou dans un lieu déterminé, par exemple à Paris. L'instrument connu sous le nom de *balance* ne donne que le poids relatif; il faudrait employer un autre moyen pour comparer les poids absolus.

Balance.   102. Pour évaluer le plus exactement possible le poids d'un corps, il faut se servir d'une balance construite avec soin et précision. Si les bras de levier étaient parfaitement égaux, deux masses qui se feraient équilibre dans les deux plateaux seraient évidemment égales. Mais l'égalité parfaite des deux bras du levier est impossible à obtenir dans la pratique, et fort heureusement on peut s'en passer. Ce qui importe le plus, c'est la mobilité de l'appareil et la constance du rapport des distances qui séparent le point où le fléau s'appuie sur le pied de la balance, des points où les plateaux sont suspendus aux extrémités du fléau. La description de la *balance* dite *de Fortin*, nous permettra d'indiquer en peu de mots, les conditions que doit remplir un bon instrument de cette nature, et les précautions qu'exige son emploi pour conduire à des déterminations exactes.

Un prisme triangulaire en acier trempé, fixé perpendi- Fig. 60. culairement au milieu du balancier, repose par une de ses arêtes légèrement arrondie, sur deux coussinets d'acier ou d'agate, exactement situés sur le même plan horizontal; tel est le mode de suspension du fléau sur le pied de la balance. Une pièce triangulaire semblable à la précédente est fixée à l'extrémité de chaque bras de levier; c'est sur son arête supérieure que s'appuient des crochets, dont les courbures intérieures sont elles-mêmes taillées en couteau, et qui supportent un des plateaux.

Il faut que le centre de gravité du fléau soit situé au-dessous de l'arête de suspension pour que l'équilibre soit stable, mais à une distance telle, que les oscillations ne soient ni trop lentes, ni trop rapides. Pour pouvoir changer à volonté la position du centre de gravité, lorsque les poids posés dans les plateaux l'ont trop abaissé, on se sert quelquefois d'une petite masse que l'on peut soulever sur un axe fixé au fléau, et dont le prolongement doit rencontrer l'arête de suspension et passer par le centre de gravité ; cet axe doit être vertical quand le fléau est horizontal.

Une longue aiguille est fixée au balancier dans un plan mené par l'arête de contact, perpendiculairement à la ligne qui joint les points de suspension des plateaux. Sa pointe oscille devant un arc tracé sur le pied de la balance, et gradué symétriquement, de part et d'autre d'un zéro situé dans le plan vertical qui passe par l'axe de suspension du fléau. L'équilibre doit être regardé comme établi, lorsque la pointe, dans ses oscillations, s'écarte autant à droite qu'à gauche du zéro ; de cette manière on n'est pas obligé d'attendre que la balance soit parvenue à l'état de repos.

Deux fourchettes peuvent être élevées ou abaissées au moyen d'une manivelle, de manière à soulever le fléau ou à le faire reposer sur l'arête de suspension. Cette disposition a pour objet d'éviter que le couteau ne s'émousse, et que les plans qui le supportent ne se détériorent, lorsque l'on met des poids dans les plateaux, ou lorsque la balance n'est pas employée. Dans ces circonstances les fourchettes doivent supporter le fléau ; quand on les abaisse ce fléau devenu mobile sur son arête, penche du côté où le poids est trop fort, et dans le cas où l'équilibre peut exister les oscillations de l'aiguille sont moins étendues. Enfin il est bon de renfermer la balance sous une cloche de verre, où on laisse séjourner une substance desséchante, afin d'éviter l'oxidation des couteaux et des plans d'acier.

Pour se passer de l'égalité des bras du levier, on pèse les corps par la méthode dite de substitution, imaginée par Borda. On met le corps dont on veut évaluer le poids sur un des plateaux, et on l'équilibre par des masses quelconques que l'on place dans l'autre. On enlève ensuite le corps, et on lui substitue des poids connus jusqu'à ce que l'équilibre soit de nouveau rétabli. La somme de ces derniers poids sera évidemment égale au poids du corps proposé. Les meilleures balances construites sur les principes précédens, pour peser jusqu'à un kilogramme, trébuchent à moins d'un milligramme, et permettent ainsi d'évaluer les poids à moins d'un millionième d'erreur.

103. Toute pesée faite dans l'air exige une correction ; car un corps entouré de ce fluide, perd de son poids réel une quantité égale au poids du volume d'air qu'il déplace. Nous supposerons qu'on puisse négliger cette perte dans la détermination des densités ; mais nous indiquerons par la suite comment on peut l'évaluer exactement ; rapportée au poids cherché, elle est environ de $\frac{1}{100}$ pour les bois les plus légers, et de $\frac{1}{17300}$ pour le métal le plus lourd ; elle dépasse donc de beaucoup les erreurs d'observation possibles, lorsqu'on se sert d'une balance très exacte, et dans ce cas elle ne saurait être négligée.

Correction du poids.

104. On est convenu de prendre pour unité de densité celle de l'eau pure et distillée, à une certaine température. D'après cela le nombre qui exprimera la densité d'un corps, et auquel on donne aussi le nom de *pesanteur spécifique,* indiquera combien la masse de ce corps contient celle de l'eau qui occuperait le même volume. Pour comparer les densités des corps, il suffit de mesurer leurs poids sous le même volume, puisqu'à volume égal les poids sont proportionnels aux densités.

Mesure des densités.

Pour les liquides, on prend un flacon à l'émeri que l'on pèse successivement vide, plein d'eau, et ensuite rempli du liquide dont on veut évaluer la densité. Si P, P', P″, sont les poids obtenus dans ces trois pesées, la fraction $\dfrac{P''-P}{P'-P}$ sera la pesanteur spécifique du liquide proposé, puisque cette fraction est le rapport des poids d'un même volume, du liquide et d'eau, égal à la capacité du flacon. Pour que le résultat soit exact, il faut avoir soin d'essuyer le vase avant chaque pesée, et d'éviter autant que possible les variations de température. Le bouchon doit être placé en le laissant tomber dans l'ouverture. Il faut attendre quelque temps pour peser après avoir essuyé le vase, afin que le liquide se mette en équilibre de température avec les corps environnans. Si cette température changeait d'une pesée à l'autre, il y aurait des corrections à faire aux poids obtenus, que nous indiquerons par la suite. Nous verrons aussi que dans le cas même où la température serait demeurée constante, des corrections seraient encore nécessaires pour rendre les résultats obtenus comparables à ceux pris dans d'autres circonstances.

On peut employer un procédé analogue pour mesurer la densité d'un corps solide. On pèse d'abord ce corps seul ; soit P son poids ; on place ensuite sur le plateau ce même corps et un flacon rempli d'eau. Lorsque la balance est équilibrée par une masse M placée dans le second plateau, on ouvre le flacon pour y plonger le corps, qui fait sortir un volume d'eau égal au sien ; après avoir fermé et essuyé le flacon, on le replace sur le premier plateau ; il faut alors lui ajouter un certain poids P' pour équilibrer la même masse M ; P' est évidemment le poids de l'eau déplacée par le corps, et $\dfrac{P}{P'}$ la pesanteur spécifique cherchée.

Lorsque le corps solide est soluble dans l'eau, on choisit pour remplir le flacon un autre liquide dans lequel il ne soit pas soluble et dont on connaisse la densité. Il est facile de voir que la pesanteur spécifique du corps proposé sera égale au produit de celle du liquide, par le nombre $\frac{P}{P'}$, que l'on aura obtenu au moyen de l'opération précédente. Lorsque le corps est pulvérulent, il faut une précaution de plus, parce qu'il se loge toujours de l'air entre les grains qui le composent; il faut alors chasser cet air en exposant la poudre submergée sous le récipient de la machine pneumatique, ou mieux en faisant bouillir le liquide pendant quelque temps, si la poudre qu'il entoure ne peut être altérée par cette ébullition.

105. On se sert aussi, pour mesurer les densités des corps solides et liquides, de la *balance hydrostatique*, qui n'est autre qu'une balance ordinaire, munie d'un crochet fixé au-dessous d'un de ses plateaux, et auquel on peut suspendre un corps solide par un fil très mince. Pour déterminer la densité d'un liquide, on met sur le plateau à crochet une masse solide quelconque, une boule de cuivre par exemple, et on l'équilibre par une masse M posée sur le second plateau; on attache ensuite le corps au crochet, et on le tient plongé successivement dans l'eau et dans le liquide proposé. Il faut alors ajouter successivement sur le premier plateau des poids P et P' pour équilibrer la même masse M; P et P' sont évidemment, d'après le principe d'Archimède, les poids d'un même volume d'eau et du liquide, égal à celui du corps solide; la fraction $\frac{P}{P'}$ est donc la densité du liquide. Pour obtenir la pesanteur spécifique d'un corps solide au moyen de la balance hydrosta-

1. 9

tique, on cherche son poids Π dans l'air et le poids P de l'eau qu'il déplace lorsqu'on le pèse dans ce liquide, $\frac{\Pi}{P}$ est alors la densité cherchée.

106. On peut employer pour déterminer les pesanteurs spécifiques des liquides un instrument fondé sur ce principe, que deux liquides de densités différentes, soumis à une même pression extérieure, s'élèvent dans des tubes où cette pression ne s'exerce pas à des hauteurs qui sont en raison inverse de leurs densités. Les liquides sont contenus dans des vases séparés où plongent les extrémités des deux branches verticales d'un tube recourbé. Au coude supérieur de ce tube est adapté un corps de pompe qui peut raréfier l'air qu'il contient, et déterminer ainsi l'ascension des liquides dans les deux branches. Les colonnes soulevées font alors équilibre à une même pression, ou à l'excès de la pression de l'atmosphère sur celle de l'air raréfié dans l'appareil. Une échelle graduée verticale, fixée à chaque branche, permet d'évaluer la hauteur de la colonne de liquide qui s'y trouve.

107. Mais pour comparer les densités des liquides, on a recours dans les arts à des procédés plus commodes et plus expéditifs que ceux qui viennent d'être indiqués. On se sert d'instrumens appelés *aréomètres*, et qui sont de deux espèces : à volume constant, et à poids constant. Un aréomètre à volume constant est applicable à tous les liquides ; son emploi consiste à le faire toujours plonger de la même quantité. Ce genre d'instrument se compose ordinairement d'une enveloppe en métal ou de verre, ayant la forme d'un cylindre terminé par deux bases coniques ; cette enveloppe est lestée vers le bas par une masse de plomb ou

de mercure qui abaisse son centre de gravité au-dessous de celui du volume de liquide déplacé, en sorte qu'elle conserve la position verticale dans son équilibre stable. Elle est surmontée d'une tige verticale très déliée, terminée par une cuvette ou un plateau horizontal C destiné à recevoir des poids. On donne le nom de *point d'affleurement* à un trait marqué sur cette tige.

En plaçant des poids suffisans sur le plateau supérieur, on pourra faire en sorte que l'aréomètre, plongé dans un liquide, s'y enfonce jusqu'au point d'affleurement, et là reste en équilibre. En répétant cette opération pour deux liquides, il sera facile de déduire le rapport de leurs densités du poids P de l'instrument que l'on doit avoir déterminé d'avance, et des poids A et A′ que l'on aura été obligé de déposer successivement sur le plateau C. Car $P + A$, $P + A'$, seront évidemment les poids d'un même volume des deux liquides, égal à la partie submergée de l'aréomètre affleuré. Si le premier liquide est de l'eau distillée, la fraction $\dfrac{P + A'}{P + A}$ sera la pesanteur spécifique du second. L'instrument dont nous venons de décrire la forme et l'emploi porte le nom d'aréomètre de Farenheit.

L'aréomètre de Nicholson diffère du précédent en ce que la masse inférieure, qui sert de lest, est contenue dans un petit vase fermé, terminé vers le haut par une cuvette C′ dans laquelle on peut poser des poids. Au moyen de cette addition l'instrument dont il s'agit peut servir à mesurer la densité d'un corps solide. Pour cela il faut connaître d'avance le poids A qu'il est essentiel de placer dans la cuvette C, pour affleurer l'instrument dans l'eau distillée. Alors on pose un morceau du corps solide proposé, d'un poids

Fic. 64.

moindre que A , successivement dans la cuvette supérieure
C et dans la cuvette inférieure C′ ; on détermine l'affleurement dans ces deux circonstances, en ajoutant sur la cuvette C des poids convenables A′ et A″. Il est facile de voir
que A — A′ et A — A″ représenteront le poids du corps
solide dans l'air, et celui de ce même corps dans l'eau ; que
conséquemment A″ — A′ sera le poids d'un volume d'eau
égal à celui du corps ; et qu'enfin la fraction $\frac{A\ -A'}{A''\ -\ A'}$ sera
la pesanteur spécifique cherchée. Si le corps est plus léger
que l'eau, il ne pourra rester dans la cuvette inférieure
sans y être attaché ; il faut alors l'y fixer par un fil qui doit
toujours rester plongé dans l'eau , lors de la détermination
des trois poids A , A′, A″. Il est évident qu'alors A″ sera plus
grand que A , et la pesanteur spécifique $\frac{A\ -\ A'}{A''\ -\ A'}$ plus petite
que l'unité.

Certaines substances minérales s'imbibent d'eau en
quantité plus ou moins grande suivant la durée de leur
séjour dans ce liquide. On peut se proposer dans ce cas
de déterminer la densité du corps, soit en cherchant la
masse comprise sous l'unité de son volume apparent, lorsqu'il est sec , ou lorsqu'il est imbibé , soit en considérant
seulement la matière solide qui enveloppe les pores et qui
en forme les cloisons. Pour obtenir ces trois densités à
la fois, il faudra, connaissant d'abord A , déterminer ensuite l'affleurement : 1° par un poids A′, lorsque le corps
sera parfaitement sec et posé sur le plateau supérieur ;
2° par un poids A″, lorsque le corps, placé dans la cuvette inférieure C′, sera plongé dans l'eau depuis assez
long-temps , ou que l'imbibition aura été faite dans le vide.

de telle manière que les pores soient bien purgés d'air et remplis de liquide ; 3° enfin par un poids A''', lorsque le corps retiré de l'eau et saturé de ce liquide, sera placé de nouveau sur la cuvette supérieure. Il est aisé de conclure de là que le corps sec pèse $A-A'$, et $A-A'''$ lorsqu'il est imbibé ; que $A''-A'''$ est le poids d'un volume d'eau égal à celui du corps y compris les interstices ; $A'-A'''$ le poids de l'eau d'imbibition ; enfin $A''-A'$ celui de l'eau déplacée par la matière solide qui forme les cloisons des pores. D'après cela, $\dfrac{A-A'}{A''-A'''}$ sera la densité du corps sec, et $\dfrac{A-A'''}{A''-A'''}$ celle du corps imbibé, toutes deux rapportées au volume apparent, et $\dfrac{A-A'}{A''-A'}$ sera la densité de la matière solide qui enveloppe les pores. Enfin la fraction $\dfrac{A'-A'''}{A''-A'''}$, donnera évidemment le volume des interstices comparé au volume apparent.

108. Les aréomètres à poids constant sont plus fré- Pèse-liqueur.
quemment employés que ceux à volume constant. Le plus ancien de ces instrumens est celui de Beaumé ; on en a imaginé plusieurs qui diffèrent entre eux, moins par le mode de leur graduation que par l'emploi auquel ils sont destinés. En général, l'aréomètre ou *pèse-liqueur* est composé d'un tube de verre cylindrique, soufflé en boule vers le bas ; au-dessous de cette sphère creuse est une autre cavité contenant du mercure qui sert de lest.

Si l'aréomètre doit servir à comparer les densités de liquides plus pesans que l'eau, il faut le lester de telle manière qu'il s'enfonce presque entièrement dans l'eau pure ; on marque zéro au point d'affleurement. En faisant dis-

Fig. 65.

soudre 15 parties en poids de sel marin dans 85 parties d'eau, on obtient un liquide où l'aréomètre s'enfonce moins que dans l'eau ; car son poids étant constant et le fluide plus dense, il doit en déplacer un moindre volume. On marque alors 15 sur le tube au nouveau point d'affleurement. L'intervalle compris entre les deux traits déjà marqués est ensuite divisé en 15 parties, et l'on prolonge la division sur le tube jusqu'à la boule. La graduation est ordinairement étendue jusqu'au nombre 67 ou 68 ; cette limite est suffisante pour qu'en plongeant l'instrument dans tous les liquides plus pesans que l'eau, connus dans le commerce et dans les arts, on puisse toujours assigner leur degré, ou la division correspondante à l'affleurement. Il n'y a aucun rapport exact entre ces divisions et les densités des liquides ; mais si ce genre d'instrument était toujours divisé de la même manière, on aurait des aréomètres comparables entre eux, et qui indiqueraient l'égalité ou la grandeur relative des densités de plusieurs liquides.

Pour les liquides plus légers que l'eau, l'instrument doit être lesté de telle sorte, qu'étant plongé dans l'eau pure, le tube cylindrique ne s'y enfonce que du $\frac{1}{5}$ environ de sa longueur ; on fait dissoudre 10 parties en poids de sel marin dans 90 parties d'eau ; l'instrument plongé dans cette dissolution doit être construit de manière que le point d'affleurement soit encore sur le tube ; on marque zéro en ce point, et 10 à l'affleurement dans l'eau ; on divise ensuite en 10 parties égales l'intervalle qui sépare les deux traits déjà marqués, et l'on prolonge les divisions vers le haut du tube, jusqu'à 50°, limite suffisante.

Volumètre. 109. On peut construire ou graduer des aréomètres à poids constans, qui donnent des nombres d'où l'on déduit facilement les densités. M. Gay-Lussac a proposé un instrument dans ce but, auquel il a donné le nom de *Volumètre*. Il est lesté de manière à s'enfoncer dans l'eau pure jusqu'à la partie supérieure, point d'affleurement auquel on marque 100. Si l'instrument avait partout le même diamètre extérieur, et que dans un autre liquide il s'enfonçât d'une quantité moitié moindre, la densité de ce nouveau liquide serait évidemment double de celle de l'eau; et en général, le rapport de la portion de tige plongée à la longueur totale donnerait, en le renversant, la pesanteur spécifique du liquide.

Or on peut obtenir l'indication de ce rapport, par la graduation d'un aréomètre de forme ordinaire. A cet effet, Fig. 66. on compose une dissolution saline dont la densité soit $\frac{4}{3}$ ou 1,33, et l'on marque 75 (ou $\frac{3}{4}$ de 100), au point où l'instrument s'affleure dans cette dissolution. On divise l'intervalle entre les traits marqués 100 et 75, en 25 parties égales, et l'on porte des divisions égales au-dessous, sur toute la longueur du tube cylindrique. L'usage que l'on doit faire de cet instrument, pour en déduire la pesanteur spécifique d'un liquide plus dense que l'eau, se réduit à le plonger dans ce liquide; s'il affleure, par exemple, à la division marquée 80, on en conclura que le volume du liquide, pesant autant que l'appareil, est les $\frac{82}{100}$ du volume d'eau de même poids, et que conséquemment $\frac{100}{80}$ = 1,25 est la densité du liquide proposé. Mais pour que le volumètre donne des indications exactes, il faut que la tige soit parfaitement cylindrique.

Pour construire un volumètre applicable aux liquides plus légers que l'eau, on le leste de manière que le tube ne s'enfonce qu'un peu dans l'eau pure; on marque 100 à l'affleurement. On attache ensuite vers le haut du tube un poids qui soit le quart de celui de l'appareil, le tube s'enfonce alors davantage; le poids ou le volume de l'eau déplacée dans ce second cas sera au poids ou au volume de celle déplacée dans le premier, comme 5 à 4, ou comme 125 à 100; on marquera donc 125 au nouveau point d'affleurement; on divisera en 25 parties l'intervalle des deux traits déjà marqués, et l'on portera des divisions égales vers le haut du tube jusqu'à son extrémité.

M. Gay-Lussac a imaginé un autre instrument du genre des aréomètres à poids constant, destiné à faire connaître les proportions d'eau et d'alcool contenues dans un mélange de ces deux liquides. Ces proportions ne pourraient pas être déduites de la densité, parce que ce mélange éprouve une contraction variable avec ses proportions. Alors on détermine par l'expérience, et l'on écrit sur *l'alcoomètre* les proportions qui correspondent à chaque degré d'affleurement. Le changement de température altérant aussi la densité, on est obligé de faire des corrections aux résultats observés, lorsque la température à laquelle on les obtient, n'est pas celle qui existait lors de la graduation de l'instrument.

110. Les corps solides et liquides exposés à des températures sans cesse variables, changent conséquemment de densités, et comme ils ne se dilatent ou ne se contractent pas de la même manière, pour les mêmes variations de la température, les rapports de leurs densités changent aussi avec elles. On est donc obligé de rapporter les densités de ces corps à une certaine température, ou de corriger celles qui n'ont pas été observées à cette température normale,

afin de rendre les résultats obtenus comparables entre eux; nous indiquerons plus tard les moyens de faire ces corrections (douzième leçon).

Les pesanteurs spécifiques des gaz peuvent être déterminées par un procédé analogue à l'un de ceux dont on se sert pour les liquides (§ 104). Mais la grandeur des changemens de volume que les variations de température et de pression occasionent dans les fluides élastiques, fait dépendre toute la difficulté de cette détermination dans l'emploi que l'on doit faire des lois qui régissent ces changemens. Il est préférable, d'après cela, de renvoyer la mesure des densités des gaz après l'étude de leurs dilatations par la chaleur (onzième leçon).

111. Lorsque deux corps se combinent chimiquement, leurs masses réunies subissent une dilatation ou une contraction, qu'il est souvent nécessaire de mesurer. Pour cela, il faut comparer la pesanteur spécifique de la combinaison, obtenue par l'expérience, avec celle qui aurait dû exister s'il n'y avait eu que mélange sans action chimique. Pour calculer cette dernière, soient P et P′ les poids des deux corps composans, d et d' leurs densités, et Δ la densité moyenne de leur simple mélange. Les volumes des deux corps seront $\dfrac{P}{d}$, $\dfrac{P'}{d'}$; le poids et le volume de leur mélange, sans contraction ni dilatation, devraient être respectivement égaux aux sommes des poids et des volumes de ces deux composans; on devrait donc avoir :

$$\Delta \left(\frac{P}{d} + \frac{P'}{d'}\right) = P + P', \text{ ou } \Delta = \frac{(P+P')\, d\, d'}{P\, d' + P'\, d};$$

suivant que la densité D de la combinaison, mesurée directement par l'expérience, sera plus grande ou plus petite que le nombre Δ déduit de l'équation précédente, on en conclura qu'il y a eu contraction ou dilatation.

Soient représentés, par V la somme des volumes des composans, et par U le volume de leur combinaison, on aura : $V\Delta = UD$, ou $\dfrac{U}{V} = \dfrac{\Delta}{D}$ d'où $\dfrac{V-U}{V} = \dfrac{D-\Delta}{D}$; dans le cas de la contraction $\dfrac{V-U}{V}$ représente la fraction de diminution de l'unité de volume ; cette fraction, que l'on appelle coefficient de la contraction, étant égale à $\dfrac{D-\Delta}{D}$, peut donc être déterminée au moyen des nombres connus D et Δ. Dans le cas où D serait moindre que Δ, la fraction $\dfrac{\Delta-D}{D}$ exprimerait de même le coefficient de la dilatation.

Mesure des volumes.

112. On a souvent besoin de déterminer le volume d'un corps solide ou la capacité d'un vase ; ces deux opérations sont faciles, en faisant usage d'un liquide dont la densité soit connue. La balance hydrostatique ou l'aréomètre de Nicholson donnant le poids p de l'eau déplacée par un corps solide, à une certaine température, ce poids p évalué en grammes et convenablement corrigé, indiquera le nombre des centimètres cubes que contient le volume du corps. Pour jauger un vase on peut le peser successivement plein d'eau et vide ; la différence des deux pesées, encore évaluée en grammes et ayant subi la correction relative à la température, donnera le nombre de centimètres cubes qui représente la capacité du vase. Il est évident que si l'on employait un autre liquide que l'eau, les poids obtenus devraient être divisés par la pesanteur spécifique du liquide, pour fournir les nombres de centimètres cubes cherchés.

SEPTIÈME LEÇON.

Propriétés des corps solides. — Théorie de l'élasticité. — Pressions et tractions dans les solides. — Lois de la traction. — Compressibilité cubique des solides. — Lois de la torsion. — Chocs entre corps élastiques. — Coefficient et limite de l'élasticité. — Ténacité. — Trempe. — Ductilité. Malléabilité. — Corps cristallisés. — Frottement. — Dureté. — Cohésion.

113. Des procédés d'expérience que nous indiquerons plus tard, permettent de constater que les solides et les liquides se contractent ou se dilatent, lorsque, les actions extérieures restant les mêmes, la chaleur qu'ils contiennent diminue ou augmente ; d'après cela on doit considérer ces corps comme composés de molécules placées à distance les unes des autres, et maintenues en équilibre par l'action simultanée de deux systèmes de forces, l'un tendant à les éloigner de leur position d'équilibre, qui est la répulsion due au calorique, et l'autre tendant au contraire à les rapprocher. C'est ce dernier genre de forces, auquel on donne le nom d'attraction moléculaire et de cohésion, que nous allons considérer maintenant. Nous l'étudierons d'abord dans les corps solides, où il paraît agir avec le plus d'intensité.

Propriétés
des corps
solides.

Dans les gaz la cohésion est nulle, on ne parvient à les maintenir en équilibre qu'en exerçant sur eux, au moyen des parois qui les contiennent, une pression qui détruise l'action répulsive du calorique; mais les corps solides pouvant conserver leur état, lorsque aucune pression n'est exercée à leur surface, il faut admettre en eux l'existence de la cohésion, qui puisse contre-balancer l'effet répulsif de la chaleur.

Les changemens de volume des corps solides, qui résultent des pressions et des tractions exercées sur eux, lors même qu'ils conservent la même température, offrent un moyen d'étudier les lois de l'attraction moléculaire. Si la traction ou la pression exercée sur un corps solide ne dépasse pas une certaine limite, l'augmentation ou la diminution de volume qui en résulte n'a rien de permanent, c'est-à-dire que l'action extérieure cessant, le corps reprend rigoureusement sa forme et son volume primitifs; lorsque au contraire cette limite est dépassée, la forme et la densité du corps restent altérées. On peut dire que dans le premier cas les molécules du corps reviennent à leurs premières positions d'équilibre, lorsque la cause qui les en écartait est éloignée, et que dans le second elles se placent au contraire dans de nouvelles positions d'équilibre, après la suppression des actions extérieures.

Il résulte de ces différentes circonstances deux propriétés distinctes des corps solides; l'une est l'*élasticité*, c'est la propriété dont jouit un corps solide de revenir rigoureusement à ses dimensions primitives, lorsque comprimé ou dilaté par des forces étrangères, ces forces cessent de lui être appliquées; la limite des efforts qu'il peut supporter sans cesser de manifester cette propriété, est connue sous le nom de *limite de l'élasticité*. L'autre propriété, celle que possède un corps solide de changer de densité et de forme sans se désagréger, sous l'action de forces qui surpassent la limite de son élasticité, porte des noms différens suivant le mode extérieur employé pour la mettre en jeu ; on la nomme *ductilité*, lorsqu'il s'agit d'étirer un corps en fil à travers les trous d'une filière ; on l'appelle *malléabilité*, quand on veut réduire ce corps en plaques minces par la compression des cylindres d'un laminoir. Quel que soit le point de vue sous lequel on l'envisage, cette dernière propriété n'est pas encore assez bien définie ni assez étudiée, pour qu'on puisse en poser les lois générales. Il n'en est pas de même de l'élasticité, dont les lois sont en quelque sorte mathématiques ; c'est de cette propriété dont nous allons d'abord nous occuper. Ainsi, dans l'exposé théorique qui va suivre, nous supposerons toujours les corps solides soumis à des efforts inférieurs aux limites de leur élasticité.

114. Lorsqu'un corps solide est à l'état de repos, les points matériels qui le composent sont sollicités par des forces qui se font équilibre ou s'annullent. Mais lorsqu'on exerce une action à sa surface, celle-ci entre en mouvement, l'ébranlement se communique aux molécules intérieures, le corps solide se déforme légèrement, et se constitue bientôt dans un nouvel état d'équilibre. Ce phénomène, sensible dans certains corps, exige des instrumens délicats pour être reconnu dans d'autres, mais il existe pour tous. Les points matériels placés à la surface et qui reçoivent l'action immédiatement, la transmettent aux molécules intérieures du corps solide, et éprouvent de leur part une pression ou une traction égale qui maintient l'équilibre ; ces

Théorie de l'élasticité.

nouvelles molécules exercent sur celles placées à une plus grande distance une action analogue à celle que les molécules de la surface exercent sur elles. Ainsi se propage, suivant une loi inconnue, la pression ou la traction exercée sur la surface, jusqu'à ce qu'elle soit détruite par une autre force extérieure, ou par un obstacle contre lequel s'appuie le corps solide. Si l'action extérieure cesse, tout rentre dans l'état primitif, et les pressions ou tractions intérieures cessent en même temps.

Soit, par exemple, un corps cylindrique aux deux bases duquel on applique des tractions égales et opposées, il s'allonge légèrement et l'équilibre se rétablit ensuite. La traction exercée aux extrémités s'est propagée dans l'intérieur du cylindre; car si l'on imagine une section perpendiculaire aux arètes, il est nécessaire, pour le nouvel état d'équilibre, que la partie du corps placée d'un côté de la section attire celle qui est placée de l'autre côté, et soit attirée par elle avec une intensité égale à celle de la traction exercée aux extrémités. Si celle-ci était remplacée par une compression, le cylindre, au lieu de s'allonger se raccourcirait, et la partie du corps placée d'un des côtés de la section exercerait sur l'autre, et éprouverait de sa part une force répulsive égale à la pression qui s'exerce sur les deux extrémités. Enfin si l'on fait cesser les forces extérieures, les tractions ou les pressions intérieures qui étaient dues à ces forces, cessent également, et le cylindre reprend sa forme primitive. Les attractions ou répulsions qui naissent dans ces circonstances, doivent être regardées comme des augmentations ou des diminutions de la force de cohésion, ou de l'attraction moléculaire, dont les effets étaient annulés ou détruits par la force répulsive due à la chaleur, avant qu'une pression ou une traction étrangère ne fût appliquée à la surface du corps solide.

On peut conclure des considérations qui précèdent, que si en vertu d'une pression ou traction extérieure, ou d'une force accélératrice qui vient à naître tout-à-coup, deux points matériels quelconques d'un corps solide se rapprochent ou s'éloignent l'un de l'autre, il doit en résulter entre ces deux molécules une action répulsive ou attractive, qui est fonction de la distance primitive de deux molécules et de l'écartement, c'est-à-dire de la quantité dont elle se sont rapprochées ou éloignées.

Cette action pour un même corps est nulle, quelle que soit la distance, lorsque l'écartement est nul. Elle décroît rapidement, quel que soit l'écartement, quand la distance augmente, car toute adhésion cesse entre les deux parties d'un même corps séparées l'une de l'autre par une distance appréciable. Selon que cette action variera plus ou moins rapidement avec l'écartement, une même pression produira un changement de forme moins sensible dans le premier cas, et plus sensible dans le second; le premier est celui des corps rigides, tels que les pierres, les métaux; le second est celui des corps dits élastiques, tels que le caoutchouc.

Lorsque le changement de forme d'un corps solide, résultant de l'action des pressions extérieures ou des forces accélératrices, est très petit, soit que ces pressions ou ces forces aient peu d'intensité, soit que le corps que l'on considère ait une grande rigidité, alors la fonction de l'écartement et de la distance primitive, qui représente l'attraction ou la répulsion que ces efforts font naître, se réduit au produit de la première puissance de l'écartement multipliée par une fonction de la distance primitive, qui, ainsi que nous l'avons remarqué, est insensible dès que la distance acquiert une valeur appréciable.

Quand les molécules d'un corps solide sont écartées de leurs positions d'équilibre, elles oscillent sans doute autour de leurs nouvelles positions un grand nombre de fois avant de s'y arrêter ; ce mouvement oscillatoire dont on observe les effets dans plusieurs circonstances, est le plus souvent difficile à constater ; mais il doit toujours exister. Quoi qu'il en soit, l'amplitude des oscillations de chaque molécule doit aller en diminuant rapidement, et finir enfin par s'annuler, en vertu de la communication de ce mouvement vibratoire à toute la masse du corps et aux corps ou aux fluides avec lesquels il est en contact.

Coefficient de l'élasticité.

115. En partant des seuls principes que nous venons d'établir, on parvient à trouver les équations générales, ou les expressions analytiques des lois qui régissent les mouvemens et l'équilibre intérieur d'un corps solide primitivement homogène, auquel sont appliquées des forces étrangères, lorsque les efforts qu'il supporte ne dépassent pas les limites de son élasticité. Ces équations contiennent un coefficient numérique A, constant pour un même corps, mais variable d'un corps à l'autre, dont la valeur n'influe pas sur les lois de l'élasticité, mais sert en quelque sorte de mesure à la grandeur de ses effets. Ce nombre, que nous appellerons *coefficient de l'élasticité*, est de la même nature et du même ordre de grandeur que la cohésion, ou la résistance opposée par le corps solide à la rupture ou à l'écrasement, et peut s'exprimer par un certain nombre de kilogrammes agissant sur un millimètre carré. Nous donnerons plus bas les valeurs approchées de ce coefficient

pour différentes substances, et nous indiquerons en même temps comment on peut en déduire l'expression numérique des différens effets de l'élasticité.

116. L'étude des équations dont nous venons de parler, et qui sont aux différences partielles, conduit à un grand nombre de théorèmes généraux sur les pressions ou tractions qui naissent dans l'intérieur d'un corps solide, lorsqu'il passe de l'équilibre d'homogénéité à un nouvel équilibre déterminé par l'influence de forces extérieures. Nous en citerons ici quelques-uns.

Dans un liquide, la pression est essentiellement la même dans tous les sens, elle s'exerce en outre perpendiculairement aux élémens plans que l'on considère dans la masse fluide. Mais si l'on imagine en un point d'un corps solide, soumis à des pressions ou à des tractions extérieures, une section plane de peu d'étendue, les molécules du corps situées d'un côté de cette section, exerceront sur celles situées de l'autre côté, une pression qui sera en général oblique à l'élément plan, et qui variera de grandeur et même de signe suivant la direction de cet élément; ce sera ou une pression, ou une traction, ou même une force tangentielle, c'est-à-dire une force qui tendra à faire glisser l'une sur l'autre les deux parties du corps séparées par la section plane.

Si l'on considère à la fois tous les élémens plans imaginables en un même point du corps solide, et que les pressions ou tractions qui leur correspondent soient représentées par des lignes, proportionnelles à leurs intensités et prises sur leurs directions à partir du point considéré, les extrémités de toutes ces lignes formeront un ellipsoïde à trois axes inégaux en général. Ces axes représenteront les

I. 10

actions exercées perpendiculairement à trois des élémens, et ce seront les seules qui ne seront pas obliques sur leurs plans; nous les appellerons pour cela *tractions ou pressions principales*. Les tractions ou pressions obliques correspondantes à trois élémens plans orthogonaux quelconques détermineront trois diamètres conjugués.

Si les axes principaux de l'ellipsoïde représentent tous les trois des tractions ou des pressions, et que l'on construise un autre ellipsoïde ayant le même centre que le premier, ses axes dirigés sur les mêmes droites, et proportionnels en grandeur aux racines carrées des premiers, le plan tangent à ce second ellipsoïde, au point où un demi-diamètre du premier vient le rencontrer, sera parallèle à l'élément plan sur lequel s'exerce l'action représentée par ce dernier diamètre. Si les axes principaux du premier ellipsoïde représentent deux tractions et une pression, ou deux pressions et une traction, il faut substituer au second deux hyperboloïdes conjugués de mêmes axes que lui, l'un à une nappe et l'autre à deux nappes, ayant même cône asymptotique. Alors un demi-diamètre de l'ellipsoïde, situé sur ce cône asymptotique, représentera une force tangentielle, laquelle sera exercée sur l'élément plan tangent à ce cône suivant le demi-diamètre lui-même.

La dilatation ou la contraction linéaire est variable dans le corps proposé, d'un lieu à l'autre et autour d'un même point. La somme des dilatations linéaires prises dans trois directions orthogonales quelconques passant par un même point, est la même quel que soit le système de ces trois directions; elle est de plus égale à la dilatation ou contraction cubique autour du point que l'on considère. Les propriétés que nous venons d'énoncer se démontrent par des transformations convenables des équations aux différences partielles exprimant l'équilibre intérieur des corps élastiques. L'intégration de ces mêmes équations conduit à des conséquences plus directement utiles, qui sont autant de lois simples du phénomène de l'élasticité dans les corps solides homogènes, et que l'expérience vérifie.

117. Lorsque l'on considère un prisme solide d'abord dans le vide, dont ensuite les deux bases sont soumises à des tractions égales, de F kilogrammes par millimètre carré, et toutes les faces pressées par l'atmosphère suivant une force P, qui équivaut à peu près à $0^k,01$ sur l'unité de surface que nous adoptons, on trouve : 1° que le corps se dilate, et que la valeur de cette dilatation cubique est $\theta = \frac{1}{A}\frac{F-3P}{5}$; 2° que l'allongement w du prisme pour une hauteur z, est $w = \frac{1}{A}\frac{2F-P}{5} z$; 3° enfin, que si l représente la quantité dont s'allonge l'unité de longueur du prisme, sous l'influence d'une traction de F kil. par millimètre carré, on aura $A = \frac{2}{5}\frac{F}{l} + \frac{P}{5}$. Lois de la traction.

Dans les expériences que l'on a faites pour mesurer les augmentations de longueur des différens corps par la traction, F surpassait toujours un ou plusieurs kilogrammes, $P = 0^k,01$ était donc tout-à-fait négligeable ; mais il est sans doute certains corps solides pour lesquels on ne pourrait, sans erreur sensible, négliger la pression atmosphérique. En négligeant P, on conclut des relations précédentes que le prisme diminue de densité, et que cette diminution est proportionnelle à la traction exercée ; que l'allongement du prisme est proportionnel à sa longueur et à la force qui le tire. Les résultats seraient les mêmes si le prisme solide était pressé sur les deux bases au lieu d'être tiré, alors F changeant de signe, il en serait de même de θ, w, l, qui représenteraient alors la contraction cubique, le raccourcissement du prisme sur une hauteur z, et celui de l'unité de longueur; ces quantités seraient proportionnelles à la pression exercée.

Ces résultats sont vérifiés par l'expérience. M. Cagniard-Latour ayant attaché au fond d'un tube vertical rempli d'eau, un fil de métal qui occupait le milieu de ce tube, remarqua qu'en soumettant ce fil à une traction déterminée, le niveau de l'eau dans le tube et autour du fil tiré, baissait de manière à indiquer une diminution de volume de la partie plongée du fil métallique, et une diminution de sa densité proportionnelle à la traction exercée. Si l'on suspend un poids à un fil métallique vertical, attaché par son extrémité supérieure à un point fixe, que l'on mesure l'allongement qu'éprouve la distance comprise entre deux de ses points, au moyen d'une lunette mobile sur une règle verticale, on remarque que cet allongement est proportionnel au poids qui tend le fil, pourvu que ce fil reprenne toujours sa longueur primitive quand la traction cesse, c'est-à-dire pourvu que l'effort exercé sur le corps solide ne dépasse pas la limite de son élasticité.

La relation $A = \dfrac{2}{5}\dfrac{F}{l}$ peut servir à déterminer le coefficient de l'élasticité d'un corps. Par exemple, MM. Sturm et Colladon ont trouvé qu'un prisme de verre se raccourcissait de 0,0000011 de sa longueur pour une pression d'une atmosphère ou de $0^k,01$ par millimètre carré; on en déduit $A = 3636$. On admet que le fer forgé s'allonge de

0,0001 pour une traction de 2 kil. par millimètre oarré, on en déduit A = 8000. Plusieurs expériences publiées sur l'allongement ou la contraction d'autres corps donneraient A = 5177 pour la fonte, 2696 pour le bronze des canons, 2510 pour le laiton, 1294 pour l'étain, 202 pour le plomb, etc.; mais ces expériences doivent être répétées avec tout le soin nécessaire pour donner les valeurs exactes de A.

118. Lorsqu'un corps solide homogène est soumis à une pression constante sur toute sa surface, l'analyse indique que sa contraction cubique, la même dans toutes ses parties, est égale à $\left(\dfrac{3}{5}\dfrac{P}{A}\right)$, P étant ici la pression exercée sur un millimètre carré, exprimée en kilogrammes. Si toutes les valeurs de A que nous venons de donner pour différens corps étaient exactes, on en conclurait que, pour une pression de 1 kilogramme par millimètre carré ou de 100 atmosphères environ, la compressibilité cubique serait de $\frac{1}{6060}$ pour le verre, de $\frac{1}{13335}$ pour le fer, de $\frac{1}{8628}$ pour la fonte, de $\frac{1}{4496}$ pour le bronze des canons, de $\frac{1}{4185}$ pour le laiton, de $\frac{1}{2156}$ pour l'étain, de $\frac{1}{336}$ pour le plomb, etc.

Compressibilité des solides.

119. Lorsqu'on considère un corps cylindrique soumis à une force de torsion, on trouve par l'analyse que l'angle de torsion ω, ou l'angle dont un diamètre d'une section transversale située à une distance z de la section fixe, est écarté de sa position primitive, est donné par la formule $\left(\omega = \dfrac{2M}{\pi A R^4}z\right)$; M étant le moment de la force qui tord le fil, R le rayon du cylindre. Il suit de là que l'angle de torsion est proportionnel à la longueur du cylindre, au moment de la force de torsion, et en raison inverse du coeffi-

Lois de la torsion.

cient d'élasticité et de la quatrième puissance du diamètre du corps. Ces résultats sont confirmés par l'expérience.

Si l'on détermine, pour une substance taillée en cylindre d'un rayon donné, l'angle de torsion qui correspond à une longueur connue, on pourra déduire de ce mode d'expérience la valeur de A. En prenant les valeurs de $\frac{M z}{R^4}$ données par M. Biot pour le fer et le laiton, et tirées d'expériences faites par Coulomb, on trouve $A = 7500$ pour le fer, et 2250 pour le laiton. Ces nombres diffèrent de ceux que nous avons cités plus haut ; mais cette différence est assez petite pour ne pouvoir être attribuée qu'aux erreurs des expériences faites jusqu'ici sur la traction des corps dans le sens de la longueur.

La valeur de ω donnée précédemment indique que les forces, ou plutôt les momens des torsions, M et M', capables de produire un même angle de torsion ω sur deux fils solides de nature différente ou ayant des coefficiens d'élasticité différens A et A', mais de même longueur z et de même rayon R, sont proportionnels à A et A'. Ce résultat donne un moyen très exact pour évaluer le rapport des coefficiens d'élasticité de ces deux fils : car si l'on fait osciller une aiguille horizontale successivement fixée à l'extrémité libre de chacun de ces fils, maintenue verticalement et pincée à sa partie supérieure, la force de torsion tendant à ramener cette aiguille à sa position d'équilibre, qui correspond au zéro de torsion, avec une intensité variable, mais constamment proportionnelle à l'angle d'écartement, les oscillations seront isochrones, et le carré du nombre de ces oscillations, faites dans un temps donné, sera proportionnel à la force de torsion pour un angle égal à l'unité, ou au coefficient d'élasticité. Ainsi, si n et n' sont les nombres d'oscillations faites dans une minute par l'aiguille successivement fixée aux extrémités libres des deux fils proposés, on aura $A' : A :: n'^2 : n^2$. La précision qu'on peut apporter dans ce genre d'expérience en fait le moyen le plus exact que l'on puisse employer pour comparer les coefficiens d'élasticité de différens corps.

L'analyse appliquée au cas de la torsion donne encore un résultat qu'il convient d'énoncer. Un point matériel quelconque du cylindre tordu est soumis à différens efforts dans différens sens; si l'on mène par ce point le rayon r qui mesure sa plus courte distance à l'axe, et deux autres droites perpendiculaires à r et inclinées à 45° sur la section transversale du cylindre, ces deux dernières droites seront l'une la direction de la pression maxima, l'autre celle de la plus grande traction, exercées autour du point perpendiculairement aux élémens plans qui leur correspondent; la traction maxima aura pour expression $\dfrac{2M}{\pi R^4} r$, et sa plus grande valeur aura lieu à la surface même du cylindre, ou pour $r = R$.

Il suit de là que si l'on connaît par l'expérience la limite φ de la traction qu'on peut faire éprouver, dans le sens de sa longueur, à un prisme de la substance du cylindre, la limite μ du moment de la torsion sera donnée par l'équation $\mu = \dfrac{\pi R^3 \varphi}{2}$. Si, par exemple, on admet que pour le fer tiré dans le sens de sa longueur la limite de l'élasticité corresponde à une traction de 14 kilogrammes au millimètre carré, on aura $\mu = 22\,R^3$ pour la limite du moment de la torsion qu'on peut faire éprouver à cette même substance. Cette limite s'accorde avec celle que différens praticiens ont déduite de l'expérience directe de la torsion.

Balance
de torsion.

120. On fait usage en physique d'un appareil connu sous le nom de balance de torsion, dans lequel la force de torsion est opposée à d'autres forces qu'on veut mesurer. Cet appareil se compose essentiellement d'un fil métallique encastré par son extrémité supérieure, et d'un levier fixé perpendiculairement à son extrémité inférieure. L'encastrement est formé d'une pince, qui traverse un tuyau dont le bord supérieur présente un limbe horizontal gradué, et qui se termine par une aiguille que l'on peut arrêter en un point quelconque du limbe, ce qui permet d'évaluer la torsion qu'on est obligé de faire subir au fil pour que le levier sollicité par une force étrangère puisse garder une certaine position. L'angle total de torsion sert alors de mesure à cette force, en prenant pour unité celle qui ne produirait qu'un écartement d'un degré.

Fig. 68.

Une des plus belles applications qui ait été faites de cet instrument est celle au moyen de laquelle Cavendish a prouvé que les corps de la nature s'attirent mutuellement, et qui lui a servi à mesurer la densité moyenne de la terre. Le levier portait à cet effet deux petites boules métalliques ; deux grandes masses sphériques de plomb furent amenées à une certaine distance des deux côtés opposés et symétriques de ces deux boules, en sorte que le milieu de la droite qui joignait les centres de ces masses fut au même point de l'axe du fil de la balance que le milieu de la droite qui joignait les centres des deux boules. Les boules métalliques furent attirées par les masses de plomb, le levier s'écarta du zéro de torsion, et oscilla de part et d'autre d'une position d'équilibre.

Fig. 69.

En mesurant alors la durée de chaque oscillation, on pouvait la corriger de l'effet dû à la force de torsion, et en déduire la durée t de l'oscillation du levier sous la seule force attractive des masses de plomb; substituant cette valeur dans la formule $t = \pi \sqrt{\dfrac{l}{g}}$, on obtenait la longueur l d'un pendule, dont l'oscillation due à la pesanteur eût été de même durée que celle du demi-levier l' de la balance, sous l'attraction g' de la masse voisine, ce qui donnait $l : l' :: g : g'$. Or, la pesanteur ou l'attraction de la terre est égale à $f\dfrac{\mathrm{VD}}{\mathrm{R}^2}$; $\mathrm{V} = \dfrac{4}{3}\pi\mathrm{R}^3$ étant le volume de la terre, D sa densité moyenne, et R son rayon, enfin f l'attraction de l'unité de masse à l'unité de distance; l'attraction de chaque masse de plomb, de rayon r et de densité connue d, sur la boule du demi-levier voisin situé à une distance ρ de son centre, était $\dfrac{4}{3} f\dfrac{\pi r^3 d}{\varrho^2}$; on avait donc l'équation $\mathrm{RD} : \dfrac{r^3 d}{\varrho^2} = l : l'$, d'où l'on pouvait déduire D. C'est ainsi que Cavendish a trouvé 5,48 pour la densité moyenne de la terre, ou environ 5 fois $\frac{1}{2}$ celle de l'eau.

121. Lorsqu'un mouvement vibratoire est communiqué à un corps solide, soit par l'air, soit par d'autres corps avec lesquels il est en contact, la rapidité plus ou moins grande avec laquelle ce mouvement se propage dans son intérieur, la nature des sons qu'il fait entendre le plus facilement et avec le plus d'intensité, lorsque ses molécules viennent à vibrer, dépendent du coefficient d'élasticité de ce corps, et fournissent un nouveau moyen de le déterminer dont on parlera dans la théorie de l'acoustique. La propriété dont

jouissent les corps solides de produire et de transmettre
des sons tient donc à la faculté que possèdent leurs molécules de pouvoir osciller autour de leurs positions d'équilibre, et est essentiellement liée à l'élasticité ou à la compressibilité.

On peut conclure de la simplicité des résultats qui précèdent et de leur accord avec les données de l'expérience,
que toutes les modifications de forme et de mouvement
subies par les corps solides en raison de leur élasticité pourraient être déduites de la théorie, si l'on pouvait lever les
difficultés d'analyse qui s'opposent encore à l'interprétation complète des équations comprenant tous ces phénomènes. Nous ne nous arrêterons pas sur les résultats que
l'on obtient lorsque l'on traite par le calcul le cas d'un
cylindre creux, ou celui d'une sphère creuse, que l'on
soumet intérieurement à une forte pression; nous nous
contenterons de faire remarquer que l'analyse indique une
limite à la pression intérieure, qu'elle ne saurait dépasser
sans produire dans l'enveloppe solide une altération permanente, quelque grande que fût son épaisseur. Dans le
cas de la sphère creuse, cette limite est environ de 2800
atmosphères pour le fer, et de 2000 pour la fonte.

Choc
des corps
élastiques.
112. Le choc des corps présente de nombreux exemples des effets de l'élasticité. Lorsqu'une bille d'ivoire
tombe d'une certaine hauteur sur une table de marbre,
elle se déforme ainsi que la table, pendant un instant très
court; la vitesse de la bille est diminuée, puis détruite,
par les pressions intérieures aux deux corps dues au choc
ou à la déformation; lorsqu'elle est annulée, les mêmes
pressions font naître une vitesse en sens contraire, qui
croît successivement jusqu'à ce que le contact cesse; la

bille remonte alors, et elle atteindrait la hauteur dont elle est descendue, si son élasticité et celle de la table étaient parfaites. On peut constater l'existence de la déformation, en enduisant la table d'une légère couche de vernis; on y remarque, après le choc et à l'endroit du contact, une tache circulaire, dont le diamètre est d'autant plus grand que la bille d'ivoire est plus grosse et qu'elle est tombée de plus haut. Il est évident que cette tache et ses variations de grandeur ne peuvent s'expliquer qu'en admettant une déformation durant le choc : car dans l'hypothèse de l'invariabilité de forme, la tache devrait être imperceptible, ou de grandeur constante pour une même épaisseur de la couche gommeuse et pour une même bille tombant de différentes hauteurs.

Si deux billes d'ivoire de même grandeur, B et B′, sont en contact et suspendues par des fils parallèles, l'une d'elles B étant éloignée de la verticale, vient en retombant choquer la seconde B′, et lui communique toute sa vitesse, tandis qu'elle rentre en repos. Quand la bille B sa plus ou moins de masse que B′, elle se meut encore après le choc, dans le même sens qu'avant ou en sens opposé; la bille B′ se meut toujours dans la même direction. Ces effets ne sont que des cas particuliers du choc entre corps élastiques, dont la Mécanique rationnelle donne les lois générales. Si plus de deux billes égales se suivent, suspendues comme les précédentes, la première Fig. 70. venant à choquer le reste du système reste en repos, les billes intermédiaires ne paraissent pas bouger, et la dernière seule est soulevée comme si elle avait été frappée directement; cet effet s'explique par une série rapide de chocs successifs. La première bille communique la vitesse acquise à la seconde, celle-ci à la troisième, et ainsi de suite jusqu'à la dernière, qui peut seule la conserver. En soulevant les deux premières billes, et les laissant retomber ensemble, on voit les deux dernières se mouvoir seules après le choc, que l'on doit considérer comme réellement composé de deux chocs séparés qui se succèdent rapidement.

Limite
de
l'élasticité.

123. Les ingénieurs et les mécaniciens ont souvent besoin de connaître le plus grand effort d'une certaine nature, que peut subir un corps solide sans que ses propriétés physiques soient altérées. La théorie des corps élastiques, dont nous venons d'énoncer les principaux résultats, indique que cette limite, dans les circonstances données, pourrait se déduire par le calcul de la plus grande traction que peut supporter une tige de la même matière solide, sans éprouver de changement permanent dans sa longueur. Mais la détermination de cette traction maxima offre beaucoup d'incertitude. En suspendant à cette tige des poids de plus en plus considérables, que l'on enlève successivement pour observer si elle reprend rigoureusement sa longueur primitive, on saisit une limite où cette épreuve ne réussit plus. Il ne faudrait cependant pas en conclure que l'élasticité du corps ne s'altérera jamais, tant que cette limite ne sera pas dépassée : car l'observation indique qu'un effort modéré et persistant peut produire à la longue le même effet qu'une action plus forte et moins prolongée. On ne connaît pas encore la loi que suit cette influence singulière du temps sur les propriétés physiques des corps sollicités ; on sait seulement qu'elle est d'autant moindre que les efforts constans sont plus faibles. C'est par cette raison que dans

la pratique il convient de réduire lès efforts au tiers, et tout au plus à la moitié des limites données par l'expérience précédente.

124. Si dans cette expérience les poids supportés par la tige dépassent la limite de son élasticité, elle s'allonge de plus en plus, et finit par se rompre. Le poids total qui détermine cette rupture, sert de mesure à la ténacité du corps éprouvé. Des épreuves faites sur différens métaux semblent conduire à cette conséquence, que pour tout corps solide la limite de son élasticité est environ le tiers de celle où sa rupture a lieu. L'observation prouve que cette seconde limite varie aussi avec la durée de la traction : car une tige métallique supportant un poids un peu moindre que celui qui la romprait instantanément, cède, au bout d'un temps plus ou moins long, à cette action persistante. Il résulte de là, qu'un corps solide qui a été soumis à une épreuve très voisine de la résistance maxima qu'il pouvait offrir, peut être tellement altéré, qu'il cède plus tard à une épreuve beaucoup plus faible que la première. On explique par là comment des pièces de canon, essayées à la fonderie sous une triple charge, ont pu éclater après quelques coups tirés avec la charge ordinaire; et comment des barres de fer éprouvées à une traction moitié de celle qui les eut rompues, ont pu céder dans une construction où elles étaient cependant soumises à un effort moindre. Ces faits jetant une grande incertitude sur l'utilité réelle des épreuves que l'on fait subir aux matériaux pour s'assurer de leur résistance; il est prudent de ne jamais pousser ces essais préliminaires au-delà des plus grands efforts que les corps auront à supporter, dans l'emploi auquel ils sont destinés.

Ténacité.

Les deux limites de la ténacité et de l'élasticité, qu'il importe de connaître pour calculer les résistances et la possibilité physique d'une construction ou d'une machine, doivent être déterminées directement sur chacun des matériaux que l'on se propose d'employer ; car, pour plusieurs corps solides de la même espèce de matière, ces limites peuvent être très différentes. Des blocs de pierre provenant de la même couche de terrain offrent souvent des résistances inégales aux pressions qui tendent à les écraser ; des madriers de la même espèce de bois et de mêmes dimensions, peuvent résister inégalement à une force de traction, ou aux pressions qui les font fléchir ; enfin, des pièces d'un même métal présentent des résistances très différentes, suivant le minerai dont ils sont extraits, le procédé métallurgique usité pour les obtenir, et les efforts mécaniques employés pour rapprocher leurs particules et leur donner de la ténacité.

Trempe. 125. La plupart des métaux acquièrent de l'élasticité lorsqu'ils sont battus à froid, ou réduits en lames par la pression des cylindres d'un laminoir, ou passés à la filière. On dit alors qu'ils sont *écrouis;* s'il importe de leur donner de la ductilité, il faut pour cela les *recuire,* c'est-à-dire les chauffer au rouge et les laisser refroidir lentement. Certains corps deviennent très élastiques par la *trempe,* c'est-à-dire lorsque ayant été chauffés à une très haute température, on les refroidit subitement par l'immersion dans l'eau ou toute autre masse froide. L'acier, ou le fer uni à une petite proportion de carbone, jouit de cette propriété à un très haut degré; il est d'autant plus dur et plus élastique, que la trempe a produit un abaissement subit de température plus considérable; il devient de nouveau

mou et ductile, lorsqu'on le ramène à la même température élevée, et qu'on modère son refroidissement; en général, il perd une partie des propriétés que la trempe lui
donne, lorsque sa température s'étant élevée, s'abaisse ensuite lentement. Le verre devient, par la trempe, dur, élastique, mais aussi très fragile; c'est pour éviter cette grande
fragilité, que les objets en verre nouvellement fabriqués
sont recuits sur un foyer dont on les éloigne graduellement. L'alliage de cuivre et d'étain dont sont composés
les cymbales et les tam-tams, contrairement à ce qui se
passe dans l'acier et le verre, acquiert de la dureté et
de l'élasticité par un refroidissement lent, devient ductile
et malléable par la trempe. La cause de ces effets et de
ces différences est encore inconnue.

126. On ne peut pareillement expliquer les différences
singulières que présentent les métaux dans leur ductilité,
suivant la nature des efforts mécaniques employés pour la
mettre en jeu. Quand on les travaille au marteau, en les
battant à froid, les plus petites épaisseurs auxquelles on
puisse les réduire sans qu'ils se déchirent, sont différentes
de l'un à l'autre; en prenant l'ordre inverse de ces épaisseurs pour celui de la malléabilité comparative des métaux éprouvés, ils se trouvent rangés dans l'ordre suivant : plomb, étain, or, zinc, argent, cuivre, platine,
fer. Mais si l'on prenait pour mesure de la malléabilité
d'un corps la moindre épaisseur à laquelle il puisse être
obtenu sans se fendiller, par des passages réitérés sous les
cylindres d'un laminoir, les mêmes métaux se rangeraient
ainsi : or, argent, cuivre, étain, plomb, zinc, platine,
fer. Enfin, en comparant les plus petits diamètres auxquels ces métaux puissent être réduits sans se briser, lors-

qu'on les étire successivement à travers les trous décrois-
sans d'une filière, leur ductilité relative les place dans
l'ordre suivant : platine, argent, fer, cuivre, or, zinc,
étain, plomb.

127. Un corps solide présente des propriétés particulières et différentes de celles que nous venons de passer en
revue, lorsque les circonstances qui président à sa formation permettent à ses particules de se superposer lentement les unes aux autres ; soit qu'étant primitivement
liquide, ce corps se congèle par un refroidissement modéré ; soit que, dissous dans un liquide, il se précipite
successivement en vertu d'une diminution de solubilité
occasionée par celle de la température, ou par l'évaporation ; soit enfin que ses molécules se séparent d'une
combinaison chimique, par la neutralisation d'une partie
des forces qui les sollicitaient. Dans ces circonstances, les
molécules prennent des positions régulières, qui sont
sans doute les plus stables relativement aux forces qui les
sollicitent au moment de leur agglomération. Le corps solide formé est alors *cristallisé*.

Dans cet état, il peut présenter des formes polyédriques, qu'on appelle *cristaux*, et dont les angles plans et
dièdres ont des rapports essentiels pour chaque substance ;
il se divise, sous le marteau, en morceaux dont les faces
sont planes et parallèles deux à deux. Les directions constantes de ces sections de moindre résistance, portent le
nom de *plans de clivage ;* leur nombre et leurs positions
relatives varient d'une substance à une autre. En imagi-
nant que la division du cristal soit poussée assez loin
pour isoler le système de chaque particule, on conçoit
que ce système doit avoir une forme polyédrique, dont les

faces sont en nombre égal ou double de celui des clivages ; c'est cette forme limite qu'on appelle molécule intégrante, ou *forme primitive* du cristal, en Minéralogie. Trois clivages différens donnent pour forme primitive un parallélépipède ; quatre, un octaèdre ou un tétraèdre ; un plus grand nombre, un dodécaèdre. Les faces de la forme primitive étant parallèles aux clivages, ses angles plans et dièdres sont faciles à mesurer ; quant aux rapports de longueur de ses arètes, ils peuvent se conclure de l'ensemble des formes cristallines que la substance proposée affecte dans diverses circonstances.

On a cru devoir conclure des phénomènes de la cristallisation, que les dernières particules indivisibles des corps sont réellement polyédriques, et que les formes primitives considérées par les minéralogistes, ne sont autres que celles des atomes eux-mêmes. Mais si l'on remarque que les corps cristallisés se contractent et se dilatent comme les autres corps solides, par des efforts extérieurs ou des variations de température, et qu'ils ont souvent des densités plus petites que les liquides provenant de leur fusion, on est obligé d'admettre que les particules matérielles indivisibles s'y trouvent séparées et non contiguës ; rien n'empêche alors de leur supposer des formes sphéroïdales. Les directions des plans de clivage ou de plus facile section, sont ceux des élémens plans pour lesquels les pressions ou tractions qui naissent autour de chaque point, lors d'une action extérieure, ont la moindre intensité ; et l'on conçoit que leur position doive être déterminée, et leur nombre limité, par l'orientation des axes des particules, qui est la même dans tout le cristal. Les plans parallèles aux clivages, qu'on imaginerait dirigés symé-

triquement entre les particules, formeraient des polyèdres égaux entre eux et semblables à la forme primitive
adoptée ; chacun de ces polyèdres compose le système
isolé d'une particule ; mais sa capacité intérieure doit être
considérée comme vide de matière pondérable, à l'exception du centre ou de quelques points, occupés par les
atomes qui composent la molécule intégrante.

Frottement.　128. Pour compléter l'examen des propriétés générales
des corps solides, il conviendrait de parler du *frottement*
ou de la résistance que les corps opposent lorsque, étant
en contact, on les fait glisser l'un sur l'autre. Mais cet obstacle au mouvement doit être plus spécialement étudié
dans le cours de machines, où il importe de connaître les
dépenses de force qu'il exige pour être surmonté ; sa théorie est intimement liée à celle du mouvement : son intensité varie avec les forces qui sollicitent les corps frottans,
avec les vitesses relatives qui les animent ; et les lois que
suit le frottement dans ces circonstances ne peuvent être
développées dans le cours de physique actuel. L'expérience indique que toutes choses égales d'ailleurs, le frottement est moins grand entre des corps dont la surface est
polie, c'est-à-dire présente des aspérités moins hautes, ou
qui sont enduites d'une matière grasse baignant ces aspérités ; l'adhérence de deux corps de même nature surpasse
celle de deux corps différens ; elle augmente avec la
durée du contact lorsqu'un des corps est le bois ; cette
durée ne paraît pas influer sur l'adhérence entre les métaux tant que leur surface n'éprouve pas d'altération. Ces
faits divers sont encore sans explication.

Dureté.　129. Il en est de même de la propriété que possèdent
les corps taillés en pointes, en arètes, en couteaux, d'en-

tamer ou de rayer d'autres surfaces moins dures. Cette propriété permet de ranger les corps solides suivant l'ordre décroissant de leur dureté relative, ce qui fournit un moyen de les distinguer les uns des autres lorsque leur apparence est la même ; elle est d'ailleurs utilisée dans les arts pour tailler le verre, limer les métaux, tourner et aléser des surfaces de révolution, former et polir des surfaces planes. Mais il serait difficile d'analyser complétement tous ces effets, et d'en assigner les causes probables sans faire des hypothèses nombreuses et compliquées. En général, lorsqu'il s'agit de changemens permanens, la théorie des corps solides est fort peu avancée ; ses progrès semblent même subordonnés à ceux de toutes les autres parties de la Physique.

130. Malgré cette imperfection de la théorie, les propriétés des corps solides prouvent que leurs différentes parties exercent les unes sur les autres une force attractive ; car sans admettre cette cause générale il serait impossible, dans l'état actuel de la science, de concevoir l'ensemble des phénomènes que nous venons de décrire. On peut d'ailleurs rendre sensible l'existence de la force de cohésion par des expériences plus directes. Si l'on prend deux corps solides terminés par des surfaces planes bien dressées, qu'on applique exactement l'une sur l'autre en les enduisant, s'il est nécessaire, d'un peu de liquide ou d'un corps gras pour chasser l'air interposé, on remarque que les deux corps adhèrent assez fortement l'un à l'autre, même lorsqu'ils sont dans le vide et que la pression extérieure de l'atmosphère n'agit plus concurremment avec la cohésion pour réunir les deux surfaces. Deux plaques de verre ou de marbre bien polies, ou deux morceaux de

plomb récemment coupés, servent à constater ce fait ; mais cet effet de la cohésion disparaît lorsque la distance qui sépare les deux surfaces est appréciable à nos sens.

La force de cohésion est incomparablement plus grande que la pesanteur ; car si l'on imagine un cylindre de métal maintenu verticalement, encastré vers le haut dans un obstacle fixe, et dont la longueur serait telle, que son poids fût sur le point de déterminer sa rupture, il y aurait équilibre entre l'attraction qu'exerceraient l'une sur l'autre les deux parties très voisines de la section transversale où la séparation devrait s'opérer et l'action de la pesanteur sur la masse très étendue de la barre métallique. Supposons que cette barre soit de fer et qu'elle ait un mètre carré de section ; on sait que la force capable de rompre le fer est d'au moins 40 kilogrammes par millimètre carré, ou de 40,000,000 kil. par mètre carré ; or le poids d'un mètre cube de fer est moindre que 8000 kil.; il faudrait donc que la barre eût au moins 5000 mètres de longueur, ou une lieue et quart, pour rompre sous son propre poids. Il est évident que cette longueur serait encore la même si l'épaisseur de la barre était différente.

HUITIÈME LEÇON.

Compressibilité des liquides. — Cohésion des liquides. — Attraction mutuelle des corps solides et des liquides. — Phénomènes capillaires. — Attractions et répulsions des corps flottans.

131. La compressibilité des liquides étant extrêmement petite, comparée à celle des gaz pour les mêmes pressions exercées, a été long-temps inaperçue. Mais les liquides servant à propager les sons ou les mouvemens vibratoires, aussi bien que les solides, ces corps doivent être compressibles. Pour constater cette propriété, on essaya, dès la fin du XVIIᵉ siècle, de comprimer une sphère creuse de métal totalement remplie d'eau ; la sphère ayant, à égalité de surface, une plus grande capacité que toute autre forme géométrique, cette compression devait diminuer le volume intérieur par la déformation de l'enveloppe ; en supposant toutefois que cette enveloppe ne se dilatât pas, on en eût conclu la compressibilité du liquide ; mais il ne pût être retenu dans l'intérieur, et suinta à travers les pores du métal.

On imagina aussi de joindre, par un tube recourbé assez étroit, deux vases de verre ou réservoirs pleins d'eau, d'entretenir un d'eux à une basse température en l'entourant de glace fondante, et de chauffer l'eau de l'autre réservoir, dont la dilatation devait comprimer l'air qui occupait une portion du tube; cette compression communiquée à l'eau froide devait diminuer son volume. Mais il paraît qu'on n'aperçut aucun abaissement de niveau lorsqu'on fit cette expérience; ce qui était peut-être dû à la vaporisation de l'eau échauffée, et à la condensation de cette vapeur dans le réservoir froid. Quoi qu'il en soit, on crut devoir conclure de ces résultats, que l'eau était incompressible.

Long-temps après, Canton, physicien anglais, essaya de prouver la fausseté de cette conclusion. Il remplit une boule de verre, terminée par un tube très fin, d'un liquide qu'il exposa à une forte température; le tube alors plein fut fermé au chalumeau. Le vase étant ensuite refroidi, le liquide contracté laissa au-dessus de lui un espace vide d'air. Or, en cassant la pointe du tube, Canton remarqua un abaissement très sensible du niveau du liquide, qu'il crut devoir attribuer à sa compressibilité sous la pression de l'atmosphère. Mais, dans ce genre d'expérience, les enveloppes solides devaient se dilater et leur capacité intérieure augmenter, au moment où l'air et sa pression étaient introduits; en sorte qu'il eût fallu connaître la correction due à la dilatation des vases, pour s'assurer si les liquides étaient réellement comprimés.

Il est facile de prouver par l'expérience la nécessité d'avoir égard au changement de capacité de l'enveloppe; car si l'on dispose un appareil semblable à celui de Canton, dans l'intérieur d'une cloche que l'on place sur le plateau de la machine pneumatique, on remarque que le niveau du liquide s'abaisse lorsqu'on fait le vide; ce qui indique que l'enveloppe se dilate par la soustraction de la pres-

Fig. 72

sion extérieure à la boule. Si l'on casse ensuite la pointe du tube, qui doit traverser la paroi du récipient, on observe encore un abaissement, en partie dû à la dilatation que subit la boule de verre sous la pression atmosphérique agissant intérieurement. Enfin, lorsqu'on laisse rentrer l'air sous le récipient, le niveau du liquide s'élève par la contraction de l'enveloppe, due à la pression atmosphérique rétablie sur la paroi extérieure.

Mais il existe un moyen certain de constater la compressibilité des liquides. Il consiste à renfermer le liquide que l'on veut éprouver, dans un vase terminé par un tube étroit mais ouvert, dans lequel une bulle de mercure puisse indiquer le niveau, et à plonger ensuite cet appareil dans un vase plein d'eau, sur laquelle on exerce une forte pression. Dans ces circonstances, l'enveloppe étant soumise à une même pression, intérieurement et extérieurement, se contractera comme si elle formait une des couches d'une masse solide et pleine de la même substance. Si donc le niveau du liquide baisse, quoique la capacité intérieure ait diminué, il faudra en conclure que ce liquide est compressible, et qu'il l'est plus que le corps solide qui lui sert d'enveloppe. On pourra même déduire de ce mode d'expérience, le coefficient numérique de la compressibilité du liquide, pour une pression donnée; car il suffira d'ajouter à la diminution de volume observée, celle de la capacité de l'enveloppe, qu'il est facile de calculer lorsqu'on connaît la compressibilité cubique de la substance solide dont elle est formée.

M. Perkins s'est servi d'une fiole remplie du liquide à Fig. 73 éprouver, et terminée par un col long et étroit, qu'il renversait en plongeant son orifice dans un bain de mercure;

il exposait ensuite cet appareil à de fortes pressions, dans un cylindre en fonte plein d'eau, sur laquelle agissait une pompe foulante. Pour juger de la contraction du liquide, il avait introduit dans le col de la fiole, et sur le mercure, un flotteur qu'une petite lame de ressort pressait sur les parois intérieures. Ce flotteur était soulevé lors de la diminution de volume du liquide éprouvé, mais restait au plus haut point où il était parvenu lorsque la compression cessait.

M. OErsted a imaginé un autre appareil pour le même objet. Il se compose d'un réservoir en verre terminé par un tube très étroit et bien jaugé ; le rapport de la capacité d'une des divisions du tube à celle du réservoir, doit avoir été déterminé d'avance. Le tube se termine en forme d'entonnoir ; le réservoir et le tube étant pleins du liquide à essayer, on verse au-dessus un globule de mercure, qui, à cause de la petitesse du diamètre intérieur du tube, suit tous les mouvemens du niveau ; une échelle métallique, sur laquelle le tube est fixé, sert à évaluer les changemens de volume. Cet appareil est placé dans l'intérieur d'un fort cylindre en verre, qu'on remplit d'eau ; sur ce bain on dispose un piston, qu'on abaisse ensuite au moyen d'une vis de pression. Un thermomètre et un manomètre à air, plongés dans l'eau du cylindre, indiquent la température de l'expérience, et la pression exercée par le piston.

Fig. 74.

MM. Sturm et Colladon ont modifié cet appareil de manière à pouvoir exercer des pressions beaucoup plus fortes. Ils ont substitué à l'index de mercure, qui exige des tubes trop étroits, où il se meut difficilement sans se diviser, une bulle d'air, et une bulle de carbure de soufre

lorsque les expériences étaient faites sur des liquides atti-
rant l'humidité de l'air. Ils ont donné au cylindre en
verre de plus fortes dimensions ; à la virole en cuivre qui
le terminait vers le haut, ils ont vissé une pompe foulante ;
enfin, le cylindre fut plongé vers le bas dans une masse
d'eau, qui absorbait la chaleur développée par la compression.

Les compressions observées avaient besoin d'être corrigées : 1°. des variations de volume, résultant des changemens de température ; 2°. de la diminution du volume
de l'enveloppe. MM. Sturm et Colladon avaient déterminé à cet effet le coefficient de dilatation ou de contraction du verre, tiré ou pressé dans le sens de sa longueur, qu'ils ont trouvé être de onze cent-millionièmes
pour une traction ou une pression équivalente à une
atmosphère. Or, il résulte des lois que nous avons exposées
plus haut, que la compressibilité cubique sous une action
exercée dans tous les sens, est les $\frac{3}{2}$ de la contraction
linéaire observée, lorsque cette même action n'est exercée
que dans une seule direction ; ce qui donne 0,00000165
pour la compressibilité cubique du verre sous une pression
d'une atmosphère.

En ayant égard à ces corrections, les expériences de
MM. Sturm et Colladon donnent, pour la compressibilité
cubique moyenne du mercure, sous une augmentation de
pression d'une atmosphère, 0,00000338 ; pour celle de
l'eau, 0,00004965 ; pour l'alcool, 0,00009165 ; pour l'é-
ther sulfurique, 0,00012665. Ces expériences indiquent,
en outre, que la contraction totale est proportionnelle à la
pression pour le mercure et l'eau ; mais que pour d'autres
liquides, la compressibilité cubique résultant d'une aug-

mentation de pression d'une atmosphère, va en diminuant à mesure que la pression d'où l'on part augmente. Les nombres précédens sont des moyennes entre les compressibilités cubiques observées sous des pressions comprises entre zéro et 20 atmosphères.

132. L'élasticité, comme nous l'avons définie pour les corps solides, n'est peut-être pas tout-à-fait nulle dans les liquides; car une goutte de mercure, pressée et déformée légèrement, reprend sa forme lorsqu'on cesse de la presser. Quoi qu'il en soit, les molécules des liquides passent facilement d'une position d'équilibre à une autre, car la faible résistance qu'elles opposent à ce changement de position, ou la viscosité, est incomparablement plus petite que la résistance analogue que l'on est obligé de vaincre dans les corps solides, pour mettre en jeu leur ductibilité ou leur malléabilité. Cette grande différence semble due, comme nous l'avons dit, à ce que l'équilibre d'une molécule dans un solide dépend en partie d'une certaine orientation de ses axes autour de son centre de gravité, tandis qu'une molécule d'un liquide parfaitement fluide peut tourner autour de son centre de gravité, sans que son équilibre cesse de subsister.

Cohésion des liquides.   133. La force de cohésion, quoique beaucoup plus petite dans les liquides que dans les corps solides, n'y est cependant pas nulle. En effet, un liquide peut acquérir un certain volume en restant suspendu en goutte au-dessous d'un corps solide; cette expérience très simple prouve à la fois et l'attraction de la matière du corps solide pour le liquide, et celle du liquide sur lui-même; car si l'on imagine une section horizontale dans la goutte, il faut que le liquide supérieur à cette section attire la masse de liquide

inférieur pour contre-balancer l'action que la pesanteur
exerce sur elle. Les deux genres d'attraction dont nous venons de parler peuvent être encore constatés par le procédé suivant. Au fléau d'une balance on suspend d'un
côté un disque solide horizontal, et de l'autre des poids
qui puissent l'équilibrer; on approche ensuite un liquide
qui baigne la face inférieure du disque; il y a alors adhésion; on ajoute successivement et sans secousse de nouveaux poids sur le plateau libre jusqu'à ce que cette adhésion soit vaincue.

Dans une série d'expériences faites par M. Gay-Lussac,
un disque de verre ayant 120 millimètres de diamètre, suspendu successivement sur l'eau et l'alcool, a exigé pour
être détaché des poids de 60 et de 32 grammes; des disques de même diamètre, mais de différentes substances
susceptibles d'être mouillées par les mêmes liquides, ont nécessité exactement les mêmes efforts. Il suit de là que, dans
chacune de ces expériences, les poids ajoutés ne mesurent
réellement que l'attraction du liquide sur lui-même : une
couche de ce liquide, soulevée d'abord, finit par se diviser en
deux parties, et la plaque reste mouillée après la séparation.

Quand cette plaque est de nature à ne pas être mouillée
par le liquide, le résultat est différent; il y a toujours adhésion, mais l'effort nécessaire pour la vaincre mesure l'attraction de la plaque solide sur le liquide. Cet effort est
plus difficile à mesurer exactement que dans le premier
cas; il semble varier avec le temps qu'on met à l'augmenter : dans les expériences de M. Gay-Lussac, un disque
de verre ayant 120 millimètres de diamètre, a exigé pour
être détaché d'un bain de mercure des poids variant entre
150 et 300 grammes.

134. La cohésion des liquides et l'attraction que les solides exercent sur eux donnent lieu à un grand nombre de
phénomènes qui semblent contraires aux lois connues de
l'hydrostatique lorsqu'on néglige l'action de ces forces. Les
phénomènes dans lesquels on remarque ces exceptions aux
applications générales de la mécanique rationnelle ont reçu
le nom de *phénomènes capillaires,* parce que leurs effets
les plus sensibles ont lieu lorsqu'on met en contact avec
des liquides des corps solides présentant des cavités dont
la largeur est très petite, et comparable au diamètre d'un
cheveu. Ces phénomènes dépendent de l'attraction mutuelle des molécules liquides et de celles qu'elles éprouvent de leurs parois solides ; ou de la courbure des surfaces qui terminent les liquides et de l'état particulier des
couches voisines de ces mêmes surfaces.

135. Pour faire concevoir comment les premières causes
déterminent l'ascension ou la dépression des liquides dans
les espaces capillaires, considérons un tube cylindrique
abba en verre, plongé dans un liquide dont le niveau extérieur soit $n'd$; supposons que ce tube ait un diamètre
assez étroit, et que le liquide soit d'une telle nature que
le niveau intérieur y soit plus élevé et en *nn*. Imaginons les parois du tube prolongées dans l'intérieur de la
masse liquide, de manière à former le tube recourbé
bcd ; si les parois de ce tube idéal, en conservant leur
nature et leur volume, viennent à se solidifier, l'équilibre ne sera pas troublé. Cherchons donc les conditions
d'équilibre de la partie du liquide intérieur au canal recourbé *abcd*.

La colonne liquide comprise entre les deux plans du ni-

veau nn et de l'orifice bb exerce sur elle-même, et éprouve
de la part des parois du tube comprises entre les mêmes
plans, des actions qui ne sauraient faire marcher cette colonne dans un sens plutôt que dans l'autre. Il en est de
même des actions que le liquide contenu dans le reste du
canal, entre le plan bb et celui du niveau extérieur dd,
exerce sur lui-même, et de celle qu'il éprouve de la part
des parois qu'on suppose solidifiées, comprises entre les
mêmes plans. Mais la première colonne liquide est attirée
de bas en haut par la paroi du tube située au-dessus du
plan nn; soit F cette action; elle est en outre attirée de
haut en bas par la paroi solidifiée située au-dessous du
plan bb; soit F$'$ cette nouvelle force. Enfin, la seconde
partie du liquide est attirée de bas en haut par le tube
supérieur au plan bb, et F représentera encore cette
action.

Ainsi les actions des parois produisent une force ascensionnelle totale (2F — F$'$) qui tend à soulever la colonne
liquide de gauche, dans le canal recourbé, plus que
celle de droite: Il faut donc, pour l'équilibre, que cette
force soit égale à la différence des poids de ces deux colonnes, ou à $gdbh$; en désignant par g l'intensité de la
pesanteur, par d la densité du liquide, par b la base de la
colonne ou l'aire de la section intérieure du tube, enfin par
h la hauteur verticale qui sépare nn du niveau extérieur
$n'n'$. Soit de plus c le contour ou le périmètre de la section b, et α l'attraction exercée sur le liquide par une portion de l'anneau de verre nn correspondante à l'unité de
longueur prise sur son contour, on aura F $= c\alpha$. Soit
aussi posé F$' = c\alpha'$; α et α' seront des quantités indépendantes de la forme et de l'épaisseur du tube, et pourront

représenter spécifiquement l'action du verre sur le liquide et celle du liquide sur lui-même.

L'équation d'équilibre du liquide intérieur au tube recourbé sera donc $c\,(2\alpha - \alpha') = gdbh$, d'où $h = \dfrac{2\alpha - \alpha'}{gd}\cdot\dfrac{c}{b}$. Cette hauteur h sera positive, nulle ou négative, en même temps que l'expression $2\alpha - \alpha'$; d'où il suit que si le double de l'action de la matière du tube surpasse l'action du liquide sur lui-même, il y aura élévation de niveau dans l'espace capillaire, et une dépression dans le cas contraire. Pour des tubes de même matière, plongés dans un même liquide, la fraction $\dfrac{2\alpha - \alpha'}{gd}$ reste constante; en la désignant par μ, on aura simplement $h = \mu\,\dfrac{c}{b}$.

Si le tube est cylindrique, d'un rayon intérieur r, on aura $h = \dfrac{2\mu}{r}$; ainsi l'exhaussement ou la dépression du niveau doit être en raison inverse du diamètre intérieur. Si la base du tube est annulaire et que r et r' représentent les rayons des deux circonférences qui la limitent, on aura $h = \dfrac{2\mu}{r - r'}$; si cette base est un rectangle aux côtés m et n, $h = \dfrac{2\mu\,(m + n)}{mn}$; enfin, si l'un des côtés n est beaucoup plus grand que l'autre, comme pour l'intervalle compris entre deux lames de verre parallèles très voisines, on aura $h = \dfrac{2\mu}{m}$. Toutes ces différentes formules et leurs rapports mutuels ont été vérifiés par l'expérience, au moyen des procédés que nous indiquerons plus bas.

136. Il y a une autre manière de considérer les phénomènes capillaires, qui permet d'expliquer d'une manière
plus complète les circonstances diverses qu'ils peuvent
présenter. L'exhaussement ou la dépression du liquide,
dans le tube capillaire que nous avons considéré, ne doit
pas se faire par une surface plane ; car si l'on imagine la
colonne liquide intérieure décomposée en cylindres annu-
laires concentriques, celui qui touche la paroi éprouvera
seul directement l'action capillaire, et entraînera tous les
autres en vertu de l'attraction du liquide sur lui-même ; on
conçoit d'après cela que la surface de niveau devra être
concave ou convexe. Il existe donc une dépendance nécessaire entre la forme de la surface libre de la colonne
liquide intérieure à l'espace capillaire et son état d'exhaussement ou de dépression. Or Laplace a démontré que
cette dépendance pouvait être établie directement sans
considérer l'action des parois sur le liquide.

137. Soit d'abord un liquide terminé par une surface
plane ; les molécules voisines de la surface sont attirées par
celles de l'intérieur ; il en résulte une pression qui se transmet à toute la masse suivant la verticale, comme la pression de l'atmosphère et celle due au poids du liquide. En
effet, dans la masse liquide proposée, où l'équilibre existe
de fait et où conséquemment les molécules conservent des
positions fixes, considérons un canal très délié, et cherchons les actions que tout le liquide qui l'entoure exerce
sur celui qu'il contient. Soient m une molécule de ce canal située à une distance z de la surface, et ρ le rayon de
la sphère d'activité de l'attraction moléculaire. Toutes les
molécules extérieures au canal $\overline{AB}$, et situées dans la sphère
de rayon ρ, dont m est le centre, attireront m. La résul-

tante de toutes ces actions sera évidemment nulle, si z est plus grand que ρ; elle existera et sera dirigée dans le sens de la pesanteur si z est moindre que ρ, puisqu'il y aura alors plus de molécules qui tendront à abaisser m que de molécules qui tendront à la soulever; cette résultante sera d'autant plus grande que z sera plus petit; enfin elle aura sa plus grande valeur lorsque le point m que l'on considère sera à la surface même en A.

Il suit de là, que les molécules du canal AB sont sollicitées par une force de la nature des forces accélératrices, dirigées dans le sens de la pesanteur, mais qui va en diminuant rapidement d'intensité, à mesure que l'on s'éloigne de la surface, de manière à devenir nulle à une profondeur AB $= \rho$. Au contraire, la pression verticale qui résulte de cette force accélératrice va en augmentant avec la distance à la surface, puisqu'elle croît comme l'intégrale des actions de la force accélératrice sur les molécules supérieures à celle que l'on considère. Ainsi, cette pression aura sa valeur maxima au point B, et la conservera à toute autre profondeur plus grande; c'est cette valeur définitive et constante que nous désignerons par A.

État
du liquide.

138. Il résulte de l'explication théorique admise pour rendre compte de la constitution intérieure des corps ($\S$ 46), vérifiée par le fait général de leur compressibilité, que la pression due aux forces considérées ci-dessus, ne peut augmenter à partir de la surface plane du liquide, sans nécessiter des variations correspondantes dans l'intervalle des particules, à moins que les quantités de chaleur qui produisent les forces répulsives, ne varient aussi dans la même étendue. Si cette dernière variation n'a pas lieu, il faut admettre que la densité du liquide

va en augmentant à partir de la surface libre, dans la première couche d'épaisseur ρ, pour acquérir une grandeur constante dans les couches inférieures, en vertu de la seule pression extrême A. En outre, la pression atmosphérique et l'action de la pesanteur produisent d'autres altérations, constantes par la première cause, variables avec la profondeur par la seconde. Mais comme ces changemens de densité sont insensibles, puisque la pesanteur spécifique d'un liquide, mesurée sur de petites ou de grandes masses, est toujours trouvée la même à la même température, nous en ferons abstraction, et nous supposerons, pour simplifier, que l'intervalle des particules reste constant dans toute l'étendue des masses liquides que nous aurons à considérer.

Il suffira, d'après cela, de chercher les modifications que doivent éprouver les résultantes des forces attractives, par la forme des surfaces qui limitent un liquide, comme s'il était incompressible ; à ces modifications correspondront en réalité des changemens dans la densité, qui, quoique imperceptibles en eux-mêmes, seront cependant rendus très sensibles par les variations de la pression, cause immédiate des effets observés. Il était utile de vérifier que les conséquences déduites de cette hypothèse de simplification, sont conformes à celles données par une analyse rigoureuse, considérant les liquides comme compressibles. Ce travail important a été fait par M. Poisson ; mais il est impossible de suivre ici cette marche plus naturelle, à cause des calculs compliqués qu'elle exige. Nous continuerons donc à profiter de ce fait expérimental, que les variations de densité correspondantes à celles de la pression, entre des limites peu éloignées, sont tout-à-fait imperceptibles dans les liquides ; d'où il suit nécessairement qu'entre les mêmes limites, l'hypothèse abstraite de l'incompressibilité doit conduire à des conséquences vérifiables sur les liquides de la nature, tant qu'il ne s'agit que de légères variations de pression.

Influence d'une surface courbe.

139. La pression A occasionée dans la masse d'un liquide par la forme plane de sa surface libre, diminue quand cette surface devient concave à l'extérieur, et augmente au contraire dans le cas de la convexité. Pour trouver la cause de cette variation, soit un tube cylindrique contenant un liquide, dont le niveau soit plan PAP, ou concave mAm, ou convexe $m'Am'$. Les actions des molécules du ménisque de liquide $PmAmP$, sur celle du filet central AC, auront évidemment une résultante totale M dirigée de bas en haut suivant CA ; en sorte que la pression définitive A que supporteraient les molécules du filet AC, situées à une profondeur plus grande que ρ, si le niveau était plan, n'est plus égale qu'à $A - M$, lorsque ce niveau est concave. Pour trouver la valeur que prend la pression lorsque le niveau est convexe, il faut retrancher de A l'action du ménisque $m'PAPm'$, que nous supposerons de même forme que le premier. Or, il est aisé de voir que l'action de ce second ménisque sur le filet central, serait égale à l'action du premier et dirigée dans le même sens.

Fig. 78.

En effet, considérons une molécule s' de ce nouveau ménisque ; soit abaissée sur AC la perpendiculaire horizontale $s'Q$, et soit pris $QA' = QA$; les actions de s' sur les molécules du filet comprises entre A et Q, tendront à le faire descendre ; les actions que s' exercera sur les molécules du même filet comprises entre Q et A' tendront à le faire monter; ces deux efforts contraires seront égaux et se détruiront, en sorte que s' n'agira efficacement que sur les molécules situées au-dessous de A'. Son action sera donc égale à celle d'une molécule s du premier ménisque, symétrique de s' par rapport au plan PAP, et telle, que sA soit égal et parallèle à $s'A'$. Cette identité d'action se conclurait de la même manière pour toutes les molécules symétriquement placées dans les deux ménisques. Ces deux ménisques agissent donc de la même manière sur le filet AC; or, l'action du premier ménisque est $-M$, et comme il faut la retrancher de la pression A, correspondante à une surface plane, pour avoir la pression exercée suivant AC, lorsque le niveau est convexe, cette dernière pression est $A + M$.

Les géomètres ont trouvé que M pouvait être exprimé par une expression de la forme $B\left(\dfrac{1}{R} + \dfrac{1}{R'}\right)$, R et R' étant les rayons de plus grande et plus petite courbure de la surface au point A, et B étant une constante positive. On a donc $A - B\left(\dfrac{1}{R} + \dfrac{1}{R'}\right)$, A, ou $A + B\left(\dfrac{1}{R} + \dfrac{1}{R'}\right)$ pour les pressions définitivement exercées sur le liquide, lorsque la surface libre est concave, plane ou convexe. En réalité, ces pressions exigent pour l'équilibre que les intervalles des molécules du liquide soient pareillement différens dans les trois cas, à une même profondeur. Ainsi quand la surface libre, plane d'abord, devient concave, les molécules d'une couche éloignée de cette surface doivent éprouver une diminution de pression, et s'écarter les unes des autres, comme si le poids d'une partie du liquide supérieur était soustrait. L'inverse a lieu quand la surface libre prend une forme convexe ; la pression doit augmenter et les molécules se rapprocher, comme si de nouvelles couches étaient ajoutées au-dessus du niveau plan.

Ces conséquences théoriques sont vérifiées par l'expérience. Lorsqu'on plonge dans un liquide un tube solide, creux et cylindrique, d'une très petite section intérieure, on remarque que le liquide s'élève dans ce tube au-dessus du niveau extérieur quand il s'y termine suivant une surface concave, et qu'il s'abaisse au contraire quand sa surface est convexe ; d'où il suit évidemment que l'influence de la surface courbe sur la pression et l'écartement des molécules, dans les couches qui lui sont inférieures, est égale à celle du poids d'une masse liquide qui occuperait dans le tube l'espace compris entre cette surface et le plan du niveau extérieur. Car la pression, l'écartement des molécules, et par suite l'équilibre de la masse liquide, ne seraient pas troublés, si l'on enlevait ce poids dans le cas de la concavité, ou si on l'ajoutait dans celui de la convexité, de manière que la surface libre dans le tube devînt plane.

Mais, pour étudier plus complétement ce phénomène particulier, il importe d'exprimer analytiquement la condition d'équilibre qui le régit. Soit dans la masse liquide, lorsque le tube y est plongé, un filet ACDE s'abaissant verticalement suivant l'axe même du tube, et se courbant horizontalement pour venir se terminer par une seconde branche verticale à la surface plane du niveau extérieur. L'équilibre devant subsister dans ce canal, les pressions en C et en D doivent être égales. Or, outre la pression de l'atmosphère qui agit des deux côtés, la molécule en D

Fig. 79.

est sollicitée, de haut en bas, par la pression A due à la surface plane en E, et par le poids $g.\partial.\overline{ED}$ de la colonne de liquide ED ; la molécule C est sollicitée aussi de haut en bas par la pression $A \mp B\left(\frac{1}{R}+\frac{1}{R'}\right)$ due à la surface concave ou convexe en A, et par le poids $g.\partial.\overline{AC}$ de la colonne de liquide AC : on doit donc avoir pour l'équilibre $A + g.\partial.\overline{ED} = A \mp B\left(\frac{1}{R}+\frac{1}{R'}\right)$

$+ g.\partial.\overline{AC}$, ou $\pm B\left(\frac{1}{R}+\frac{1}{R'}\right) = g.\partial.(\overline{AC}-\overline{ED})$;

d'où il suit que le niveau du liquide dans le tube sera au-dessus ou au-dessous du niveau extérieur, suivant que sa surface sera concave ou convexe. L'équation précédente démontre aussi que l'élévation ou la dépression du liquide dans le tube, doit être proportionnelle à la quantité $\frac{1}{R} + \frac{1}{R'}$. Si le tube cylindrique est à base circulaire, le liquide s'y terminera nécessairement par une surface de révolution, et l'on aura $R' = R$; en sorte que l'élévation ou la dépression sera en raison inverse du rayon de courbure de cette surface en son point le plus bas.

La forme courbe que prend le niveau du liquide dans le tube est déterminée par les actions combinées de la pesanteur, de l'attraction du liquide sur lui-même, et de l'attraction de la matière solide du tube sur le liquide. Or, comme ces deux dernières forces ne s'exercent qu'à des distances insensibles, la direction de leur résultante, en un des points où se termine le liquide sur la paroi même, ou celle de la normale à la surface du liquide en ce point, ne dépend que de l'intensité de ces forces ;

elle doit donc être indépendante de la courbure intérieure de la paroi, comme de l'épaisseur de l'enveloppe solide. Ainsi, l'angle à l'horizon des derniers plans tangens à la surface libre est constant pour le même liquide et pour la même substance solide, quelles que soient la forme et la courbure des parois qu'elle compose.

Lorsque le cylindre creux est à base circulaire, et que son diamètre est très petit, on peut regarder la surface libre comme étant une zone sphérique à une seule base. Les zones sphériques de niveau d'un même liquide, dans des tubes cylindriques circulaires de même matière, seront semblables ; car leurs plans tangens extrêmes ayant la même inclinaison, elles correspondront à des angles au centre égaux. Il suit de là que l'élévation ou la dépression du liquide étant en raison inverse du rayon de la zone sphérique qui la termine, devra être en raison inverse du diamètre du tube.

Expériences de vérification.

140. On peut vérifier cette dernière conséquence, comme l'a fait M. Gay-Lussac, en mesurant directement les diamètres de plusieurs tubes de verre capillaires, et l'élévation ou la dépression qu'on y observe, lorsqu'ils sont plongés dans un même liquide. On détermine la grandeur du diamètre d'un tube, en le pesant successivement vide et plein de mercure ; la différence de ces poids est celui d'une colonne de liquide de même longueur et de même diamètre que la paroi intérieure ; la densité du mercure étant connue, ainsi que la longueur du tube, il est facile de déduire de ce poids le diamètre cherché.

Pour mesurer l'élévation du liquide dans l'espace capillaire, on maintient le tube vertical au moyen d'un

appareil convenable, qui reçoit en outre une tige métallique aussi verticale, terminée par une pointe que l'on
fait descendre à l'aide d'une vis, jusqu'à ce qu'elle touche
la surface plane du niveau extérieur. Au moyen d'une
lunette horizontale, qui peut glisser sur une règle verticale ($ 166), on vise successivement le niveau du liquide
dans le tube, et ensuite la pointe de la tige que l'on met à
découvert en faisant écouler une portion du liquide ; l'espace parcouru par un point de la lunette, de l'une à
l'autre de ces deux positions, est indiqué par un vernier
mobile sur la règle verticale graduée ; cet espace est
évidemment l'élévation qu'il s'agissait de mesurer. Pour
évaluer une dépression, on pointe successivement la lunette sur le niveau extérieur du liquide, et sur son niveau
intérieur, qui devient facilement visible lorsqu'on maintient le tube en contact avec la paroi du vase.

Mais les hauteurs obtenues ont besoin d'être un peu
modifiées, pour donner celles à comparer aux diamètres
des tubes ; car, en mesurant l'élévation du liquide, c'est
le point le plus bas de la surface concave que l'on vise au
moyen de la lunette, et l'on néglige le ménisque supérieur. Or, si l'on suppose que la zone du niveau soit égale
à la moitié de la surface d'une sphère, de même rayon r
que le tube, le volume du ménisque étant $\pi r^3 - \frac{2}{3}\pi r^3$
$= \pi r^2 . \frac{1}{3} r$, il faudra augmenter la hauteur observée de $\frac{1}{3} r$.
En réalité, la correction doit être moins forte, à moins
que le tube n'ait été mouillé primitivement par le liquide
sur toute sa longueur, car ce n'est que dans ce cas seul
que l'on peut considérer ce ménisque comme hémisphérique. Une correction semblable devra être faite aux dépressions observées.

En ayant égard à cette petite correction, les observations faites par M. Gay-Lussac s'accordent très bien avec la loi du rapport inverse du diamètre des tubes capillaires, et des élévations ou des dépressions des liquides dans leur intérieur. Toutefois cet accord cesse lorsque le diamètre des tubes est trop considérable ; ce qui tient à ce qu'alors la surface qui termine le liquide ne peut plus être considérée comme sphérique.

Résultats des observations   141. Lorsque des tubes de différentes matières et de même diamètre, sont préalablement mouillés sur leur paroi intérieure, par un liquide dans lequel on les plonge ensuite, on y observe une même élévation. Cela tient à ce que ces tubes sont recouverts intérieurement d'une petite couche de liquide, qui y reste adhérente, se substitue ainsi à la paroi solide pour exercer son action sur le liquide intérieur, et qui doit conséquemment agir de la même manière, quelle que soit la substance de l'enveloppe solide.

En prenant toujours la précaution de mouiller d'abord les tubes, pour obtenir des résultats constans, on observe que l'élévation dans un tube de même diamètre, varie beaucoup avec la nature du liquide. M. Gay-Lussac a trouvé que dans un tube de 1 millimètre de diamètre, l'eau pure s'élève à $29^{mm},79$, et l'alcool à 12 millimètres seulement. Ce dernier nombre varie sensiblement avec la densité ou la pureté de l'alcool. En outre, l'élévation d'un même liquide diminue lorsque la température augmente. D'après M. Emmett, l'eau et l'alcool, qui à une température froide montaient dans un même tube à $24^{mm},5$ et $9^{mm},5$, ne s'y élevaient plus, aux températures de leur ébullition, qu'à $20^{mm},5$ et $8^{mm},5$.

La dépression d'un liquide dépend de la nature des parois qu'il ne mouille pas. Dans un tube de verre de 2 millimètres de diamètre, le mercure est déprimé de $4^{mm},58$. Pour des tubes plus étroits, la dépression suit assez bien la loi de la raison inverse du diamètre ; mais pour les tubes plus gros qui servent à construire les baromètres cette loi n'est plus du tout applicable : lorsque le diamètre est de 10 et 20 millimètres, la dépression n'est que de $0^{mm},42$ et $0^{mm},036$. Pour connaître la correction due à la capillarité que doivent subir les hauteurs barométriques, il faut avoir recours à une table que Laplace a déduite par le calcul, d'observations faites avec soin par M. Gay-Lussac.

142. L'eau s'élève entre deux lames de verre parallèles et très rapprochées, à une hauteur qui doit être, d'après la théorie, en raison inverse de la distance de ces lames ; car la surface libre étant cylindrique, un des rayons de courbure est infini, et l'action du ménisque se réduit alors à $\dfrac{B}{R}$, R étant le rayon de la section faite dans cette surface libre normalement à ses arêtes. Or, pour plusieurs systèmes de lames très rapprochées et de même matière, on peut admettre que les sections normales sont circulaires, et forment des arcs semblables, puisque leurs dernières tangentes doivent être également inclinées à l'horizon ; d'où il suit que le rayon R variera de l'un à l'autre de ces systèmes proportionnellement à la corde de la section, ou à la distance des lames. Lorsque ces lames ont été préalablement mouillées, on peut regarder la surface cylindrique comme un demi-cylindre complet, et la relation d'équilibre, donnée au § 139, indique que l'élévation sera moitié moindre que dans un tube ayant précisément pour dia-

mètre la distance des plans parallèles. Ces résultats sont confirmés par l'expérience. On mesure la distance des deux lames au moyen d'un compas à vis, qui donne le diamètre des fils de métal que l'on interpose entre ces lames pour en maintenir l'écartement.

Si deux lames de verre rectangulaires sont maintenues verticalement dans de l'eau colorée, de manière à se toucher suivant une même droite verticale et à s'écarter un peu vers les parties opposées, on remarque que le liquide s'élève entre ces lames, et que son niveau y forme une courbe s'élevant vers l'arête de contact, et convexe vers l'horizon. La forme que la théorie assigne à cette courbe est celle d'une hyperbole équilatère, dont les asymptotes seraient, l'une verticale, l'autre horizontale ; car si l'on prend pour axe des y l'arête de contact, pour axe de x une droite horizontale située dans le plan du niveau extérieur au milieu des deux lames, que l'on mène dans ce dernier plan des perpendiculaires à l'axe des x, mesurant les écartemens z des lames inclinées à différentes distances x de l'arête de contact, les hauteurs y du liquide, à ces différentes distances, seront, comme pour les lames parallèles, en raison inverse de ces écartemens. Ainsi y sera en raison inverse de z, ou de x auquel z est proportionnel ; le produit xy sera donc constant. Des mesures directes confirment ce résultat.

Quand on plonge un tube capillaire dans un liquide qui s'y élève, et qu'on le retire doucement en essuyant sa pointe inférieure, une colonne de liquide y reste suspendue, concave vers le haut, convexe à l'orifice inférieur, et dont la hauteur est à très peu près double de l'élévation observée quand le tube plongeait dans le liquide. La théorie indique très bien la raison de ce fait; car la colonne soulevée est pressée de haut en bas, en vertu de la forme concave de la surface supérieure, par une force $A - M$; elle est en outre pressée de bas en haut, en vertu de la forme convexe de la surface inférieure, par une force $A + M'$; il en résulte une pression verticale ascensionnelle égale à $M + M'$, qui détruit le poids de la colonne. Or, si la surface de l'orifice a été bien essuyée et qu'elle ne soit mouillée sur aucun point de sa largeur, la courbure des deux surfaces sera la même; on aura donc $M' = M$, et $2M$ pour le poids de la colonne soulevée, c'est-à-dire celui d'une hauteur double de l'élévation du liquide dans le tube lorsqu'il y était plongé.

Si l'on fait communiquer par le bas deux tubes de verre, l'un plus petit et capillaire, l'autre plus grand, assez large pour que la capillarité y soit insensible, et dans lequel on verse successivement de l'eau, on voit le liquide se maintenir dans le premier tube au-dessus du niveau dans le second. La surface libre dans l'espace capillaire, d'abord concave, monte jusqu'à ce qu'elle atteigne l'orifice; là elle devient plane, puis convexe; cette convexité augmente, enfin le liquide s'écoule goutte à goutte. Ces circonstances sont déterminées par l'ascension du liquide dans le grand tube, lorsqu'il se rapproche du plan horizontal contenant l'orifice de la branche étroite, l'atteint et le dépasse de plus en plus. En un mot, à chaque instant la surface de niveau dans le tube capillaire a le degré et le signe de courbure nécessaires, pour que la pression qui en résulte fasse équilibre à la différence des pressions dues à la pesanteur dans les deux branches de l'appareil.

Une petite colonne de liquide, suspendue dans un verre

conique à base circulaire dont l'axe est horizontal, se rapproche ou s'éloigne du sommet du cône suivant que les surfaces qui la terminent sont concaves ou convexes. Ce fait est une conséquence de la théorie précédente ; car le rayon de courbure r de la surface libre de la colonne, du côté du sommet, étant nécessairement plus petit que celui R de l'autre surface, et la colonne tendant à s'éloigner du sommet en vertu d'une pression égale à $A \pm \dfrac{2B}{r}$, et à s'en rapprocher en vertu d'une autre pression contraire égale à $A \pm \dfrac{2B}{R}$, l'excès de la première pression sur la seconde, ou $\mp 2B\left(\dfrac{1}{r} - \dfrac{1}{R}\right)$, est négatif pour le cas des surfaces concaves, positif pour celui des surfaces convexes ; il doit donc en résulter le fait énoncé.

143. Lorsque deux corps solides, plongés en partie dans un liquide, sont placés très près l'un de l'autre, et abandonnés ensuite à eux-mêmes, ils se rapprochent davantage si le liquide est élevé ou déprimé dans le voisinage de ces deux corps, ils s'éloignent au contraire lorsque l'un des corps déprimant le liquide l'autre est mouillé.

La théorie explique encore très bien ces faits. Considérons deux plaques de verre verticales, et assez rapprochées pour que le liquide s'élève ou s'abaisse entre elles d'une hauteur AO au-dessus ou au-dessous du niveau extérieur A'O, et comparons les pressions exercées des deux côtés d'une même lame. Soient ABC, A'B'C', deux filets de liquide ; l'un d'abord vertical en AB, au milieu de l'intervalle capillaire, ensuite horizontal en BC, et perpendiculaire à la lame de verre considérée ; l'autre filet s'abaissant verticalement en A'B', au-dessous de la surface plane du liquide extérieur, et se courbant en B'C', de manière à aboutir perpendiculairement à la lame en C', sur la même horizontale que le point C. Si P est la pression de l'atmosphère, g la pesanteur, ∂ la densité du liquide multipliée par la surface de la section commune des deux filets, l'action due à la concavité ou à la convexité du niveau entre les deux lames sera $\mp M = \mp g.\overline{AO}$. La pression exercée en C sur la lame, de C vers C', sera $P + A \pm M + g.\partial.\overline{AB}$, diminuée de A, pression due à la surface plane en C. La pression exercée en C' sur la même lame, de C vers C', sera pareillement $P + A + g.\partial.\overline{A'B'} - A$. Or ces deux quantités sont égales en vertu de la valeur de M; donc la lame sera également pressée des deux côtés dans sa partie baignée de part et d'autre par le liquide.

Mais, dans le cas de la concavité, si $\overline{BA}$ est moindre que $\overline{AO}$, le point C' est au-dessus du liquide extérieur; alors la pression en C, qui est $P + A - g.\partial.\overline{AO} + g.\partial.\overline{AB} - A$, ou $P - g.\partial.BO$, est plus petite que la pression P exercée en C'. Ainsi, en vertu de l'excès de cette dernière pression, une lame mouillée, lorsque le liquide s'élève à des hauteurs différentes sur ses deux faces, doit marcher vers le côté où la hauteur est la plus grande. Si, dans le cas de la surface convexe, $\overline{A'B'}$ est moindre que $\overline{AO}$, le point C est au-dessus du liquide intérieur; alors la pression en C, qui est $P + A + g.\partial.\overline{A'B'} - A = P + g.\partial.\overline{A'B'}$, est plus grande que la pression P exercée en C. Ainsi, en vertu de l'excès de la première pression, une lame qui déprime un liquide à des hauteurs différentes sur ses deux

Fig. 84.

surfaces, doit marcher vers le côté où la dépression est la plus forte.

Ainsi, deux lames ou deux corps flottans qu'on place dans le voisinage l'un de l'autre, et qui sont tous deux mouillés par le liquide, ou qui le dépriment tous les deux, doivent se rapprocher. Lorsqu'au contraire le liquide s'élève sur l'un des deux corps et est déprimé par l'autre, il résulte de leur rapprochement que l'élévation et la dépression sont moindres entre eux que sur leurs faces extérieures; ils doivent donc alors s'éloigner l'un de l'autre d'après les deux principes énoncés.

Fɪɢ. 85.

NEUVIÈME LEÇON.

De la chaleur. — Quantités de chaleur. — De la température. —
But des thermomètres. — Thermomètre à mercure. Thermomètre à alcool. — Points fixes du thermomètre. — Division
des tubes en volumes égaux. — Dilatation apparente des liquides. — Pyromètres. — Thermomètre différentiel. Thermoscope.

144. Il est impossible de concevoir les phénomènes de la nature, sans admettre l'existence d'une cause générale et puissante, qui s'oppose au contact immédiat des dernières particules de la matière, et qui constamment en lutte avec l'attraction moléculaire produit, suivant son énergie variable, les changemens de densité et d'état qu'on observe dans les corps pondérables. Cette cause, encore inconnue quant à son essence, est appelée *la chaleur* ou *le calorique*. Elle doit la première dénomination à l'effet physique qu'elle produit sur nos organes, et qui occasione les sensations connues sous les noms de chaleur et de froid; elle prend la seconde quand on la considère hypothétiquement comme un fluide matériel impondérable.

Définition des quantités de chaleur.

Ce n'est qu'en comparant ou mesurant les effets de la chaleur, qu'on peut avoir l'idée de sa grandeur ou de sa quantité. Ainsi, dans l'hypothèse admise pour concevoir la constitution intérieure des corps (§ 46), l'énergie des actions répulsives de la chaleur doit nécessairement augmenter ou diminuer, pour dilater ou condenser un corps d'une certaine fraction de son volume, pour le fondre, le vaporiser, ou inversement le liquéfier, le congeler; on pourra donc dire dans ces circonstances que le corps a gagné ou perdu une certaine quantité de chaleur.

Lorsqu'un corps solide chaud est plongé dans un liquide froid, il se contracte et se refroidit tandis que le liquide se dilate et s'échauffe. On énonce ce fait en disant qu'une partie de la chaleur du corps solide a passé dans le liquide; et si l'on parvient à mesurer les changemens de densité résultant de ce passage, on pourra dire que la quantité de chaleur nécessaire pour ramener le corps solide à son volume primitif, est égale à celle qui produit dans la masse liquide la dilatation observée. En général, lorsque deux corps sont mis en contact ou mélangés, dans des circonstances où ils ne puissent agir chimiquement l'un sur l'autre, mais telles qu'ils changent de densité ou d'état par le fait même de ce mélange ou de ce contact, on remarque toujours que les effets produits indiquent dans l'un perte, dans l'autre gain de chaleur; et si l'on mesure ces effets contraires, on pourra dire que les quantités de chaleur gagnées et perdues, auxquelles on doit les attribuer, sont égales ou équivalentes entre elles.

Ainsi les quantités de chaleur et les mesures déduites de la comparaison de leurs effets, peuvent être conçues et définies, quelle que soit d'ailleurs l'origine réelle de la chaleur. Cette cause doit être regardée comme inconnue, jusqu'à ce qu'une étude complète de tous les phénomènes qu'elle produit, ou dans lesquelles elle joue un rôle important, ait assigné les lois qui les régissent. Il serait prématuré d'adopter, à priori, une des hypothèses imaginées pour rendre compte de ces phénomènes ; chacune d'elles peut coordonner assez bien un certain nombre de faits, mais un plus grand nombre encore restent inexpliqués et paraissent lui être tout-à-fait étrangers ou même contradictoires. Nous aurons l'occasion d'énoncer et de discuter ces hypothèses, en exposant les résultats de l'expérience qui semblent y conduire, et ceux qu'elles ne sauraient comprendre.

145. Les effets qu'on doit attribuer à un accroissement ou à une diminution de chaleur se manifestent très fréquemment dans des corps isolés, ou séparés d'autres corps qui éprouvent les changemens inverses, par un espace vide ou même un milieu pondérable. On conclut de là que les échanges de chaleur peuvent se faire entre des corps éloignés les uns des autres, ou que la chaleur se transmet à distance, et peut rayonner à travers certains milieux, comme le fait la lumière. On observe que des corps exposés au soleil, ou en présence d'une combustion et plus généralement d'une action chimique, éprouvent des modifications qui indiquent en eux un gain de chaleur, sans que d'autres corps voisins paraissent subir de perte correspondante. On dit alors que les rayons solaires, le foyer, ou le lieu dans lequel s'opèrent les combinaisons, sont des *sources de chaleur*. En outre, tout système de corps qui peut, en changeant de densité ou d'état, donner lieu à des changemens inverses dans d'autres substances, doit être considéré comme une source de chaleur ou de froid. Ainsi, un liquide dilaté par sa présence devant un foyer, de la vapeur qui peut se liquéfier, sont des sources de chaleur ; de

Définition
des sources
de chaleur.

la glace est une source de froid, c'est-à-dire qu'elle peut en se fondant déterminer dans d'autres corps des effets qui correspondent à une perte de chaleur.

Définition de la température. 146. Considérons un espace limité, dans des circonstances telles, que les corps qu'il renferme n'éprouvent aucune modification ; la quantité totale de chaleur comprise dans cet espace, et celle que possède chacun des corps, doivent être considérées comme constantes ou stationnaires. C'est cet état d'équilibre qu'on désigne sous le nom de *température*. Si les circonstances viennent à changer, que des sources extérieures de chaleur ou de froid modifient la densité des corps faisant partie de l'espace considéré, mais de telle manière que les effets produits s'arrêtent tous à la fois, ou que les quantités de chaleur, après avoir augmenté ou diminué, deviennent encore stationnaires, il en résulte une autre température ou un autre état d'équilibre. Cette seconde température est dite plus élevée ou plus basse que la première, suivant que les changemens observés indiquent un gain ou une perte de chaleur.

But général du thermomètre. 147. L'espace proposé peut ainsi passer successivement dans des états d'équilibre différens, ou prendre diverses températures ; si l'on observe les changemens correspondans éprouvés par l'un des corps qu'il contient, et qu'un mode particulier de graduation puisse servir à les distinguer, ce corps étant ensuite transporté dans tout autre lieu, pourra assigner la température existant dans cette nouvelle circonstance ; car ses indications feront reconnaître celui des états d'équilibre de l'espace primitif où ce corps possédait la même quantité de chaleur. On aura ainsi un instrument utile, soit pour constater des variations de température, soit pour étudier les changemens de densité que les corps éprouvent quand ils passent d'une température à une autre, et comparer les quantités de chaleur qu'ils paraissent perdre ou gagner dans ce passage. C'est ce genre d'instrument qu'on appelle *thermomètre*.

En général, tout effet physique produit sur un système de corps par les variations de la température, et susceptible d'être mesuré ou gradué avec précision, peut fournir un genre de thermomètre. Il eût été commode de prendre pour moyen de mesure la sensation plus ou moins vive éprouvée au contact d'un corps chaud ; mais si le témoignage de nos organes peut nous faire percevoir la différence de deux sensations consécutives, il conduit souvent à de grandes erreurs quand il s'agit de comparer deux sensations éloignées, et d'en déduire le rapport des intensités de la cause qui les a produites. La propagation de la chaleur dans certains corps hétérogènes, est accompagnée de phénomènes qui dépendent de l'électricité, et dont il est possible de constater l'intensité variable. Il existe un thermomètre fondé sur cette propriété ; sa complication est rachetée par une grande sensibilité, et il permet d'apercevoir et d'étudier des différences de température inappréciables avec d'autres instrumens. Mais, de tous les effets de la chaleur, l'augmentation de volume des corps est le plus facile à mesurer avec exactitude, non que cette augmentation soit très grande, mais parce qu'on peut toujours, par des procédés et des artifices convenables, la rendre assez apparente pour être observée.

Tous les corps se dilatant lorsque la température augmente, et se contractant quand elle diminue, de manière à reprendre leur premier volume si les circonstances primitives viennent à se reproduire, peuvent servir à reconnaître que la chaleur agit avec plus ou moins d'énergie. Mais, pour obtenir des instrumens comparables entre eux, faciles à construire et à observer, certains corps doivent être choisis de préférence. Les solides se dilatant trop peu ne sont employés que pour constater de grands changemens de température. Les fluides élastiques, au contraire, éprouvant de très grandes variations de volume, ne servent que pour mesurer de faibles différences. Les liquides sont d'un emploi plus général; ils se dilatent plus que les solides, beaucoup moins que les gaz, et peuvent être renfermés dans des vases transparens où l'on peut observer facilement les variations de leurs volumes. Le nom de *thermomètre* appartient à tous les appareils destinés à comparer les températures; mais il est plus particulièrement consacré aux instrumens dont les indications sont fondées sur les dilatations des liquides; on nomme *pyromètres* ceux dans lesquels on emploie des substances solides. Le thermomètre à mercure et celui à esprit-de-vin sont seuls en usage; leur construction exige des soins minutieux que nous allons indiquer.

Construction du thermomètre à mercure.

148. Si le mercure était renfermé dans un tube de verre cylindrique, il faudrait un très grand changement de chaleur pour que l'augmentation de volume du liquide devînt sensible par l'exhaussement de son niveau. Mais on conçoit qu'une grande masse de mercure étant renfermée dans un réservoir sphérique, auquel est soudé un tube de très petit diamètre, une légère variation de température puisse produire une élévation considérable de niveau dans le tube, quoique la variation du volume total soit très petite.

Les tubes qu'on emploie sont en général d'un diamètre trop petit pour qu'on puisse y introduire le mercure en le

versant par l'ouverture ; il faut donc employer un autre
moyen pour remplir le réservoir. Pour cela, au bout du
tube on en soude un second d'un diamètre beaucoup plus
grand, qu'on remplit de mercure ; l'air intérieur comprimé
se contracte ; le liquide s'écoule dans le réservoir jusqu'à
ce que l'élasticité de l'air y soit égale à la pression de l'atmosphère augmentée du poids de la colonne de mercure.
On incline ensuite le tube ; la pression exercée sur l'air de
l'appareil diminuant, ce gaz se dilate et s'échappe en partie, en sorte qu'en ramenant le tube dans la verticale une
autre portion de liquide peut s'introduire dans la boule.
En répétant plusieurs fois cette opération, on parvient à
remplir de mercure presque tout le réservoir.

Alors on fait bouillir le liquide en plaçant l'appareil sur
une grille de fer et en l'entourant de charbons ardens et
sans flamme, de manière à échauffer également toutes ses
parties. La vapeur de mercure chasse du tube l'air et l'humidité qu'il contient, et le réservoir se trouve ensuite complétement rempli de mercure très pur. La colonne de liquide supérieure étant enlevée, lors du refroidissement de
l'appareil le niveau baisse dans le tube ; on tire alors son
extrémité à la lampe. Mais avant de la fermer, il convient
de chauffer légèrement le réservoir pour chasser, au moins
en partie, l'air intérieur, afin d'éviter la fracture que pourrait occasioner la compression de cet air, lorsque, le thermomètre étant fermé, le liquide viendrait à se dilater jusqu'au sommet.

Au moyen d'une suite de traits de division marqués sur
le tube, on pourra reconnaître les changemens de volume
du mercure. Mais pour que tous les thermomètres soient
comparables entre eux, le mode de graduation ne peut être

arbitraire : il faut que deux points de cette graduation correspondent à des températures fixes, déterminées, que l'on puisse reproduire exactement les mêmes toutes les fois que l'on aura à construire un nouveau thermomètre.

Points fixes du thermomètre.   149. On a reconnu que la température de la glace fondante ne varie pas, quelle que soit l'activité de la source de chaleur qui opère sa fusion ; cette température constante est un des points fixes que l'on a choisis. On entoure toute la partie du thermomètre occupée par le mercure, de glace pilée commençant à fondre, et supportée par un diaphragme percé de petits trous, qui puissent donner passage à l'eau provenant de la fusion afin qu'elle ne reste pas mélangée avec la glace non fondue, car les circonstances extérieures pourraient lui communiquer une température différente. Lorsque l'instrument a séjourné quelque temps dans cette enveloppe, le niveau du mercure reste stationnaire en un point, auquel on marque zéro.

On a encore observé qu'en faisant bouillir de l'eau, quelque rapide que soit l'ébullition, la température du liquide ne varie pas sensiblement ; cette température constante a été choisie pour fournir le second point de repère dans la graduation du thermomètre. Pour le marquer sur le tube il ne faut pas plonger l'instrument dans l'eau bouillante, parce que les couches de niveau inférieures sont plus chaudes que la couche superficielle, la seule *Fig. 87.* qui ait la température voulue. Le vase dans lequel l'eau est mise en ébullition, doit être surmonté d'un tuyau, où l'on fait séjourner le thermomètre, qui se trouve ainsi dans un courant de vapeur, auquel des ouvertures pratiquées vers le haut donnent issue. Il est important que le vase et le tuyau soient en métal ; quand ils sont en verre, il arrive souvent que les instrumens construits ne sont pas comparables. Le thermomètre étant ainsi placé, on retire sa tige de temps en temps, pour observer la position du niveau qui ne tarde pas à rester invariable; on marque alors 100 au point où la surface du mercure est stationnaire.

Tant que la glace provient d'une eau très pure, ou ne contenant aucune autre substance en dissolution, la température de sa fusion est la même en tout temps et en tout lieu; mais celle de l'ébullition de l'eau pure et distillée n'a pas la même invariabilité, elle augmente et diminue avec la pression atmosphérique. On est convenu de prendre, pour le second point fixe, la température de l'eau bouillant sous une pression mesurée par une colonne barométrique de $0^m,76$. Si cette pression normale n'existe pas lorsqu'on veut construire un thermomètre, il faut marquer un nombre plus ou moins élevé que 100 au second point de repère, pour que l'instrument puisse donner, dans des circonstances identiques, la même indication qu'un autre thermomètre. Nous indiquerons plus tard la valeur de cette correction (vingtième leçon), et nous supposerons que la pression normale ait lieu au moment de la graduation.

150. On divise l'espace compris entre les deux points de repère en cent parties, qui sont appelées *degrés;* on prolonge cette graduation par parties égales sur toute la longueur du tube. Les degrés inférieurs au point fixe de la glace fondante sont comptés, en descendant, à partir du même zéro; ils sont appelés communément *degrés de froid;* on les indique, dans le langage scientifique et le calcul, en les affectant du signe —. Les degrés supérieurs

au point fixe de l'ébullition de l'eau, sont désignés par les nombres plus grands que 100. Ce mode de division est appelé *centigrade*. Il serait à désirer que l'on adoptât un mode uniforme ; mais on emploie encore généralement, en France, la division de Réaumur dans laquelle la distance des deux points fixes est divisée en 80 parties. En Angleterre, on se sert de la division de Farenheit pour laquelle la même distance comprend 180 divisions, mais où le point de la glace fondante correspond à 32°, en sorte que celui de l'ébullition est marqué 212°. On déduit de là que pour exprimer un nombre de degrés Réaumur en degrés centigrades, il faut prendre les $\frac{5}{4}$ de ce nombre ; et que, pour convertir un nombre de degrés Farenheit, il faut en retrancher 32, et prendre les $\frac{5}{9}$ du reste. Dans quelques pays du Nord on se sert d'un autre mode de graduation, le zéro est au point d'ébullition, et les degrés croissent en sens contraire ; mais comme on n'a pas fait d'observations importantes avec cet instrument, il est inutile d'indiquer le moyen de transformer ses indications.

Thermomètre à alcool.   151. Pour construire un thermomètre à esprit-de-vin, on prend encore une boule de verre soufflée à l'extrémité d'un tube. Pour remplir le réservoir on est obligé de se servir ici d'un procédé différent de celui indiqué pour le thermomètre à mercure, à cause du peu de densité du nouveau liquide. On chauffe la boule, l'air qu'elle contient se dilate et sort en partie ; on plonge ensuite l'ouverture du tube dans l'alcool, qui doit être coloré pour être moins transparent. A mesure que la boule se refroidit, l'air restant se contracte et son élasticité diminue ; alors le liquide s'élève dans le tube, et entre en partie dans le réservoir. On fait bouillir la portion d'alcool introduite, sa vapeur chasse l'air, et lorsqu'on plonge de nouveau l'ouverture du tube dans le bain, l'appareil se remplit de liquide par le refroidissement et la condensation de la vapeur. Mais il reste ordinairement dans l'appareil une bulle d'air, que la chaleur des parois a fait dégager du liquide introduit en dernier lieu. Pour déplacer ce gaz, qui divise la colonne de liquide, et l'amener au-dessus du niveau, on attache le thermomètre à une ficelle, et on le fait tourner comme une fronde; il résulte de ce mouvement rapide une force centrifuge, qui agissant plus fortement sur le liquide que sur l'air interposé, produit l'effet désiré ($\S$ 62).

Quand on ferme un thermomètre à esprit-de-vin, on laisse à dessein une certaine quantité d'air vers le haut du tube, afin de pouvoir mesurer des températures supérieures à celle de l'ébullition du liquide; cet air étant comprimé dans le tube fermé, par l'alcool dilaté, s'oppose à son ébullition qu'il est important d'éviter, sans quoi la colonne de liquide serait divisée par des bulles de vapeur, et ne pourrait plus rien indiquer. Lorsqu'un thermomètre à alcool a été construit de manière à satisfaire à la condition qui vient d'être énoncée, on peut le graduer comme le thermomètre à mercure en le rapportant aux mêmes points fixes.

152. Pour que les thermomètres fondés sur la dilatation d'un même liquide soient comparables entre eux, ou qu'ils indiquent le même nombre de degrés dans les mêmes circonstances, il faut que, pour chacun d'eux, la division de la portion du tube comprise entre le point fixe de la glace fondante et celui de l'ébullition de l'eau, soit faite en parties d'égale capacité, et que les degrés tra-

cés au-dessous de zéro correspondent aussi à des volumes égaux de mercure. Si le tube était parfaitement cylindrique, et avait partout le même diamètre intérieur, il suffirait de diviser une arète du tube en parties d'égale longueur ; mais cette perfection dans la forme du tube est impossible à obtenir dans la pratique ; il faut donc employer un moyen qui permette de partager le vide intérieur en volumes égaux.

A cet effet, on introduit et l'on promène dans l'intérieur du tube une petite colonne de mercure, qui y occupe quelques centimètres. Le tube doit être maintenu sur une échelle qui puisse faire évaluer avec exactitude la longueur occupée par la colonne de mercure, dans ses différentes positions. Une vis micrométrique à tête graduée, dont le pas est d'un millimètre, permet de faire avancer dans le sens de l'axe du tube, et de telle fraction de millimètre que l'on voudra, une machine à diviser qui peut glisser sur la table où le tube est fixé. Cette machine se compose d'un style, terminé par un éclat de diamant, mobile dans un plan perpendiculaire à l'axe de la vis, de manière à pouvoir tracer des lignes de divisions très fines, aux points de la surface extérieure du tube sur lesquels la pointe de ce style est successivement amenée.

On commence par tracer un point de repère a près de l'extrémité du tube, et en inclinant un peu l'appareil on amène en ce point une des extrémités de la colonne de mercure ; on marque un trait b au point où elle se termine, et l'on note le nombre n de millimètres contenus dans la longueur ab ; ils sont indiqués par l'échelle sur laquelle le tube est placé, et le nombre n peut être ainsi évalué à moins de $\frac{1}{12}$ de millimètre près. Le nombre de tours et la fraction de tour dont on est obligé de faire mouvoir la tête de la vis, pour amener la pointe du style de a en b, peut donner cette longueur ab avec une approximation plus grande encore. L'extrémité de la colonne de mercure qui était en a, est ensuite amenée en b; on marque le point c où aboutit alors l'autre extrémité, et l'on note le nombre n' de millimètres compris entre b et c. On continue ainsi à déterminer, sur toute la longueur du tube, la série des points a, b, c, d, e... ; l'intérieur du tube est nécessairement divisé par les plans de section passant par ces points, en parties ayant toutes des capacités égales entre elles et au volume de la petite colonne de mercure.

Pour tracer des subdivisions, on peut considérer le tube comme conservant le même diamètre intérieur dans toute l'étendue de chacune des divisions d'égale capacité obtenues, lesquelles sont trop petites pour que cette supposition puisse occasioner des erreurs sensibles. D'ailleurs, si les nombres n, n', n''... différaient trop les uns des autres, il faudrait rejeter le tube; ordinairement, on ne l'adopte que dans le cas où la plus grande différence entre ces nombres ne dépasse pas le $\frac{1}{20}$ de leur valeur moyenne. C'est pour effectuer la subdivision dont il s'agit que la vis micrométrique est principalement utile : si l'on veut partager chacune des parties d'égale capacité ab, bc, cd, en m parties égales, les divisions nouvelles correspondront à $\dfrac{n}{m}$, $\dfrac{n'}{m}$, $\dfrac{n''}{m}$, millimètres de la longueur du tube, et ces nouveaux nombres indiqueront les fractions de tour qu'il faudra imprimer à la vis, pour amener le style sur chaque nouveau point du tube où doit être tracée une subdivision.

Quand le tube est ainsi divisé en parties qui peuvent être regardées comme étant toutes égales en capacité; quand un réservoir de dimension convenable a été soufflé à son extrémité, que l'instrument a été rempli de liquide, et fermé avec toutes les précautions indiquées; enfin, quand on a tracé les deux points fixes de la glace fondante et de l'eau bouillante, il reste à marquer les degrés du thermomètre. On compte alors le nombre N′ des divisions d'égale capacité qui se trouvent comprises entre les deux points fixes, et sachant que chaque degré du thermomètre doit contenir $\dfrac{N'}{100}$ de ces divisions, on peut facilement tracer, de proche en proche, les lignes de division correspondantes aux degrés, et leurs subdivisions s'il est nécessaire.

Dilatations apparentes des liquides.   153. Dans un thermomètre construit et gradué sur les principes précédens, les degrés ne correspondent pas à des accroissemens de volume égaux du liquide employé, car la boule se dilate à mesure que la température augmente (§ 170). C'est réellement l'excès de la dilatation absolue du liquide sur l'augmentation de capacité du réservoir, qui croît par quantités égales d'un degré à l'autre. Ainsi ce genre d'instrument est fondé sur la *dilatation apparente* du liquide dans le verre. Il importe de connaître la grandeur de cette dilatation lorsqu'on construit un thermomètre, afin de déterminer la capacité de la boule qu'il convient de souffler à l'extrémité du tube, si l'on veut que l'instrument puisse indiquer un nombre donné de degrés. Voici le moyen d'obtenir cette valeur.

On prend un tube de verre divisé en parties d'égale capacité et terminé par une boule creuse; on le pèse d'abord vide. On remplit ensuite le réservoir du liquide que l'on se propose d'employer à la construction des thermomètres, de telle manière qu'il n'occupe en outre qu'un très petit nombre n des divisions tracées sur le tube : on pèse une seconde fois. Enfin on fait une troisième pesée, après avoir introduit une nouvelle quantité de liquide, de telle sorte que la masse totale occupe, outre le réservoir, un nombre n' assez grand des divisions du tube. Il faut avoir soin que la température de l'appareil soit la même lors de la détermination des nombres n et n'; pour cela on doit, avant d'observer chacun d'eux, entourer l'appareil de glace fondante, et attendre que le niveau du liquide devienne stationnaire. Soient maintenant P, P', P'', les poids obtenus dans les trois pesées, et N le nombre inconnu des divisions du tube qui égalerait en volume la capacité du réservoir. La première masse liquide introduite pesait évidemment $P' - P$, et celle ajoutée $P'' - P'$; or ces poids doivent être entre eux comme les volumes de ces masses, lesquels peuvent être représentés par les nombres $N + n$, $n' - n$, en prenant pour unité le volume d'une division du tube. On a donc la proportion $P' - P : P'' - P' :: N + n : n' - n$; d'où l'on conclura N, ou le rapport de la capacité de la boule au volume d'une des divisions du tube.

Ce nombre N étant déterminé, on fait sortir de l'appareil un peu de liquide, si cela est nécessaire; on ferme le tube à la lampe, et l'on détermine les deux points fixes de la glace fondante et de l'ébullition de l'eau, en prenant les mêmes précautions que pour construire un thermomètre. Soient alors n'' et n''' les nombres de divisions du tube qui séparent du réservoir les deux points fixes. Le volume du liquide à la température de la glace fondante est $N + n''$, en prenant toujours pour unité la capacité d'une division ; sa dilatation apparente entre les deux températures fixes est $n''' - n''$. D'après cela l'unité de volume du liquide proposé, prise à la température de la glace fondante, se dilate en apparence dans le verre d'une quantité égale à la fraction $(n''' - n'') : 100 \, (N + n'')$, pour chaque degré du thermomètre centigrade construit avec ce même liquide. On donne à cette fraction le nom de *coefficient de la dilatation apparente;* sa valeur est $\frac{1}{6480}$ pour le mercure.

Dimensions du réservoir. 154. Lorsque l'on connaît ce coefficient pour le liquide que l'on veut employer dans la construction d'un thermomètre, il est facile de déterminer les dimensions du réservoir d'après l'étendue que l'on veut faire occuper à chaque degré, afin d'en rendre l'évaluation plus ou moins sensible ; nous supposerons qu'il s'agisse d'un thermomètre à mercure. Soit N le nombre des divisions d'égale capacité tracées sur toute la longueur du tube. Si l'on pèse successivement ce tube vide d'abord, et contenant ensuite une colonne de mercure qui occupe n divisions, la différence p des deux pesées sera le poids du liquide introduit, et $N p : n$ celui du mercure qui occuperait tout le tube. Si l'on veut que les N divisions contiennent m degrés du thermomètre, la fraction $N p : mn$ sera le poids du liquide qui doit occuper un degré. Or, d'après la valeur trouvée pour le coefficient de la dilatation apparente du mercure dans le verre, ce poids doit être la $\frac{1}{6480}$ partie de celui du mercure renfermé dans le réservoir. Si donc on désigne par $2R$ le diamètre de la boule, et par D la densité du mercure, on pourra poser l'équation

$Np : mn = \frac{4}{3}\pi R^3 D : 6480$; d'où l'on conclura le rayon intérieur R du réservoir sphérique qu'il convient de souffler à l'extrémité du tube, pour obtenir le résultat désiré. On ne peut mesurer que le diamètre extérieur de la boule soudée, mais son enveloppe est ordinairement si peu épaisse qu'on peut substituer à R le rayon extérieur; d'ailleurs on ne se propose ici qu'une recherche approximative. Si l'on voulait que le réservoir fût cylindrique, l étant sa hauteur et r le rayon de sa base, il faudrait substituer $\pi r^2 l$ à $\frac{4}{3}\pi R^3$, dans l'équation précédente; on pourrait alors se donner arbitrairement l ou r, et la seconde de ces quantités serait déterminée par l'équation

$$\frac{Np}{mn} = \frac{\pi r^2 l D}{6480}.$$

155. Un thermomètre construit avec le plus de soin, cesse d'être exact au bout de quelque temps : quand on le plonge dans la glace fondante, le point où le niveau du liquide s'arrête se trouve plus élevé que le zéro marqué lors de la confection de l'instrument. Cette variation peut atteindre l'étendue de deux degrés. Il faut donc relever le zéro de l'échelle et renouveler la graduation, si l'on veut encore se servir du thermomètre dans lequel on a reconnu cette détérioration ; il paraît que la cause qui la produit cesse d'agir au bout de deux ou trois ans, et qu'on peut alors employer en toute sureté le thermomètre rectifié.

On avait d'abord attribué cette variation à la pression atmosphérique, agissant à l'extérieur sur la boule du thermomètre, fermé et privé d'air intérieurement; on pensait que cette pression, d'abord détruite par la résistance de l'enveloppe, pouvait altérer à la longue l'élasticité du verre, par la constance de son action. Mais cet effet a été observé dans des thermomètres à mercure qui étaient restés toujours ouverts ; l'explication précédente ne saurait donc être admise. On peut d'ailleurs expliquer cette diminution lente de la boule par un travail intérieur des particules de l'enveloppe, qui peut être considérée comme ayant subi une sorte de trempe, lorsque après avoir été soufflée elle s'est refroidie rapidement ; on conçoit que cette trempe, en diminuant avec le temps, puisse déterminer un nouvel arrangement des molécules du verre, qui produise l'effet observé.

Choix du thermomètre à mercure.

156. Des thermomètres construits avec différens liquides, quoique tous rapportés aux deux mêmes points fixes, et gradués suivant le même mode de division, ne sont pas comparables entre eux. Ils ne sont d'accord qu'aux deux températures fixes ; pour tout autre température leurs indications sont différentes. Par exemple, si la division adoptée est centigrade, le thermomètre à mercure indiquant $25°,50°$ ou $75°$, celui à alcool très rectifié marque $22°,44°$ ou $70°$, et le thermomètre fondé sur la dilatation apparente de l'eau indiquerait, dans les mêmes circonstances, $5°,26°$ ou $57°$. Il suit de là qu'en désignant une température par un nombre de degrés, il importe beaucoup d'indiquer l'espèce de thermomètre qui marquerait ce nombre dans les circonstances qu'on veut représenter.

Il semble résulter en outre de cette discordance des thermomètres fondés sur les dilatations apparentes de différens liquides, qu'ils n'offrent tous qu'un moyen relatif et non absolu de comparer les effets de la chaleur. Toutefois, des expériences faites par MM. Petit et Dulong, rendent très probable, qu'entre certaines limites, les indications du thermomètre à mercure représentent assez bien, par leurs valeurs numériques, les accroissemens réels de l'énergie de la chaleur ou de sa quantité. Ce thermomètre est d'ailleurs le plus répandu ; il est employé presque exclusivement dans les recherches scientifiques ; nous l'adopterons donc de préférence, et dans la suite de ce cours, lorsque nous désignerons une température par un nombre de degrés, sans autre spécification, ce sera le nombre de degrés centigrades qui serait indiqué par un thermomètre à mercure exposé à cette température.

157. Le mercure passe à l'état solide avant de descendre à la température de $-40°$, et comme il se contracte d'une manière très sensible au moment de sa congélation, on présumait que les indications de son thermomètre décroissaient trop rapidement dans le voisinage de cette limite, pour représenter la diminution réelle de l'énergie de la chaleur, avec la même approximation que dans les températures plus élevées. C'est par ce motif que dans les observations météorologiques, et pour les basses températures des climats du Nord, on a cru devoir employer de préférence le thermomètre fondé sur la dilatation ou la contraction apparente de l'alcool très rectifié, liquide qui conserve son état à quelque froid qu'on l'expose. Mais il n'est réellement indispensable d'avoir recours à ce nouveau thermomètre, que quand il s'agit de constater des températures inférieures à $-36°$, car MM. Dulong et Petit se sont assurés qu'entre $-36°$ et 100, la marche du thermomètre à mercure était identique avec celle du thermomètre à air, dont les indications doivent, par des motifs que nous exposerons plus tard, être plus en rap-

Limites de l'emploi du thermomètre à mercure.

I.

port que celles de tout autre instrument, avec les variations réelles de l'intensité de la chaleur.

Il est évident qu'un thermomètre doit donner des indications d'autant plus précises, que la boule est plus grosse
et le tube d'un plus petit diamètre ; car alors l'étendue de
chaque division sur le tube étant plus grande, on peut
apprécier de plus petites fractions de degré. Mais aussi,
plus la masse du liquide est considérable, plus l'instrument met de temps à se mettre en équilibre avec la température du lieu où on le pose ; un trop gros réservoir
nuit donc à la sensibilité du thermomètre, et le rend
impropre à constater des variations brusques. Il a d'ailleurs l'inconvénient d'exiger une plus grande quantité de
chaleur, et ne pourrait alors servir à évaluer exactement
la température d'un espace limité, qui ne contiendrait
qu'une petite masse de matière pondérable, puisque son
introduction dans cet espace ferait éprouver de grandes
diminutions à la chaleur possédée par la masse préexistante.

C'est pour éviter autant que possible ces deux écueils
contraires d'une moindre précision et d'une moindre
sensibilité, que l'on construit des thermomètres à mercure ayant de petites boules, et dont les tubes cylindriques sont très capillaires ; mais dans ces instrumens le
niveau du liquide est souvent difficile à distinguer, à cause
de la finesse de la colonne. On a remédié à cet inconvénient en donnant au vide cylindrique intérieur, au lieu
d'une base circulaire, une base elliptique comparativement
très allongée dans un sens. De cette manière la colonne
présente d'un côté une surface très sensible, quoique la
section du tube soit extrêmement petite.

Malgré ce perfectionnement, le thermomètre à mercure
ne peut indiquer avec exactitude des variations légères et
brusques, ni constater la température d'une petite masse
pondérable. Dans ces circonstances, il faut avoir recours
à des thermomètres fondés sur la dilatation d'un gaz
(§ 159) ou sur les changemens de courbure d'une petite
lame hétérogène (douzième leçon), ou enfin sur les mouvemens de l'électricité dans un polygone métallique composé de deux métaux, dont certaines parties subissent seules
directement l'action de la chaleur (quatorzième leçon). Le
thermomètre à mercure ne peut plus servir non plus lorsqu'il s'agit des hautes températures des fourneaux, qui
dépassent de beaucoup celle où la vapeur de mercure
briserait par son élasticité une enveloppe de verre, et
même celle où le verre entre en fusion. Dans ces circonstances on doit employer des pyromètres, c'est-à-dire des
thermomètres fondés sur la dilatation des métaux, ou sur
tout autre changement que des corps solides très réfrac-
taires peuvent éprouver lorsqu'on les expose à une forte
chaleur.

158. Les seules indications dont on ait besoin dans tous Pyromètres.
les arts où les fourneaux sont en usage, se bornent à faire
reconnaître que la température, qui croît avec l'activité
et la durée de la combustion, a réellement atteint l'intensité nécessaire pour produire les effets qu'on en attend.
Or, on a imaginé plusieurs genres de pyromètres qui
remplissent parfaitement ce but; et s'il est à regretter que
leurs indications diverses ne soient pas comparables, et
qu'elles ne donnent pas une idée sinon exacte, au moins
approchée, des quantités de chaleur qu'elles exigent,
comme paraissent pouvoir le faire celles du thermomètre

à mercure dans les basses températures, cette imperfection n'a d'autre inconvénient pratique que d'exiger une graduation nouvelle et de nouveaux tâtonnemens, lors de la construction du pyromètre qui doit diriger les opérations d'une usine. Voici le genre de pyromètre le plus généralement en usage.

La porcelaine se dilatant très peu par la chaleur, on emploie une espèce de table de cette substance dans laquelle est pratiquée une rigole où l'on enchâsse une barre métallique, dont une extrémité butte contre son fond, tandis que l'autre touche une tige de porcelaine qui doit apparaître à l'extérieur du fourneau où l'on place l'instrument. Cette pièce de porcelaine est destinée à rendre sensibles les allongemens de la barre métallique dus à la chaleur du foyer; elle s'appuie par son extrémité extérieure contre la petite branche d'un levier coudé, dont la longue branche peut indiquer sur un cadran des variations assez grandes pour de petits allongemens de la barre de métal. Lorsque l'instrument étant placé successivement dans deux foyers, l'aiguille correspond dans les deux cas au même point du cadran, on peut en conclure que la chaleur est la même; cette indication, la seule qu'on puisse exiger du pyromètre, suffit ordinairement dans les arts.

On emploie encore pour mesurer des températures très élevées le *pyromètre de Wedgwood*, instrument fondé sur le retrait qu'éprouve l'argile lorsqu'elle est soumise à l'action de la chaleur. Cette substance est principalement composée d'alumine et de silice en proportions variables; elle acquiert un certain degré de dureté lorsqu'elle a été chauffée au rouge; exposée ensuite à des températures plus élevées elle diminue de volume d'une manière permanente, c'est-à-dire que cette diminution subsiste encore après le refroidissement. Cette permanence distingue essentiellement l'effet particulier dont il s'agit du fait général de la dilatation ou de la contraction des corps sous l'influence variable de la chaleur, car ces derniers changemens cessent avec la cause qui les produit. Le retrait de l'argile pourrait fournir un instrument comparable, s'il était toujours égal pour un même changement de température ; mais il n'en est pas ainsi, car dans des circonstances identiques des mélanges différens d'alumine et de silice ne se condensent pas de la même quantité.

Pour construire un pyromètre de Wedgwood , on forme une pâte d'argile, qu'on rend aussi homogène que possible en malaxant ensemble plusieurs espèces ; on en forme ensuite de petits cylindres de mêmes dimensions , que l'on fait sécher en les exposant à la température du rouge obscur. On se sert ensuite d'une plaque de cuivre sur laquelle Fig. 90. sont fixées trois barres de même métal , inclinées entre elles d'un certain angle pour former deux rainures dont la largeur va en décroissant, de telle sorte que l'une de ces rainures prolonge le décroissement en largeur comme si elle était placée à la suite de l'autre. Cette disposition n'a d'autre but que de diminuer la longueur de l'instrument et de le rendre plus portatif. Un des côtés de la rainure totale est divisé en 240 parties, qu'on appelle degrés du pyromètre. Chaque cylindre doit s'enfoncer dans la rainure jusqu'au point marqué zéro ; lorsque ensuite on l'a retiré d'un foyer dont on veut connaître la température , on le replace de nouveau , après son refroidissement, dans la rainure ; sa largeur ayant diminué, on peut le pousser plus loin que le zéro sans qu'il touche les deux parois latérales ;

le point de division où ce double contact a lieu donne la température du foyer en degrés du pyromètre.

Thermo-
mètre à air.

159. On emploie souvent dans les recherches physiques plusieurs sortes de thermomètres fondés sur la dilatation de l'air, pour constater de faibles variations de température. On peut construire un thermomètre à air très simple en se servant, comme pour le thermomètre à mercure, d'une boule de verre soufllée à l'extrémité d'un tube gradué ; on y introduit une petite bulle d'alcool coloré ; il suffit pour cela de chauffer d'abord la boule avec la main, puis de plonger un instant l'ouverture du tube dans un bain du liquide ; l'air intérieur se contractant par le refroidissement, le niveau monte dans le tube, et une petite colonne de liquide est emportée avec lui. Lorsque l'équilibre de température est rétabli, la bulle d'alcool introduite correspond à une certaine division ; au moindre changement de température le volume de l'air intérieur variant, cet index est déplacé ; mais sa marche ne saurait être comparable à celle du thermomètre à mercure, à cause des vapeurs d'alcool qui peuvent se former en quantité variable dans l'air intérieur. En outre, si la pression atmosphérique vient à changer, il en résulte une variation de volume indépendante de la chaleur ; on ne peut donc faire usage de cet appareil sans consulter le baromètre, afin de corriger ses indications. Toutefois, quand il y a un changement prompt de température, d'où résulte un déplacement brusque de l'index, on peut se dispenser d'avoir égard aux variations ordinairement très lentes de la pression atmosphérique. Pour obtenir un thermomètre à air qui puisse fournir des résultats exacts et comparables, il faut prendre des précautions particulières, et faire usage des formules

Fig. 91.

de correction qui seront exposées dans la dixième leçon.

160. Leslie a imaginé un thermomètre à air susceptible de donner des indications plus exactes que le précédent. Pour le construire, on prend deux boules de verre égales soufflées à des tubes de même diamètre. Un de ces tubes, plus long que l'autre, est courbé à angle droit ; on y introduit, par le moyen indiqué plus haut, une colonne suffisante d'un liquide coloré, qui ne donne pas de vapeurs aux températures ordinaires pour éviter la complication qu'elles apporteraient dans les effets dus à la chaleur. On soude ensuite les deux tubes l'un à l'autre, de telle manière que leur ensemble se compose de deux branches verticales terminées par les deux boules, et réunies vers le bas par une branche horizontale. La marche de la colonne liquide due à l'échauffement d'une des boules sera alors indépendante de la pression atmosphérique. Si l'appareil est placé dans des milieux à différentes températures, de telle manière que les deux boules s'échauffent toujours également, il n'en résultera aucun déplacement de l'index ; mais si l'une des boules est plus échauffée ou plus refroidie que l'autre, cet index se mettra en mouvement. Ce genre d'instrument n'indique donc que la différence des températures aux deux extrémités ; c'est par cette raison que Leslie lui a donné le nom de *thermomètre différentiel*.

Lorsque l'appareil est exposé à la même température dans toutes ses parties, les deux extrémités de l'index doivent être à la même distance des deux boules, si l'on veut qu'il y ait alors une identité parfaite entre les deux masses d'air et leur force élastique. Lorsque cette condition n'est pas remplie, on chauffe la boule située du côté où le liquide est le plus éloigné, de telle sorte que l'air qu'elle contient se dilatant puisse faire refouler tout le liquide jusque dans l'autre, et y entrer lui-même en partie. On peut ainsi faire passer une petite quantité d'air d'un côté à l'autre, et obtenir, après plusieurs tâtonnemens semblables, que les deux extrémités de l'index lors de l'équilibre des températures soient symétriquement placées dans l'instrument.

Pour graduer le thermomètre différentiel, on échauffe une des boules en l'entourant d'un vase où l'on puisse verser un liquide dont la température surpasse de 10° celle de l'air ambiant que conserve l'autre boule. On marque sur le tube le point où s'arrête alors l'une des extrémités de l'index; un autre trait doit d'ailleurs indiquer le lieu où la même extrémité stationne lors de l'égalité des températures. L'intervalle compris entre ces deux points est ensuite divisé en cent parties égales qui sont les degrés du thermomètre différentiel. Ces degrés peuvent être regardés comme comparables à ceux du thermomètre à mercure, mais il faut pour cela que les proportions de l'instrument et la longueur de l'index satisfassent à de certaines conditions.

Fig. 93.

Si la colonne liquide est plus courte que la partie horizontale de l'instrument, il faut que cette branche soit assez longue pour contenir toute la graduation, et que l'index n'en sorte pas pour s'élever dans une des branches verticales. Cette condition étant remplie, les pressions des deux masses d'air équivalentes, mais diversement échauffées, seront toujours égales entre elles dans toutes les positions de l'index, quoique ayant des intensités variables d'une position à l'autre. De plus, les volumes occupés par ces masses d'air conserveront une somme constante, tandis

que leur différence sera égale au double de la partie du
tube parcourue par l'index depuis le zéro de la graduation.
Or, il résulte des lois de la dilatation des gaz qui seront exposées par la suite (onzième leçon), que, par ce concours
de circonstances, la différence des volumes, et par suite
le degré indiqué par l'index, doivent varier proportionnellement à la différence de température des deux boules mesurées par le thermomètre à mercure, tant que ces températures sont peu éloignées l'une de l'autre. C'est ce qui
n'aurait plus lieu si l'index s'élevait, en partie ou totalement, dans une des branches verticales, car les pressions
des deux masses d'air séparées différeraient entre elles du
poids de la colonne liquide soulevée.

Si au contraire l'index est assez grand pour que ses deux
extrémités soient, lors de l'équilibre de température sur les
deux branches parallèles et à la même hauteur, il faut que
les deux boules aient assez de grosseur relativement au
diamètre du tube, pour que l'on puisse regarder les deux
volumes d'air séparés comme ne variant pas sensiblement
par le déplacement de l'index, et que toute la graduation
soit comprise sur une même branche verticale. Ces conditions étant satisfaites, la différence des pressions intérieures
aux deux boules, qui pourra être regardée comme la seule
quantité variable, croîtra comme la distance des deux niveaux, ou toujours comme le double de l'espace parcouru
par l'index. Or, il résulte encore de la loi suivie par l'élasticité d'un gaz, lorsque, son volume restant le même, sa
température change (onzième leçon), que cette différence
des pressions, et par suite le degré de l'instrument, doivent
encore varier proportionnellement à la différence des températures mesurées par le thermomètre à mercure. C'est

ce qui n'aurait plus lieu si l'une des extrémités de la colonne descendait dans la branche horizontale, car les variations de la différence des pressions deviendraient tout-à-coup moitié moindres pour un même déplacement de cette extrémité.

Ainsi, il existe réellement deux espèces distinctes de thermomètres différentiels pouvant donner des indications exactes et comparables. Dans l'un, l'index est court et le tube large ; la branche horizontale très longue contient toute la graduation ; les masses d'air séparées ont toujours des pressions équivalentes, et la différence de leurs volumes varie comme celle de leurs températures. Dans l'autre, la colonne liquide s'étend aux deux branches parallèles ; le tube est capillaire et l'échelle verticale ; les volumes des deux masses d'air sont à peu près invariables, et la différence de leurs températures est mesurée par celle de leurs pressions.

Thermoscope.

161. Tandis qu'en Écosse Leslie imaginait le thermomètre différentiel, en France Rumford inventait un instrument qu'il appelait *thermoscope*, semblable à la première des deux espèces que nous venons de décrire : les boules étaient plus grosses et conséquemment les indications plus sensibles ; mais le liquide employé était de l'alcool, dont la vapeur s'ajoutant à l'air intérieur en quantité variable avec la température compliquait les résultats. Il s'ensuivait que les indications du thermoscope n'étaient pas comparables à celles du thermomètre à mercure. Toutefois, cet instrument ayant été imaginé pour reconnaître uniquement que de deux corps différens également chauds et placés à la même distance, l'un rayonnait plus de chaleur que l'autre, son but était suffisamment atteint.

DIXIÈME LEÇON.

Dilatation absolue du mercure. — Dilatation du verre. — Formules empiriques des dilatations des liquides. — Maximum de condensation de l'eau. — Dilatations cubiques et linéaires des solides.

162. Le thermomètre à mercure, construit en prenant toutes les précautions que nous avons indiquées, fournit un instrument comparable. On doit entendre uniquement par là que chacun de ses degrés correspond à une température déterminée et constamment la même. Mais il serait erroné de croire que les valeurs numériques de ses indications croissent réellement comme l'énergie de la chaleur, ou qu'elles peuvent toujours servir à mesurer exactement la température naturelle. Ce n'est qu'après avoir étudié en détail les effets que la chaleur produit, qu'on pourra reconnaître s'il existe réellement un genre de thermomètre qui jouisse de cette propriété. Avant de procéder à cette étude, il faut d'abord comparer la marche des dilatations des autres substances à celle du mercure dans le thermomètre adopté. Si l'on reconnaît que ces dilatations suivent toutes des lois différentes, on devra conclure qu'elles correspondent à des fonctions différentes de la température, considérée comme une variable

Mesure hypothétique des températures

indépendante. Il faudra chercher alors si parmi toutes ses
lois ou toutes ses fonctions diverses, il n'en est pas une
qui doive être préférée à celle appartenant au thermomètre à mercure : car cet instrument n'a été choisi, entre
tous autres, qu'à cause de la plus grande précision qu'on
peut apporter dans sa construction, et de la plus grande
facilité qu'il offre d'obtenir des résultats constans; ce qui
n'empêcherait pas que les lois des effets généraux de la
chaleur ne fussent exprimées au moyen des rapports con-
ventionnels qu'il établit entre les températures, d'une
manière beaucoup plus compliquée qu'en adoptant pour
mesure les degrés d'un autre thermomètre, moins ma-
niable ou plus difficile à réaliser. Avant que nous ayons
réuni les données nécessaires pour entrer dans cette discussion fondamentale, il convient de regarder l'évaluation
des températures en degrés centigrades du thermomètre à
mercure comme étant purement hypothétique.

Marche
suivie dans
l'étude des
dilatations.

163. Les considérations qui précèdent conduisent à
commencer l'étude des phénomènes qui dépendent de la
chaleur, par l'exposition des moyens que les physiciens
ont employés pour mesurer les dilatations des différens
corps, ou pour déterminer leur *coefficient de dilatation,*
c'est-à-dire la quantité dont l'unité de leur volume augmente moyennement, pour une augmentation d'un degré
de température dans le thermomètre à mercure. Ce coefficient varie d'un corps à l'autre; il a une même valeur pour
tous les gaz; mais chaque corps liquide ou solide a le sien;
sa valeur est plus grande en général pour les liquides que
pour les solides, et plus grande encore pour les fluides
élastiques.

Les dilatations des corps par la chaleur étant en général

fort petites, il faut employer des procédés particuliers pour pouvoir les mesurer avec précision ; ces procédés sont faciles à imaginer quand on ne considère que des températures variables seulement entre 0° et 100° ; mais il faut avoir recours à des procédés plus compliqués, quand on veut constater les dilatations pour des températures plus élevées. La connaissance des coefficiens de dilatation est utile dans un grand nombre de circonstances ; aussi leur détermination a-t-elle été l'objet des recherches de plusieurs physiciens. Mais le travail le plus parfait qui ait été entrepris sur ce sujet est, sans comparaison, celui fait par MM. Dulong et Petit ; c'est aux mémoires qu'ils ont publiés que nous empruntons presque tout ce que nous avons à dire sur cette partie importante de la théorie physique de la chaleur. MM. Dulong et Petit ont d'abord mesuré la dilatation absolue du mercure, ensuite celle du verre, puis les dilatations absolues des liquides, enfin celles des solides. Quant à la dilatation des gaz, sa valeur constante pour tous avait déjà été déterminée entre 0° et 100° par M. Gay-Lussac ; mais il restait à l'étudier dans les hautes températures.

Pour concevoir la nécessité de suivre la marche adoptée par MM. Dulong et Petit, il suffit de remarquer que l'instrument comparable qui sert à mesurer les températures, c'est-à-dire le thermomètre à mercure, ne donne que la dilatation apparente de ce liquide, ou sa dilatation absolue diminuée de celle du verre. Il fallait donc d'abord chercher la dilatation absolue du mercure, qui comparée ensuite à sa dilatation apparente fournie par le thermomètre, pouvait donner la dilatation absolue du verre. Cette dernière étant connue, on pouvait ensuite, en construisant des thermomètres avec différens liquides, déduire de leurs dilatations apparentes leur dilatation absolue. Enfin connaissant les dilatations du verre et des liquides, on pouvait aisément en déduire celle de tout autre corps solide par les variations de la quantité de liquide qu'il déplaçait dans un vase de verre.

164. L'appareil que MM. Dulong et Petit ont employé pour mesurer la dilatation absolue du mercure depuis $0°$ jusqu'à plus de $300°$, est fondé sur ce principe d'hydrostatique : que les hauteurs de deux liquides de densités différentes, qui font équilibre à une même pression, sont en

raison inverse de ces densités ($\S\ 64$). Si l'on prend un tube doublement recourbé ABCD dont les branches AB, CD soient verticales et jointes par une partie horizontale BC, et qu'on y verse du mercure, ce liquide s'élevera à la même hauteur dans les branches AB et CD, s'il a partout la même température. Mais si la branche AB étant à la température t, la branche CD est portée à une température plus grande t', le mercure de cette dernière partie du vase se dilatant davantage, s'élevera à une hauteur h' plus grande que celle h qu'il atteint dans AB. On suppose que la branche horizontale et les parties inférieures des branches parallèles aient un diamètre assez petit pour s'opposer au mélange des masses liquides différemment échauffées.

Si d' et d représentent les densités du mercure aux températures t' et t, la pression p du liquide rapportée à l'unité de surface, et exercée sur le plan horizontal passant par l'axe du tube BC, devant être la même sur tout ce plan, on aura $p = ghd = gh'd'$, d'où $hd = h'd'$. Un même poids P de mercure occupant un volume V dans AB, où la densité est d, devra occuper dans DC, où la densité est d', un volume V' donné par l'équation $P = gVd = gV'd'$;

on aura ainsi $Vd = V'd'$, et d'après l'équation $hd = h'd'$,

$V : V' :: h : h'$; d'où $\dfrac{V' - V}{V} = \dfrac{h' - h}{h}$. Mais $\dfrac{V' - V}{V}$ est la

fraction dont l'unité de volume du mercure augmente lorsque la température de t devient t'; cette fraction, ou la dilatation du mercure pour $(t' - t)$ degrés, sera donc égale à $\dfrac{h' - h}{h}$ et le coefficient de sa dilatation absolue sera $\dfrac{h' - h}{h\,(t' - t)}$.

Ainsi la recherche de ce coefficient se réduira à mesurer aussi exactement que possible les hauteurs h, h' et les températures t, t'.

165. Le tube BC devant être parfaitement horizontal, était fixé, dans l'appareil de MM. Dulong et Petit, à une forte barre de fer reposant par trois pieds sur une table solide en bois. Des vis à caler et deux niveaux à bulles d'air, placés sur la surface plane de la barre de fer dans deux positions orthogonales, permettaient de rendre cette surface parfaitement horizontale. Les branches AB et CD étaient maintenues dans une position fixe par deux montans verticaux. Le montant en AB était terminé par une pointe R destinée à servir de point de repère. Un manchon en fer blanc entourait tout le système de la branche AB; il était constamment rempli de glace pilée. Une règle divisée en millimètres et munie d'un vernier, qu'on avait introduit dans le manchon, avait fait connaître exactement la distance verticale r du point de repère R au plan de la barre, laquelle restait constante pendant toutes les observations, puisque le montant métallique conservait toujours la température de $0°$. Une échancrure pratiquée latéralement à la partie supérieure du manchon permettait d'observer, en écartant la glace, le niveau du mercure en AB.

Appareil.

Fig. 96.

Un manchon en cuivre entourait la branche CD; il était constamment rempli d'une huile fixe, dont on pouvait élever la température au-delà de 300°. Le niveau de l'huile était maintenu à une même hauteur par un tube horizontal qui déversait à l'extérieur la portion de ce liquide provenant de sa dilatation. Le niveau du mercure en CD était amené à chaque observation à $\frac{1}{2}$ millimètre au-dessus de l'huile dans le manchon, afin de pouvoir l'observer; pour cela on ôtait ou l'on ajoutait du mercure froid en AB, au moyen d'une pipette. Un thermomètre à mercure, ayant un réservoir cylindrique qui occupait toute la hauteur du bain d'huile au-dessus de BC, était plongé verticalement dans ce bain. Un fourneau entourait le manchon en cuivre, et servait à élever sa température; avant de faire une observation on fermait toutes les ouvertures de ce fourneau; par ce moyen la température intérieure devenait uniforme et restait sensiblement stationnaire pendant tout le temps nécessaire pour observer.

Observations des hauteurs.

166. La détermination des hauteurs se faisait au moyen d'une lunette horizontale, mobile sur une règle verticale divisée et munie d'un vernier. Cet instrument était disposé sur un massif latéral; la règle, emportant avec elle la lunette, pouvait tourner autour d'un axe vertical situé dans un plan perpendiculaire au milieu de BC. Des vis à caler, un niveau d'eau suspendu à la lunette parallèlement à son axe, deux fils très fins croisés sur l'axe optique, et une vis de rappel latérale qui pouvait faire incliner légèrement l'axe de la lunette, permettaient de placer l'instrument dans la position convenable. On y parvenait par des tâtonnemens, en plaçant la règle dans différens azimuts, en retournant la lunette sur son support et le niveau d'eau

FIG. 97.

sur le sien, et amenant à chaque fois dans l'axe de la lunette des points situés sur un même plan horizontal. Les conditions à remplir, pour que l'instrument fût dans sa position normale, étaient que l'axe de rotation fût parfaitement vertical, et la lunette exactement horizontale dans toutes ses positions autour de l'axe.

Une vis de pression maintenait le système de la lunette contre la règle; en la desserrant on pouvait faire glisser ce système, et l'élever ainsi rapidement à des hauteurs très différentes; mais pour le placer à une hauteur déterminée, on le maintenait à peu près à cette hauteur par la vis de pression, et une vis de rappel micrométrique pouvait ensuite soulever ou abaisser la lunette par un mouvement doux et modérable, pour faire atteindre plus exactement à son axe optique la hauteur voulue. Le vernier permettait d'évaluer à moins d'un cinquantième de millimètre la hauteur d'un des points du système mobile.

Avec cet instrument on observait le point de repère R, le niveau du mercure en AB, et le niveau du mercure en CD. Les quantités dont on avait dû faire descendre l'axe de la lunette, ou le point de son système dont le vernier indiquait les positions, pour passer de la première observation à la seconde ou à la troisième, donnaient en millimètres et cinquantièmes de millimètres, les différences de hauteurs $r - h$, $r - h'$; r étant connu, on en déduisait h et h'.

167. L'observation de la température, indiquée par le thermomètre plongé dans le bain d'huile, exigeait des précautions particulières. Le réservoir cylindrique étant seul à la température moyenne du bain, la portion de mercure contenue dans la tige qui était entourée par l'air ne partageait

Évaluation de la température.

pas cette température ; celle qu'elle avait était essentielle à connaître pour déduire de l'indication thermom101trique la température du réservoir. On pouvait donner à la tige une température constante en l'entourant, à partir de sa jonction au réservoir, où se trouvait le zéro du thermomètre, d'un manchon contenant de la glace fondante, ou de l'eau à une température déterminée t. Si x représentait alors la température cherchée, et T celle observée sur l'échelle du thermomètre, comme on savait que le mercure contenu dans une enveloppe de verre se dilate de $\frac{1}{6480}$ de son volume pour un accroissement de $1°$ de température ($\S$ 153), il fallait pour avoir x augmenter T de la fraction $\frac{(x-t)\,T}{6480}$, dont se serait augmentée la colonne de mercure T de la tige, si sa température avait pu être amenée de T à x. On avait donc ainsi l'équation : $x = T + \frac{(x-t)\,T}{6480}$, pour déterminer x. Cette correction est loin d'être négligeable, car à $300°$ l'erreur pourrait être de plus de $15°$.

Thermomè-
tre à poids. 168. Mais dans ce procédé il existe toujours de l'incertitude sur la véritable température que l'on cherche à donner au mercure de la tige, qui devenant plus froid que celui du réservoir peut déterminer des courans intérieurs, malgré le petit diamètre du tube. C'est ce qui a engagé MM. Dulong et Petit à se servir en outre d'un autre genre de thermomètre dont l'indication est moins incertaine. Cet instrument, auquel ils ont donné le nom de *thermomètre à poids,* consiste en un réservoir cylindrique de verre ST, qui doit avoir la hauteur de la portion du bain de liquide dont on veut évaluer la température moyenne. Il se termine vers le haut par un tube recourbé de petit diamètre, d'a-

bord horizontal en SU et ensuite vertical en UX. On remplit Fig. 98.
le réservoir et le tube recourbé de mercure bien sec, et l'on
plonge la pointe effilée et ouverte X, dans une cuvette contenant pareillement du mercure sec. On place cet appareil
dans de la glace pilée ; alors l'instrument contenant tout le
liquide qu'il peut renfermer à 0°, on le pèse ainsi rempli ;
en retranchant du poids obtenu celui de l'enveloppe , on a
le poids P du mercure contenu. Si l'on plonge ensuite l'instrument dans le bain dont on veut mesurer la température
moyenne x , supérieure à 0°, une portion du liquide sort de
l'instrument. Lorsque le mercure restant dans le thermomètre a pris la température du bain , on détermine l'excès
p , dont s'est augmenté le poids de la cuvette. $P-p$ représente alors le poids du liquide que contient l'instrument à
la température x , et la fraction $\dfrac{p}{P-p}$ l'augmentation apparente de l'unité de volume du mercure de 0° à x. Or on sait
que le mercure contenu dans une enveloppe de verre se dilate en apparence de $\dfrac{1}{6480}$ de son volume à 0°, pour chaque
degré centigrade ; on a donc l'équation $\dfrac{p}{P-p} = \dfrac{x}{6480}$,
pour déterminer x.

169. Enfin un troisième thermomètre fondé sur la dilatation de l'air , et dont nous donnerons plus tard la description (§ 194), était aussi plongé dans le bain d'huile. La
moyenne des indications des trois instrumens convenablement corrigées donnait, avec toute l'exactitude désirable, la
température de ce bain correspondante à chaque observation. Connaissant en outre les hauteurs h et h' par le procédé d'expérience cité plus haut, le coefficient moyen de la
dilatation absolue du mercure, entre 0° et T , était donné

Valeur de la
dilatation
absolue du
mercure.

15..

par la formule $\dfrac{h'-h}{h\mathrm{T}}$. Par des observations de cette nature,
répétées plusieurs fois afin de s'assurer de leur exactitude,
MM. Dulong et Petit ont trouvé que le coefficient de la dilatation absolue du mercure est toujours de $\frac{1}{5550}$ pour chaque degré du thermomètre, tant que la température T est comprise entre 0° et 100°. Mais ils ont reconnu aussi que ce coefficient moyen augmentait d'une manière sensible pour les températures T plus élevées que 100°.

Preuves de la dilatation des enveloppes.

170. Ces résultats prouvent l'augmentation réelle de la capacité de l'enveloppe en verre dans le thermomètre à mercure, lorsque la température s'élève, car il est impossible d'expliquer, sans l'admettre, la différence des coefficiens $\frac{1}{5550}$ et $\frac{1}{6485}$, constamment obtenus par le procédé que nous venons d'indiquer, et par celui non moins exact du § 153. D'ailleurs l'influence de la dilatabilité de l'enveloppe solide dans les thermomètres peut être manifestée par l'expérience suivante. On remplit de mercure ou d'alcool un très gros réservoir, soufflé à l'extrémité d'un tube très étroit, que l'on ferme ensuite à la lampe ; on entoure le tube d'un fil métallique recourbé formant ainsi un anneau ouvert, que l'on descend en le faisant glisser par frottement jusqu'au plan du niveau intérieur du liquide ; puis on plonge un instant le réservoir dans un bain d'eau bouillante pour le retirer rapidement. En regardant le niveau pendant cette dernière opération, on remarque qu'il s'abaisse d'abord dans le tube de un ou deux pouces au-dessous de l'anneau, mais qu'après un temps très court il remonte, se rapproche de l'anneau et le dépasse. Il résulte évidemment de ce fait que la chaleur du bain se communique d'abord à l'enveloppe solide, et qu'elle emploie un certain temps avant

Fig. 99.

de se propager jusqu'au liquide et dans son intérieur. L'abaissement de niveau qu'on observe dans le premier instant prouve que la capacité de l'enveloppe augmente alors seule; plus tard le liquide s'échauffant, et se dilatant dans une plus grande proportion, remonte et dépasse sa première position.

171. La dilatation apparente d'une masse liquide est évidemment égale à sa dilatation absolue diminuée de l'accroissement de capacité du vase qui la contient. Or cet accroissement équivaut à la dilatation qu'éprouverait un volume solide, de même nature que l'enveloppe et égal en grandeur à sa capacité, s'il subissait le même changement de température. En effet l'augmentation de volume d'un corps solide homogène doit évidemment rester la même, qu'on suppose ce corps formé d'une seule pièce , ou composé de couches superposées et contiguës : d'où il suit que la dilatation de la couche extérieure s'opère comme si cette couche était seule, et ne doit subir aucun changement quand on enlève le reste du solide. Le vide intérieur résultant de cette suppression augmentera donc toujours de la quantité dont s'accroîtrait, pour la même élévation de température, le volume de la partie solide enlevée.

D'après cela, si l'on connaît le coefficient de la dilatation absolue d'un liquide, et celui de l'enveloppe solide qui le contient, on doit pouvoir calculer à priori le coefficient de la dilatation apparente qu'on observerait dans un thermomètre construit avec ces substances. Il importe de chercher la relation qui existe entre ces trois nombres, car deux étant donnés le troisième s'ensuivra. Soient à cet effet D et Δ les coefficiens des dilatations absolue et apparente du liquide, K celui de la matière solide qui compose le vase, lorsque la température étant de t degrés devient $(t+1)°$; V_o le volume occupé par le liquide à $t°$, dans l'enveloppe ayant la forme d'un thermomètre ordinaire; V le volume apparent à $(t+1)°$, déduit d'une plus grande étendue de la colonne liquide contenue dans le tube thermométrique, en supposant l'enveloppe invariable. La dilatation apparente Δ est la fraction $\dfrac{V - V_o}{V_o}$; le volume du liquide qui est V_o à $t°$, doit être $V_o(1+D)$ à $(t+1)°$; or dans l'instrument le liquide occupe réellement, à cette dernière température, un volume égal à $V(1+K)$, on a donc exactement l'équation $V_o(1+D) = V(1+K)$; d'où $D = \Delta + K\dfrac{V}{V_o}$. Mais V différant très peu de V_o, on peut substituer l'unité à leur rapport, et adopter la formule $D = \Delta + K$.

Dilatation du verre.

172. Les trois coefficiens D, Δ, K, varient en général d'une température à une autre, lorsque ces températures sont évaluées en degrés du thermomètre à mercure, c'est-à-dire que la dilatation de l'unité de volume de chaque substance entre t et $t+1$ degrés, varie avec t. Quand il s'agit du mercure contenu dans une erveloppe en verre, Δ est constant d'après la mesure adoptée; or il résulte des expériences de MM. Dulong et Petit que D a toujours sensiblement la même valeur, lorsque t est compris entre $0°$ et $100°$; la relation précédente indique donc qu'entre les même limites, le verre se dilate suivant la même loi que le mercure, ou que K est constant. En posant dans cette formule $D = \dfrac{1}{5550}$, $\Delta = \dfrac{1}{6480}$, on trouve $K = \dfrac{1}{88700}$. Ainsi le verre se dilate de $\dfrac{1}{38700}$ de son volume à zéro, pour chaque échauffement d'un degré, tant que les températures sont comprises entre $0°$ et $100°$. Mais D augmentant pour les

températures supérieures à 100°, tandis que Δ est essentiellement constant, il faut en conclure que la dilatation du verre croît alors suivant une loi plus rapide que celle du mercure : car si D′ et K′ sont pour les hautes températures les valeurs plus grandes de D et K , on aura

$$\frac{D'}{D} = \frac{K'+\Delta}{K+\Delta} = \frac{K'}{K} - \frac{(K'-K)\Delta}{K(\Delta+K)}.$$

173. Au-dessous de 100° on peut admettre qu'un volume de verre ou de mercure, à la température t, augmente toujours de sa $\frac{1}{38700}^{\mathrm{e}}$ ou de sa $\frac{1}{5550}^{\mathrm{e}}$ partie, quel que soit t, pour un échauffement d'un degré, ou pour passer à $(t+1)^{\circ}$. Cette loi ferait croître le volume considéré suivant les termes d'une progression géométrique , à partir de zéro degré ; elle diffère donc essentiellement de la loi par accroissemens égaux donnant une progression arithmétique ; mais il résulte de la constance et de la petitesse des coefficiens de dilatation du verre et du mercure , que les valeurs numériques des dilatations totales, obtenues en partant de ces deux lois différentes, sont dans tous les cas sensiblement les mêmes. Les dilatations des métaux étant, comme on le verra, du même ordre de grandeur que celles du verre, et paraissant suivre comme ces dernières la même marche que les dilatations du mercure, entre les limites 0° et 100°, on peut aussi leur appliquer indifféremment l'une ou l'autre des lois précédentes. Généralement si K représente le coefficient de dilatation d'un corps solide, c'est-à-dire la 100ᵉ partie de l'augmentation totale d'un volume de ce corps égal à l'unité depuis 0° jusqu'à 100°, on pourra en conclure qu'un volume V de ce même corps, pris à la température

t, deviendrait à très peu près à t' degrés : $V\left[1+K(t'-t)\right]$, pourvu que t' et t soient inférieurs à 100.

Mesure des dilatations absolues des liquides.

174. En construisant des thermomètres en verre de différens liquides, et comparant leur marche à celle du thermomètre à mercure, on peut observer leurs dilatations apparentes Δ, en employant un procédé de mesure analogue à celui que nous avons développé dans le § 153 ; et K étant connu, on en conclura les dilatations absolues D de ces mêmes liquides, au moyen de la formule $D = \Delta + K$. On a souvent employé, pour déterminer ces dernières valeurs, un autre procédé non moins exact que le précédent. Il consiste à constater, par la balance hydrostatique, les pertes de poids p et p' qu'une boule de verre éprouve, étant plongée successivement dans un même liquide aux températures $0°$ et $t°$. Soient K le coefficient de dilatation du verre, et $D_{\prime}$ la dilatation absolue totale de l'unité de volume du liquide de $0°$ à $t°$. Le volume de la boule augmente de l'une à l'autre de ces températures, dans le rapport de 1 à $1+Kt$; le poids p du liquide déplacé devrait donc devenir $p(1+Kt)$, si la densité de ce fluide ne variait pas. D'un autre côté, le poids p' du liquide déplacé par la boule dilatée eût été $p'(1+D_{\prime})$, si ce fluide, au lieu d'être à la température t, qu'il partage alors avec le solide, avait pu conserver la même densité qu'à zéro. On a donc nécessairement la relation $p'(1+D_{\prime}) = p(1+Kt)$; d'où l'on conclura $D_{\prime}$. La différence entre les valeurs de $D_{\prime}$ correspondantes à deux températures consécutives $t°$ et $(t+1)°$, déduites de deux expériences semblables à la précédente, donnera la valeur du coefficient D de la dilatation absolue du liquide, à la température t.

Formules empiriques.

175. Le coefficient de dilatation de chaque liquide, varie

en général, et augmente sensiblement avec la température
indiquée par le thermomètre à mercure, même entre 0° et
100°. La loi que suit cette variation varie d'un liquide à un
autre ; elle n'est connue pour aucun. On la représente empiriquement par une formule de la forme

$$D_{,} = at + bt^2 + ct^3 ;$$

t est la température, $D_{,}$ la fraction dont augmente l'unité
de volume du liquide proposé, lorsque sa température de
0° devient $t°$; enfin a, b, c, sont des constantes numériques dont on détermine les valeurs par trois couples
d'observations de $D_{,}$ et de t. Les formules de ce genre représentent assez bien les dilatations des liquides pour les températures comprises entre celles qui ont servi à la détermination des constantes, ou qui en sont peu éloignées.

176. On déduirait facilement de ces formules empiriques
les densités des liquides, en fonction de leur température :
car si d_0 et d sont les densités, 1 et $1 + D_{,}$ les volumes
d'une même masse liquide, à 0° et $t°$, on aura évidem-
ment $d_0 = d(1 + D_{,})$, d'où $d = \dfrac{d_0}{1 + D_{,}}$. On peut d'ailleurs
construire directement une table des densités d'un même
liquide à différentes températures, en se servant du second
des procédés indiqués au § 174 ; car si l'on prend pour unité
la densité d_0 du liquide à 0°, celle correspondante à $t°$ sera
d'après ce qui précède $d = \dfrac{1}{1 + D_{,}}$ et la relation du § 174
donnera $d = \dfrac{p'}{p(1 + Kt)}$. Connaissant donc une fois pour
toutes le poids p du liquide déplacé par la boule de verre
à 0°, il suffira de déterminer les pertes de poids p' éprou-

vées par le même corps solide, plongé dans le liquide amené successivement à différentes températures t, pour pouvoir calculer, à l'aide de la formule précédente, autant d'élémens que l'on voudra de la table des densités de ce liquide. On essaiera ensuite s'il est possible de représenter tous ces élémens par une formule empirique de la forme $d = 1 + at + bt^2 + ct^3$. C'est ainsi que M. Halstrom a conclu de 64 observations très précises sur les dilatations de l'eau, depuis 0° jusqu'à 32° centigrades, la formule

$$d = 1 + 0{,}00005293 g t - 0{,}0000065322 t^2 + 0{,}00000001445 t^3 ;$$

d est la densité de l'eau à $t°$, en prenant pour unité celle existant à 0°.

Maximum de densité de l'eau.

177. L'eau présente un phénomène remarquable qui la distingue des autres liquides : lorsque sa température s'abaisse de 100° à 4° à peu près, son volume diminue ou sa densité augmente ; mais si sa température continue à s'abaisser de 4° vers 0°, sa densité diminue au contraire, en sorte qu'elle se dilate en se refroidissant. On déduit de la formule précédente, ou mieux des tables où M. Halstrom a réuni les résultats de ses observations, que ce maximum de condensation ou de densité a lieu vers 4°,108 ; à 8° une même masse d'eau occupe sensiblement le même volume qu'à 0°.

178. On a donné une grande importance à la température du maximum de condensation de l'eau, en l'adoptant pour celle qui sert à définir l'unité de poids. Un centimètre cube d'eau ne pèse précisément le gramme qu'à 4°,108 ; à tout autre température t son poids est différent ; il est alors plus petit qu'un gramme dans le rapport de la densité d' de

l'eau à $t°$, à celle correspondante à 4,108. Les valeurs de d' et d peuvent être calculées au moyen de la formule empirique de M. Halstrom. D'après cela le nombre de grammes que pèse un volume d'eau V, à la température t, s'obtiendra en multipliant par la fraction $d' : d$ le volume V évalué en centimètres cubes.

Dans tous les calculs de jaugeage, il sera plus commode de se servir d'une formule que l'on pourrait facilement déduire de la précédente, et dans laquelle la densité de l'eau à $t°$ serait rapportée à celle correspondante au maximum de condensation prise pour unité; ou mieux d'une table calculée d'après celle de M. Halstrom, en substituant à chaque densité d' qu'elle donne pour une température t, le quotient de cette même densité par celle d correspondante à $4°,108$. Cette nouvelle formule ou cette nouvelle table étant calculée, on pourra en déduire facilement la dilatation totale δ que subit l'unité de volume ou le centimètre cube d'eau en passant de la température $4°,108$ du maximum de condensation à une température donnée t; car si d' est la densité donnée par la table réduite pour $t°$, la même masse d'eau qui occupe le volume 1 à $4°,108$ et le volume $(1 + \delta)$ à $t°$, pesera dans les deux circonstances 1 gramme ou $(1 + \delta)\, d'$, d'où l'on conclura $\delta = \dfrac{1}{d'} - 1$.

179. Le fait du maximum de condensation de l'eau, à une température voisine de $4°$, peut être facilement constaté par l'expérience; il donne d'ailleurs l'explication de plusieurs phénomènes naturels, dont il serait impossible de se rendre compte sans l'admettre. Si l'on prend un vase d'une hauteur suffisante, qu'après l'avoir rempli d'eau on entoure sa partie moyenne d'un mélange réfrigérant dont

la température soit de — 10°, on remarque que de deux thermomètres dont les réservoirs cylindriques horizontaux sont plongés dans le liquide, l'un au-dessus du manchon, l'autre au fond du vase, le dernier atteint et conserve la température de 4°, tandis que le premier descend à 0°. L'eau peut même se congeler dans la partie supérieure, sans que le thermomètre inférieur cesse d'indiquer 4°.

Au fond de certains lacs d'eau douce très profonds, on remarque que la température se maintient constamment à 4° à peu près. Cela tient à ce que, pendant un certain temps de l'année, l'eau prend à la surface une température voisine de celle de son maximum de densité, et tombe alors au fond en conservant cette température. L'intervalle de temps qui sépare deux saisons où ces circonstances se produisent, peut n'être pas assez grand pour que cette eau reprenne par communication la température plus ou moins élevée de la surface. M. Despretz qui a entrepris aussi de déterminer la température où l'eau atteint son maximum de densité, a constaté que cette température s'abaissait rapidement lorsque l'eau éprouvée contenait en dissolution de petites portions croissantes de sel marin ; de telle sorte que pour l'eau de mer ordinaire il n'existe pas de température au-delà et en-deçà de laquelle son volume se dilate ; c'est ce qui fait qu'aucune mer ne présente le phénomène précédent, qu'on n'observe que dans des lacs d'eau douce.

On rencontre dans les glaciers des Alpes des trous assez étroits et profonds, que l'on appelle *puits de glace* ; il est facile d'expliquer leur formation : une grande masse de glace ayant une surface plane, et exposée à l'action calorifique des rayons solaires, devra se fondre uniformément; cette fusion sera d'ailleurs peu rapide si la température de l'air environnant est au-dessous de $0°$; mais si quelques débris de végétaux séjournent sur la surface de la glace, leur présence accélérera la fusion autour d'eux, puisque leur température pourra s'élever au-dessus de $0°$ par l'effet de la chaleur solaire. Il se formera donc là une cavité, où l'eau s'accumulant pourra s'échauffer jusqu'à $4°$, descendre à cause de sa plus grande densité, et céder sa chaleur aux parois qu'elle fondra, en sorte que la cavité s'approfondira de plus en plus.

180. On peut appliquer la formule $D = \Delta + K$, à la détermination des dilatations absolues de différens corps solides. Si l'on remplit de mercure un réservoir en fer terminé par un tube de petit diamètre, par le procédé employé pour construire le thermomètre ordinaire, cette appareil peut être traité comme un nouveau thermomètre à poids (§ 168). On pèse d'abord le mercure qu'il contient à $0°$; soit P son poids. On détermine le poids p de liquide qui sort du vase lorsqu'il est exposé à une température connue t. On a ensuite l'équation $\dfrac{p}{P-p} = \dfrac{t}{n}$ pour calculer la dilatation apparente $\dfrac{1}{n}$ du mercure dans le vase proposé; et enfin le coefficient de la dilatation du fer est $K = \dfrac{1}{5550} - \dfrac{1}{n}$. Mais il est difficile de s'assurer si le mercure du vase est bien purgé d'air, ce qui jette du doute sur les résultats obtenus par ce procédé.

Mesure des dilatations cubiques des solides.

Fig. 101.

MM. Petit et Dulong ont employé un autre moyen pour déterminer la dilatation des corps solides. Dans un réservoir cylindrique en verre d'un diamètre convenable, on

Fig. 102.

introduit un morceau du corps à éprouver, de fer par
exemple, que l'on maintient au milieu du tube par de petites tiges en fil de fer, afin que le morceau principal ne
soit pas en contact avec les parois. Un tube recourbé de
petit diamètre est soudé au réservoir; on remplit ensuite
l'appareil de mercure parfaitement sec à la température
déterminée t. On connaît alors, par des mesures prises à cet
effet, le poids P du fer introduit et sa densité D, le poids
P′ du mercure contenu dans l'appareil et sa densité D′.
On plonge ensuite le réservoir horizontalement dans un
bain d'huile, exposé à l'action d'un foyer que l'on étouffe
avant d'observer. La température du bain $t' > t$, est indiquée par un thermomètre à poids très exact. Le petit tube recourbé qui traverse les parois du bain laisse alors échapper
un poids P″ de mercure que l'on mesure, et dont il est facile
de calculer la densité D″ à la température t', puisque la
dilatation absolue du mercure est connue.

Soient K, K′, K″, les coefficiens de dilatation du fer,
du mercure et du verre; les deux derniers étant connus,
c'est le premier qu'il s'agit de déterminer au moyen d'une
formule qui lie entre elles toutes les quantités que nous venons de définir. Pour obtenir cette formule, il suffit d'exprimer que le volume de mercure qui s'échappe du réservoir, lorsque sa température passe de t à t', est égal à la
dilatation absolue du mercure de l'appareil, plus celle du
fer, moins celle du verre. Or à t^o, $\dfrac{P}{D}$, $\dfrac{P'}{D'}$, $\dfrac{P}{D} + \dfrac{P'}{D'}$, représentent les volumes du fer et du mercure contenus, et
la capacité intérieure du réservoir. Leurs dilatations pour
un accroissement de $(t' - t)$ degrés, seront $\dfrac{P}{D} \, K(t'-t)$,

$\frac{P'}{D'} K' (t' - t)$, $\left(\frac{P}{D} + \frac{P'}{D'}\right) K'' (t' - t)$; le volume du mercure sorti, ou $\frac{P''}{D''}$, sera donc lié à ces quantités par l'équation

$$\frac{P''}{D''} = \left[\frac{P}{D} K + \frac{P'}{D'} K' - \left(\frac{P}{D} + \frac{P'}{D'}\right) K'' \right](t' - t)$$

qui servira à déterminer K, ou le coefficient de dilatation du fer. Le même procédé peut être employé pour le platine.

181. Plusieurs expériences semblables ont été faites en prenant pour t la température de la glace fondante, pour t' des températures inférieures ou égales à 100°, et toujours pour K' et K'' les valeurs $K' = \frac{1}{5550}$, $K'' = \frac{1}{38700}$. Elles ont toutes donné les mêmes valeurs de K, savoir $\frac{1}{28200}$ dans le cas du fer, et $\frac{1}{37700}$ quand le métal était le platine. Mais quand, t étant toujours zéro, t' était de beaucoup supérieur à 100°, ce qui nécessitait l'emploi de plus grandes valeurs de K' et K'', résultant de leurs premières expériences (§ 191), MM. Dulong et Petit ont obtenu pour les coefficiens moyens des dilatations du fer et du platine, des valeurs sensiblement croissantes avec la température t'. Ainsi les deux métaux dont il s'agit se dilatent, entre 0° et 100°, proportionnellement à la température évaluée en degrés du thermomètre à mercure, et suivent alors la même loi que le mercure seul et le verre; mais beaucoup au-delà cette identité de marche n'a plus lieu.

182. Le mercure attaquant certains métaux et entre autres le cuivre, MM. Petit et Dulong ont employé un autre moyen imaginé par Borda, et qui leur permettait de comparer à la dilatation connue du fer celle d'un autre métal. Voici en quoi consiste ce nouveau procédé. Deux règles

prismatiques, l'une de fer, l'autre de cuivre, d'une longueur égale à 12 décimètres, et de même section transversale, sont placées horizontalement à côté l'une de l'autre dans une caisse longue remplie d'huile ; elles sont supportées en différens points par des rouleaux, et s'appuient toutes deux vers un bout sur une même traverse en fer perpendiculaire à leur longueur. Leurs autres extrémités portent deux tiges de laiton, qui s'élèvent d'abord verticalement, et se recourbent ensuite horizontalement. Les deux parties horizontales, parallèles et voisines, sont l'une divisée en cinquièmes de millimètres, et l'autre graduée en vernier marquant des vingtièmes de ces divisions, ou des centièmes de millimètres.

On élève la température du bain au moyen d'un foyer que l'on étouffe avant d'observer. Un thermomètre à poids horizontal est placé entre les deux règles ; en outre la caisse est recouverte d'une plaque métallique percée de plusieurs trous par lesquels on plonge dans le liquide des thermomètres ordinaires, afin de constater l'uniformité de température que favorise d'ailleurs le système de plusieurs lames métalliques, mobiles au milieu de l'huile de chaque côté des barres. Les deux barres se dilatant inégalement, les traits de l'échelle et du vernier qui coïncident à chaque observation indiquent leur dilatation relative, et par suite la dilatation absolue de l'un d'eux, celle de l'autre étant connue. C'est par ce procédé que MM. Dulong et Petit ont déterminé les différentes valeurs du coefficient de dilatation du cuivre : il est constamment égal à $\frac{1}{19105}$ entre 0° et 100° ; il augmente dans les hautes températures, et ne suit pas dans cette augmentation la même loi que celle du fer.

183. Dans toutes leurs expériences MM. Dulong et Petit n'ont eu en vue que les dilatations cubiques de différens corps solides ; mais il est facile de déduire des nombres qu'ils ont obtenus les valeurs correspondantes des coefficiens de la dilatation linéaire, ou des fractions dont augmente l'unité de longueur des mêmes substances, lorsque la température s'accroît d'un degré ; car la dilatation cubique ou en volume K, et la dilatation linéaire l d'un même corps solide, sont liées entre elles par une relation très simple, qui permet de conclure l'une de l'autre. Lorsque le corps que l'on éprouve est homogène et non cristallisé, il se dilate également dans toutes les directions autour d'un même point ; d'où il suit qu'en augmentant, son volume reste toujours semblable à lui-même. D'après cela un volume 1 de ce corps à la température t, devenant $1 + K$ à la température t', une certaine dimension de longueur 1, prise dans ce corps lorsque sa température est t, acquérant une longueur $1 + l$ lorsque cette température devient t', et les volumes semblables étant entre eux comme les cubes de leurs dimensions homologues, on aura $1 + K = (1 + l)^3$; d'où simplement $K = 3l$, en négligeant l^2 et l^3 devant l, à cause de la petitesse de cette dernière quantité. Ainsi pour un même corps homogène et non cristallisé, et pour un même changement de température, la dilatation linéaire est égale au tiers de la dilatation cubique. Il suit de cette relation et des nombres cités (§§ 172, 181 et 182), qu'en passant de 0° à 100° le verre s'allonge de $\frac{1}{1161}$, le fer de $\frac{1}{846}$, le platine de $\frac{1}{1131}$, le cuivre de $\frac{1}{582}$. On a reconnu que les corps cristallisés ne se dilatent pas de la même quantité dans toutes les directions autour d'un même point ; ainsi la formule précédente ne leur est pas applicable.

I. 16

Mesure des dilatations linéaires des solides.

184. Les dilatations linéaires des corps solides peuvent être déterminées directement par divers procédés. Voici celui qu'avait imaginé Ramsden : il comparaît la longueur d'une barre de métal exposée à différentes températures, à un double étalon de longueur invariable, qui se composait de deux barres prismatiques égales, maintenues horizontalement dans des caisses remplies de glace fondante, et placées parallèlement à une certaine distance l'une de l'autre. La barre métallique à éprouver était placée entre les étalons dans une autre caisse contenant d'abord de la glace fondante, puis un bain de liquide à diverses températures. Chacune des extrémités de ces trois barres portait une tige verticale terminée par une plaque mince opaque dans laquelle on perçait un trou microscopique servant de point de mire. Des six tiges une seule, appartenant à la barre intermédiaire, était mobile au moyen d'une vis micrométrique horizontale à tête graduée. Lorsque les trois barres étaient à la température zéro, on devait placer les six points de mire qui se trouvaient à la même hauteur, de telle manière qu'ils se correspondissent trois à trois sur deux lignes parallèles. Lorsque ensuite la barre éprouvée était échauffée dans un bain ayant une température déterminée, il fallait nécessairement, pour rétablir la même coïncidence agir sur la vis micrométrique afin de rapprocher la tige mobile que la dilatation de la barre avait éloignée. La fraction de tour qu'on était alors obligé d'imprimer à la vis, dont le pas avait une longueur connue, donnait facilement l'allongement subi par la barre lorsqu'elle avait passé de la température de la glace fondante à celle du bain. Divisant ensuite cet allongement par la longueur des étalons et par la différence des températures , on obtenait

le coefficient de la dilatation linéaire du métal éprouvé.

185. Lavoisier et Laplace ont obtenu les coefficiens de la dilatation linéaire d'un grand nombre de corps solides par un mode d'expérience susceptible d'une plus grande précision que le précédent. Ils avaient fait construire, dans un lieu éloigné des habitations et des routes, quatre gros massifs de maçonnerie entre lesquels se trouvait le four- Fig. 105. neau et le bain où la barre du corps à éprouver devait être plongée. Plusieurs tiges de verre horizontales, scellées dans deux de ces massifs, servaient à fixer verticalement une règle de la même substance, offrant un point d'appui immobile à l'une des extrémités de la barre chauffée, qui ne pouvait ainsi manifester sa dilatation qu'à l'autre extrémité. Cette dernière, seule mobile, s'appuyait sur une règle de verre presque verticale pendant toute la durée des expériences, mais fixée à un axe horizontal qu'elle faisait tourner lorsque la barre s'allongeait. Cet axe entraînait alors dans son mouvement de rotation une lunette dont le cylindre lui était perpendiculaire. Une mire verticale et graduée était placée à une grande distance, et l'on regardait à travers la lunette celles de ses divisions qui se trouvaient successivement sur l'axe optique, qui s'abaissait à mesure que la barre se dilatait. En divisant le nombre des divisions dont l'axe optique de l'instrument s'était ainsi déplacé, par le rapport connu de la distance qui séparait la mire de l'axe de rotation, à la longueur du levier de verre, on avait l'allongement de la barre correspondant à chaque échauffement.

186. L'exactitude de ce procédé repose sur la fixité des points d'appui qu'il est difficile d'obtenir d'une manière certaine; mais en employant des barres très longues on a

diminué les erreurs qui pouvaient résulter de leur déplacement possible. Voici quelques-uns des nombres obtenus par Lavoisier et Laplace pour la dilatation linéaire de différentes substances depuis 0° jusqu'à 100° : verre à glace $\frac{1}{1122}$, verre à cristal $\frac{1}{1147}$, cuivre $\frac{1}{584}$, laiton $\frac{1}{535}$, fer doux $\frac{1}{819}$, acier non trempé $\frac{1}{926}$, platine $\frac{1}{1167}$. Les valeurs des dilatations linéaires déduites des expériences de MM. Dulong et Petit, pour le fer, le platine et le cuivre, diffèrent un peu des précédentes, mais elles doivent être regardées comme étant plus exactes, d'abord parce qu'elles sont à l'abri de toute incertitude du même ordre que celle de la fixité des points d'appui dans le procédé qui vient d'être décrit, et ensuite parce qu'étant déduites des dilatations cubiques observées directement, les erreurs d'observations possibles s'y trouvent divisées par 3. Les expériences de Lavoisier et Laplace, comme celles de MM. Dulong et Petit, ont conduit à ce résultat général, qu'entre 0° et 100°, tous les corps essayés se dilatent proportionnellement à la température évaluée en degrés du thermomètre à mercure. Pour un seul corps, l'acier trempé, les coefficiens de dilatation ont varié entre les mêmes limites, ce qui ne doit pas étonner quand on considère que la température, modifiant la trempe de l'acier et par suite son élasticité et sa dureté, change en quelque sorte sa nature physique.

ONZIÈME LEÇON.

Mesure des dilatations des gaz. — Loi de la dilatation des gaz. — Comparaison des thermomètres composés de substances différentes. — Avantage des thermomètres à gaz. — Adoption du thermomètre à air. — Pyromètres à air. — Formules de dilatation des gaz. — Comparabilité du thermomètre différentiel.

187. **La dilatation des gaz par la chaleur étant très sensible**, même pour de faibles changemens de température, la recherche de ses lois ne paraît pas devoir présenter de grandes difficultés. Néanmoins on a long-temps essayé de déterminer le coefficient de cette dilatation sans obtenir de résultat constant. On ne connaissait pas alors les lois de la formation des vapeurs, ou l'influence des liquides dans les appareils à gaz, et cette circonstance négligée s'opposait à ce que les expériences fussent comparables entre elles. M. Gay-Lussac a éloigné le premier cette cause d'erreur ; en pratiquant la série des opérations qu'il a indiquées, on obtient toujours les mêmes résultats. Voici l'appareil qu'il a employé, et toutes les précautions qu'exige sa construction.

A l'extrémité d'un tube de verre gradué en parties d'égale capacité (§ 152), on souffle un réservoir sphérique ou cylindrique, et le nombre des divisions du tube qui re-

Fig. 106.

présente sa capacité doit être soigneusement déterminé (§
153). Il faut d'abord remplir l'appareil de mercure, qu'on
fait bouillir pour chasser les bulles d'air et l'humidité ; on
adapte ensuite à l'extrémité ouverte un long tube rempli
de substances desséchantes. Le gaz avant de se rendre
dans le réservoir doit traverser ce tube additionnel, afin
que la vapeur d'eau qu'il contient à l'état de mélange
puisse lui être enlevée.

Pour introduire ce gaz et faire sortir en même temps le
mercure, on plonge dans les deux tubes et jusque dans le
réservoir un fil de platine, métal qui n'est pas mouillé par
le mercure, en sorte qu'il reste entre le liquide et le fil une
gaîne annulaire que le fluide élastique peut parcourir ; de
légères secousses suffisent alors pour remplir l'appareil du
gaz proposé. Lorsqu'il n'existe plus qu'une faible quantité
de mercure dans le tube, on retire le fil, et cette petite
colonne liquide reste pour servir d'index. Il n'y a plus
alors de communication entre le gaz introduit et l'air
extérieur, et le tube peut rester ouvert. Cet instrument
maintenu horizontalement constitue un thermomètre
à gaz.

On lit sur le tube la division à laquelle correspond l'index, lorsque l'appareil est plongé dans la glace pilée et
fondante. Le rapport de la capacité de la boule à l'une
des divisions du tube ayant été primitivement déterminé,
on déduit de cette observation le volume occupé par le
gaz à la température de 0°. On place ensuite l'instrument
dans une caisse contenant de l'eau à une température
connue t, de telle manière que le tube soit à l'extérieur
en traversant la paroi de la caisse; on a soin de le pousser
dans l'intérieur jusqu'à l'index, pour que tout le gaz éprouvé

Fig. 107.

soit à la température du bain. Lisant ensuite le numéro de la division où s'arrête l'index, et consultant un baromètre voisin pour reconnaître si la pression atmosphérique a changé d'une observation à l'autre, on a tout ce qu'il faut pour évaluer la dilatation éprouvée par le gaz contenu dans l'appareil de $0°$ à $t°$.

Soient V et V' les volumes indiqués sur le tube gradué, lors des températures $0°$ et $t°$; H et H' les hauteurs des colonnes barométriques supposées différentes aux époques des deux observations; enfin k le coefficient de dilatation du verre. Le gaz qui occupe le volume V à $0°$, et sous la pression H, occupe réellement à la température t, et sous la pression H', un volume $V'(1 + kt)$, qui, réduit à ce qu'il eût été si la pression atmosphérique n'avait pas changé, devient, d'après la loi de Mariotte, $V'(1 + kt)\dfrac{H'}{H}$. On conclut facilement de ces nombres que la dilatation de l'unité de volume du gaz proposé, soumis à la pression constante H, lorsque la température passe de $0°$ à $t°$, doit être donnée par la fraction $\dfrac{1}{V}\left[V'(1 + kt)\dfrac{H'}{H} - V \right]$; et en divisant cette expression par t, on aura dans ces circonstances le coefficient moyen de dilatation du gaz entre $0°$ et $t°$.

Il est très rare que le baromètre varie d'une observation à l'autre; on a donc presque toujours $H' = H$. D'un autre côté le coefficient de dilatation du verre étant très petit relativement à celui du gaz, on peut négliger la variation de capacité de la boule quand t ne contient pas un grand nombre de degrés. On peut donc le plus souvent prendre pour la dilatation totale de l'unité de volume du gaz éprouvé, la fraction plus simple $\dfrac{V'-V}{V}$. Ce procédé d'ex-périence ne pourrait conduire à des résultats certains et comparables, dans le cas où t dépasserait de beaucoup 100°, à cause des vapeurs de mercure fournies par l'index, et qui dans les hautes températures influeraient d'une manière sensible sur la dilatation observée. Mais en se bornant aux valeurs de t inférieures ou égales à 100°, la vapeur de mer-cure a une densité trop petite à ces basses températures pour altérer les dilatations des gaz, qui peuvent être alors uniquement attribuées à l'action de la chaleur sur leurs masses.

Lois de la dilatation des gaz.

188. En essayant successivement l'air ordinaire et la plu-part des gaz connus, simples ou composés dans le sens chimique, seuls ou mélangés en diverses proportions, M. Gay-Lussac a constaté cette loi générale, que tous les gaz se dilatent de la même fraction de leur volume, pour une même variation de température, quelles que soient les pressions égales ou différentes auxquelles ils sont sou-mis, pourvu toutefois que la force élastique de chaque gaz reste constante pendant toute la durée de l'épreuve. L'u-nité de volume d'un gaz, quel qu'il soit, parfaitement sec, pris à la température de la glace fondante, et soumis à une pression quelconque, se dilate en passant à la tempé-rature 100° et en conservant la même force élastique, de 0,375, ou $\frac{3}{8}$.

Le coefficient de dilatation de tout gaz, c'est-à-dire la quantité dont un volume d'un gaz, égal à l'unité quand la température est 0°, s'accroît pour chaque échauffement d'un degré du thermomètre à mercure, est constant entre 0° et 100°; sa valeur est 0,00375, ou $\frac{3}{800}$, ou $\frac{1}{267}$. MM. Dulong et Petit ont constaté que cette identité, cette constance et cette valeur existent encore pour les températures comprises entre — 36° et 0°. Ainsi tout gaz soumis à une pression constante se dilate de la 267e partie de son volume à 0°, pour chaque échauffement d'un degré de température entre —36° et 100°. Si, toujours sous la même pression, son volume est V à 0°, V′ à t', V″ a' t'' degrés, on devra avoir

$$V' = V\left(1 + \frac{t'}{267}\right),\ V'' = V\left(1 + \frac{t''}{267}\right),$$

d'où

$$\frac{V''}{267 + t''} = \frac{V'}{267 + t'} = \frac{V}{267}.$$

Il suit de ces formules que la quantité constante dont le gaz se dilate pour une élévation d'un degré de température, qui est la 267e partie de son volume à 0°, est aussi la 277e partie de son volume à 10°, et en général le $\dfrac{1}{267 + t}$ de son volume à $t°$; elle n'a donc aucune dépendance nécessaire avec la température de la glace fondante, qui n'est qu'une origine choisie arbitrairement pour compter les températures.

La loi de la dilatation des gaz énoncée de cette manière serait celle d'une progression arithmétique, lorsque la température, évaluée en degrés du thermomètre à mercure, croît par quantités égales. Dalton pensait que le coefficient de dilatation, lorsqu'un gaz passait de $t°$ à $t+1$ degrés était toujours la même fraction de son volume à $t°$; ce qui donnerait évidemment une progression géométrique. Entre 0° et 100°, ces deux lois si dissemblables en théorie ne donnent pas des résultats numériques très différens ; mais lorsqu'on observe les dilatations des gaz jusqu'à 350°, on est conduit à préférer la première loi à celle émise par Dalton. Quoi qu'il en soit, une discussion prolongée sur le choix qu'il convient de faire entre ces deux lois ne partirait d'aucune base fixe ou absolue, puisque le mode adopté pour évaluer les températures est hypothétique ; le résultat de cette discussion n'aurait d'autre effet que d'établir une identité plus ou moins complète entre la marche de la dilatation apparente du mercure dans le verre, et celle de la dilatation absolue et uniforme de tous les gaz. Et puisque, quant aux résultats numériques, les deux lois s'accordent suffisamment lorsqu'il s'agit de basses températures, nous choisirons la loi d'une progression arithmétique, dont l'emploi est plus commode dans les applications.

Ce qui dans les résultats que nous venons d'énoncer constitue une loi physique et réelle, c'est non la constance et la valeur d'un coefficient dont la définition est plus ou moins arbitraire, mais l'identité de marche de la dilatation de tous les gaz, à toutes les températures et sous toutes les pressions. On peut constater facilement cette identité, en renfermant de l'air, et différens gaz, tous parfaitement secs, dans diverses éprouvettes graduées, au-dessus d'une cuve contenant du mercure desséché par l'ébullition. Tous ces fluides élastiques indiqueront une égalité parfaite dans leurs dilatations, lorsqu'on les exposera aux mêmes variations de température, quelque étendues qu'elles soient, pourvu que l'on ramène chaque volume dilaté à sa pression primitive.

Mais pour que l'identité de la dilatation de tous les gaz pût être regardée comme une loi réelle et non empirique, il était nécessaire de vérifier qu'elle continue d'exister à de hautes températures. Il importait d'ailleurs de chercher si les thermomètres à gaz et à mercure, sensiblement d'accord entre — 36° et 100°, ne divergeraient pas au-delà, c'est-à-dire si l'accroissement de volume d'un gaz, pour chaque degré du thermomètre adopté, conservait alors la même valeur constante, trouvée pour les basses températures. Ces recherches ont été entreprises par MM. Dulong et Petit; il fallait se servir d'un procédé différent de celui employé par M. Gay-Lussac, afin de se mettre à l'abri des erreurs qu'aurait occasionées la vapeur du mercure (§ 187). Voici l'appareil et le mode d'observation qu'ils ont imaginés.

189. Le gaz parfaitement sec est introduit dans un tube d'assez grand diamètre, qui se termine par un tube capillaire effilé en pointe très fine. On dispose ce réservoir horizontalement dans une caisse en cuivre, au milieu d'un bain d'huile fixe; la caisse contient en outre un thermomètre à poids, qui indique la température du bain exprimée en degrés du thermomètre à mercure. A mesure que l'appareil s'échauffe, le gaz se dilate et sort en partie par la pointe qui traverse la paroi de la caisse; lorsque la température élevée T à laquelle on veut faire une observation a été atteinte, on ferme au chalumeau l'extrémité de l'appareil et on le laisse refroidir. On le plonge ensuite verticalement par la pointe dans un bain de mercure; un trait qu'on a eu soin de faire à la lime permet de casser facilement cette pointe, et le mercure s'élève dans le tube. Si l'on retranche alors de la hauteur H d'un baromètre voisin, celle du mercure contenu dans le tube au-dessus du niveau de la cuvette, on a la mesure h de l'élasticité du gaz intérieur à

Mesure des
dilatations
des gaz
à de hautes
températures

Fic. 108.

Fic. 109

la température t des corps environnans. Après avoir marqué sur le tube le niveau du liquide , on le renverse pour remplir de mercure tout l'espace occupé précédemment par le gaz; le tout étant pesé et le poids du verre retranché, on obtient le poids p d'un volume de mercure égal à celui du gaz, à la température t et sous la pression h.

Pour jeauger le volume qu'occupait la même masse de gaz, à la température T et sous la pression H, on remplit tout le tube de mercure; on le pèse dans cet état, et en retranchant du poids obtenu celui de l'enveloppe, on a le poids P du mercure contenu dans le tube à la température t. Connaissant le coefficient moyen K de la dilatation du verre entre 0° et la température élevée T , on en déduit P [1+K(T—t)] pour le poids d'un volume de mercure égal à la capacité que le tube devait avoir à la température T. Les nombres p et P[1+K(T—t)] peuvent être pris pour exprimer les volumes occupés par une même masse du gaz proposé, le premier à t° et sous la pression h, le second à la température T et sous la pression H.

Ces volumes ramenés à la même pression H seront donc représentés par les nombres $p\,\dfrac{h}{H}$ et P[1+K(T—t)]. Si l'on désigne maintenant par a le coefficient moyen de dilatation, que l'on déduirait de la dilatation totale du gaz proposé de 0° à T, en la divisant par T, un volume 1 de ce gaz à 0°, sera $1+a$T à T°, et $1+\dfrac{t}{267}$ à la température t des corps environnans, de beaucoup inférieure à 100°. On a ainsi la proportion

$$P[1 + K(T - t)] : p\,\frac{h}{H} :: 1 + a T : 1 + \frac{t}{267},$$

pour déterminer le coefficient de dilatation a. On peut déduire de cette relation la température τ, qui serait indiquée par un thermomètre fondé sur la dilatation uniforme du gaz proposé, lorsque le thermomètre à mercure indique T°. Car $\frac{1}{267}$ étant le coefficient constant de dilatation du gaz pour 1°, on aura $1 + \frac{\tau}{267} = 1 + a\mathrm{T}$, et par suite

$$\mathrm{P}[1 + \mathrm{K}(\mathrm{T} - t)] : p\,\frac{h}{\mathrm{H}} \; : : \; 267 + \tau : 267 + t,$$

proportion qui donnera la valeur numérique de τ.

190. MM. Dulong et Petit ont étudié par le procédé précédent les dilatations de l'air et de l'hydrogène secs, en les échauffant jusqu'à 360°, température de l'ébullition du mercure; ils ont constamment trouvé une égalité parfaite dans leur marche. Cette égalité observée sur deux fluides élastiques aussi différens quant à leur nature et à leur densité, peut être généralisée. Ainsi l'on doit regarder l'identité des dilatations de tous les gaz comme vérifiée pour toutes les températures comprises entre — 36° et 360° du thermomètre à mercure, c'est-à-dire dans une étendue de 400° environ.

De plus les valeurs obtenues pour les changemens de volume des gaz éprouvés ont démontré que leur coefficient de dilatation va en diminuant, à mesure que la température, indiquée par le thermomètre à mercure, s'élève au-dessus du point fixe de l'ébullition de l'eau. C'est-à-dire que si l'on avait gradué directement un thermomètre à air, il ne s'accorderait plus au-delà de 100° avec le thermomètre à mercure. La différence serait de 10° environ au point de l'ébullition du mercure. Lorsque le thermomètre à air indiquerait 300° le thermomètre à mercure ordinaire marquerait 307°, 64.

Comparaison
des
thermomètres.

191. Si l'on pouvait se servir d'un thermomètre fondé sur la dilatation absolue du mercure seul, on trouverait d'autres différences en comparant sa marche à celle du thermomètre ordinaire fondé sur la dilatation apparente du mercure dans le verre. Car la dilatation du verre va en croissant plus rapidement que celle du mercure seul, et l'on conçoit facilement que cette différence dans la rapidité de l'accroissement doive faire indiquer, au thermomètre ordinaire, des températures plus faibles que celles qui seraient indiquées par un thermomètre fondé sur la dilatation absolue du mercure. Il résulte en outre des expériences de MM. Petit et Dulong que les dilatations des métaux croissent toutes plus rapidement que celle de l'air ; d'où il suit que des thermomètres métalliques, gradués chacun séparément, entre les deux mêmes points fixes de la glace fondante prise pour 0°, et de l'ébullition de l'eau pour 100°, indiqueraient tous, au-delà de ce dernier point et dans les mêmes circonstances, des nombres de degrés plus grands que le thermomètre à air.

Les indications de tous ces thermomètres différens, correspondantes à 300° du thermomètre à air, peuvent être facilement déduites des dilatations totales que leurs substances éprouvent de 0° à 100°, et de 0° à 300°. En effet, soient D et D′ ces deux dilatations pour la substance S d'un des thermomètres proposés ; $\frac{D}{100}$ et $\frac{D'}{300}$ seront les coefficiens moyens de dilatation de cette substance, entre 0° et 100°, entre 0° et 300°. Ces coefficiens moyens, que nous désignerons par K et K′, sont seuls donnés dans les tables où MM. Petit et Dulong ont consigné les résultats de leurs observations; mais, au moyen de ces nombres K et K′, il est facile de reproduire les dilatations totales D et D′, ou les données primitives de l'expérience, car on a

$$K = \frac{D}{100}, \quad K' = \frac{D'}{300}, \quad \text{d'où } D = 100\,K, \quad D' = 300\,K'.$$

Cela posé, le thermomètre fondé sur la dilatation de la substance S indiquera un degré de plus pour chaque accroissement de dilatation égal à $\dfrac{D}{100}$; donc lorsqu'il aura éprouvé une dilatation totale D′, il devra indiquer un nombre de degrés τ égal à la fraction $\dfrac{100\,D'}{D}$, ou bien on aura, en mettant à la place de D et D′ leurs valeurs en K et K′,

$$\tau = \frac{300\,K'}{K}.$$

En substituant successivement dans cette dernière formule les couples de valeurs de K et K′, que MM. Petit et Dulong ont obtenues pour le mercure, le verre, le fer, le cuivre, le platine, on obtient le tableau suivant:

SUBSTANCES.	$K =$	$K' =$	$\tau =$
Air.	$\frac{1}{267}$	$\frac{1}{267}$	$300°$
Mercure seul....	$\frac{1}{5550}$	$\frac{1}{5300}$	$314°,15$
Verre.	$\frac{1}{38700}$	$\frac{1}{32900}$	$352°,9$
Fer.	$\frac{1}{28200}$	$\frac{1}{22700}$	$372°,6$
Cuivre.	$\frac{1}{19400}$	$\frac{1}{17700}$	$328°,8$
Platine.	$\frac{1}{37700}$	$\frac{1}{36300}$	$311°,6$

On voit par ce tableau qu'en construisant des thermo-. mètres avec différentes substances, il n'y aurait pas deux de ces thermomètres qui s'accorderaient ensemble, et qu'ils marqueraient tous des nombres de degrés plus élevés que la température indiquée par le thermomètre à gaz.

192. Ce rapprochement rend aussi complète qu'il était possible l'étude du phénomène général de la dilatation des corps par la chaleur. Cette étude a réuni maintenant les données suffisantes pour guider dans le choix d'un instrument plus capable que le thermomètre à mercure de comparer les intensités variables de la chaleur, ou ce qu'on pourrait appeler les températures naturelles. Lorsque des corps changent de densité ou d'état, deux causes générales, l'attraction moléculaire et la répulsion due à la chaleur, superposent leurs actions et compliquent les phénomènes. Pour découvrir les lois suivies par une de ces causes ou de ces forces opposées, il faudrait d'abord l'isoler, c'est-à-dire faire naître des circonstances telles, qu'elle pût agir seule. Or les propriétés reconnues dans les gaz prouvent que ces circonstances peuvent se présenter d'elles-mêmes.

En effet l'action uniforme de la chaleur sur tous les gaz permanens indique suffisamment que l'attraction moléculaire, qui devrait varier avec les masses des dernières particules ou des atomes indivisibles, et conséquemment avec la nature du fluide élastique, n'a aucune influence sensible dans cet état des corps pondérables. On a d'ailleurs une preuve, pour ainsi dire mathématique, de la nullité de cette influence, dans l'identité des effets produits sur un même gaz, soumis à des pressions très différentes : l'air, serait-il dix fois plus comprimé, ou dix fois plus raréfié

qu'il ne l'est habituellement dans l'atmosphère, se dilate-
rait toujours de la même fraction de son volume, pour un
même changement de température, quoique les intervalles
ou les distances qui séparent les points entre lesquels pourrait s'exercer l'attraction moléculaire soient très différens
d'un cas à l'autre.

Dans les corps solides et liquides, au contraire, l'action
de la chaleur est constamment modifiée par l'attraction
moléculaire. C'est évidemment cette dernière force, variable d'intensité avec les masses et les intervalles des particules, qui complique le phénomène de la dilatation. Car on
ne peut attribuer qu'à cette complication, l'inégalité des
accroissemens que subissent des volumes égaux de différens
corps liquides et solides, pour les mêmes changemens de
température, et surtout la diversité des lois de leurs dilatations.

Ainsi les effets produits sur tout thermomètre à gaz, par
des changemens de température sans variation de force
élastique, doivent être uniquement attribués à l'action de
la chaleur ; tandis que les dilatations apparentes ou absolues des liquides et des solides sont le résultat des efforts
combinés de la chaleur et de l'attraction moléculaire. Il
suit évidemment de là que pour étudier les lois de la chaleur seule, ce qui exige que son action soit isolée autant
que possible, le thermomètre à gaz doit être adopté de préférence au thermomètre à mercure. Car toute température
évaluée en degrés de ce dernier instrument devra subir
une correction pour en soustraire l'influence de l'attraction
moléculaire ; et cette correction sera complétement faite
si l'on réduit le nombre de degrés donné à l'indication correspondante du thermomètre à gaz.

I.   17

193. Tous les gaz seuls ou mélangés se dilatant de la même manière, on peut adopter le thermomètre à air, comme l'instrument normal auquel toutes les températures devront être rapportées. Mais quoique les indications du thermomètre à air puissent être regardées comme exclusivement dues à l'action de la chaleur, il ne faudrait pas en conclure que leurs valeurs numériques mesurent d'une manière absolue l'énergie de cette action. Ce serait supposer, sans l'avoir démontré, que la quantité de chaleur possédée par un gaz soumis à une pression constante, croît proportionnellement à la variation de son volume. S'il existait un instrument pour lequel cette proportionnalité eût réellement lieu, ses indications fourniraient une mesure absolue des températures ; mais tant qu'il ne sera pas prouvé que le thermomètre à air jouit de cette propriété, on doit regarder son degré variable comme étant une fonction déterminée, mais encore inconnue, de la température naturelle.

Malgré cette incertitude, qui ne pourra être définitivement détruite que lorsqu'on connaîtra la nature même de la chaleur, le thermomètre à air suffit pour diriger, avec tout espoir de succès, l'étude des phénomènes produits par cet agent. Car si leurs lois exactes étaient connues en fonction des températures naturelles, on pourrait, par une sorte de transformation de coordonnées, les exprimer analytiquement au moyen des indications du thermomètre à air, variables et constantes avec les intensités de la chaleur seule. Or les formules transformées, qui représentent les lois réelles tout aussi exactement que les formules primitives, peuvent être obtenues directement, puisqu'elles ne doivent contenir que des nombres qui dépendent de l'observation. Les lois de la chaleur peuvent donc être découvertes par des expériences convenables, où les températures seront évaluées en degrés du thermomètre à air.

D'après ces considérations, toute température qui sera exprimée dans la suite de ce cours par un nombre de degrés centigrades sans autre spécification, sera celle que partagerait le thermomètre à air indiquant ce nombre. Pour trouver le degré correspondant à une température donnée, on pourra prendre l'indication du thermomètre à mercure si cette température est comprise entre — 36° et 100°; dans le cas où elle serait beaucoup plus élevée, on pourra encore employer le thermomètre à mercure ordinaire ou un thermomètre à poids, mais l'indication obtenue devra subir une correction. On pourrait d'ailleurs se servir dans cette dernière circonstance du procédé de MM. Dulong et Petit (§ 189), pour obtenir directement le degré cherché. Mais ces physiciens ont imaginé un genre de thermomètre à air plus commode et non moins exact, qui consiste à prendre, pour évaluer les températures, la variation de la force élastique d'une masse d'air dont le volume reste sensiblement le même, au lieu de la variation du volume sous une pression constante.

194. L'air doit être alors renfermé dans un réservoir cylindrique horizontal d'un assez grand diamètre, terminé par un tube très étroit, recourbé à angle droit et ayant une hauteur suffisante. Le réservoir étant disposé au milieu du bain dont on veut évaluer les températures, la branche verticale est au contraire en dehors, et plonge dans une cuvette contenant du mercure, en sorte que l'on peut connaître à chaque instant l'élasticité de l'air intérieur, en retranchant de la hauteur barométrique, celle du mercure

Thermomètre à air pour les hautes températures.

Fig. 110.

dans le tube vertical au-dessus du niveau de la cuvette.

Lorsque le bain a atteint la température T, indiquée par un thermomètre à poids, à laquelle on veut faire une observation, une portion de l'air du réservoir s'est échappée ; et la force élastique de l'air dilaté restant peut être ramenée à la pression H de l'atmosphère, en abaissant convenablement la cuvette. On laisse alors refroidir l'appareil, et quand il est parvenu à la température t des corps environnans, on observe la hauteur H' du mercure dans la branche verticale. Pour pouvoir ensuite déduire des données de l'observation le résultat cherché, il faut connaître la longueur l du tube vertical et le rapport r de sa capacité à celle du réservoir ; nous supposerons que des mesures convenables aient fourni ces deux nombres.

Si ρ et ρ' sont les densités de l'air sous la même pression H, aux deux températures t et T évaluées en degrés du thermomètre à mercure, le poids de l'air contenu dans l'appareil à T° sera $r\rho + [1 + K(T - t)]\rho'$, en désignant par l'unité le volume intérieur du réservoir à $t°$, et par K le coefficient moyen de dilatation du verre correspondant à la température élevée T. Lorsque cette même quantité d'air est refroidie, elle est soumise à la pression $H - H'$, a conséquemment une densité $\rho\,\dfrac{H - H'}{H}$, et occupe un volume $1 + r.\dfrac{l - H'}{l}$; son poids est donc égal au produit $\left(1 + r.\dfrac{l - H'}{l}\right)\rho.\dfrac{H - H'}{H}$. En égalant les deux expressions que nous venons de trouver pour le poids de la même masse d'air, on a l'équation

$$\left(1 + r.\frac{l - H'}{l}\right)\rho.\frac{H - H'}{H} = r\rho + [1 + K(T - t)]\rho'.$$

Mais les densités ρ et ρ' de l'air sous la même pression, et aux deux températures $t°$ et $T°$, sont en raison inverse des volumes qu'occuperait à ces températures une même quantité de gaz. On a donc $\rho : \rho' = (1 + aT) : (1 + \alpha t)$ ou $\rho : \rho' = (1 + \alpha\tau) : (1 + \alpha t)$; α désignant le coefficient $\frac{1}{267}$, a le coefficient moyen de dilatation du gaz entre $0°$ et $T°$, et τ le nombre de degrés du thermomètre à air correspondant à la température T exprimée en degrés du thermomètre à mercure. La substitution de l'une ou de l'autre de ces valeurs du rapport $\rho : \rho'$ dans la formule précédente, donnera une équation qui pourra servir à déterminer a ou τ.

195. Cette manière de mesurer la dilatation des gaz à de hautes températures, ou de trouver le nombre de degrés du thermomètre à air correspondant à une température donnée, est d'un usage plus commode que le procédé indiqué précédemment (§ 189). L'appareil employé dans ce nouveau mode d'expérience donne un thermomètre à air qu'on pourrait adopter comme moyen pyrométrique. Il faudrait alors que le vase qui contient l'air desséché fût infusible et inattaquable à la température des fourneaux dans lesquels on l'exposerait. On pourrait prendre à cet effet un vase de platine terminé par un tube horizontal du même métal, à l'extrémité duquel on ajusterait un tube de verre vertical, disposé en dehors du fourneau et plongeant dans le mercure. Si l'on échauffe d'abord le vase à la plus forte chaleur à laquelle il doive être exposé, la masse d'air intérieure sera ensuite invariable, et il suffira d'observer la hauteur du mercure dans le tube vertical, pour en déduire la température que l'on voudra connaître.

196. En général, si l'on observe les volumes V et V' occupés, et les pressions P et P' supportées par une même

Pyromètre
à air.

FIG. 111.

Formules
de la
dilatation
des gaz.

masse de gaz, à deux températures différentes t et t', il existe une relation nécessaire entre ces six quantités, qui pourra servir à déterminer l'une d'elles, et par exemple t', au moyen des cinq autres. Cette relation, qui peut ainsi fournir un moyen d'évaluer les températures en degrés du thermomètre à air, est d'ailleurs utilisée dans un grand nombre de circonstances ; elle résulte d'une combinaison de la loi de Mariotte, et de celle de la dilatation des gaz trouvée par M. Gay-Lussac. Pour l'établir, soient U et U' les volumes qu'occuperait le gaz proposé à la température $0°$, sous les pressions P et P'.

Le coefficient de dilatation d'un fluide élastique étant le même quelle que soit la pression, pourvu qu'elle reste constante pendant les variations de température, on aura

$$V = U\left(1 + \frac{t}{267}\right), \quad V' = U'\left(1 + \frac{t'}{267}\right). \text{ La loi de Mariotte}$$

ayant lieu quelle que soit la température, pourvu qu'elle reste la même pendant les variations de pression, on aura $PU = P'U'$. L'élimination de U et U' entre les trois équations précédentes conduit à la relation cherchée :

$$(1) \quad \frac{V'}{V} = \frac{P}{P'} \cdot \frac{267 + t'}{267 + t}, \quad \text{ou} \quad \frac{P'V'}{267 + t'} = \frac{PV}{267 + t}.$$

Cette relation peut se présenter sous d'autres formes. Si D et D' représentent les densités du gaz dans les deux états considérés, on aura $VD = V'D'$, et par suite

$$(2) \quad \frac{D}{D'} = \frac{P}{P'} \cdot \frac{267 + t'}{267 + t}, \quad \text{ou} \quad \frac{P'}{D'(267 + t')} = \frac{P}{D(267 + t)}.$$

Si d'un état à l'autre le volume et par suite la densité restent les mêmes, mais que la température soit différente, les formules qui précèdent se réduisent à celle-ci

$$(3)\quad \frac{P'}{P} = \frac{267 + t'}{267 + t}.$$

Si au contraire la pression reste constante, la température variant toujours, on aura

$$(4)\quad \frac{V'}{V} = \frac{267 + t'}{267 + t}, \quad (5)\quad \frac{D}{D'} = \frac{267 + t'}{267 + t}.$$

Ces formules sont applicables à tous les gaz, seuls ou mélangés, lorsqu'ils sont parfaitement secs ou dépourvus de vapeurs. Elles sont rigoureuses si t et t' expriment des degrés du thermomètre à air, quelque grands que soient ces nombres. Elles ne sont exactes qu'entre les limites — 36° et 100°, si les températures t et t' sont évaluées au moyen du thermomètre à mercure. Enfin elles peuvent servir à comparer, non-seulement les différens états d'une même masse de gaz, mais encore ceux de deux masses égales d'un même gaz.

197. Il est facile de voir maintenant que les indications du thermoscope et du thermomètre différentiel, dont nous avons indiqué la construction et le mode de graduation (§§ 160 et 161), peuvent être regardées comme comparables aux degrés des thermomètres à air et à mercure, quand le liquide introduit pour servir d'index ne fournit pas de vapeurs sensibles aux basses températures, et lorsque les diverses parties de l'appareil ont des dimensions convenables. On peut négliger les variations de capacité des deux boules, d'après la petitesse du coefficient de dilatation du verre, et la faible différence des températures qu'il s'agit d'évaluer. On remarquera en outre que les deux masses d'air séparées par l'index, dans les appareils dont il

s'agit, étant égales, les formules du paragraphe précédent existent en supposant que les nombres P, V, t, appartiennent à l'une, et P', V', t', à l'autre de ces deux masses.

Dans le thermoscope, ou le thermomètre différentiel dont l'index est toujours horizontal; les deux masses d'air séparées sont constamment égales entre elles, leurs volumes V et V' et leurs températures t et t' satisferont donc toujours à la formule (4) du § précédent, qui donne $(V' - V) : (V + V') = (t' - t) : (534 + t + t')$. Or la somme des volumes $(V + V')$ est essentiellement constante d'après la construction de l'instrument; on peut négliger en outre la variation de la somme $t + t'$ devant le nombre 534; la différence $t' - t$ des températures des deux masses d'air peut donc être regardée comme proportionnelle à la différence $V' - V$ de leurs volumes, ou à l'espace parcouru par l'index de l'instrument.

Dans le thermomètre différentiel dont l'index est toujours vertical et le tube très étroit, les volumes des masses d'air séparées sont à très peu près invariables, leurs pressions P et P' et leurs températures t et t' satisferont donc toujours à la formule (3), qui donne $t' - t = \dfrac{267 + t}{P} (P' - P)$. Or il résulte de la relation (1), que la fraction $(267 + t) : P$, correspondante à la masse d'air non échauffée, doit croître dans le même rapport que le volume V qu'elle occupe, lequel peut être regardé comme invariable. L'équation précédente indique donc que la différence $t' - t$ des températures des deux boules est proportionnelle à la différence des pressions, ou à la différence des hauteurs du liquide dans les deux tubes verticaux, ou enfin à l'espace parcouru par l'index.

DOUZIÈME LEÇON.

Applications des coefficiens de dilatation. — Correction de la hauteur barométrique. — Pendules compensateurs. — Thermomètre de Breguet. — Pyromètre de Borda. — Corrections des densités. — Mesure de la densité des gaz. — Densité de l'air.

198. Après avoir décrit les procédés que les physiciens ont employé pour déterminer les coefficiens de dilatation des différens corps de la nature, et développé les conséquences qui résultent de leur comparaison, il importe d'indiquer ici leurs principales applications, et entre autres les circonstances dans lesquelles il est indispensable d'avoir recours aux valeurs numériques de ces coefficiens, si l'on veut obtenir des résultats précis et comparables. Dans toutes ces applications les températures sont celles existant à la surface de la terre, en divers lieux et à différentes époques de l'année, lesquelles sont de beaucoup inférieures à 100°, et descendent rarement à —36°. Ces températures peuvent donc être évaluées indistinctement par le thermomètre à air ou par le thermomètre à mercure. On peut admettre aussi qu'entre leurs limites extrêmes les coefficiens de dilatation du verre, du mercure, des métaux, et en général de tout corps solide, conservent les mêmes valeurs ; d'où

Usage des coefficiens de dilatation.

il suivra qu'un des corps, ayant le volume U à o°, occupera à $t°$ le volume U $(1 + Kt)$, K étant son coefficient moyen de dilatation entre o° et 100°. Mais quand il s'agira d'évaluer la dilatation totale des liquides à partir de o°, et celle de l'eau depuis 4°,108, il faudra toujours consulter les tables indiquées aux paragraphes 175 et 178, ou les formules qui les représentent.

199. Les observations barométriques ne peuvent servir à mesurer exactement les pressions de l'air et des gaz, si les colonnes de mercure soulevées ont des températures et par suite des densités différentes. Pour que ces observations soient comparables entre elles, il est indispensable de réduire chaque colonne à ce qu'elle serait si le baromètre avait une température déterminée et convenue. La connaissance du coefficient de dilatation absolue du mercure permet de faire cette correction : on ramène toute hauteur H′ mesurée à une température t, à celle H que l'on eût observée si cette température avait été o°. Pour cela, sachant que ces hauteurs, pour faire équilibre à une même pression, doivent être en raison inverse des densités du mercure, on établit la proportion H : H′ : : 5550 : 5550 $+ t$;

d'où l'on conclut $H = H' - \dfrac{H't}{5550 + t}.$

La fraction $\dfrac{H't}{5550 + t}$ dont il faut diminuer la hauteur observée H′ pour obtenir celle réduite H, est la correction cherchée. Le plus souvent on néglige t dans le dénominateur de cette correction, à moins que les observations n'exigent une très grande précision. Lorsque le baromètre a séjourné long-temps dans un même lieu, on obtient le nombre t en observant la température des corps environnans ou celle de l'air. Mais tout baromètre portatif doit être muni d'un thermomètre fixé aussi près que possible du tube où le mercure s'élève, et l'on doit prendre pour t la température indiquée par ce thermomètre, laquelle peut différer de celle de l'air, si l'instrument apporté depuis peu n'a pas eu le temps de se mettre en équilibre de chaleur avec les corps environnans.

200. La durée de l'oscillation d'un pendule est indépendante de son amplitude, mais elle dépend de la distance qui sépare l'axe d'oscillation de celui de suspension. Or cette distance change avec la température, qui fait varier la longueur de la tige. Il est donc nécessaire de trouver le moyen de compenser cette variation par une autre contraire, si l'on veut que le pendule puisse servir à donner la mesure exacte du temps. On concevra facilement que ce but puisse être atteint, en composant un pendule de différentes substances qui se dilatent inégalement pour un même changement de température. Tout pendule composé est terminé par une lentille métallique dont la masse est beaucoup plus grande que celle de la tige ; il résulte de cette disposition que le centre de gravité de l'instrument, et par suite l'axe d'oscillation sont placés très près du centre de la lentille, et que la compensation pourra être obtenue, si l'on parvient à trouver des dispositions telles, que ce dernier centre reste toujours sensiblement à la même distance de l'axe de suspension.

Graham, célèbre horloger anglais, paraît avoir proposé le premier moyen de compensation pour les pendules. Il consistait à prendre pour lentille un tube de verre cylindrique contenant du mercure. Si l'allongement de la tige dû à une augmentation de température tendait à abaisser le centre d'oscillation, la dilatation plus considérable du mercure tendait à le relever. Il ne s'agissait alors que de déterminer par le tâtonnement ou le calcul la quantité de liquide convenable pour que la compensation fût exacte. Si dans cet appareil l est la longueur de la tige, prise de l'axe de suspension jusqu'au fond du tube de verre qui renferme le mercure, K étant le coefficient de dilatation linéaire de cette tige, lK sera la quantité dont son allongement ferait baisser le centre de gravité de la masse liquide pour un accroissement d'un degré de température. Mais en même temps la dilatation du mercure, qui occupe une hauteur h, tendra à relever le même centre de gravité relativement au fond du tube, de $K'\dfrac{h}{2}$, K' étant le coefficient de la dilatation apparente du mercure dans le verre. On devra donc avoir la relation $l\mathrm{K} = \dfrac{h}{2}\,\mathrm{K}'$, pour que la compensation puisse être établie. Dans le pendule, tel que Graham l'a imaginé, la tige est en verre, le coefficient de sa dilatation linéaire a donc pour valeur $\mathrm{K} = \frac{1}{116105}$, (§ 183), on a d'ailleurs $\mathrm{K}' = \frac{1}{6480}$; d'où l'on conclut, pour le rapport $\dfrac{h}{l}$, $\dfrac{1}{9}$ à très peu près.

Leroi, horloger à Paris, proposa en 1738 un autre genre de pendule compensateur, fondé sur la différence des dilatations de deux métaux. Sur une traverse fixe BB s'élevait un tube de laiton; à sa base supérieure était fixée la tige en fer du pendule; cette tige était interrompue à la hauteur de la traverse par un double ruban formé de deux petites lames d'acier très flexibles, qui passaient à travers une fente très étroite pratiquée dans le support BB. Par cette dispo-

FIG. 113.

sition la longueur d'oscillation était à peu près égale à la distance qui séparait cette fente du centre de gravité de la lentille. Or on conçoit que le rapport de la hauteur du tube de laiton à la longueur de la tige de fer pouvait être déterminé, d'après les coefficiens de dilatation des deux métaux, de telle sorte qu'il y eût compensation ou que le centre de la lentille ne bougeât pas. Le coefficient de dilatation du fer est $\frac{1}{86400}$ (§. 183), celui du laiton $\frac{1}{53500}$ (§. 186), la hauteur totale du tube devait donc être les $\frac{535}{864}$, ou à peu près les $\frac{2}{3}$ de la longueur totale de tige, c'est-à-dire environ le double de la longueur d'oscillation. Ce moyen qui augmentait trop les dimensions de l'instrument a été abandonné.

M. Henri Robert, horloger à Paris, a imaginé dans ces derniers temps un pendule compensateur fort simple. Il se compose d'une tige en platine qui traverse une lentille en zinc, laquelle s'appuie sur son extrémité. Les dilatations de ces deux métaux sont assez différentes pour que la compensation puisse être ainsi établie. La formule donnée ci-dessus pour le pendule de Graham peut servir à déterminer le rapport des dimensions de ce nouveau pendule.

Dans cette formule, $K l = K' \frac{h}{2}$, h représentera alors le diamètre de la lentille, l la longueur de la tige depuis l'axe de suspension jusqu'au bas du pendule, K et K' les coefficiens de dilatation linéaire du platine et du zinc. Or $K = \frac{1}{113100}$ (§. 183), et d'après une expérience faite par Smeaton $K' = \frac{1}{34000}$; on a donc $\frac{h}{l} = \frac{680}{1131}$, ou un peu moins que $\frac{2}{3}$. Ainsi le rayon de la lentille en zinc devra être à peu près le $\frac{1}{3}$ de la longueur totale de la tige en platine, ce qui rend cette disposition exécutable. Mais le calcul précédent ne fournit qu'un rapport approximatif; car d'après la grande dimension de la lentille, l'axe d'oscillation doit être sensiblement éloigné du centre de gravité; pour que la compensation soit exacte, il faut l'établir par tâtonnement en faisant monter ou descendre la lentille au moyen d'un écrou, mobile sur l'extrémité inférieure de la tige taraudée à cet effet.

Fig. 115.   Le mode de compensation le plus généralement employé, quoique le plus incommode, consiste à composer la tige du pendule de plusieurs cadres rectangulaires concentriques, de grandeurs décroissantes, et alternativement en fer et en laiton. L'inspection de la figure 115, où les tiges en fer sont indiquées par les lettres f', f',.. et celles en laiton par les lettres c, c',.. suffira pour faire comprendre la construction de ce pendule compensateur. Il est évident que par cette disposition les dilatations des tiges en fer concourront toutes à faire descendre le centre de gravité de la lentille, et que celles des tiges en laiton tendront toutes à le relever. Soient représentés, par L la longueur d'oscillation, par Sf la longueur totale des tiges verticales de fer, en ne comptant que pour une seule les deux tiges de chaque cadre, enfin par Sc la somme des hauteurs des cadres en laiton; on pourra poser $Sf - Sc = L$, et la compensation sera possible si l'on a $K . Sf = K'.Sc$; $K = \frac{1}{64600}$, et $K' = \frac{1}{53500}$ étant les coefficiens de dilatation linéaire du fer et du laiton. En éliminant Sf, on obtient la relation $L = \left(\frac{K'}{K} - 1 \right). Sc$, qui d'après les valeurs numériques de K et K' donne pour L une longueur un peu plus grande que $\frac{1}{2} . Sc$.

Si l'on voulait n'employer qu'un seul cadre en laiton, sa

hauteur c devrait être presque double de la longueur d'oscillation ; ce qui exigerait l'emploi d'une disposition analogue à celle imaginée par Leroi, trop incommode pour être adoptée. Mais en prenant deux ou trois cadres en laiton, leur hauteur moyenne $\frac{Sc}{2}$ ou $\frac{Sc}{3}$ sera nécessairement moindre que L, et tout le système pourra être compris entre l'axe de suspension et la lentille. Il y a donc possibilité de compenser ainsi le pendule, sans ajouter des pièces de métal qui en dépassent la longueur. Mais les calculs précédens ne donnent qu'une première approximation, car le centre d'oscillation est déplacé par la masse des cadres ajoutés ; il faut ensuite employer le tâtonnement pour achever d'établir la compensation.

Le pendule compensateur le plus commode est sans contredit celui fondé sur les courbures que les variations de la chaleur font prendre au système de deux lames de métaux différens, vissées ou soudées l'une sur l'autre de manière à ne pouvoir se séparer. Quand la température change, les dilatations ou les contractions des deux métaux étant inégales, la double lame doit se courber, pour que le métal dont les variations sont les plus fortes puisse prendre une longueur plus grande ou plus petite, en occupant la convexité ou la concavité de la courbe formée. Pour obtenir un pendule de longueur invariable, il suffit de fixer perpendiculairement à sa tige un système semblable au précédent, Fig. 116. terminé de part et d'autre par des masses de grandeur convenable, que l'on peut éloigner ou rapprocher au moyen de vis micrométriques. Le métal le plus dilatable doit être tourné vers le bas. Si la température s'élève, la double lame devient concave sur sa face supérieure, et les masses soulevées remontent le centre de gravité du pendule que l'allongement de la tige tend à faire descendre. Lorsqu'au contraire la température baisse, le système des lames se courbe en sens inverse, et les masses abaissées font descendre le centre de gravité de l'appareil, soulevé par la contraction de la tige. On conçoit que l'on puisse déterminer par tâtonnement les proportions de ce système et la position des masses, de manière que la compensation soit exacte dans tous les cas.

Dans les montres et les chronomètres, le régulateur du mouvement est un balancier circulaire, mû par un ressort en spirale, qui en se resserrant et se débandant, le fait tourner alternativement dans un sens ou dans l'autre. La rapidité de ce mouvement oscillatoire dépend d'un certain cercle d'oscillation dont la température fait varier le rayon. Pour compenser cette variation, on place deux petites lames doubles semblables à la précédente, tangentiellement à la jante du balancier aux deux extrémités d'un même diamètre, et qui portent de petites masses à leurs extrémités libres. Le métal le moins dilatable étant tourné vers le centre, on concevra facilement que les dimensions du système puissent être déterminées par le tâtonnement, de telle sorte que le rayon d'oscillation conserve la même grandeur, quelle que soit la température.

201. Breguet, qui a utilisé ce dernier moyen de compensation, a imaginé un genre de thermomètre métallique très sensible, fondé sur le même principe. Ce thermomètre se compose de trois lames très minces de platine, d'or et d'argent, soudées ensemble dans toute leur étendue, et passées au laminoir pour en former un ruban, que l'on contourne en hélice autour d'une tige de laiton verticale.

Fig. 117.

Thermo-
mètre
de Breguet.

Fig. 118.

L'extrémité supérieure de l'hélice est fixe ; l'autre extrémité étant libre porte une aiguille légère, dont la pointe
indique sur un cadran des variations très sensibles ; car lorsque la température vient à changer de quelques degrés,
l'argent qui occupe la concavité de l'hélice, détermine
une diminution ou une augmentation de sa courbure, par
l'excès de sa dilatation ou de sa contraction sur celles des
deux autres métaux. Il suffit de retirer la tige qui sert
d'axe à l'hélice, de la tenir quelques instans dans la main
et de la replacer ensuite, pour que l'aiguille dévie d'un
grand nombre de divisions. On peut en augmentant convenablement le nombre des pas de l'hélice, faire en sorte que
l'aiguille parcoure un tour entier du cadran, lorsque la
température varie de 0° à 100°.

On pourrait n'employer que deux métaux au lieu de trois ;
mais l'argent se dilatant beaucoup plus que le platine , on
pourrait craindre que des variations trop brusques de température n'occasionassent des fractures, ou la séparation
des parties soudées ; c'est pour cela qu'on intercale de l'or
entre ces deux métaux. Au lieu d'enrouler la triple lame en
hélice, on lui donne aussi quelquefois la forme d'une spirale, ou celle de la lettre U ; on concevra sans peine que
l'on puisse, dans ces nouveaux cas, rendre les variations
de courbure sensibles au moyen de quelque mécanisme
qui fasse aussi mouvoir une aiguille sur un cadran. Le
thermomètre de Breguet a le grand avantage de subir très
rapidement les variations de la température, à cause
de sa petite masse et du peu d'épaisseur de la lame multi-
ple. On s'en sert en physique lorsqu'il s'agit de constater
des variations de chaleur subites et légères, ou quand on
veut connaître la température d'un corps qui a peu de masse.

Fig. 119.

I.   18

Fig. 120.

202. D'autres thermomètres sont pareillement fondés sur la différence de dilatabilité des métaux. Dans celui de Régnier, une tige en laiton sert de corde à un arc en fer, qui est vissé à ses extrémités ; la flèche de cet arc varie avec la température , à cause des dilatations et des contractions inégales que subissent les deux métaux ; un mécanisme facile à concevoir rend observables les variations de grandeur de la flèche , en faisant mouvoir une aiguille sur un arc de cercle. Au lieu d'une simple tige en laiton, on emploie encore un cylindre vertical creux : on fixe intérieurement à ses deux bases les deux extrémités de l'arc en fer, dont le milieu s'avance horizontalement dans un sens ou dans l'autre , suivant que la température de l'instrument s'élève ou s'abaisse ; ce mouvement de va-et-vient est ensuite facilement transformé en un mouvement de rotation dont l'axe entraîne une aiguille extérieure. Mais les indications de ce genre d'instrument sont rendues incertaines par le mécanisme qu'il exige , et dont il est difficile d'apprécier l'inertie et le jeu intérieur.

Pyromètre de Borda.

203. De tous les thermomètres ayant pour principe la dilatation relative de deux métaux , celui qui peut donner les indications les plus précises est sans comparaison celui qu'a imaginé Borda. Il s'agissait de trouver un moyen de déterminer à chaque instant la véritable température d'une toise métallique, destinée à mesurer les bases de la grande triangulation que les savans français ont entreprise pour évaluer la grandeur du méridien et en conclure celle du mètre. Cette température étant observée à chaque pose de la toise , et le coefficient de dilatation linéaire de sa substance étant connu, on pouvait tenir compte des variations de sa longueur , et la précision de la mesure à pren-

dre dépendait de l'exactitude de cette correction. Voici le moyen qui fut employé.

Pour former la toise on choisit le platine, comme le moins dilatable des métaux ; on fixa sur elle une règle de cuivre un peu moins longue, par une de ses extrémités seulement ; l'autre glissait librement sur la toise, lors d'un changement de température qui dilatait le cuivre dans une plus grande proportion que le platine ; cette dernière extrémité servait ainsi d'index. Pour graduer ce genre de thermomètre, on plongea successivement les deux métaux réunis dans la glace fondante et dans l'eau en ébullition ; deux traits furent marqués sur la lame de platine, aux points où l'index s'arrêta à ces deux températures fixes ; l'intervalle qui les séparait fut ensuite divisé en 100 parties ou degrés centigrades. Cette graduation étant faite, il suffisait d'observer avec une loupe la division qu'occupait l'extrémité libre de la règle de cuivre, pour connaître la température de la toise de platine.

FIG. 121.

On a donné le nom de pyromètre de Borda à tous les thermomètres fondés sur la dilatation apparente d'un métal sur un autre. MM. Petit et Dulong se sont servis d'un instrument de cette nature pour comparer la dilatation du cuivre à celle du fer (§ 182). On a proposé ce pyromètre pour évaluer les températures des fourneaux, mais les grandes dimensions qu'on serait obligé de donner aux tiges des deux métaux, pour que leur dilatation relative devînt sensible sans nécessiter des procédés délicats, rendraient cet instrument incommode, et limiteraient beaucoup les circonstances dans lesquelles on pourrait l'employer. D'ailleurs ses indications ne fourniraient pas des données plus précises que celles des pyromètres que nous avons décrits (§ 158), puisque les lois des dilatations des métaux au-delà de 360° sont encore inconnues. L'usage du pyromètre de Borda doit donc être limité à la mesure exacte des longueurs ; et c'est le thermomètre le plus parfait qu'on puisse employer dans cette circonstance, puisque la règle dont il s'agit d'évaluer les variations de grandeur servant d'échelle, la température qu'elle possède est réellement celle indiquée.

Les dilatations totales du platine et du cuivre, entre 0° et 100°, sont $\frac{1}{1131}$ et $\frac{1}{582}$ (§. 183); on en déduit que la dilatation apparente du cuivre sur le platine, entre les mêmes températures fixes est $\left(\frac{1}{582} - \frac{1}{1131}\right)$, ou $\frac{1}{1200}$ à très peu près. Ainsi en supposant que sur la toise de Borda la règle en cuivre eût 5 pieds ou 720 lignes de longueur, la distance des deux points fixes devrait être de $\frac{3}{5}$ de ligne. D'après cela la difficulté que présente la construction d'un thermomètre de cette nature, paraît dépendre principalement de la petitesse de l'intervalle compris entre les deux points fixes, et dans lequel il faut tracer 100 divisions égales et distinctes. Mais on peut ne partager cet intervalle qu'en 5 ou 10 parties, prolonger cette graduation sur le platine, et terminer la règle de cuivre par un vernier qui permette d'apprécier les vingtièmes ou les dixièmes des divisions tracées. Si l'on avait souvent besoin de mesurer des distances avec une grande approximation, on pourrait adopter comme unité de mesure une lame de platine ayant $2^{m},5$ de longueur à la température de la glace fondante, et donner $2^{m},4$ à la règle en cuivre ; la distance des deux points fixes serait alors de 2 millimètres ; il suffirait donc d'employer un procédé capable d'apprécier une variation d'un cinquantième de millimètre, et la différence d'un décimètre entre les longueurs des deux métaux serait plus que suffisante pour y placer le micromètre convenable; la règle de platine s'allongerait de $\frac{25}{1151}$ ou de $\frac{1}{45}$ de millimètre, à chaque élévation d'un degré de température.

204. Les corps solides et liquides éprouvant des dilata- Corrections
des densités. tions inégales, pour une même variation de température, il est essentiel de corriger les mesures de leurs densités pour les ramener à des valeurs constantes. Nous donnerons quelques exemples de ce genre de correction. Pour obtenir la pesanteur spécifique d'un liquide, on peut déterminer successivement les poids P et P′ des quantités d'eau et du liquide proposé qui remplissent un même flacon (§ 104), mais il faut ramener ces pesées, faites aux températures t et t', à ce qu'elles eussent été, si le flacon avait eu constamment la capacité correspondante à 0°, si l'eau avait été au maximum de condensation, et le liquide à la température de la glace fondante.

Le flacon ayant la capacité qu'il présente à $t°$, si l'eau qui le remplit eût été au maximum de condensation ou à 4°,108, on aurait obtenu un poids plus grand que P dans le rapport de $(1+\delta)$ à 1, δ étant la dilatation totale de l'eau de 4°,108 à $t°$, déduite de la formule d'interpolation que nous avons citée (§ 178). Ainsi P $(1+\delta)$ est le poids de l'eau au maximum de condensation, que le flacon contiendrait si sa capacité restait toujours la même qu'à $t°$. Mais à 0° cette capacité serait diminuée dans le rapport de $(1+kt)$ à 1, k étant le coefficient de la dilatation cubique du verre. Le poids de l'eau au maximum de densité, que contiendrait le flacon à 0°, serait donc P $\dfrac{1+\delta}{1+kt}$.

En représentant par δ' la dilatation de l'unité de volume du

liquide proposé de 0° à t' degrés ($\S$ 175), le poids de la masse
de ce liquide ayant la température 0°, que contiendrait le
flacon s'il conservait la même capacité qu'à t' degrés, serait
$P'(1 + \delta')$. Or si le flacon était à 0°, sa capacité serait
diminuée dans le rapport de $(1 + k t')$ à 1 ; donc la masse
du liquide à 0°, qui serait contenue dans le flacon pareil-
lement à 0°, peserait $P' \cdot \dfrac{1 + \delta'}{1 + k t'}$. Il résulte de ces évaluations que la densité du liquide proposé à 0°, rapportée à
celle de l'eau au maximum de condensation, s'obtiendra
en divisant $P' \cdot \dfrac{1 + \delta'}{1 + k t'}$ par $P \cdot \dfrac{1 + \delta}{1 + k t}$; elle sera donc

$$\frac{P'}{P} \cdot \frac{1 + \delta'}{1 + \delta} \cdot \frac{1 + k t}{1 + k t'}.$$

Lorsqu'on prend la pesanteur spécifique d'un liquide
au moyen de l'aréomètre de Farenheit ($\S$ 107), il faut
observer les températures t et t' de l'eau et du liquide, lors
de la détermination des poids A et A'. On doit ensuite ramener les poids $(P + A)$ et $(P + A')$ des fluides dépla-
cés par l'aréomètre affleuré, à ce qu'ils eussent été, si l'instrument ayant et conservant la température de la glace
fondante, avait été plongé dans de l'eau au maximum de
condensation et dans le liquide à 0°. Par des raisonnemens
semblables à ceux qui précèdent, et en conservant les
mêmes définitions de lettres, on trouvera facilement pour les
poids corrigés $(P + A) \dfrac{1 + \delta}{1 + k t}$ et $(P + A') \dfrac{1 + \delta'}{1 + k t'}$, et pour
la pesanteur spécifique cherchée $\dfrac{P + A'}{P + A} \cdot \dfrac{1 + \delta'}{1 + \delta} \cdot \dfrac{1 + k t}{1 + k t'}$;
k étant le coefficient de dilatation cubique de la matière
solide qui forme l'aréomètre.

Quand on mesure la pesanteur spécifique d'un corps solide au moyen de la balance hydrostatique, on détermine son poids P dans l'air, et la perte p qu'il éprouve lorsqu'on le pèse dans l'eau, ou le poids du volume d'eau qu'il déplace. Mais il faut ramener ce poids p à celui qu'on eût obtenu, si le corps avait été à 0°, et l'eau au maximum de condensation. Soient : t la température du bain lors de l'expérience ; δ la dilatation totale de l'unité de volume de l'eau, de 4°,108 à $t°$; et k le coefficient de dilatation cubique du corps solide proposé. Si l'eau avait la densité correspondante à 4°,108, le corps solide en déplacerait un poids $p\,(1+\delta)$, en supposant qu'il conservât le même volume qu'à $t°$. Mais si la température était en même temps abaissée à 0°, son volume diminué dans le rapport de $(1+kt)$ à 1, ne déplacerait plus qu'un poids $p\,\dfrac{1+\delta}{1+kt}$ d'eau au maximum de condensation. On a donc $\dfrac{P}{p}\cdot\dfrac{1+kt}{1+\delta}$ pour la densité corrigée du corps solide proposé.

Lorsqu'on veut employer l'aréomètre de Nicholson pour obtenir exactement la densité d'un corps solide (§ 107), l'instrument devant toujours être affleuré dans une même masse d'eau, on peut faire en sorte que la température de ce bain reste constante, lors de la détermination des trois poids A, A′, A″. Il faut choisir à cet effet un lieu d'observation dont la température connue t ne puisse pas varier brusquement, attendre que le bain soit en équilibre de chaleur avec les corps environnans, et rapprocher autant que possible les trois observations. Si ces circonstances sont obtenues, la pesanteur spécifique corrigée sera, comme dans le cas précédent, $\dfrac{A-A'}{A''-A'}\cdot\dfrac{1+kt}{1+\delta}$; k étant le coefficient de dilatation cubique du corps solide éprouvé. Sans ces précautions, les températures étant différentes aux époques des trois affleuremens, les poids observés exigeraient des corrections beaucoup plus nombreuses ; il faudrait alors connaître le poids de l'instrument, et avoir égard aux variations de son volume ; mais dans ce cas la formule définitive exigerait des calculs numériques trop compliqués, pour que l'aréomètre de Nicholson pût être employé avec avantage.

Densités des gaz.

205. Les corrections qu'on est obligé de faire aux pesanteurs spécifiques des corps solides et liquides, à cause de la variation des rapports de leurs densités lorsque la température change, ne sont plus absolument nécessaires quand il s'agit des gaz ; car pourvu que leur température et leur force élastique soient les mêmes, les rapports de leurs densités restent constans, quelle que soit leur température commune. Mais il est très difficile de les comparer à la même température et à la même pression ; ce qui exige des corrections d'une autre nature. On rapporte ordinairement la densité d'un fluide élastique à celle de l'air. Pour en déduire ensuite sa densité par rapport à l'eau, il suffit de connaître le rapport des poids d'un même volume d'air et d'eau dans des circonstances données.

Le procédé qu'on emploie pour déterminer la densité d'un gaz est semblable à celui dont on se sert pour les liquides. On remplit successivement un même vase d'air et du gaz proposé, pour le peser dans ces deux circonstances différentes ; on retranche des poids obtenus, celui du vase vide de toute matière pondérable, et le rapport des deux différences est la pesanteur spécifique cherchée. Mais cette série d'opérations, très simples en apparence, exige beaucoup de précautions et de corrections, pour conduire à des résultats exacts. On prend ordinairement un ballon de verre dont le goulot est muni d'un robinet, et taraudé sur la paroi intérieure, afin de pouvoir le visser sur la machine pneumatique, y faire le vide et le fermer. Comme il est impossible de faire le vide complétement, on s'arrange de manière que l'éprouvette indique toujours, à la fin de l'opération, une même pression e d'un certain nombre de millimètres de mercure, toutes les fois qu'on enlève un gaz contenu dans le ballon.

Comme les liquides donnent des vapeurs à toutes les températures, la recherche de la densité proposée se trouverait très compliquée, si l'on ne séparait pas le gaz que l'on introduit dans le ballon, de la vapeur du liquide sur lequel on l'a recueilli. Ordinairement on le fait passer de la cloche au ballon en disposant sur son trajet des matières très desséchantes que la chimie indique, telles que du chlorure de calcium calciné, de la potasse ou de la chaux caustique.

Il est inutile de connaître la capacité du ballon ; mais il faut déterminer exactement la pression et la température du gaz introduit ; on s'arrange de manière qu'elles soient celles de l'air extérieur. On se sert à cet effet d'un tube doublement recourbé qui contient du mercure, dont le niveau doit être le même dans deux de ses branches, desquelles l'une communique avec l'atmosphère, et l'autre avec l'intérieur de l'appareil ; on abaisse la cloche dans la cuve jusqu'à ce que cette égalité de niveau soit établie, et l'on ferme alors le robinet du ballon. On attend ensuite, avant de peser, que le gaz ait pris la température du lieu.

Lorsque ayant pesé le ballon plein d'un gaz, on voudra y introduire un autre fluide élastique, il faudra faire le vide, le remplir de ce fluide, le vider encore jusqu'à l'élasticité convenue e, le peser ainsi vide, et enfin le remplir de nouveau du même gaz, en prenant toutes les précautions précédentes. En faisant ainsi une pesée du ballon vide entre deux pesées de ce ballon plein, on rend insensible l'erreur qui pourrait résulter de la variation de poids de l'air extérieur déplacé par l'appareil ; car le poids réel du ballon à chaque pesée, est celui que l'on obtient augmenté du poids de l'air qu'il déplace dans l'atmosphère. Si cette dernière quantité restait constamment la même pendant toute la série des opérations, il serait inutile d'y avoir égard, puisqu'elle disparaîtrait en prenant la différence des poids du ballon, plein d'un gaz et vide. Or on peut admettre cette constance de valeur, lorsque les déterminations de ces poids sont très approchées ; il faudra pour cela retrancher de chaque pesée du ballon plein, la pesée à vide qui l'a immédiatement précédée.

Soient x, y, les poids des quantités des deux gaz qui rempliraient le ballon, sous la pression de $0^m,76$ de mercure, et à la température $0°$; ϖ, P, les poids obtenus en pesant successivement le ballon vide, et plein du premier gaz sous la pression atmosphérique E, et à la température t ; ϖ', P', les poids obtenus en pesant successivement le ballon vide et plein du second gaz sous la pression atmosphérique E', et à la température t ; enfin K le coefficient de la dilatation du verre. $(P - \varpi)$ sera le poids du premier gaz qui remplirait le ballon sous la pression $(E - e)$, et à la température t' ; si la pression devenait $0^m,76$, la température restant t, ce poids serait $(P - \varpi) \dfrac{0^m,76}{E - e}$; enfin si, la pression

étant toujours $0^m,76$, la température devenait $0°$, ce qui diminuerait la capacité du ballon dans le rapport de $(1+\mathrm{K}\,t)$
à 1, et augmenterait la densité du gaz dans le rapport de
267 à $267 + t$, on aurait

$$x = (\mathrm{P} - \varpi)\,\frac{0^m,76}{\mathrm{E}-e}\cdot\frac{267+t}{267}\cdot\frac{1}{1+\mathrm{K}t}.$$

On trouverait de la même manière

$$y = (\mathrm{P}' - \varpi')\,\frac{0^m 76}{\mathrm{E}'-e}\cdot\frac{267+t'}{267}\cdot\frac{1}{1+\mathrm{K}t'}.$$

Si le premier gaz est l'air, la densité du second sera donnée par la formule

$$\frac{y}{x} = \frac{\mathrm{P}'-\varpi'}{\mathrm{P}-\varpi}\cdot\frac{\mathrm{E}-e}{\mathrm{E}'-e}\cdot\frac{267+t'}{267+t}\cdot\frac{1+\mathrm{K}t}{1+\mathrm{K}t'}.$$

206. Quand les fluides élastiques que l'on éprouve at-
taquent les robinets de métal, on ne peut plus se servir du
procédé qui vient d'être décrit. Alors on prend un flacon
bouché à l'émeri, dans lequel on introduit le tube conduisant le fluide élastique, qui déplace et chasse l'air ; en
sorte qu'au bout d'un temps suffisant, pendant lequel le
gaz afflue, on peut regarder le flacon comme purgé d'air et
plein du gaz proposé ; on ferme alors le flacon avec son bouchon de verre, qui doit toujours être enfoncé de la même
quantité. Suivant que le vase est plus léger ou plus lourd que
l'air, le flacon doit être renversé ou droit, pendant l'opération précédente.

Le volume V du flacon doit être connu d'avance, par
un jaugeage au mercure ou à l'eau. Le flacon pesé successivement plein d'air et du gaz proposé, ayant ensuite donné
les poids ϖ et P, $(\mathrm{P} - \varpi)$ sera l'excès du poids du gaz sur

celui de l'air, en sorte que si ce dernier était connu, le premier le serait aussi, et leur rapport donnerait la densité du gaz proposé. Les deux pesées peuvent être assez rapprochées pour que la pression atmosphérique et la température du lieu n'aient pas changé de l'une à l'autre ; ce qui dispense de faire des corrections. Il est important que le gaz et l'air soient introduits parfaitement secs dans le flacon.

Il suffit donc de connaître le poids de l'unité de volume d'air sec, sous la pression atmosphérique h qui existe pendant l'expérience, et à la température t des corps environnans. Or on sait qu'un litre d'air sec, sous la pression de $0^m,76$ et à $0°$ pèse $1^{gram},3$; on aura d'après cela $1^{gram},3 \dfrac{h}{0,76} \cdot \dfrac{267}{267 + t}$, pour le poids d'un litre d'air lors de l'expérience ; multipliant cette quantité par le nombre V de litres, ou décimètres cubes, que comprend la capacité du flacon, on aura le poids p de l'air qu'il peut contenir ; ce qui donnera $\dfrac{P - \varpi + p}{P}$ pour la densité cherchée.

Mesure
du poids
de l'air.

207. Pour déterminer le poids d'un litre d'air sec à $0°$, et sous la pression normale $0^m,76$, on peut se servir du procédé décrit au § 205. On pèse un ballon de verre, d'abord vide ou ne contenant plus que de l'air à une faible pression e, puis plein d'air parfaitement desséché, introduit sous une pression atmosphérique E, et à la température t. Si ϖ et P sont les deux poids obtenus, la masse d'air sec qui remplirait le ballon à $0°$, sous la pression $0^m,76$, peserait $x = (P - \varpi) \dfrac{0,76}{E - e} \cdot \dfrac{267 + t}{267} \cdot \dfrac{1}{1 + k t}$, k étant le coefficient de dilatation cubique du verre. Il faut ensuite

connaître la capacité du ballon de verre à la température de la glace fondante; pour cela on le pèse successivement vide et plein d'eau distillée. Si ϖ' et P' sont les deux poids obtenus évalués en kilogrammes, et t' la température du liquide, on en déduira facilement que l'eau au maximum de densité, qui remplirait le ballon à $0°$, peserait

$$(P' - \varpi') \frac{1 + \delta}{1 + k t'}$$

kilogrammes (§ 204); δ étant la dilatation totale qu'éprouve l'unité de volume de l'eau, en passant de $4°,108$ à t'°. Or un kilogramme d'eau au maximum de condensation occupe un décimètre cube, ou un litre, le nombre

$$V = (P' - \varpi') \frac{1 + \delta}{1 + k t'}$$

représentera donc la capacité du ballon à $0°$, évaluée en litres. Les deux nombres x et V étant ainsi calculés, la fraction $\frac{x}{V}$ donnera le poids d'un litre d'air sec à $0°$ et sous la pression $0^{m},76$.

208. Lorsque les opérations précédentes sont faites avec tout le soin nécessaire, le quotient $\frac{x}{V}$ est toujours trouvé égal à $1^{gr},3$. Or un litre ou un décimètre cube d'eau à $4°,108$ pèse 1000 grammes, la fraction $\frac{1,13}{1000}$ ou $\frac{1}{770}$ représente donc la densité de l'air rapportée à celle de l'eau. Ces valeurs numériques sont utiles dans un grand nombre de recherches physiques. Par exemple, lorsque l'on connaît la densité d'un gaz comparée à celle de l'air (§ 205 ou 206), il suffit de la multiplier par $0,0013$ ou $\frac{1}{770}$ pour la rapporter à celle de l'eau au maximum de condensation. En divisant $\frac{1}{770}$ par $13,59$ on obtient $\frac{1}{10466}$, pour le rapport de la densité de l'air à celle du mercure, qui sert dans plusieurs occasions. Enfin lorsque l'on connaît le volume V d'un corps solide évalué en litres, et son poids P obtenu par une pesée

faite dans l'air, à la température t et sous la pression barométrique h, il faut ajouter à P le poids

$$p = \mathrm{V} \cdot 1,^{gr}3 \cdot \frac{0,76}{h} \cdot \frac{267}{267 + t}$$

de l'air déplacé, pour avoir le poids du corps dans le vide.
Il faut remarquer toutefois que la correction p, donnée
par la formule précédente, ne serait exacte que si l'atmosphère qui entoure le corps pesé était parfaitement dessé-
chée. Nous donnerons par la suite le moyen d'évaluer le
poids d'un litre d'air ordinaire, qui contient toujours une
certaine quantité de vapeur d'eau.

TREIZIÈME LEÇON.

De la chaleur rayonnante. Rayons de chaleur. — Chaleur réfléchie. Réflecteurs. — Vitesse de la chaleur rayonnante. Hypothèses sur la chaleur. — Loi du refroidissement de Newton. —
Constance des fractions de chaleur émise, reçue, réfléchie. —
Appareil de Leslie. — Lois de la chaleur rayonnante, reçue à
distance, émise obliquement.

209. Dans l'étude des phénomènes de la dilatation les
corps sont successivement exposés à des températures diverses, mais fixes ou constantes; on compare entre eux
les différens états d'équilibre que l'intensité plus ou moins
grande de la chaleur peut déterminer dans un espace limité, ou les changemens de volume et de densité qu'ont
subi les corps contenus dans cet espace lorsqu'il est passé
d'un état d'équilibre à un autre. Les résultats fournis par
cette étude permettent de calculer d'avance le volume ou
la densité que devra présenter un corps donné, quand on
l'exposera à une certaine température. En un mot ce genre
de recherche ne considère la chaleur qu'à l'état statique.
Mais pour reconnaître les propriétés et les lois de cet agent
naturel, il faut principalement étudier son état dynamique, c'est-à-dire chercher comment les corps changent de

De la chaleur en mouvement.

température, ou de quelle manière varie l'intensité de la chaleur.

Lorsqu'un corps retiré d'un lieu où il partageait une température déterminée, et possédait une quantité de chaleur correspondante, est ensuite transporté dans un autre lieu où la température est différente ; soit qu'on l'isole au milieu d'une enveloppe solide vide de toute matière pondérable ou contenant un fluide élastique, soit qu'on le plonge dans un bain de liquide, soit qu'on le mette en contact avec une masse solide ; dans toutes ces circonstances l'expérience prouve que la température primitive du corps s'élève ou s'abaisse progressivement, jusqu'à ce qu'elle ait atteint celle des corps qui l'avoisinent ou l'entourent. Or cet équilibre définitif une fois établi, le corps a perdu ou gagné une certaine quantité de chaleur, qu'il a cédée ou enlevée aux milieux environnans. La chaleur peut donc se transmettre d'un corps à un autre ; ce sont les lois de cette transmission ou de cette propagation qu'il s'agit de découvrir. Elle s'opère dans deux circonstances très différentes, au moins en apparence, suivant que les corps entre lesquels l'échange de chaleur a lieu sont éloignés les uns des autres, ou bien sont en contact. De là résultent deux sortes d'établissement de l'équilibre de température, par rayonnement et par communication. Il importe d'étudier d'abord le premier.

Rayonnement de la chaleur.

210. Un grand nombre de faits prouvent que la chaleur se transmet à distance. Par exemple, un corps très chaud, ou le foyer d'une combustion très active, peuvent agir sur nos organes quoique étant très éloignés ; et cette action ne dépend pas de la présence de l'air, car elle se manifeste encore quand une portion de l'espace qui nous sépare de

la source de chaleur est vide de tout fluide élastique pondérable. On peut prouver en effet par l'expérience suivante, imaginée par Rumford, que la chaleur se transmet dans le vide aussi bien qu'à travers les gaz.

On prend un matras ou ballon de verre percé de deux ouvertures diamétralement opposées ; l'une d'elles sert à introduire un thermomètre dont le réservoir doit occuper le milieu du ballon ; sa tige est ensuite soudée aux bords mêmes de l'orifice, qui se trouve fermé par cette opération ; enfin à la seconde ouverture on soude un tube assez étroit, plus long que les hauteurs ordinaires de la colonne barométrique. L'appareil étant ainsi préparé, on le remplit entièrement de mercure ; le tube étant ensuite plongé verticalement, de bas en haut, dans un bain du même liquide suffisamment profond, on le soulève jusqu'à ce qu'il ne plonge plus que d'une petite portion dans la cuve ; le matras est alors vide de toute matière pondérable.

Fig. 123.

Tout le système étant maintenu dans cette position, on ramollit au chalumeau la soudure du tube et du ballon, et on les sépare en fermant toute communication avec l'air extérieur. Or en plongeant le ballon détaché dans l'eau bouillante, on voit le mercure monter rapidement dans le thermomètre ; ce qui ne peut avoir lieu que par la transmission de la chaleur dans le vide. Car on peut s'assurer que l'augmentation de température, résultant de la chaleur qui pourrait être communiquée par les parois et la tige du thermomètre, ne serait pas sensible. En effet, la tige a été soudée primitivement par son extrémité à la partie supérieure de la paroi interne du ballon, et si l'on place la main sur cette soudure, tandis que le fond de l'appareil est plongé dans le bain chaud, on n'éprouve d'abord aucune sensation de chaleur, quoique le thermomètre indique déjà une température de beaucoup supérieure à celle qu'on pourrait supporter.

Rayons de chaleur.

211. On appelle chaleur rayonnante celle qui se communique ainsi dans le vide ou à travers des fluides élastiques, qui s'opposent en partie à cette transmission plutôt qu'ils ne la favorisent. On donne le nom de *rayon de chaleur* à toute ligne droite menée du corps chaud aux corps qu'il échauffe, ou à toute direction suivant laquelle de la chaleur peut se propager. Souvent on admet des intensités inégales dans les rayons de chaleur; il faut entendre par là que les corps vers lesquels ils se dirigent éprouvent des changemens de densité ou des accroissemens de température plus ou moins rapides, et indiquent conséquemment des quantités différentes de chaleur transmise. Dans d'autres circonstances l'inégalité des effets produits sous l'influence des rayons de chaleur paraît devoir être attribuée plutôt à leur nombre plus ou moins grand qu'à des différences d'intensité. Mais ces distinctions n'ont rien d'absolu, elles servent uniquement à énoncer les lois de la chaleur rayonnante, et à séparer les phénomènes qu'elles régissent.

Des expériences que nous citerons plus tard prouvent que la chaleur se transmet aussi par rayonnement à travers certains corps solides, et qu'elle peut acquérir dans ce trajet des propriétés particulières qui la distinguent essentiellement de la chaleur rayonnée dans le vide ou les gaz. En outre il est facile de reconnaître que les rayons partis de sources de chaleur lumineuses ou obscures sont inégalement transmis à travers certains milieux solides ou liquides. Ces faits établissent des différences réelles entre les rayons de chaleur qui paraissent dépendre, non de leur intensité ou de leur quantité, mais de leur qualité même. Le rayonnement de la chaleur, et les faits que nous venons de citer, établissent une grande analogie entre la transmission de la chaleur et celle de la lumière. Cette identité de marche devient plus évidente encore par les expériences suivantes, qui prouvent que la chaleur se réfléchit à la surface des corps comme la lumière.

212. Lorsqu'un rayon de lumière rencontre obliquement un corps poli, il se réfléchit en faisant avec la normale à la surface atteinte un angle dit de réflexion égal à celui d'incidence, et de telle manière que le plan passant par les rayons incident et réfléchi est lui-même normal au corps. Cette loi générale se reconnaît facilement par l'expérience, ainsi que nous le verrons dans la suite (quarante-septième leçon). On en déduit que lorsqu'un faisceau de rayons lumineux parallèles tombe sur une portion de surface sphérique concave et polie, ils vont tous passer après leur réflexion par un même point, situé au milieu du rayon de la sphère parallèle aux rayons lumineux incidens, et auquel on donne le nom de foyer du miroir. Il faut pour cela que la surface réfléchissante soit peu étendue relativement à la sphère dont elle fait partie, sans quoi la propriété dont il s'agit n'aurait plus lieu, c'est-à-dire que les rayons réfléchis ne concourraient pas sensiblement en un même point.

Or si la chaleur, tombant en faisceau de rayons parallèles sur la surface d'un miroir sphérique concave, donne lieu à une augmentation de température au foyer de ce miroir, on devra en conclure que la chaleur rayonnante se réfléchit suivant la même loi que la lumière. Pour vérifier s'il en est ainsi, il serait difficile de se procurer directement un faisceau de rayons de chaleur parallèles entre eux ; mais si l'on dispose à une certaine distance du premier miroir une seconde surface réfléchissante, et qu'on place un corps chaud au milieu de celui des rayons de ce nouveau miroir dont le prolongement passe par le centre du premier, la chaleur émise par le corps chaud devra se réfléchir sur cette seconde surface en faisceau de rayons parallèles, si la loi précédente est applicable à la chaleur.

On placera donc en regard l'un de l'autre deux miroirs sphériques en cuivre poli, MM, M'M' ; si leurs centres C et C' sont connus, leurs foyers F et F', milieux des rayons $\overline{AC}$ et $\overline{A'C'}$, le seront pareillement. Autrement on pourra déterminer la position de ces foyers en présentant un corps lumineux sur l'axe $\overline{CC'}$, à une grande distance de chaque miroir, et cherchant le point du même axe où il faut placer un verre dépoli pour que l'image réfléchie du corps lumineux y soit le plus nette possible. Or si l'on dispose un corps chaud en F', un thermomètre placé en F s'élève beaucoup plus que si l'on écartait les deux miroirs ou même un seul d'entre eux. Si le corps chaud est un boulet de fer rouge, de l'amadou mis en F peut s'enflammer, quoique la distance $\overline{FF'}$ soit considérable. Ces expériences prouvent évidemment que la chaleur rayonnante se réfléchit à la surface des corps suivant la même loi que la lumière.

213. On peut prouver aussi que la réflexion de la chaleur s'opère dans le vide comme dans l'air. Sous le récipient de la machine pneumatique on dispose deux petits miroirs sphériques ou paraboliques en cuivre argenté, en regard l'un de l'autre, et de manière que leur axe commun soit

vertical; on fixe à l'un des foyers la boule d'un thermomètre, et à l'autre un fil de platine suffisamment fin, roulé en spirale, et dont les extrémités sont attachées à deux tiges de cuivre horizontales qui traversent les parois du récipient. Après avoir fait le vide, on met les extrémités libres de ces deux tiges métalliques en communication avec les deux pôles d'une pile voltaïque ; un courant électrique parcourt alors la spirale de platine qui ne tarde pas à devenir incandescente. On a ainsi une source de chaleur dans le vide au foyer de l'un des miroirs, et le thermomètre indique alors un accroissement de température très sensible à l'autre foyer. Cet effet ne peut être attribué qu'à de la chaleur réfléchie, car en écartant les deux miroirs ou même un seul, faisant le vide de nouveau et rétablissant l'incandescence du platine, le thermomètre indique un accroissement de température nul ou beaucoup plus faible que dans le cas précédent.

214. La propriété que possède la chaleur d'être réflé- Réflecteurs.
chie à la surface des corps polis, est très utile pour étudier les lois de son rayonnement. Des rayons ayant une intensité trop faible, ou étant trop disséminés pour produire des effets sensibles, peuvent en se réfléchissant sur un miroir courbe converger vers un même foyer où leurs actions réunies deviennent appréciables. Si ces rayons de chaleur formaient toujours un faisceau cylindrique, on pourrait se servir pour les réunir en un même point d'un miroir parabolique, en disposant son axe parallèlement à leur direc- Fig. 127.
tion commune ; la loi de la réflexion et la forme de la surface réfléchissante produiraient la concentration voulue au foyer géométrique du miroir.

Mais lorsque les rayons sont divergens et forment ainsi

un faisceau conique ayant son sommet à la source de chaleur, ce qui est le cas le plus ordinaire, il faudrait employer deux miroirs paraboliques en regard l'un de l'autre, de manière que leurs axes se confondissent ; le sommet du cône formé par les rayons de chaleur étant placé à l'un des foyers, le premier réflecteur les rendrait parallèles à l'axe, le second les réunirait ensuite à son foyer. Mais dans ce cas d'un faisceau conique, il vaut mieux se servir d'un miroir sphérique, qui peut produire à lui seul l'effet désiré ; car il importe de diminuer le nombre des réflexions, chacune d'elles donnant lieu à une perte de chaleur ou à une diminution d'intensité dans le rayon brisé.

Des considérations géométriques fort simples prouvent en effet que les rayons lumineux ou calorifiques émis d'un point P situé au-delà du centre C d'un miroir sphérique dont l'arc méridien est d'un petit nombre de degrés, viennent concourir, après leur réflexion, à très peu près en un même point P′ situé sur $\overline{PC}$, entre le centre C et le milieu F du rayon $\overline{CA}$. Le point P′ est dit le foyer conjugué du point P ; F est le foyer principal où concourraient les rayons réfléchis s'ils arrivaient tous parallèlement à $\overline{PC}$. En désignant par p, $p′$, f, les distances des points P, P′, F, au miroir, on a entre ces longueurs la relation $\dfrac{1}{p} + \dfrac{1}{p′} = \dfrac{1}{f}$.

Fig. 128.

Ces propositions seront démontrées lorsque nous étudierons les propriétés de la lumière réfléchie. On peut donc concentrer directement, avec un seul miroir sphérique, les rayons émis en faisceau conique par une source de chaleur, ce que ne pourrait faire un seul miroir parabolique.

D'après la formule $\dfrac{1}{p} + \dfrac{1}{p′} = \dfrac{1}{f}$, si p surpassant toujours

f est moindre ou plus grand que $2f$, p' doit être au contraire plus grand ou moindre que $2f$; si $p = f$, p' est infini; si p est plus petit que f, p' est nécessairement négatif; enfin si p était négatif, p' serait de nouveau positif et moindre que f. Ainsi lorsque la source de chaleur P est au-delà du centre du miroir sphérique, ou en-deçà, mais toujours plus loin que F, le foyer conjugué P′ est au contraire en-deçà ou au-delà du même centre ; c'est-à-dire que le cône des rayons réfléchis est plus ou moins ouvert que celui des rayons incidens. Si P se confond avec F, les rayons réfléchis forment un faisceau cylindrique. Lorsque P est en-deçà de F, le faisceau réfléchi est encore conique, mais divergent, c'est-à-dire qu'il doit sembler parti d'un point situé derrière le miroir. Enfin si le faisceau des rayons incidens tombe convergent sur le réflecteur, les rayons réfléchis se réunissent réellement en un point P′ situé en-deçà du foyer F.

Fig. 129.

Dans l'expérience du § 212, le corps chaud ayant une certaine étendue, un seul de ses points se trouve à l'un des foyers F′, et le faisceau conique de rayons qui en émane est le seul qui devienne cylindrique après la première réflexion pour converger à l'autre foyer F après la seconde. Mais les points du corps chaud peu distans de F′ émettent pareillement des rayons qui, renvoyés par le premier réflecteur en cônes divergens ou convergens sur le second, se réunissent ensuite en des points différens de F, mais très voisins, en sorte que la boule du thermomètre peut aussi les recevoir. Les miroirs sphériques multiplient donc le nombre des points où la chaleur réfléchie se concentre, et rendent ainsi l'effet plus sensible. D'après ces considérations, il convient de préférer dans l'étude de la chaleur

Fig. 130.

rayonnante les miroirs sphériques aux réflecteurs paraboliques, dont la construction offre d'ailleurs plus de difficulté.

Vitesse de la chaleur rayonnante. 215. La chaleur rayonnante paraît se transmettre instantanément à la surface de la terre : lorsque, dans
l'expérience du § 212, les miroirs sont à une distance
de 60 pieds l'un de l'autre, et qu'un écran placé près du
corps chaud intercepte d'abord le faisceau de rayons parallèles, on n'aperçoit aucun instant appréciable entre l'époque
où l'on retire cet écran et celle où les effets dus à la concentration de la chaleur commencent à se manifester au
foyer opposé. D'ailleurs la lumière solaire, et la plupart
des lumières artificielles, sont constamment accompagnées
par des rayons de chaleur, ce qui assigne une même origine
aux phénomènes lumineux et calorifiques ; les rayons de
chaleur et de lumière varient d'intensité suivant les mêmes
lois, et se comportent d'une manière analogue en passant
d'un milieu dans un autre ; il y a lieu de penser que cette
communauté d'origine et cette identité de marche entraî-
nent la nécessité d'un rapport fini entre les vitesses de propagation.

D'autres faits paraissent même prouver que la chaleur
peut se transformer en lumière ou réciproquement, et tout
porte à croire que cette transformation ne peut changer la
vitesse de transmission de l'un de ces agens, de telle sorte
qu'elle cesse d'être comparable à sa première valeur. On
doit admettre d'après cela que la chaleur rayonnante se
propage avec une vitesse du même ordre de grandeur que
celle de la lumière. Or des observations astronomiques,
que nous aurons l'occasion de citer, prouvent que la lumière n'emploie que 8 minutes à venir du soleil à la terre.

ce qui donne pour sa vitesse de propagation environ 70000 lieues par seconde ; ce serait donc avec une rapidité semblable que la chaleur rayonnerait dans le vide et les milieux qu'elle traverse librement.

216. On a imaginé deux hypothèses différentes pour expliquer les phénomènes calorifiques. Dans l'une on regarde la chaleur comme une matière impondérable et très subtile, lancée d'un corps à l'autre avec une vitesse comparable à celle de la lumière, et qu'il est conséquemment impossible de mesurer directement à la surface de la terre. La chaleur à l'état de combinaison dans l'intérieur des corps peut s'échapper par leur surface extérieure. Lorsque ses rayons, pouvant traverser les fluides élastiques, rencontrent un corps solide ou liquide, une grande partie est réfléchie, une autre est absorbée, perd sa nature rayonnante et produit d'autres phénomènes. Tel est le système de l'émission ; la chaleur considérée alors comme un fluide transportable et susceptible de se combiner en masse plus ou moins grande avec les molécules pondérables, prend plus particulièrement le nom de *calorique*.

L'autre hypothèse, celle des ondulations, consiste à imaginer dans toutes les parties des corps chauds des mouvemens oscillatoires dont l'amplitude est extrêmement petite et la rapidité très grande, quoique pouvant varier entre des limites assez étendues. Ces mouvemens se transmettent par un milieu auquel on donne le nom d'*éther,* et qui existe partout, dans le vide comme entre les particules matérielles des corps pondérables. L'éther peut emprunter et communiquer les mouvemens vibratoires aux molécules de tous les corps. Ainsi le fluide éthéré, dont l'hypothèse présente suppose l'existence, n'est pas transporté d'un corps chaud aux corps froids qu'il influence, mais sert à transmettre le mouvement vibratoire dont l'intensité variable constitue la quantité de la chaleur. On verra un exemple de la transmission des mouvemens vibratoires par l'intermédiaire des fluides élastiques dans la théorie du son ; les vibrations calorifiques sont ainsi analogues aux vibrations sonores ; mais on doit les regarder comme infiniment plus courtes et plus rapides ; il ne faut pas oublier en outre qu'elles se transmettent par un fluide impondérable. Tel est le système des ondes calorifiques.

Ainsi dans la première hypothèse on admet qu'une molécule de chaleur peut être transportée comme la lumière à 70000 lieues dans l'intervalle d'une seconde de temps ; dans l'autre c'est un mouvement vibratoire qui se transmet avec cette vitesse. Nous verrons par la suite que ces deux hypothèses ont été pareillement imaginées pour expliquer les phénomènes lumineux, et que pour ces phénomènes le système des ondulations conduit à des explications beaucoup plus complètes que celui de l'émission. Dans la théorie physique de la chaleur, l'hypothèse des ondulations ne donne pas, il est vrai, un moyen aussi satisfaisant d'expliquer tous les faits qui s'y rapportent, mais celle de l'émission, quoique plus simple en apparence, est en contradiction manifeste avec plusieurs phénomènes importans, et ne paraît avoir aucune réalité.

Quoi qu'il en soit, pour étudier et constater les propriétés de la chaleur rayonnante, il n'est pas indispensable d'adopter une idée particulière sur la nature du calorique ; on peut exposer les faits quelle que soit d'ailleurs la cause inconnue qui les produit. Telle est la marche que nous suivrons ; et s'il nous arrive d'employer des expressions qui paraissent se rapporter plus spécialement à l'une des deux hypothèses qui viennent d'être définies, ce sera uniquement dans le but de coordonner les faits et d'en simplifier l'énoncé. Nous continuerons d'entendre par quantité de la chaleur l'énergie ou l'intensité de la cause inconnue des changemens de densité et d'état des corps pondérables. Dans l'hypothèse de l'émission cette quantité est la masse du calorique ; dans celle des ondulations c'est la force vive des mouvemens propagés, ou le quarré de l'amplitude des vibrations.

217. Lorsque la température τ d'un corps n'excède que d'un petit nombre de degrés θ, celle constante de l'enceinte où il se refroidit, on peut admettre que cette température τ diminue à chaque instant d'une quantité proportionnelle à l'excès θ. Car dans tous les cas le refroidissement qui s'opère dans un temps très court, est une certaine fonction de l'excès θ qui doit s'évanouir avec la variable ; si donc on suppose cette fonction développée, elle peut se réduire au terme contenant la première puissance de θ, lorsque cet excès est suffisamment petit. Cette conclusion analytique est d'ailleurs indépendante de la mesure adoptée pour évaluer les températures.

Loi du
refroidisse-
ment
de Newton.

On est ainsi conduit à la loi du refroidissement admise en principe par Newton, savoir : que la fraction de degré perdue dans un instant très court par un corps qui se refroidit, est proportionnelle à l'excès de sa température sur celle des corps environnans. Si cette loi avait réellement lieu, quelque grand que fût l'excès, il faudrait en conclure que la quantité du refroidissement, ou la fonction précédente, est dans tous les cas proportionnelle à sa variable. Or l'expérience démontre qu'il n'en est pas ainsi ; mais elle indique cependant que, lorsque la température du corps qui se refroidit ne dépasse que de 10 à 20° tout au plus celle de l'enceinte, la loi précédente peut être regardée comme suffisamment exacte.

Ce dernier résultat se vérifie au moyen d'un thermomètre différentiel construit avec soin, que l'on dispose à l'abri des courans d'air, dans un lieu dont la température ne puisse éprouver de changemens rapides ; une règle divisée en millimètres doit être placée parallèlement à la branche qui contient la graduation. Si l'on échauffe d'abord l'une des deux boules en la tenant avec la main, l'index se déplace et finit par atteindre une position stationnaire ; on mesure son écart total ou le nombre n de millimètres qui le sépare alors de sa position primitive ; puis abandonnant la boule échauffée à son refroidissement, on observe les écarts n', n'', n''',... existant après des intervalles de temps égaux entre eux, par exemple de dix secondes en dix secondes.

Or les nombres n, n', n'', n''', forment toujours à très peu près une progression géométrique décroissante ; et comme ces nombres peuvent représenter l'excès variable θ des températures de la boule qui se refroidit sur celle des corps environnans, aux époques des observations, on en conclut que si θ n'est pas très grand, il peut être considéré comme lié au temps t, par une équation de la forme $\theta = m^{-t}$; m étant un nombre constant. On a ainsi pour l'abaissement de température $- d\theta$, qui a lieu dans un instant infiniment petit dt, à une époque t, ou lorsque l'excès de température est θ, une expression de la forme $- d\theta = m^{-t} \operatorname{Log} m \,.\, dt$, ou $- d\theta = \theta \,.\, \operatorname{Log} m \,.\, dt$; et c'est précisément la loi du refroidissement admise par Newton, telle qu'elle a été énoncée plus haut.

Si la boule échauffée a été primitivement recouverte d'une feuille d'or, d'argent, de papier, ou de toute autre enveloppe solide, la même loi s'observe encore; il arrive seulement que la raison de la progression décroissante que paraissent former les écarts n, n', n'', n''', est différente pour chaque substance. Lorsqu'au lieu d'échauffer une des boules, on la refroidit d'abord, en maintenant en contact avec elle un vase métallique rempli de glace, jusqu'à ce que l'index écarté du zéro de la graduation soit devenu stationnaire; puis qu'on observe de la même manière durant l'échauffement les écarts successifs à des intervalles de temps égaux entre eux, on trouve toujours qu'ils décroissent sensiblement comme les termes d'une progression géométrique. D'où l'on peut conclure aussi que la fraction de degré acquise pendant un temps très court par un corps qui s'échauffe, est proportionnelle à l'excès de la température de l'enceinte sur celle de ce corps, tant que l'excès primitif ne dépasse pas une certaine limite.

Mais si l'on observe le refroidissement ou l'échauffement d'un thermomètre à mercure dont la température primitive, obtenue par l'immersion dans un bain chaud ou froid, est plus élevée ou plus basse de $40°$ que celle de l'enceinte, les excès observés à des intervalles de temps égaux diffèrent très sensiblement des termes d'une progression géométrique. Ainsi la loi du refroidissement de Newton n'est qu'une loi approchée, et ne peut être admise que pour de faibles excès de température. Entre les limites qui permettent de l'adopter, cette loi peut être énoncée en d'autres termes, ou considérée sous un autre point de vue, ainsi qu'il suit.

218. Le corps soumis au refroidissement possède une quantité totale de chaleur qui surpasse de q celle qu'il contiendrait s'il était en équilibre de température avec l'enceinte ; q est nécessairement une fonction de θ s'évanouissant avec cet excès, et qui peut être regardée comme proportionnelle aux petites valeurs de sa variable. Ainsi dans ces circonstances on peut prendre pour mesure de la quantité de chaleur q que le corps a encore à perdre, l'excès θ de sa température sur celle de l'enceinte. De plus la chaleur perdue dans un instant dt est aussi proportionnelle à $- d\theta$; et si le flux qui occasione cette perte pouvait conserver la même intensité durant un certain temps, c'est-à-dire si l'excès θ était maintenu stationnaire par une cause particulière, la quantité de chaleur V, que ce flux constant ferait écouler dans l'unité de temps, serait proportionnelle à $- \dfrac{d\theta}{dt}$, ou à θ, d'après la loi précédente. On peut donc poser $V = A\,\theta$, ou $V = B\,q$; A et B étant des coefficiens constans.

Or d'après sa définition, le nombre V peut être évidemment considéré comme la vitesse variable avec laquelle s'écoule l'excès de chaleur q ; cette vitesse de l'écoulement ou du flux de chaleur est donc proportionnelle à l'excès de la température. Ou, en d'autres termes, la chaleur perdue dans un temps très court par un corps qui se refroidit est proportionnelle à l'excès de sa température sur celle de l'enceinte, ou à la quantité totale de chaleur qui doit abandonner le corps, tant que cet excès et cette quantité ne surpassent pas certaines limites. On peut dire pareillement, et avec la même restriction, que la chaleur gagnée dans un temps très court par un corps qui s'échauffe, varie proportionnellement à l'excès de la température de l'enceinte, ou à la quantité totale de chaleur qui doit pénétrer dans ce corps pour qu'il atteigne l'état d'équilibre. La vitesse d'écoulement V est aussi appelée *vitesse du refroidissement*; et en général on donne ce dernier nom au coefficient différentiel $-\dfrac{d\theta}{dt}$, quelle que soit d'ailleurs la fonction réelle et complète qui lie l'excès θ au temps t.

219. Le coefficient A, introduit dans la formule $V = A\,\theta$, est constant pour un même corps, mais varie d'une surface rayonnante à une autre. Pour se rendre compte de cette influence de la surface, on est conduit à admettre que le nombre ou l'intensité des rayons de la chaleur tendant à sortir d'un corps qui se refroidit varie dans tous les cas proportionnellement à l'excès θ, mais que la surface qui limite le corps n'en laisse s'échapper qu'une certaine fraction; l'invariabilité de cette fraction est déterminée par celle du coefficient A, et sa grandeur dépend de la surface rayonnante. Pareillement lorsqu'un corps s'échauffe, le nombre des rayons de chaleur que les corps environnans lui envoient ou qu'ils peuvent lui céder, est proportionnel à l'excès de la température de l'enceinte; mais la surface du corps n'en laisse passer dans l'intérieur qu'une fraction déterminée, constante pour toutes les valeurs de θ, mais qui varie de grandeur d'une surface à une autre; le reste des rayons incidens se réfléchit, et le nombre de ceux qui s'en retournent par cette voie est ainsi une autre fraction constante de la chaleur incidente.

220. Pour étudier les propriétés de la chaleur rayonnante, on se sert d'un appareil imaginé par Leslie, et fondé sur la loi du refroidissement de Newton. Cet appareil se

compose d'un réflecteur métallique suffisamment poli, semblable aux miroirs sphériques employés dans l'expérience
du § 212; d'un corps chaud ou d'une source de chaleur que
l'on présente à une certaine distance du réflecteur; enfin
d'un thermomètre différentiel, dont une des boules est placée au foyer conjugué du miroir, c'est-à-dire au point où
viendrait se peindre sur un verre dépoli l'image la plus
nette d'un corps lumineux que l'on placerait au lieu occupé
par la source. Dans ces circonstances le thermomètre est
influencé par la chaleur rayonnée du corps chaud, et réfléchie par le miroir; après avoir marché pendant quelque
temps, l'index devient stationnaire. Or on peut prendre
l'excès de température indiqué alors par le thermomètre
différentiel, comme une mesure de la quantité ou de l'intensité de la chaleur rayonnée par le corps chaud.

En effet, la chaleur émise par ce corps vers le miroir est
absorbée en partie par sa substance, mais une autre partie
est réfléchie vers le foyer; cette portion réfléchie est toujours sensiblement la même fraction de la chaleur incidente
pour un même miroir (§. 219); elle est donc conséquemment proportionnelle à la chaleur émise par le corps. Ar-
rivée à la boule focale du thermomètre, la chaleur déjà réfléchie par le miroir l'est encore en partie par l'enveloppe;
le reste pénètre dans l'air intérieur et en élève la température. Cette dernière quantité est encore une fraction constante de la chaleur qui tombe sur la boule, et peut être
aussi regardée comme proportionnelle à la chaleur rayonnée par le corps chaud.

La température du thermomètre devra d'abord s'élever,
mais il arrivera une époque ou la boule focale perdra autant de chaleur par son rayonnement vers les corps envi-

ronnans qu'elle en reçoit du corps chaud par la réflexion sur le miroir. A partir de cette époque le thermomètre indiquera un excès stationnaire qui pourra, d'après la loi de Newton, être pris pour la mesure de la chaleur perdue par le rayonnement, ou de celle venue du miroir et absorbée par la boule, puisque cette seconde quantité est actuellement égale à la première ; ou enfin pour la mesure de la chaleur émise par le corps chaud puisque cette troisième quantité est proportionnelle à la seconde.

L'appareil de Leslie fournit ainsi un moyen suffisamment exact d'étudier les diverses circonstances qui peuvent faire varier l'intensité de la chaleur rayonnante. Par exemple, s'il s'agit de reconnaître l'influence de la nature du corps d'où partent les rayons, on présentera successivement à la même distance du réflecteur des corps échauffés de même forme, à la même température, mais de natures différentes ; et l'on pourra regarder les quantités de chaleur que ces corps émettent dans le même temps par leur surface, comme proportionnelles aux excès de température indiqués par le thermomètre focal.

221. Si l'on se sert d'abord d'un même corps chaud peu étendu, et qu'on fasse varier sa distance au réflecteur, en plaçant toujours la boule du thermomètre au foyer conjugué correspondant à chaque distance, de manière qu'elle reçoive toute la chaleur réfléchie par le miroir, les excès de température indiqués par les différens états stationnaires du thermomètre, pourront être regardés comme étant proportionnels aux quantités de chaleur reçues par le réflecteur. On découvrira ainsi la loi qui existe entre l'intensité de la chaleur émise par la source, et la distance à laquelle elle est reçue. Or on

Intensité de la chaleur reçue à distance.

trouve que cette loi est celle de la raison inverse du carré
de la distance.

Dans cette expérience les rayons de chaleur émis par
chaque point du corps chaud, et qui tombent sur le miroir,
forment un faisceau conique d'autant moins ouvert que le
corps est plus éloigné; ces rayons convergent tous après leur
réflexion vers un foyer conjugué, situé dans l'intérieur de
la boule focale. Les cônes incidens, qui correspondent aux
différens points du corps peu étendu, peuvent être considérés comme ayant la même ouverture pour une même
distance, ou comme étant tous égaux entre eux; et leurs
foyers conjugués quoique placés en divers lieux étant toujours compris dans l'intérieur de la boule, on peut regarder l'effet total produit comme proportionnel à la chaleur
rayonnante apportée au miroir par un seul de ces cônes, et
admettre conséquemment que la loi précédente est vérifiée pour le cas où la source de chaleur se réduirait à un
point. Ainsi la quantité de chaleur, partie d'un point matériel échauffé, qui peut être reçue sur une même surface
placée successivement à différentes distances, varie en raison inverse des carrés de ces distances.

Cette propriété est facile à concevoir lorsqu'on considère
la chaleur comme un fluide impondérable lancé entre les
corps. Car la chaleur émise du point échauffé se dissipant
uniformément dans toutes les directions, la même quantité
sera reçue dans le même temps par tous les écrans sphériques dont ce point sera le centre, et que l'on imaginera successivement exposés à cette source. L'intensité de la chaleur correspondante à chaque surface sphérique, ou la
quantité de calorique reçue sur l'unité de surface, sera
donc égale à une quantité constante d'une sphère à l'autre,

divisée par l'aire de la sphère considérée, ou par le carré de son rayon, c'est-à-dire par le carré de la distance au point échauffant. Cette loi se démontre avec la même rigueur dans l'hypothèse des ondulations, ainsi qu'on le verra dans la théorie de la lumière.

222. Si, se servant de l'appareil de Leslie, on emploie pour sources de chaleur des vases cubiques de différentes grandeurs contenant de l'eau chaude, et dont la surface en regard du réflecteur est toujours perpendiculaire à son axe, et d'une même nature, on trouve que ces vases, placés à la même distance et également chauds, produisent sur le thermomètre focal des excès de température proportionnels à l'étendue de leur surface rayonnante. On peut conclure de ce fait que la chaleur rayonnée par un corps est, toutes choses égales d'ailleurs, proportionnelle à l'étendue de sa surface, ce qui paraît d'ailleurs évident.

223. La chaleur émise obliquement par la surface d'un corps varie proportionnellement au sinus de l'angle que sa direction fait avec la surface. Pour constater cette propriété on place, entre le réflecteur et un vase cubique contenant de l'eau chaude, deux écrans parallèles et verticaux, à une distance convenable l'un de l'autre, et percés d'ouvertures égales dont les centres sont sur l'axe horizontal du réflecteur. Si l'on incline plus ou moins sur cet axe la surface plane émettant la chaleur, sans changer sa distance moyenne au miroir, et de manière que le cylindre ayant pour bases les deux ouvertures des écrans soit toujours totalement enveloppé par le cylindre dont la génératrice, parallèle à l'axe du réflecteur, s'appuierait sur le périmètre de la face rayonnante, on trouve dans tous les cas que le thermomètre indique la même température stationnaire. Ici le

Intensité de la chaleur rayonnée obliquement

Fig. 132.

système des deux écrans et de leurs ouvertures arrête les rayons de chaleur divergens, et les seuls qui puissent parvenir au réflecteur sont à très peu près horizontaux et tous parallèles entre eux et à l'axe, en sorte qu'ils concourent après leur réflexion en un même foyer principal du miroir.

Il suit de là qu'une face plane, inclinée d'un angle α sur l'axe du réflecteur, et dont l'étendue S' est telle, que sa projection $S'\sin\alpha$ sur le plan d'un des écrans soit égale à son ouverture S, envoie par des rayons d'obliquité α la même quantité de chaleur Q qu'une surface S de même nature qui serait perpendiculaire à l'axe. L'intensité de la chaleur que S' émet ainsi obliquement, ou de celle qui sort, dans la direction de l'axe, de l'unité de surface, est donc égale à la quantité constante Q divisée par S' ou par $\dfrac{S}{\sin\alpha}$, ou à $\dfrac{Q}{S}\sin\alpha$; ce qui démontre la loi énoncée. Il résulte de cette loi qu'un cylindre droit vertical émettrait la même quantité de chaleur, dans une direction horizontale, que le plan de sa coupe méridienne perpendiculaire à cette direction; et qu'une sphère chaude émettrait la même quantité de chaleur dans une direction quelconque, que le plan de son grand cercle normal à cette ligne.

QUATORZIÈME LEÇON.

Pouvoir émissif. — Hypothèse du rayonnement particulaire. — Transparence des corps pour la chaleur. — Appareil de M. Melloni. — Corps diathermanes. — Rayons de chaleur de différentes espèces.

———

224. La nature de la substance qui forme la surface d'un corps chaud influe beaucoup sur la quantité de chaleur qu'il émet. Si l'on présente au réflecteur de l'appareil de Leslie un cube rempli d'eau bouillante, dont les faces planes latérales, successivement amenées perpendiculairement à l'axe du miroir, soient recouvertes de couches de substances différentes, les excès de température indiqués par le thermomètre focal pourront servir de mesure aux *pouvoirs émissifs* des substances éprouvées ; car la température de la source, la distance et l'étendue de la surface rayonnante, les directions des rayons de chaleur émis et qui tombent sur le réflecteur, restant les mêmes, le changement apporté dans l'état ou la nature de la surface du corps chaud est la seule cause à laquelle on puisse attribuer la différence des effets observés. En représentant par 1oo le pouvoir émissif du noir de fumée, dont la couche occasione le plus grand effet sur le thermomètre, Leslie a

Pouvoir
émissif.

trouvé que les effets produits par d'autres couches, ou les pouvoirs émissifs de leurs substances, étaient représentés par les nombres suivans : papier 98, verre à vitre 90, encre de Chine 88, verre à glace 85, mercure 20, plomb 19, fer 15, étain, argent, cuivre 12.

On peut énoncer ces résultats autrement, en admettant qu'une couche superficielle de noir de fumée livre passage à tous les rayons de chaleur qui tendent à sortir, tandis qu'une surface d'une autre nature agit pour en diminuer le nombre. D'après cela, sur 100 rayons de chaleur qui se présentent à la sortie, le papier en arrête 2, le verre 9, l'encre de Chine 12, le verre à glace 15, le mercure 80, le plomb 81, le fer 85, l'étain, l'argent, le cuivre 88. Les rayons de chaleur qui ne peuvent sortir sont forcés de rentrer dans le corps comme par une sorte de réflexion intérieure, et sous ce point de vue les nombres qui précèdent peuvent représenter le pouvoir réfléchissant interne des substances éprouvées ; celui du noir de fumée sera zéro.

Cette manière de concevoir les phénomènes dont il s'agit les attribue à une résistance plus ou moins grande que la couche superficielle oppose à la transmission de la chaleur rayonnante, ou à la faculté qu'elle possède de faire rebrousser chemin à une certaine partie des rayons qui se présentent sur une de ses faces. Si cette hypothèse a quelque réalité, les modifications éprouvées par la surface d'un même corps, qui lui font réfléchir une plus grande proportion des rayons venant de l'extérieur, doivent aussi augmenter son pouvoir réfléchissant interne ou diminuer son pouvoir émissif. C'est en effet ce qui arrive : le pouvoir émissif d'un même corps décroît à mesure que le poli de sa surface augmente ; mais l'expérience, en constatant ce fait, n'a pu indiquer sa loi, à cause de l'impossibilité de mesurer le degré de polissage.

225. Il était important de rechercher si l'épaisseur de la couche de matière éprouvée influe sur le pouvoir émissif. On a constaté par le procédé d'expérience qui précède que les métaux produisent toujours sensiblement le même effet sur le thermomètre focal, quelque petite que soit l'épaisseur de leur feuille, et quelle que soit la substance sur laquelle elle est appliquée; on a trouvé le même résultat pour les couches les plus minces de noir de fumée. Mais on peut prouver, en employant d'autres substances, que la couche superficielle doit avoir une certaine épaisseur pour produire un effet constant et indépendant de la nature du support. On se sert à cet effet de la gomme ou de la résine, dont on peut obtenir des couches beaucoup moins épaisses qu'une feuille d'or, en dissolvant ces substances dans l'eau ou l'alcool, et appliquant ensuite avec un pinceau une petite portion de la dissolution sur une face latérale du cube des expériences précédentes; une couche ainsi préparée peut n'avoir que $\frac{1}{30000}$ de pouce d'épaisseur. L'expérience prouve que l'épaisseur totale doit être d'au moins $\frac{1}{1000}$ de pouce, pour que la couche de gomme ou de résine produise sur le thermomètre focal l'effet propre à ces substances; pour des épaisseurs moindres l'effet produit est variable, il reste constant pour des épaisseurs plus grandes.

Ainsi l'intensité de la résistance que la dernière couche d'un corps chaud oppose au passage de la chaleur, ou la grandeur du pouvoir qu'elle possède de réfléchir intérieurement une portion des rayons qui tendent à sortir, dépend de l'épaisseur de cette couche. On pouvait donc présumer, dans l'hypothèse du § 224, que des couches légères de gomme ou de résine, d'épaisseurs différentes mais moindres que $\frac{1}{1000}$ de pouce, appliquées sur la surface même du réflecteur devaient modifier son pouvoir réfléchissant externe. Et en effet, si tournant toujours vers le miroir la face du cube recouverte de noir de fumée, on étend successivement de nouvelles couches de gomme de $\frac{1}{30000}$ de pouce sur le réflecteur, on remarque que la température stationnaire du thermomètre focal varie à chaque nouvelle couche ajoutée, jusqu'à ce que l'épaisseur totale soit d'environ $\frac{1}{1000}$ de pouce; et que pour des épaisseurs plus grandes l'effet produit devient constant.

226. On peut coordonner tous ces faits, en admettant que chaque particule pondérable émet dans toutes les directions des rayons de chaleur dont l'intensité dépend principalement de sa température, et qu'elle jouit en outre de la propriété d'arrêter et de réfléchir de certaines fractions des rayons qui se présentent pour traverser son système, ou passer dans son voisinage ; cette dernière action pouvant varier d'intensité suivant la nature de la particule, et la densité plus ou moins grande du corps auquel elle appartient. En effet, posant cette hypothèse en principe, on en déduit rigoureusement les conséquences suivantes.

La chaleur qui s'échappe d'un corps est rayonnée non-seulement par les particules qui forment sa surface, mais aussi par celles situées à une certaine profondeur. Toutefois la partie d'un rayon de chaleur lancé au dehors dans une certaine direction, qui provient d'une molécule intérieure, est d'autant moindre que cette molécule se trouve située plus profondément, ou que la chaleur qu'elle émet dans cette direction a éprouvé plus de pertes, en traversant un plus grand nombre de systèmes de particules plus voisins de la surface; en sorte que les rayons émis par les particules situées au-delà d'une certaine limite de distance de cette surface peuvent être complétement éteints avant de l'atteindre. La limite d'épaisseur d'où la chaleur émergente peut provenir change d'une substance à une autre; par exemple, elle est d'environ $\frac{1}{1000}$ de pouce pour la gomme ou la résine.

La loi suivant laquelle décroît, à partir de la surface, la portion de chaleur rayonnante qu'une molécule de l'intérieur peut envoyer au dehors, varie avec la nature du corps, ce décroissement devant être d'autant plus rapide que l'action des molécules pondérables sur les rayons qui traversent leurs systèmes est plus intense. Enfin la quantité totale de chaleur qui s'échappe par la surface, ou l'intégrale des portions provenant de l'intérieur dépend de la loi précédente; elle est donc elle-même variable d'un corps à un autre, et l'inégalité des pouvoirs émissifs se trouve ainsi expliquée. Lorsqu'on applique sur un corps une couche d'une autre substance, d'une épaisseur moindre que la limite de son rayonnement efficace, cette couche se laisse traverser par une portion de chaleur provenant des molécules superficielles du corps, et même de celles situées à une certaine profondeur; il en résulte une sorte de discontinuité ou d'hétérogénéité dans la loi de décroissement définie ci-dessus, et le pouvoir émissif résultant n'est ni celui du corps, ni celui de la substance qui forme la couche.

Si maintenant on considère un faisceau de rayons de chaleur tombant de l'extérieur sur la surface d'un corps, il pénètre dans les systèmes successifs des particules de la première couche; chacun d'eux lui fait éprouver une perte et une réflexion partielles; et s'il peut être complétement éteint ou réfléchi à une certaine profondeur, ou conçoit que cette profondeur n'est autre que l'épaisseur limite du rayonnement efficace lors de l'émission, puisque l'intégrale des pertes, qui dépend du nombre des systèmes de particules traversés, croît de la même manière dans les deux cas. Si le corps est recouvert d'une couche étrangère, moins épaisse que la limite de profondeur qui lui correspond, le faisceau incident n'est pas complétement éteint ou réfléchi avant d'atteindre la surface de ce corps ; ces dernières parties y pénètrent donc, et la loi de leur décroissement devenant différente, le pouvoir réfléchissant total n'appartient ni à la couche superficielle, ni à la substance de son support.

227. La loi de l'intensité de la chaleur émise obliquement par la surface d'un corps, est une conséquence nécessaire de la théorie précédente. En effet, soit ω un élément circulaire plan, pris sur la surface rayonnante, et désignons par λ la limite de profondeur du rayonnement; les rayons de chaleur émis normalement à la surface, et qui en sortent par l'élément considéré, proviennent des molécules pondérables contenues dans le cylindre droit ωC, ayant pour base ω et pour hauteur λ; ceux envoyés au dehors dans la direction oblique ωI, faisant un angle α avec la surface, proviennent des molécules renfermées dans un cylindre oblique $\omega C'$, dont les arètes ont encore pour longueur λ, mais dont la section normale ω', inclinée sur la base ω d'un angle $\left(\dfrac{\pi}{2} - \alpha\right)$, est égale à $\omega \sin\alpha$. Or deux rayons, l'un parallèle à ωN, l'autre à ωI, ont la même intensité; car ils sont composés de deux séries de portions de chaleur respectivement égales, comme provenant de molécules si-

tuées à la même profondeur sur les deux rayons. Les quantités de chaleur émises dans les deux directions, à travers l'élément ω , ne dépendent donc que des nombres de rayons compris dans les deux faisceaux , lesquels sont évidemment proportionnels aux sections normales ω et ω sin α faites dans les deux cylindres. Ainsi i étant l'intensité de la chaleur émise normalement, $i\sin\alpha$ doit être celle de la chaleur emportée par les rayons obliques.

L'hypothèse posée (§ 226) explique donc complétement les faits relatifs à la chaleur rayonnante que nous avons énoncés jusqu'ici ; mais avant de pouvoir être adoptée elle doit subir d'autres vérifications. Elle suppose d'abord que de la chaleur rayonnante peut traverser sans être éteinte ou réfléchie une certaine étendue d'un milieu pondérable. Elle conduirait en outre à cette conséquence, que les corps qui peuvent émettre le plus de chaleur sont aussi ceux qui peuvent absorber la plus grande partie de celle tombant sur leur surface ; car dans les deux cas l'effet résultant dépendrait uniquement des pertes par réflexion que les rayons de chaleur éprouveraient en traversant la couche superficielle. Or il importe de rechercher si cette supposition et cette conséquence, que les faits déjà cités rendent extrêmement probables , peuvent être vérifiés directement par l'expérience.

228. Des expériences directes prouvent que certaines substances, le verre par exemple , sont transparentes pour la chaleur rayonnante. Si l'on détermine au moyen de l'appareil de Leslie le pouvoir émissif d'un corps chaud placé à une certaine distance, et qu'on interpose ensuite entre ce corps et le réflecteur un écran de verre , le thermomètre focal s'abaisse , mais il conserve encore un excès

de température stationnaire. On doit conclure de là qu'une partie de la chaleur rayonnée vers le réflecteur traverse l'écran diaphane. En effet, on ne saurait attribuer l'excès observé à la chaleur émanée du verre lui-même, dont la température peut s'élever par le voisinage du corps chaud ; car si l'on recouvre de noir de fumée la face de l'écran qui regarde le réflecteur, ce qui doit augmenter la chaleur qu'elle émet, on remarque que l'effet produit sur le thermomètre à air devient moindre, tandis qu'il devrait être plus grand si l'échauffement de l'écran occasionait seul le premier excès.

On peut d'ailleurs écarter tout doute sur l'origine véritable de l'effet produit, en prenant pour écran un plateau de verre qu'on fait tourner très rapidement de manière à renouveler les parties exposées à l'action la plus directe de la chaleur rayonnante, et à empêcher ainsi l'élévation de leur température. Dans ces circonstances le thermomètre focal est encore influencé. Enfin M. Prévost a constaté le passage de la chaleur rayonnante à travers les liquides, en faisant couler, entre le thermomètre et le corps chaud, une nappe d'eau qui par sa chute rapide ne pouvait s'échauffer. Delaroche, qui mit le premier hors de doute la transparence de certains corps pour la chaleur, constata que l'effet thermométrique produit par la chaleur qui traverse librement un écran diaphane, croît avec la température de la source dans un plus grand rapport que cette température. Il reconnut aussi que si l'on place, entre le corps chaud et le thermomètre, deux écrans de verre de même épaisseur, le second fait éprouver à la chaleur qui se présente pour le traverser une perte proportionnellement moindre que le premier.

229. Mais pour étudier d'une manière plus complète les propriétés de la chaleur rayonnée à travers les corps solides et liquides, il faut se servir d'un appareil beaucoup plus sensible que celui de Leslie, et qu'il convient de décrire ici, quoique les faits sur lesquels il s'appuie appartiennent à une théorie physique qui sera développée plus tard. La partie principale de cet appareil est une chaîne métallique, composée d'une cinquantaine de petites barres d'antimoine et de bismuth, alternativement soudées les unes aux autres, ayant chacune 28 millimètres de longueur sur 2 millimètres carrés de section. Cette chaîne pliée en faisceau forme une masse parallélépipédique ; les extrémités libres du polygone apparaissent sur une des bases du prisme, dite postérieure, et qui contient en outre toutes les soudures d'ordre pair ; celles de l'ordre impair se présentent à l'autre base, appelée antérieure.

Un fil de cuivre entouré de soie part d'une des extrémités de la chaîne, s'enroule un grand nombre de fois sur un cadre rectangulaire vertical en bois, et aboutit ensuite à la seconde extrémité du polygone. Au milieu du cadre, et au-dessus de son côté supérieur, sont disposées deux aiguilles aimantées horizontales, qui traversent en sens contraire l'une de l'autre une paille suspendue verticalement par un fil de soie sans torsion. Un limbe gradué de carton, percé en son centre d'un trou où la paille passe librement, est fixé horizontalement au-dessus du cadre et au-dessous de l'aiguille supérieure, de telle manière que le diamètre correspondant à 0° soit parallèle aux longs côtés du rectangle. Le cadre doit être orienté de telle sorte que l'aiguille visible s'arrête au-dessus de ce diamètre, dans la position d'équilibre du système, sous l'action seule des forces magnétiques du globe. La pointe de l'aiguille alors située sur le zéro de l'échelle est l'index de l'instrument.

Le faisceau formé par la chaîne métallique porte le nom de *pile thermo-électrique*; le fil de cuivre, le cadre qu'il entoure, et la paille mobile avec les deux aiguilles, composent un système appelé *Galvanomètre*. Voici maintenant le jeu de l'appareil : l'aiguille du galvanomètre, qui reste fixe au zéro de l'échelle lorsque les deux faces de la pile sont également échauffées, est déviée rapidement dans un sens ou dans l'autre aussitôt que les températures des deux faces deviennent inégales ; la main présentée à distance devant la face antérieure suffit pour produire une déviation. La marche inégale de la chaleur dans la chaîne hétérogène fait naître un courant électrique dans le circuit métallique fermé par le fil du galvanomètre, et ce courant occasione la déviation du système des aiguilles aimantées. Tels sont les deux faits, empruntés à une autre théorie physique, qui servent de base à l'appareil thermo-électrique, que les découvertes récentes et les perfectionnemens dus à M. Melloni ont rendu l'un des instrumens les plus précieux de la physique actuelle.

Fig. 136.   La pile forme un prisme droit dont chaque base carrée a 4 centimètres environ de côté. Le faisceau est entouré d'un anneau carré en cuivre mince, garni intérieurement avec du carton, et fixé sur un support de manière que l'axe de la pile soit horizontal. De chaque côté de l'anneau est adapté un tube en cuivre de 6 centimètres de longueur, poli à l'extérieur et noirci sur sa surface interne. A une certaine distance en avant de la pile sont des supports destinés à recevoir deux écrans. Ces écrans consistent en de grandes plaques métalliques, l'une mobile et complétement opaque est placée plus près de la source de chaleur, et sert à intercepter ou à rétablir son action ; l'autre fixe et plus voisine de la pile est percée d'une ouverture égale à celle des tubes, et disposée de manière à former un diaphragme qui ne fasse parvenir à la pile que des rayons à peu près parallèles à son axe. Derrière la pile on place un troisième écran, opaque et mobile ; enfin les ouvertures des tubes peuvent être fermées par de petites plaques métalliques de même dimension, qui glissent sur leurs bords en tournant à frottement dur autour d'axes horizontaux.

Nous supposerons d'abord que la source de chaleur soit une lampe d'Argant à double courant d'air, munie d'un verre et alimentée d'huile très pure par un courant constant, en sorte que sa flamme puisse conserver une température invariable pendant une ou deux heures. Cette lampe doit être placée sur l'axe de l'appareil à une distance constante, que l'on détermine de telle manière que la chaleur transmise à la pile par l'ouverture du diaphragme fasse dévier l'aiguille du galvanomètre de 30°. Le support de l'écran ouvert est ensuite amené au milieu de cette distance. Enfin on place entre ce support et la lampe l'écran opaque et mobile.

230. Les différentes parties de l'appareil étant ainsi disposées, si l'on écarte l'écran opaque, on remarque que l'aiguille dévie rapidement vers 30°, position qu'elle atteint et dépasse même en 5 à 6 secondes pour ne l'occuper définitivement, après plusieurs oscillations, qu'au bout de 90″, ou d'une minute et demi. Si l'on intercepte de nouveau l'action de la source par l'écran opaque, et qu'on établisse, du côté du diaphragme opposé à la pile, une plaque de verre à glace qui masque son ouverture, aussitôt que le

Mode
d'observation.

rayonnement de la chaleur est rétabli, l'aiguille du galvanomètre part de zéro, est chassée en 5 ou 6″ à près de
21°,5′, mais se rapproche ensuite et oscille dans un arc
de moins en moins étendu; enfin encore au bout de 90″
elle atteint définitivement 20°.

Lorsqu'on répète cette expérience sur d'autres lames de
verre ou d'un autre corps diaphane, d'épaisseurs très différentes, le galvanomètre indique des déviations plus ou
moins grandes, mais le temps que l'aiguille met à atteindre
sa position d'équilibre est toujours le même. La constance
de cet intervalle de temps prouve que, dans ces circonstances, la pile est uniquement influencée par la chaleur
transmise à travers le corps diaphane, sous forme de rayonnement direct et instantané de la source à la pile, et que
l'échauffement propre du corps interposé ne peut exercer
d'action sur l'instrument. C'est d'ailleurs ce que l'on met
hors de doute en masquant l'ouverture du diaphragme par
une lame de verre noircie vers la source, car l'aiguille reste
alors stationnaire au zéro de déviation, quoique la lame
interposée doive ici s'échauffer davantage.

Après chaque observation, il faut attendre pour en faire
une nouvelle que l'aiguille soit revenue au zéro de déviation. Elle ne prend ordinairement cette position qu'au bout
de 7 à 8 minutes et souvent plus lorsque l'action de la source
a été forte et prolongée. Mais l'expérience indique qu'on
peut diminuer beaucoup ce temps, en approchant une bou-
gie à une distance convenable du côté de la pile opposé au
diaphragme, et en interceptant son action lorsque l'aiguille
a atteint le zéro, position qu'elle ne quitte plus quand toute
la pile se refroidit uniformément. L'écran mobile placé
derrière la pile sert ainsi à abréger la durée des épreuves.

231. Pour pouvoir étudier complétement, au moyen de l'appareil thermoscopique que nous venons de décrire, l'influence que le poli des surfaces, l'épaisseur et la nature des corps diaphanes exercent sur les quantités de chaleur qui les traversent sous forme rayonnante, il faut chercher d'abord la relation qui existe entre la déviation indiquée par l'aiguille du galvanomètre et l'énergie du courant thermo-électrique qui l'occasione; puis il importe de savoir comment cette énergie s'accroît avec la quantité de chaleur qui tombe sur une des faces de la pile. Or M. Melloni a indiqué un moyen très exact, que nous décrirons plus tard, de déterminer les divers élémens d'une table particulière à l'instrument dont on se sert, et qui donne pour chaque déviation le rapport de l'intensité du courant qui lui correspond à celle d'un courant qui ne ferait dévier l'aiguille que d'un degré; et l'on reconnaît que les nombres fournis par cette table peuvent être regardés comme proportionnels aux quantités de chaleur reçues par la pile, quand l'aiguille subit les déviations correspondantes. Car si l'on observe les déviations produites par une même source de chaleur que l'on fait successivement stationner à différentes distances de la pile thermo-électrique, les nombres correspondans donnés par la table reproduisent assez exactement la loi de la raison inverse du carré de la distance.

Table de graduation.

232. Voici maintenant les principaux résultats que M. Melloni a obtenus au moyen de son appareil. Il plaça successivement devant l'ouverture du diaphragme des plaques de verre de même épaisseur $8^{mm},371$, fragmens d'une même glace dont la surface antérieure ou était polie, ou bien avait été usée avec du sable, de l'émeri ou d'autres substances; les déviations de l'aiguille ont varié pour

Influence du poli des surfaces.

I.   21

ces différentes plaques de 19° à 5°. Ainsi la quantité de chaleur rayonnée à travers une plaque diaphane est d'autant plus grande que sa surface est plus polie.

Décroissement des pertes.

233. Des morceaux de verre à glace, d'épaisseurs très différentes croissant de 2 à 81^{mm}, ont donné des déviations de plus en plus petites ; mais en calculant au moyen de la table les intensités des courans thermo-électriques correspondans à ces déviations, et par leurs différences les rapports des pertes de chaleur dues à des couches d'égale profondeur, successivement traversées dans un même morceau, M. Melloni a constaté par de nombreuses vérifications le fait aperçu par Delaroche, que ces pertes vont en diminuant avec une grande rapidité à mesure que l'épaisseur diaphane augmente d'une quantité constante. Des auges terminées par des lames de verre parallèles et de longueur différente, ayant été remplies d'huile de colsa, et successivement présentées à l'ouverture du diaphragme, ont donné des résultats semblables ; la diminution des pertes de chaleur, dues à des accroissemens égaux dans l'épaisseur de la couche liquide traversée, a été constamment observée depuis 6^{mm} jusqu'à 100^{mm} d'épaisseur totale.

Substances diathermanes.

234. La nature du corps diaphane a une grande influence sur la quantité de chaleur rayonnante qui peut le traverser. Une même auge de 9^{mm},21 de largeur interne, successivement remplie de différens liquides, ayant été placée devant l'ouverture du diaphragme, il en résulta des déviations de l'aiguille très différentes. La table donnait pour chaque déviation la force du courant thermo-électrique ; le rapport de cette force à celle correspondante à la déviation obtenue quand l'ouverture du diaphragme était masquée par l'auge vide, pouvait être prise pour le rap-

port de la quantité de chaleur transmise, à celle représentée par 100 qui tombait sur la face antérieure de la lame
liquide. Dans ces circonstances, sur 100 rayons de chaleur, le carbure de soufre en transmet 63, l'huile d'olive
3o, l'éther 21, l'acide sulfurique 17, l'alcool 15, et
l'eau 11.

Une autre série d'expériences faites sur des lames de différentes substances solides et d'une épaisseur commune de
$2^{mm},62$, a fourni les nombres suivans : sur 100 rayons de
chaleur le sel gemme en a transmis 92, le spath d'Islande
62, le verre à glace 62, le cristal de roche 57, la tourmaline 27, la chaux sulfatée 20, l'alun 12. Conformément
aux résultats cités plus haut, le nombre des rayons transmis diminue avec l'épaisseur des lames solides ; toutefois
des pièces de spath d'Islande et de cristal de roche enfumé
ayant 86 à 100^{mm} d'épaisseur, ont encore transmis plus de
la moitié de la chaleur incidente, tandis qu'une plaque
d'alun d'une transparence aussi pure que celle du plus beau
verre, et de 1^{mm} d'épaisseur seulement, n'en laissait passer
que les 17 centièmes.

Ainsi une couche très limpide d'alun transmet trois fois
moins de chaleur qu'une couche de cristal de roche presque opaque et cent fois plus épaisse. En outre, certains
verres noirs complétement opaques, employés comme miroirs dans plusieurs expériences sur la lumière, transmettent encore sensiblement de la chaleur rayonnante. Il y a
donc une sorte d'indépendance entre les deux transpa-
rences calorifique et lumineuse ; c'est pour cela que
M. Melloni propose de distinguer sous le nom de *diathermanes* les substances qui sont traversées librement par la
chaleur rayonnante.

235. Enfin la source de chaleur a une grande influence sur la quantité de rayons transmis par un corps diathermane. M. Melloni substitua successivement à la lampe des expériences précédentes, du platine incandescent et du cuivre maintenu à une température constante par une flamme d'alcool, enfin des vases remplis de mercure ou d'eau en ébullition. Les substances essayées ont toujours conservé le même ordre, c'est-à-dire que les plus diathermanes pour la chaleur de la lampe ont présenté la même supériorité dans ces nouvelles circonstances; mais le nombre de rayons transmis comparé à celui des rayons incidens a beaucoup diminué.

Par exemple, le cristal de roche et le spath d'Islande, qui transmettaient plus de la moitié de la chaleur venant de la lampe, ne livraient passage qu'au quart des rayons envoyés par le platine incandescent. La chaleur transmise par chaque substance est devenue encore plus faible quand la source était le cuivre échauffé. Plusieurs des substances les moins diathermanes arrêtaient tous les rayons émis par le mercure bouillant. Enfin la transmission a été nulle pour tous les corps, lorsque la source était de l'eau bouillante. Ainsi la faculté que possède la chaleur de rayonner à travers les substances diathermanes, diminue rapidement avec la température de la source, ainsi que Delaroche l'avait remarqué pour le verre.

Une seule substance, le sel gemme, offre une exception remarquable à cette loi : il transmet la même proportion de chaleur rayonnante, quelle que soit la température de la source. Que cette source soit une flamme brillante ou simplement de l'eau échauffée à 40 ou 50°, le sel gemme sur une épaisseur de 2^{mm},62 laisse toujours passer les 92 centièmes des rayons calorifiques qui tombent à sa surface. Cette propriété, que paraît posséder exclusivement le sel gemme, peut être utilisée dans plusieurs circonstances.

L'influence de l'épaisseur du corps diathermane sur la quantité de chaleur qu'il transmet, est d'autant plus grande que la température de la source est plus faible. Toutefois les variations du rapport des rayons transmis aux rayons incidens diminuent avec l'épaisseur; en sorte qu'au-delà d'une certaine limite une plaque mince, de mica par exemple, transmet la même proportion de rayons pour deux sources de chaleur fort différentes. Ce dernier résultat de l'expérience paraît conduire à une conséquence importante.

236. Les corps tels que les métaux qui ne paraissent pas donner passage à la chaleur rayonnante, même sur de très petites épaisseurs, et que l'on pourrait nommer par cette raison *corps athermanes*, doivent cependant être regardés comme se laissant réellement pénétrer par des rayons de chaleur jusqu'à une certaine profondeur, qui quoique insensible n'en existe pas moins. Car il paraît impossible de concevoir, sans admettre ce principe, le décroissement de l'intensité de la chaleur émise ou réfléchie sous des obliquités de plus en plus grandes à la surface de ces corps. Or cette limite de profondeur est nécessairement beaucoup plus petite ou du même ordre de grandeur que celle de l'épaisseur d'une lame de mica, qui laisse toujours passer une fraction sensiblement constante des rayons qui lui arrivent, quelle que soit la température de la source d'où ils émanent. On est donc conduit à penser que la couche superficielle d'un corps athermane jouit de la même propriété; d'où il suivrait que cette couche émet une fraction constante des rayons qui se présentent à la sortie, quels

que soient d'ailleurs leur nombre, leur intensité ou leur température, et qu'elle partage suivant des proportions constantes les rayons qui tombent sur sa surface extérieure en chaleur absorbée et en chaleur réfléchie. Des expériences que nous citerons plus tard sembleraient prouver que tous les métaux jouissent effectivement de cette faculté, mais elles indiquent aussi que les corps athermanes non métalliques ne se comportent pas avec la même indifférence pour toutes les espèces de rayons.

Propriétés particulières de la chaleur rayonnée à travers les corps.

237. Le fait de la diminution des pertes que la chaleur rayonnante éprouve en traversant successivement des épaisseurs égales d'un même corps diathermane, indiquait que les rayons de chaleur subissent des modifications particulières, dans leur passage à travers un milieu pondérable, qui altèrent leur qualité primitive et les rendent plus facilement transmissibles dans le même milieu. Il était à croire, d'après cela, qu'en prenant pour source de chaleur une lampe d'Argant, les rayons obligés de traverser la cheminée de verre, acquéraient dans ce passage une qualité spéciale. Pour s'en assurer, M. Melloni prit pour nouvelle source une lampe, dite de Locatelli, à un seul courant d'air et sans verre, munie d'un réflecteur, et toujours alimentée d'huile très pure par un courant constant.

Cette nouvelle lampe fut disposée sur l'appareil thermo-électrique, à une distance telle que son rayonnement direct sur la pile fît toujours dévier l'index de 30°. En plaçant successivement devant le diaphragme les plaques diaphanes de $2^{mm},6$ d'épaisseur commune, déjà essayées avec la lampe d'Argant, M. Melloni a trouvé que sur 100 rayons incidens le sel gemme en transmettait 92, la chaux fluatée 78, le spath d'Islande et le verre 39, le cristal de roche

38, la tourmaline d'une couleur verte très foncée 18, le verre noir opaque 16, la chaux sulfatée 14, l'alun 9. Les différences qui existent entre ces nombres et ceux donnés au § 234, indiquent que la cheminée de verre entourant la première source donnait aux rayons qui la traversaient la propriété d'être plus facilement transmissibles à travers les milieux diaphanes; le sel gemme seul laisse passer la même proportion de chaleur dans les deux cas.

238. Pour étudier la modification qu'un corps diaphane particulier fait éprouver aux rayons qui le traversent, M. Melloni interpose une lame de cette substance entre la lampe sans verre et le diaphragme. Il approche ensuite la source jusqu'à ce que le rayonnement qui s'opère à travers la lame fasse encore dévier l'index de 30°. Enfin il présente successivement à l'ouverture de l'écran fixe les plaques diaphanes des expériences précédentes. Voici quelques-uns des résultats obtenus dans ce genre de recherche. Sur 100 rayons qui ont traversé une lame d'alun de $2^{mm},6$ d'épaisseur, le sel gemme en transmet 92, le spath d'Islande et le cristal de roche 91, la chaux fluatée, le verre et l'alun 90, la chaux sulfatée 59, la tourmaline verte 18, le verre noir opaque $\frac{1}{4}$ de rayon. Sur 100 rayons qui émergent d'une lame de chaux sulfatée, ayant aussi $2^{mm},6$ d'épaisseur, le sel gemme en transmet toujours 92, la chaux fluatée 91, le spath d'Islande 89, le cristal de roche et le verre 85, la chaux sulfatée 54, l'alun 47, le verre noir opaque 18, la tourmaline 1. Sur 100 rayons qui peuvent traverser une plaque de verre noir opaque, ayant $1^{mm},85$ d'épaisseur, le sel gemme en transmet 92, la chaux fluatée 91, le spath d'Islande et le verre 55, le cristal de roche 54, le verre noir opaque 52, la tourmaline 30,

la chaux sulfatée, 15, l'alun $\frac{1}{3}$ de rayon. Enfin les rayons qui émergent du sel gemme se comportent toujours comme ceux émis directement par la source.

Ainsi les rayons de chaleur qui sortent de l'alun sont transmis en grande abondance à travers les plaques diaphanes incolores, tandis qu'ils éprouvent une perte de plus des $\frac{4}{5}$ en traversant une lame fortement colorée de tourmaline, et sont presque totalement arrêtés par la plaque opaque de verre noir. Ceux qui sortent de la chaux sulfatée se conduisent de la même manière dans les milieux diaphanes incolores, mais ils éprouvent une perte des $\frac{4}{5}$ dans le verre noir, et sont presque totalement arrêtés par la tourmaline. Enfin ceux qui émergent d'une plaque opaque de verre noir sont encore presque tous transmis par les plaques diathermanes incolores, une autre lame opaque en laisse passer plus de la moitié, la tourmaline en arrête les $\frac{2}{3}$, la chaux sulfatée les $\frac{6}{7}$, et l'alun les intercepte tous.

Rayons de chaleur de qualités différentes.

239. Ces résultats, et d'autres analogues que nous aurons l'occasion de citer en étudiant la chaleur solaire, paraissent devoir conduire à cette vérité nouvelle et imprévue, qu'une source lumineuse, comme le soleil et la lampe des expériences précédentes, émet à la fois des rayons de chaleur d'une infinité d'espèces, qui se distinguent les uns des autres par la plus ou moins grande facilité avec laquelle ils peuvent traverser certaines substances diathermanes. En effet, si l'on admet des différences de qualités dans les rayons, tous les faits relatifs à la transparence des corps pour la chaleur deviennent faciles à concevoir ; et ils peuvent être considérés comme autant de vérifications d'une théorie très simple, dont voici les principales conséquences.

Le sel gemme est la seule substance qui livre un passage également facile à tous les rayons. Mais les autres corps sont diversement diathermanes pour des rayons de qualités différentes; dans chacun d'eux certaines espèces sont totalement arrêtées, les autres subissent des diminutions plus ou moins considérables; et ce partage varie d'une substance à une autre. Les fractions ou les coefficiens, qui représentent les pertes que des accroissemens égaux de l'épaisseur d'un milieu diathermane font éprouver à chaque espèce de rayons qui le traverse, ont constamment la même valeur pour chaque espèce. Mais ces coefficiens variant pour un même milieu d'une espèce de rayons à une autre, il en résulte nécessairement que les pertes totales éprouvées par la chaleur hétérogène qui peut pénétrer dans le corps, doivent aller en diminuant. Toutefois les rayons les moins transmissibles finissant par s'éteindre sensiblement, les coefficiens des pertes totales successives doivent tendre vers l'égalité; c'est en effet ce que M. Melloni a constaté par de nombreux exemples.

Toutes les espèces de rayons de chaleur émis par une source lumineuse peuvent être conçus rangés suivant leur plus grande facilité à traverser les substances diaphanes; et puisque une même substance paraît de moins en moins diathermane à mesure que la température de la source diminue, il faut en conclure que cette diminution fait disparaître successivement les espèces de rayons les plus transmissibles. Les effets divers produits par le platine incandescent, du cuivre échauffé à 400°, un vase contenant de l'eau en ébullition, pris successivement pour sources de chaleur (§ 235), se trouvent ainsi facilement expliqués.

Hétérogé-
néité
de la chaleur
rayonnante.

240. Ainsi la chaleur rayonnante n'est ni plus simple, ni plus homogène que la lumière, et si l'on est forcé de reconnaître l'existence d'une infinité d'espèces de lumières, pour expliquer les phénomènes de coloration, on est pareillement conduit à admettre un grand nombre de rayons de qualités différentes, pour concevoir les faits relatifs à la transparence des corps pour la chaleur. Nous verrons plus tard que ces rayons calorifiques se distinguent les uns des autres par des différences de marche analogues à celles qui séparent les couleurs de la lumière blanche, et que conséquemment leur diversité est démontrée tout aussi rigoureusement que celle des couleurs.

Il serait impossible de concevoir, dans le système de l'émission, les qualités distinctes des rayons de chaleur, sans admettre une infinité de caloriques différens, et par suite autant d'hypothèses séparées. Dans le système des ondulations ces qualités distinctes correspondraient à des nombres de vibrations différens, ou à des ondes calorifiques d'inégales longueurs, se propageant toutes dans l'éther homogène ou l'espace vide de matière pondérable, mais qui pourraient se transmettre plus ou moins facilement dans les milieux diathermanes suivant leur nature et leur densité. Les ondes calorifiques seraient analogues aux ondes correspondantes à différens sons, qui se propagent toutes dans l'air, et qui font vibrer par communication, avec plus ou moins de facilité, les corps élastiques qu'elles atteignent.

Perte
particulière
à la couche
superficielle

241. Le fait cité plus haut, qu'une lame très mince d'un corps diathermane transmet sensiblement la même fraction de la chaleur rayonnante qui tombe à sa surface, quelle que soit la source d'où elle émane, paraît prouver

que la couche superficielle fait éprouver à toute espèce de
chaleur une perte particulière et constante, qui est incomparablement plus grande que la perte correspondante à
une couche d'égale épaisseur prise dans l'intérieur. En
effet, si la première couche se comportait comme les suivantes, elle ferait éprouver à chaque espèce de rayons une
perte distincte, et la somme totale des pertes varierait de
la même manière avec le nombre des espèces de rayons,
ou avec l'énergie de la source ; il faut donc nécessairement
qu'à ces pertes vienne s'ajouter une perte particulière,
identique sur tous les rayons, et qui par sa grandeur comparative fasse disparaître ou rende moins sensible la variation que les premières devaient occasioner. C'est la seule
manière de concevoir le fait énoncé, et de l'accorder avec
les autres phénomènes de diathermanéité. L'origine de cette
perte particulière à la surface est d'ailleurs facile à concevoir, car les rayons réfléchis par une couche intérieure lui
sont en partie renvoyés par de nouvelles réflexions dans
les couches qui la précèdent, tandis que la couche superficielle perd complétement la chaleur qu'elle réfléchit hors
du corps ; ou plus exactement cette chaleur est remplacée
par des rayons venant des parois de l'enceinte, et qui ont
une moindre intensité.

Les faits nombreux que nous venons de citer ne peuvent
laisser aucun doute sur la transparence des corps pour la
chaleur rayonnante. L'hypothèse du § 226 acquiert ainsi
un très grand degré de probabilité ; mais il suit de cette
hypothèse que les corps qui émettent le mieux la chaleur
doivent aussi l'absorber en plus grande proportion (§ 227),
et il importe de vérifier cette conséquence importante.

Dans la recherche des lois de l'équilibre des températures entre corps à distance ou au contact, nous aurons principalement en vue les substances athermanes, ou celles qui ne se laissent pénétrer par la chaleur rayonnante que sur une très petite épaisseur. Cette restriction aura l'avantage de simplifier les théories partielles que nous devons exposer. Il serait d'ailleurs facile de les généraliser, ou de les étendre au cas des corps diathermanes, en partant de ce principe, qu'un milieu diaphane doit faire éprouver les mêmes pertes aux rayons de chaleur qui le traversent dans deux sens opposés.

QUINZIÈME LEÇON.

Mesure des pouvoirs admissif et réfléchissant. — Égalité des pouvoirs émissif et absorbant.—Équilibre mobile des températures. — Réflexion apparente du froid.

242. Lorsque la chaleur rayonnante émise par une source arrive à la surface d'un corps froid, opaque ou athermane, une partie est réfléchie, mais une autre est absorbée et échauffe le corps qu'elle pénètre. On a donné le nom de *pouvoir absorbant* ou *admissif* à cette faculté que possèdent les corps de s'approprier une certaine portion des rayons calorifiques auxquels ils sont exposés. Plusieurs moyens ont été employés pour mesurer ou comparer ce genre de pouvoir dans différens corps.

Pouvoir absorbant ou admissif.

L'un des plus exacts consisterait à altérer la nature de la surface du réflecteur dans l'appareil de Leslie. Par exemple, en recouvrant le miroir d'une couche de noir de fumée le thermomètre focal n'indique plus aucun excès de température, on conclut de ce fait que le noir de fumée a un *pouvoir réfléchissant* nul, c'est-à-dire qu'il absorbe toute la chaleur rayonnée vers sa surface. En général les rayons de chaleur qui ne sont pas absorbés étant réfléchis, et réciproquement, on doit regarder le pouvoir

réfléchissant comme complémentaire du pouvoir absorbant ; ce qui permet de déduire l'un de ces pouvoirs de
l'autre. En dépolissant le réflecteur on remarque que la
chaleur réfléchie diminue, et que conséquemment le pouvoir absorbant de la substance du miroir augmente. Mais
pour éviter la perte de l'instrument, qui résulte de l'emploi
du procédé dont il s'agit, on ne doit s'en servir que pour
éprouver les substances qui peuvent s'appliquer sur le réflecteur sans l'altérer d'une manière permanente.

Leslie a employé pour mesurer les pouvoirs absorbans
un autre moyen qui conduit à des résultats inexacts. Il consiste à recouvrir la boule du thermomètre focal d'une
feuille ou d'une couche de la substance que l'on veut éprouver ; plus son pouvoir réfléchissant sera faible, plus il y
aura de chaleur absorbée par le thermomètre pour en élever la température. L'inexactitude de ce procédé résulte en
partie de ce que des substances différentes peuvent atteindre le même degré de température en absorbant des quantités inégales de chaleur ; mais l'erreur tient principalement à
ce que les indications du thermomètre focal, parvenu à
l'état stationnaire, ne peuvent plus être regardées comme
proportionnelles aux quantités de chaleur reçues et enlevées, cette proportionnalité étant fondée sur la loi du refroidissement de Newton, qui n'est applicable qu'à des
surfaces rayonnantes de même nature.

Pouvoir
réfléchissant
ou réflecteur

243. Mais voici un dernier procédé susceptible de beaucoup d'exactitude et d'une application facile. C'est encore
le pouvoir réfléchissant qu'on détermine directement, mais
au lieu d'altérer le réflecteur, on prend un disque plan de
métal, qu'on recouvre de la substance à éprouver ; le cube
chaud étant placé à une certaine distance du miroir, et le

Fig. 137.

foyer conjugué F étant connu, on dispose le disque perpendiculairement à l'axe, de manière que son centre D soit sur cet axe, entre F et le réflecteur ; on amène ensuite la boule du thermomètre en F', point tel que : $F'D = DF$. Il résulte de la loi connue de la réflexion, que les rayons de chaleur brisés par le réflecteur, et qui tendent à concourir en F, se réfléchiront en partie sur le disque pour venir concourir au point F'.

Ainsi, le corps chaud restant à la même distance et conservant la même température, le reflecteur étant d'ailleurs toujours le même, si l'on recouvre le disque de substances différentes, les effets observés sur le thermomètre focal devront être attribués à la plus ou moins grande quantité de chaleur réfléchie à la surface du disque. L'excès de température du thermomètre à air, parvenu à un état stationnaire, peut donc être pris pour mesure du pouvoir réfléchissant de la substance dont le disque est recouvert. Leslie a ainsi obtenu les valeurs numériques suivantes pour les pouvoirs réfléchissans de certains corps, en représentant par 100 celui du laiton : argent 90, étain 80, acier 70, plomb 60, verre 10, huile 5, noir de fumée 0.

Il résulte de l'inspection des deux séries de corps, rangés suivant l'ordre décroissant de leurs pouvoirs émissif et réfléchissant (§ 224), que les corps qui émettent le plus de chaleur, réfléchissent aussi une moindre portion de celle qui tombe sur leur surface, ou en absorbent une plus grande partie. Tout porte donc à regarder le pouvoir absorbant d'un corps comme proportionnel à son pouvoir émissif.

244. On peut démontrer par l'expérience que cette proportionnalité existe réellement. On se sert à cet effet de l'appareil suivant, imaginé par M. Dulong. Un vase cylin-

Proportionnalité des pouvoirs émissif et absorbant.

drique BB′, dont l'axe est horizontal, est rempli d'eau chaude ; ses deux bases ont des pouvoirs émissifs différens, par exemple l'une d'elles B étant recouverte d'une feuille métallique, l'autre B′ est enduite d'une couche de noir de fumée. Ce vase est placé entre deux autres cylindres creux fermés R et R′, remplis d'air, et formant les deux boules d'un thermomètre différentiel. Les bases de ces réservoirs sont égales en surface et parallèles aux bases du vase échauffant ; elles ont des pouvoirs absorbans différens, celle R qui regarde la face brillante B est enduite de noir de fumée, au contraire celle R′ placée vis-à-vis de la face noire B′, est recouverte d'une feuille métallique de même nature que la base B.

Le vase chaud peut glisser parallèlement à l'axe des cylindres ; on le fait mouvoir lentement, de manière à lui faire atteindre une position telle que le liquide du thermomètre différentiel indique l'égalité de température des deux boules. Or quand cette condition est remplie, on observe toujours que le vase est à égale distance entre les deux réservoirs, et cela quelles que soient les deux substances qui recouvrent, l'une les faces B et R′, l'autre B′ et R. Pour déduire les conséquences mathématiques de ce résultat de l'expérience, soient : d la distance qui sépare B de R, ou B′ de R′, lorsque le thermomètre différentiel indique l'égalité ; T la température du liquide échauffant, t celle des deux boules ; E_m et A_m les pouvoirs émissif et absorbant de la substance qui recouvre les faces B et R′ ; E_n et A_n les mêmes pouvoirs pour les faces semblables B′ et R ; enfin S l'aire commune des quatre bases B, B′, R, R′.

Chaque point de la base B du vase chaud envoie au réservoir voisin un cône de rayons de chaleur, qui enveloppe sa face R , et dont l'ouverture dépend de la distance d. La quantité totale de chaleur rayonnée de B à R dépendra donc de cette distance d et de la surface S ou du nombre de cônes divergens. Cette quantité varie d'ailleurs avec T ; elle est de plus proportionnelle au pouvoir émissif E_m de B. Enfin elle ne pénètre qu'en partie dans l'intérieur du réservoir ; cette fraction est proportionnelle au pouvoir absorbant A_m de R, et dépend de sa température t lorsqu'on ne considère que l'effet thermométrique qu'elle peut produire. Ainsi la quantité de chaleur que l'air du réservoir R reçoit du corps chaud dans l'unité de temps est égale au produit $E_m\ A_n$ multiplié par une certaine fonction $F\,(T,\ t,\ d,\ S)$. On démontrerait pareillement que l'air du réservoir R′ reçoit dans le même temps une quantité de chaleur égale au produit $E_n\ A_m$ multiplié par la même fonction $F\,(T,\ t,\ d,\ S)$.

Or puisque les deux boules conservent une même température lorsqu'elles sont à une même distance du corps chaud , il faut en conclure qu'elles reçoivent alors autant de chaleur l'une que l'autre. Les deux expressions précédentes doivent donc être égales , ce qui conduit à l'équation $E_m A_n = E_n A_m$, ou à la proportion $A_m : A_n :: E_m : E_n$. Ainsi l'expérience précédente prouve que les pouvoirs absorbans des corps pour la chaleur, sont proportionnels à leurs pouvoirs émissifs ; ils peuvent donc être représentés spécifiquement par les mêmes nombres.

245. Il y a plus, on peut prouver que le pouvoir émissif et le pouvoir absorbant doivent avoir la même expression numérique. On se sert à cet effet d'un appareil, imaginé par MM. Dulong et Petit pour étudier les lois du refroidissement des corps , et dont plus tard nous détaillerons

Egalité des
pouvoirs
émissif et
absorbant.

I.   22

complétement la construction et l'emploi. On recouvre la boule d'un thermomètre de la substance dont on veut comparer les pouvoirs émissif et absorbant ; cette boule étant amenée à une certaine température, est ensuite disposée au centre d'un ballon de métal, dont la paroi intérieure est enduite d'une couche de noir de fumée, et dans lequel on peut faire le vide. La tige du thermomètre traverse l'enveloppe, et l'on peut lire à l'extérieur la marche de cet instrument. Enfin le ballon est plongé dans un bain de liquide, dont on peut graduer à volonté la température constante.

Premièrement : le bain étant à la température de la glace fondante, on introduit le thermomètre lorsque sa température est de $10°$; on fait le vide rapidement ; le thermomètre se refroidit, et lorsque sa température n'est plus que de $5°$, on étudie sa marche descendante, en observant ses indications à des intervalles de temps égaux. On peut déduire de la série décroissante de ces observations l'abaissement de température que le thermomètre a dû subir dans un instant très petit, $\frac{1}{100}$ de seconde par exemple, à partir du moment où sa température était de $5°$. En effet, les termes de cette série vérifient avec assez d'exactitude une équation de la forme $\theta = 5 \left(\dfrac{1}{m} \right)^{t}$; θ étant l'excès variable de la température du thermomètre sur celle $0°$ de l'enceinte, t le temps compté à partir de l'époque où cet excès était $5°$, et m un nombre plus grand que l'unité déduit de l'une quelconque des observations, ou d'un couple de valeurs de θ et de t ; on déduit de là pour la vitesse du refroidissement définie au § 218, $V = - \dfrac{d\theta}{dt} = \theta \, \mathrm{Log}.\, m$; sa valeur correspondante à l'excès $\theta = 5°$ sera donc $5 \, \mathrm{Log}.\, m$, et en multipliant ce nombre, maintenant connu par le temps très court $\frac{1}{100}$ de seconde, on aura l'abaissement de température cherché.

Or cet abaissement est dû à la perte de chaleur que le thermomètre fait dans le même instant, et peut servir de mesure à cette perte, qui est proportionnelle d'une part à l'excès 5° de la température du thermomètre sur celle de l'enceinte, puisque la loi du refroidissement de Newton est applicable dans cette circonstance, et d'autre part au pouvoir émissif E de la substance qui recouvre la boule. Ainsi cet abaissement doit être égal au nombre 5 E, multiplié par un coefficient a, dépendant de la nature et des dimensions du thermomètre.

Secondement : le bain étant entretenu à la température de 10°, on introduit le thermomètre après l'avoir laissé séjourner dans la glace fondante ; le vide étant fait, et le thermomètre qui s'échauffe parvenu à 5°, on observe ses indications, toujours arpès des temps égaux. La série ascendante de ces observations permet de calculer l'accroissement de température que le thermomètre a dû éprouver, dans un centième de seconde, à partir du moment où sa température était de 5°. Cet accroissement est dû à la quantité de chaleur que le thermomètre a reçue dans ce temps très court, et qui peut être représentée, comme dans le cas précédent, par la différence 5° des températures de l'enceinte et du thermomètre, multipliée par le pouvoir absorbant A de la substance qui couvre la boule, et par le même coefficient a de la première expérience, puisque les élémens qui peuvent influer sur la valeur de ce coefficient sont les mêmes dans les deux cas.

Or on trouve toujours deux résultats numériques égaux,

pour l'abaissement de température déduit de la première expérience, et pour l'accroissement donné par la seconde. Il suit de là que les deux expressions $5\,a\,E$ et $5\,a\,A$ sont égales ; et que conséquemment le pouvoir émissif E de la substance qui recouvre la boule du thermomètre est égal à son pouvoir absorbant A. Cette égalité a été reconnue pour toutes les substances qu'on a soumises aux mêmes expériences. Elle existe aussi pour une même substance quelle que soit la température du thermomètre à laquelle on observe la vitesse du refroidissement et celle de son échauffement, et quelle que soit alors la différence de cette température et de celle de l'enceinte, pourvu que ces élémens soient compris dans les limites qui permettent d'appliquer la loi du refroidissement de Newton.

Variations du pouvoir absorbant.

246. L'appareil thermo-électrique de M. Melloni, appliqué à la mesure des pouvoirs émissifs et absorbans, conduit à des conséquences qu'il importe de connaître. Pour comparer les pouvoirs émissifs on se sert de cubes semblables à ceux employés par Leslie, dont les faces sont aussi recouvertes de différentes substances, et dans lesquelles on entretient de l'eau en ébullition, au moyen d'une lampe à alcool placée au-dessous, en ayant soin de masquer sa flamme par des écrans convenables afin qu'elle ne puisse rayonner directement vers la pile. Les déviations de l'index étant différentes d'une face rayonnante à l'autre, quoique le cube ait toujours la même température 100°, et soit toujours à la même distance, on peut prendre les rapports des nombres fournis par la table de graduation et correspondans à ces déviations, pour ceux des pouvoirs émissifs des substances qui recouvrent la source. M. Melloni a trouvé de cette manière que les pouvoirs émissifs de diverses sub-

stances sont représentés par les nombres suivans , en prenant pour 100 celui du noir de fumée : carbonate de plomb 100, colle de poisson 91, encre de Chine 85, gomme laque 72, surface métallique 12.

Pour comparer les pouvoirs absorbans , on place successivement près de la pile des disques de cuivre mince, dont les faces postérieures sont toutes noircies, tandis que leurs faces antérieures ou qui regardent la source sont recouvertes de substances différentes d'un disque à l'autre. On observe pour chacun d'eux la déviation de l'aiguille provenant de la chaleur qu'il absorbe, ou plutôt de celle qu'il émet ensuite vers la pile lorsqu'il est suffisamment échauffé. Cette déviation commence quelques secondes après que l'écran opaque est enlevé , augmente graduellement, et en 5 à 6 minutes atteint un maximum stable. C'est ce maximum de déviation que M. Melloni prend pour mesure du pouvoir absorbant de la substance qui recouvre le disque essayé.

Or, en adoptant ce genre de mesure, on trouve des nombres très différens pour la même substance suivant l'origine des rayons calorifiques. Voici les valeurs des pouvoirs absorbans que M. Melloni a obtenus, en employant successivement pour source de chaleur la flamme d'une lampe sans verre , du platine incandescent, du cuivre échauffé à 400°, et un cube contenant de l'eau bouillante rayonnant par une face métallique.

SUBSTANCES.	LAMPE.	PLATINE incand.	CUIVRE à 400°.	CUBE à 100°.
Noir de fumée......	100	100	100	100
Carbonate de plomb.	53	56	89	100
Colle de poisson.....	52	54	64	91
Encre de Chine......	96	95	87	85
Gomme laque.......	43	47	70	72
Surface métallique...	14	13,5	13	13

Ce tableau prouve que les pouvoirs absorbans varient avec l'origine des rayons calorifiques. Mais il serait faux d'en conclure que les pouvoirs émissif et absorbant d'une même substance cessent d'être égaux lorsque la température de la source dépasse 100°. Car on ne peut rapprocher la puissance d'absorber la chaleur rayonnée par la lampe, de la faculté d'émettre celle du cube à 100°; il faudrait, pour déduire des conséquences exactes d'un rapprochement semblable, avoir un moyen de mesurer les quantités de chaleur émises par différentes surfaces ayant précisément la température de la lampe, moyen qui paraît d'ailleurs très difficile à réaliser.

Les séries des pouvoirs absorbans et émissifs obtenues par M. Melloni, dans le cas d'une source ayant la température de 100°, étant complétement identiques, on ne saurait contester l'exactitude du moyen de mesure proposé; il résulte alors de cette identité une démonstration directe de l'égalité des pouvoirs émissif et absorbant d'une même substance à la température de 100°. Et comme MM. Dulong et Pétit ont constaté que cette égalité subsistait à toute température, on doit conclure des résultats trouvés par M. Melloni que les pouvoirs émissif et absorbant d'une même substance quoique toujours égaux entre eux, varient avec l'origine des rayons calorifiques ou la température de la source.

Le pouvoir absorbant paraît varier avec l'espèce des rayons qui tombent sur une même surface ; car en interposant un écran de verre entre la lampe et les disques métalliques placés devant la pile, les déviations stationnaires ont donné, pour représenter les pouvoirs absorbans des diverses substances qui recouvraient ces disques, les nombres suivans : noir de fumée 100, carbonate de plomb 24, colle de poisson 45, encre de Chine 100, gomme laque 30, surface métallique 17 ; et cette série comparée à celle obtenue pour la même source sans l'interposition du verre, indique que la chaleur rayonnée à travers cette substance est absorbée, par les mêmes surfaces, plus ou moins facilement que la chaleur venue directement de la source. En outre M. Melloni, se servant d'une pile thermo-électrique dont une des faces était recouverte de blanc d'Espagne et l'autre de noir de fumée, a trouvé que le rapport d'absorption de ces deux faces variait beaucoup avec la nature de l'écran diaphane que la chaleur rayonnée de la lampe était obligée de traverser ; sans aucun écran ce rapport était $\frac{80}{100}$, il conservait la même valeur pour un écran de sel gemme, un verre noir opaque l'élevait à $\frac{84}{100}$, un verre diaphane incolore l'abaissait à $\frac{54}{100}$, une plaque d'alun à $\frac{43}{100}$. Ainsi la chaleur rayonnée à travers différens écrans est plus ou moins facilement absorbable par une surface donnée.

Toutefois les surfaces métalliques ayant à très peu près le même pouvoir absorbant pour la chaleur provenant de toutes les sources, il en résulte comme conséquence que les miroirs métalliques doivent réfléchir la même portion de toute espèce de rayons. C'est en effet ce que M. Melloni a vérifié directement par plusieurs moyens. En enlevant le réflecteur de la lampe de Locatelli, et la rapprochant de la pile pour que sa flamme produisît toujours par son rayonnement direct et libre une déviation de 30°, puis essayant de cette manière les pouvoirs diathermiques des plaques diaphanes déjà éprouvées (§ 237), ces pouvoirs ont été trouvés les mêmes que ceux obtenus lorsque la lampe était munie de son réflecteur métallique. En plaçant horizontalement, sur un support disposé entre le diaphragme et la pile, un disque plan métallique, remontant la source, et inclinant l'axe de la pile de telle manière qu'elle ne pût recevoir que la chaleur réfléchie par le disque, puis essayant avec cette disposition les pouvoirs diathermiques des plaques diaphanes pour les rayons émis du cuivre échauffé à 400°, ou du cube à 100°, ces pouvoirs ont encore été trouvés identiques avec ceux obtenus quand la chaleur émergente des plaques tombait directement sur la pile sans éprouver une réflexion intermédiaire.

Principe général du rayonnement de la chaleur.

247. Quoiqu'il en soit de la constance ou de la variation du pouvoir absorbant d'une même surface, métallique ou non, suivant l'énergie de la source de chaleur et l'espèce des rayons incidens, on doit néanmoins conclure des résultats précis et variés obtenus par MM. Dulong et Petit (§ 245), que le pouvoir émissif et absorbant d'un même corps restent toujours identiquement égaux dans tous les cas. D'après cela, soit un élément plan ω pris à la surface d'un corps, et recevant un faisceau de rayons de chaleur parti d'une source à la température t, et incliné d'un angle α sur le plan ω, si q représente la quantité de chaleur

apportée par ce faisceau dans l'unité de temps, une certaine portion $\frac{q}{m}$ de cette chaleur est absorbée, le reste $\left(1 - \frac{1}{m}\right) q$ est réfléchi ; alors la fraction $\frac{1}{m}$ représente le pouvoir absorbant, et $\frac{m-1}{m}$ le pouvoir réfléchissant. Le nombre m change avec la nature du corps, il peut varier en outre avec la température t ; mais ces variations sont soumises à cette loi que si le corps considéré avait lui-même la température t, il émettrait par le même élément ω, et dans une direction faisant le même angle α avec son plan, un faisceau de rayons tel que la quantité de chaleur sortie par cette voie, dans l'unité de temps, serait identiquement égale à $\frac{q}{m}$. Ce principe est en quelque sorte le résumé de toutes les recherches expérimentales que nous avons citées sur les facultés diverses que possèdent les corps d'émettre, de réfléchir et d'absorber la chaleur rayonnante. C'est en même temps la vérification la plus complète des idées théoriques énoncées dans le § 226.

248. Il importe de remarquer que les propriétés distinctes et nombreuses de la chaleur rayonnante n'apportent aucune complication dans le phénomène de l'équilibre des températures, ni dans celui du refroidissement et de l'échauffement. Lorsqu'un corps est maintenu à une même température, il conserve évidemment une quantité de chaleur constante, et l'on doit admettre que cette chaleur, à l'état statique ou de combinaison, est homogène ou d'espèce unique ; car rien n'oblige de supposer qu'elle se compose de plusieurs natures différentes : tous les faits relatifs à la recherche des caloriques spécifiques, que nous

Identité
de la chaleur
statique.

exposerons plus tard, établissent au contraire l'identité de la chaleur contenue à l'état statique dans tous les corps de la nature, quelles que soient leurs températures, et les sources qui les ont établies.

Mais lorsqu'un corps se refroidit par le rayonnement, il perd successivement une portion de la chaleur qu'il possédait à l'état de combinaison. Cette portion se transforme en chaleur dynamique ou rayonnante, et c'est seulement par cette transformation que d'homogène elle peut devenir hétérogène, en se distribuant sur des rayons qui produisent des effets différens, et qui possèdent par cette raison des qualités spéciales et distinctes. Pour fixer les idées on pourrait assimiler ce changement à celui qui s'opère dans une masse liquide d'abord en équilibre dans un vase, et qu'on laisse ensuite s'échapper par un orifice inférieur; l'écoulement du liquide se fait par une multitude de de filets qui se distinguent les uns des autres par des différences de vitesses. C'est sans doute uniquement par des qualités tout aussi indépendantes de la nature de la chaleur transmise que les rayons se distinguent les uns des autres. Inversement, lorsqu'un corps s'échauffe par le rayonnement, la chaleur qu'il gagne peut lui arriver par des rayons de qualités différentes, mais quand il s'approprie une portion de ces rayons, la chaleur perd son état dynamique plus ou moins hétérogène, et se transforme en chaleur statique d'espèce unique. C'est comme un vase qui se remplit par des veines ou des filets d'un même liquide arrivant avec des vitesses et des sections diverses.

Équilibre mobile de température.

249. Lorsqu'un corps est en équilibre de température avec les corps qui l'entourent, la quantité de chaleur qu'il contient reste constante, puisque sa tempé-

rature est alors stationnaire. Or cette constance peut provenir, ou de ce que le corps n'émet ni ne reçoit plus de chaleur rayonnante, ou de ce qu'il en émet et en reçoit des quantités égales dans le même temps. De là résultent deux manières d'expliquer l'équilibre dont il s'agit. Par la première, il n'y a de la chaleur rayonnée entre deux corps que quand l'un d'eux est plus chaud que l'autre ; l'équilibre absolu de la chaleur existe lorsque tous les corps en présence ont la même température. Par la seconde, la chaleur rayonne toujours, même entre des corps ayant des températures égales ; dans ce cas particulier le rayonnement réciproque produit un échange continuel, qui n'altère pas les quantités de chaleur possédées par tous les corps en présence, il y a alors ce qu'on peut appeler *équilibre mobile de température.*

De ces deux manières de concevoir le mouvement de la chaleur, la première, supposant son repos absolu dans le cas de l'équilibre de température, part d'un principe qu'il est difficile de concilier avec l'une ou l'autre des deux seules hypothèses qui aient été faites jusqu'ici sur la cause des phénomènes calorifiques. La seconde, admettant au contraire le rayonnement continuel de la chaleur sans aucune restriction, paraît devoir être préférée ; elle explique très bien d'ailleurs tous les phénomènes qui se rattachent à l'échauffement et au refroidissement des corps ; et en s'appuyant sur le fait établi ci-dessus de l'égalité des pouvoirs émissif et absorbant pour un même corps, elle rend parfaitement compte de l'équilibre de température, dans toutes les circonstances si variables où on l'observe.

250. Considérons une enceinte fermée, dont la paroi intérieure ait partout la même température t. Supposons d'abord que toutes les parties de cette enveloppe soient de

même nature, et qu'elles aient un pouvoir absorbant absolu, ou un pouvoir réfléchissant nul. De chacune de ces
parties il partira des rayons de chaleur, qui tomberont sur
toutes les autres pour y être absorbées en totalité. Un point
pris dans l'intérieur de l'enceinte sera ainsi traversé à chaque instant par une infinité de rayons qui s'y croiseront
dans tous les sens. Or on peut démontrer, en s'appuyant
sur les lois de la chaleur rayonnante, que si la température
t reste constante, la quantité de chaleur qui aboutit à ce
point intérieur dans un temps donné, est toujours la même
en quelque endroit que ce point se trouve placé, et quelle
que soit la forme de l'enceinte.

Soient m le point considéré; ω un élément de la surface de l'enceinte; α l'angle que la direction $\omega\,m$ fait avec la
normale à l'élément ω; $\omega\,m = r$; i l'intensité de la chaleur qui part dans le direction normale, de l'unité de surface de l'enceinte; cette quantité dépendant uniquement
du pouvoir émissif de la paroi, et ne contenant aucune
portion de chaleur réfléchie, puisque nous supposons que
le pouvoir réfléchissant de l'enveloppe est nul. La quantité
de chaleur reçue par m de l'élément ω sera, d'après les
lois de la chaleur rayonnante : $\dfrac{i\,\omega\,sin\,\alpha}{r^2}$.

Imaginons la sphère de rayon r dont m serait le centre,
et soit ω' la projection de l'élément ω sur la surface de cette
sphère; on aura évidemment $\omega' = \omega \sin \alpha$, et l'expression
précédente pourra se mettre sous la forme $\dfrac{i\,\omega'}{r^2}$. Imaginons encore une sphère ayant pour rayon l'unité de
longueur et dont m serait encore le centre; soit θ la portion de la surface de cette sphère comprise dans le cône

dont m est le sommet, et ω' la base; on aura $\theta = \dfrac{\omega'}{r^3}$,

et l'expression de la quantité de chaleur que le point m reçoit de l'élément ω sera définitivement $i\,\theta$. Il suit de cette dernière valeur que la quantité de chaleur reçue en m de **toutes les parties de l'enceinte**, quelles que soient sa forme et son étendue, sera égale à i multiplié par la surface de la sphère du rayon 1, ou à $4\pi i$; ce qui démontre le théorème énoncé. Si le point m était pris sur la paroi elle-même, il ne recevrait évidemment de toutes les autres parties de cette paroi que la moitié de la quantité de chaleur $4\pi i$ ou seulement $2\pi i$.

Ainsi un point quelconque pris dans l'intérieur de l'enceinte, quelle qu'en soit la forme et l'étendue, sera traversé, dans une direction donnée, par la même quantité de chaleur que si ce point était au centre d'une enveloppe sphérique, de même nature que l'enveloppe proposée, et à la même température t dans toutes ses parties; d'où il suit évidemment que cette quantité de chaleur sera indépendante de la direction considérée, qu'elle sera la même dans toutes les directions et pour tous les points intérieurs. Pareillement, un point de la paroi recevra dans une direction donnée, la même quantité de chaleur que si l'enveloppe proposée était hémisphérique, et que le point considéré fut au centre de sa base; d'où il suit encore que cette quantité de chaleur est la même dans toutes les directions, et pour tous les points de la paroi.

Il résulte aussi de la loi que suit la chaleur émise obliquement, et de ce qu'un faisceau de rayons parallèles n'éprouve aucune diminution d'intensité en raison de la distance, que si l'on imagine dans l'enceinte proposée un cylindre quelconque dont la section normale ait une sur-

face B, toute autre section faite dans ce cylindre sera traversée, dans la direction des arètes, par une même quantité de chaleur dont l'expression sera Bi. La partie de la
paroi découpée par ce cylindre, et sur laquelle tombera
cette quantité de chaleur Bi dans la direction donnée, ayant
un pouvoir réfléchissant nul, l'absorbera entièrement; or
elle émet dans la direction opposée une quantité de chaleur
précisément égale à Bi; il résulte donc de là que dans le
cas où l'enveloppe a un pouvoir réfléchissant nul, chacune
de ses parties reçoit de toutes les autres autant de chaleur
qu'elle leur en envoie.

Cas général. . 251. Supposons maintenant qu'un élément ω de la paroi
possède seul un pouvoir réfléchissant, ou que son pouvoir
absorbant cesse d'être absolu, mais qu'il conserve la même
température t. Si les autres parties de l'enveloppe restent
dans leur état primitif, l'élément ω recevra toujours, dans
une direction donnée Dω, faisant un angle α avec sa surface, une quantité de chaleur représentée par $i\,\omega\sin\alpha$; car
$\omega\sin\alpha$ est la section normale du cylindre dont la génératrice serait parallèle à cette direction, et qui aurait pour
courbe directrice le périmètre de l'élément ω. Une portion

seulement $\dfrac{i\,\omega\sin\alpha}{m}$ de cette quantité de chaleur sera ab

sorbée, le reste $\left(1-\dfrac{1}{m}\right)i\,\omega\sin\alpha$ sera réfléchi.

Les fractions $\dfrac{1}{m}$, $1-\dfrac{1}{m}$, représentent ici les pouvoirs absorbant et réflecteur de l'élément ω; quant à son
pouvoir émissif il est égal au pouvoir absorbant et doit être

conséquemment représenté par $\dfrac{1}{m}$; c'est-à-dire que si une quantité q de chaleur était émise par l'élément ω dans une certaine direction, lorsque cet élément avait encore un pouvoir réfléchissant nul, il n'émettra plus maintenant dans la même direction, qu'une quantité de chaleur égale à $\frac{q}{m}$. Ainsi l'élément ω n'enverra de l'intérieur de la paroi, et dans la direction considérée ωD, que $\frac{i\,\omega\sin\alpha}{m}$ unités de chaleur ; et comme cette quantité est précisément égale à celle venue dans la direction opposée $D\omega$, et qu'il a absorbée, sa température ne sera pas altérée par cet échange.

La portion de chaleur $\frac{i\,\omega\sin\alpha}{m}$ émise suivant ωD, n'est pas la seule qui se meuve dans la même direction. En effet, soit ωD$'$ le rayon réfléchi correspondant au rayon incident $D\omega$, il tombe sur ω dans la direction $D'\omega$, et dans l'unité de temps, une quantité de chaleur représentée par $i\,\omega\sin\alpha$, dont une portion $\frac{i\omega\sin\alpha}{m}$ est absorbée, et l'autre $\left(1-\frac{1}{m}\right)$ $i\,\omega\sin\alpha$ est réfléchie suivant ωD ; cette dernière s'ajoute donc à la chaleur émise dans la même direction. C'est ce qui donne en tout $\frac{i\,\omega\sin\alpha}{m}+\left(1-\frac{1}{m}\right)i\,\omega\sin\alpha$, ou simplement $i\,\omega\sin\alpha$, pour la quantité totale de chaleur qui part de l'élément ω, dans la direction ωD, laquelle quantité est conséquemment égale à celle qui arrive dans un sens opposé. Ainsi la température des autres parties de l'enceinte ne sera pas altérée par le changement de nature du seul élément ω.

Le pouvoir réflecteur que différentes parties de la paroi peuvent acquérir, ne change donc rien à l'équilibre de température, ni au mouvement de la chaleur dans l'enceinte proposée. Un point quelconque pris dans son intérieur est toujours traversé par la même quantité de chaleur $4 \varpi i$. Il tombe toujours sur tout point de la paroi, et dans toute direction, une quantité de chaleur égale à celle qui part de ce point dans un sens opposé, et qui reste constante, soit qu'elle rayonne entièrement de l'intérieur de l'enveloppe, soit qu'une partie provienne de la chaleur réfléchie. En un mot ces quantités de chaleur dépendent uniquement de la température uniforme de l'enveloppe, et nullement de sa forme, de son étendue, ni de sa nature homogène ou hétérogène.

252. Il suit de ce théorème général, qu'un thermomètre placé dans une enceinte dont toute la paroi a une même température, quand il est parvenu à l'état stationnaire, ne doit être nullement influencé par l'interposition d'un écran qui l'empêcherait de recevoir les rayons de chaleur partis d'une portion de l'enceinte, si cet écran, quelle que soit sa nature, est à la même température que les parois. Car dans ces circonstances l'écran ne fera que substituer les rayons de chaleur qu'il émet et qu'il réfléchit, à ceux émis et réfléchis par la portion de paroi de l'enceinte qu'il intercepte, et il résulte de ce qui précède que la somme des premiers rayons sera égale à celle des seconds, si comme on le suppose l'écran est à la même température.

Si on dispose dans l'enceinte deux réflecteurs sphériques BC, MN, en regard l'un de l'autre, dont les foyers soient occupés, l'un par un corps A, et l'autre par un thermomètre T, la température indiquée par ce thermomètre restera encore stationnaire, et égale à celle de l'enceinte, lorsque le corps A et les réflecteurs BC et MN seront à la même température que les parois interceptées. Car si i représente l'intensité des rayons de chaleur qui partent nor-

Fic. 142.

malement de la surface de l'enceinte, qu'ils soient tous émis de l'intérieur des corps qui forment les parois, ou qu'une partie provienne de la réflexion à leur surface, i sera aussi l'intensité des rayons partis du corps A vers le réflecteur BC, qui en absorbera une partie et réfléchira l'autre ; mais de telle manière que l'intensité des rayons émis et réfléchis vers le réflecteur MN soit toujours i. Enfin i sera encore l'intensité des rayons émis et réfléchis par le réflecteur MN vers le thermomètre T, qui recevra conséquemment la même quantité de chaleur qu'avant l'interposition des deux réflecteurs et du corps A.

252. Mais si le corps A a une température plus grande ou plus petite que celle des corps environnans, le thermomètre T devra monter ou descendre. En effet i' représentant l'intensité des rayons émis et réfléchis par le corps A vers le miroir BC, et i' étant plus grand ou plus petit que i, le réflecteur BC réfléchira vers MN plus ou moins de rayons que si A avait la température de l'enceinte. L'intensité i'' des rayons allant de BC à MN sera donc plus grande ou moindre que i. Ainsi MN réfléchira vers T plus ou moins de rayons que si la chaleur qui tombe à sa surface avait l'intensité i, la totalité des rayons émis et réfléchis par le réflecteur MN vers le thermomètre T, aura donc une intensité i''' plus grande ou plus petite que i. D'où il suit que le thermomètre T absorbera dans ces circonstances plus ou moins de rayons qu'avant l'interposition des réflecteurs et du corps A ; sa température devra donc s'élever ou s'abaisser.

L'expérience confirme ces conséquences théoriques. Lorsque le corps A est à une température plus élevée que celle des corps environnans, l'index d'un thermomètre à

Réflexion
apparente
du froid.

air placé en T, marche au chaud. Lorsque ce corps est à une température plus basse que celle extérieure, si c'est un morceau de glace par exemple, la température de l'enceinte étant de 10 à 15° au-dessus de zéro, on voit le thermomètre baisser. Dans les deux cas on remarque que l'effet produit sur le thermomètre focal est d'autant plus grand en valeur absolue que le pouvoir absorbant du corps A est plus considérable ; ce qui tient à ce que alors le pouvoir réfléchissant de A est d'autant moindre qu'une plus grande partie des rayons d'intensité i', allant de A à BC, est émise de l'intérieur de ce corps, et qu'une moindre partie est due à la réflexion d'intensité i qui s'opère à sa surface, en sorte que i' doit différer d'autant plus de i.

SEIZIÈME LEÇON.

De la communication de la chaleur dans les corps solides. — Loi des températures d'un mur solide. — Coefficiens des conductibilités intérieure et extérieure. — Loi des températures d'une barre solide. — Rapports des pouvoirs conducteurs. — De la théorie analytique de la chaleur. — Communication de la chaleur dans les liquides et les gaz. — Applications.

254. Pour étudier comment l'équilibre des températures s'établit dans l'intérieur d'un même corps, ou entre deux corps en contact, il faut connaître la loi suivant laquelle s'effectue la communication de la chaleur entre leurs diverses parties. Nous considérerons d'abord cette communication dans les solides. L'expérience démontre que la chaleur qui s'échappe d'un corps est émise, non-seulement des particules qui le limitent, mais aussi de celles situées à une certaine profondeur au-dessous de la surface ($\S$ 225). En se fondant sur ce résultat on est conduit à admettre que les particules forment autant de sources de chaleur qui envoient des rayons dans toutes les directions ($\S$ 226). Il est évident que, si ce rayonnement particulaire existe réellement, il doit pouvoir expliquer la communication de la chaleur entre les différentes couches d'un

Principe de la communication de la chaleur dans les solides.

23..

même corps, avec tout autant d'exactitude qu'il rend compte des propriétés que possède ce corps d'émettre, de réfléchir et d'absorber de la chaleur rayonnante par sa couche superficielle.

C'est une dernière épreuve à laquelle il convient de soumettre l'hypothèse du § 226. Si, l'envisageant sous ce nouveau point de vue, on en déduit des conséquences que l'expérience vérifie, on pourra l'admettre comme un résumé simple et exact de tous les faits relatifs à la transmission et à la communication de la chaleur. C'est-à-dire qu'il sera prouvé que les corps de la nature se maintiennent en équilibre de température, s'échauffent et se refroidissent, comme si chacune de leurs particules indivisibles émettait dans toute direction des rayons de chaleur ayant des intensités et des qualités variables avec la température seule ; et comme si elle possédait en outre la faculté de réfléchir et de s'approprier certaines fractions des rayons étrangers qui traversent son système, ou qui passent dans son voisinage. Posons donc cette hypothèse en principe, et cherchons à expliquer de cette manière la propagation de la chaleur dans un corps solide, que nous supposerons homogène et athermane.

Loi du rayonnement particulaire intérieur. 255. Deux particules m et m' assez voisines pour que des rayons partis de l'une puissent arriver à l'autre, sans être totalement éteints par les pertes éprouvées dans les systèmes traversés, échangeront par leur rayonnement réciproque deux quantités de chaleur qui seront égales si leurs températures sont les mêmes. Mais si l'une d'elles a une température t plus grande que celle t' de la seconde, celle-ci gagnera par cet échange une certaine quantité de chaleur, qui, toutes choses égales d'ailleurs, doit être proportionnelle à l'excès $(t - t')$; car cet excès est très petit, puisque le corps étant supposé athermane, les deux molécules sont nécessairement très voisines, et l'on peut admettre ici que la loi du refroidissement de Newton est applicable en toute rigueur. Ainsi la particule m' recevra de m une quantité de chaleur $q = \alpha (t - t')$; le coefficient α est indépendant de t et t', mais il représente une fonction de la distance mm' décroissant rapidement à mesure que cette distance augmente, de telle sorte qu'elle devient nulle quand la variable acquiert une grandeur appréciable.

Dans un même corps homogène, c'est-à-dire dont toutes les particules ont la même nature, des masses égales, et agissent conséquemment de la même manière sur la chaleur rayonnante, α ne varie qu'avec la distance, on peut aussi supposer qu'il ne change pas avec la direction de la ligne mm'. Il n'en serait plus de même évidemment si le corps était hétérogène, ou composé de particules ayant des masses inégales et des propriétés calorifiques différentes. Dans tous les cas, il n'y a communication de chaleur dans la direction mm' que si la température t de m surpasse celle t' de m'; car si $t = t'$, ces deux particules font un échange égal, il n'y a perte ni gain pour aucune.

256. Pour réduire la communication de la chaleur à sa plus grande simplicité, nous la considérerons dans un mur solide homogène, d'épaisseur constante e, dont les faces A et B planes, parallèles et indéfinies, sont entretenues par des moyens quelconques à des températures constantes a et b; a étant plus grand que b. Il est évident que si l'on imagine le corps partagé en couches égales, par une infinité de sections planes, parallèles aux bases A et B, et équidistantes, chacune de ces couches aura à chaque ins-

tant la même température dans toute son étendue. Le mur ayant d'abord la température b sur toute son épaisseur, la couche voisine de A recevra de la chaleur de la source constante avec laquelle cette base est en contact, en transmettra à la suivante, celle-ci à la troisième, et ainsi de suite.

La température de chaque section croîtra jusqu'à une certaine limite et restera ensuite stationnaire. Toutes les sections auront acquis leurs températures finales lorsqu'elles seront toutes traversées par la même quantité de chaleur dans le même temps, ou lorsqu'une couche quelconque cèdera autant de chaleur à celle qui la suit, qu'elle en recevra de celle qui la précède. La chaleur qui traversera le mur dans chaque unité de temps sera constante, et se dissipera dans la source absorbante b, avec laquelle la face B est en contact. Cet état d'équilibre doit être unique ; si donc nous trouvons une formule qui représente les températures des différentes sections, et qui soit telle que l'état qu'elle exprimera doive rester constant et stationnaire, d'après les principes que nous avons admis, cette formule appartiendra à l'équilibre dont nous cherchons la loi.

La loi la plus simple que l'on puisse imaginer est celle où les températures finales des couches successives décroîtraient en progression arithmétique. Soit V la température d'une particule dont la distance à la face A soit z ; la loi que nous venons d'énoncer s'exprimera analytiquement par l'équation (1) $V = a - \dfrac{a-b}{e}z$. Or il est facile de démontrer qu'une telle loi des températures représente un état d'équilibre. En effet, considérons deux sections différentes L et L', à une distance finie l'une de l'autre ; soient

m et n deux molécules du corps très voisines, placées l'une au-dessous et l'autre au-dessus de la section L, et ayant deux températures T et t; soient m' et n' deux autres molécules, placées de la même manière et aux mêmes distances par rapport à la section L', et ayant des températures T' et t'; soit enfin ζ la différence des valeurs de z, pour les points m et n, m' et n'. L'équation (1) donnera

$$T - t = \frac{a - b}{e}\zeta, \quad \text{et aussi } T' - t' = \frac{a - b}{e}\zeta, \quad \text{d'où}$$

$$T - t = T' - t'.$$

Si ζ est assez petit pour qu'il puisse y avoir rayonnement entre m et n, entre m' et n', l'égalité précédente entre les différences de température doit faire conclure que m' enverra autant de chaleur à n' que m à n. La même conclusion pourrait être faite pour toutes les molécules voisines des sections L et L'. Il en résulte que ces deux sections seront traversées dans le même temps par les mêmes quantités de chaleur, ou que la couche comprise entre elles perdra autant de chaleur qu'elle en recevra. L'état des températures représenté par la formule (1) sera donc constant; c'est donc la loi que nous cherchions. D'ailleurs on arrive à cette formule en partant de l'équation

$$\frac{dV}{dz} = constante,$$

qui exprime que dans l'état d'équilibre la différence entre les températures de deux points infiniment voisins, à deux hauteurs différant de dz, doit être la même quel que soit z.

257. Supposons maintenant un autre mur solide, composé de la même substance, ayant une épaisseur c', et terminé par deux faces planes, parallèles et indéfinies A' et B', entretenues à des températures constantes a' et b'; a' étant

plus grand que b'. L'état d'équilibre des températures de ce nouveau corps sera représenté par la formule (2) $V = a' - \dfrac{a' - b'}{e'}z$. Soient T et t les températures de deux molécules m et n très voisines dans le premier solide, situées l'une au-dessous l'autre au-dessus d'une section L; soient pareillement T' et t' les températures de deux molécules m' et n' du second solide, placées par rapport à une section L' de la même manière que m et n par rapport à L: on aura en vertu des formules (1) et (2): $T - t = \dfrac{a - b}{e}\zeta$, $T' - t' = \dfrac{a' - b'}{e'}\zeta$, et par suite $T - t : T' - t' :: \dfrac{a - b}{e} : \dfrac{a' - b'}{e'}$. Il est aisé de conclure de cette proportion que le rapport des quantités de chaleur Q et Q', qui traversent dans l'unité de temps l'unité de surface prise sur une section de chacun des deux murs, sera aussi égal à $\dfrac{a - b}{e} : \dfrac{a' - b'}{e'}$. Si l'on suppose $e' = 1$, $a' - b' = 1$, et que K soit alors la valeur de Q', la proportion précédente donnera $Q = K\,\dfrac{a - b}{e}$.

Le nombre K est ce que l'on nomme le coefficient de la conductibilité intérieure du corps pour la chaleur. C'est, comme l'on voit, la quantité de chaleur traversant, dans l'unité de temps, l'unité de surface d'une des sections d'un mur solide, ayant pour épaisseur l'unité de longueur, lorsque les deux faces parallèles de ce mur sont entretenues à des températures constantes, différant entre elles de l'unité. Ce coefficient de la conductibilité n'a encore été déterminé exactement avec sa valeur rigoureuse pour aucune substance.

Voici un moyen qu'on pourrait employer avec succès.

Il consisterait à former avec la substance dont on voudrait connaître la conductibilité, un vase sphérique creux, d'une épaisseur e assez petite pour qu'on pût regarder, sans grande erreur, les aires des surfaces intérieure et extérieure comme ayant la même valeur S. On entretiendrait la paroi interne à une température constante en y faisant passer un courant de vapeur d'eau à 100°; on plongerait en outre le vase dans la glace pilée à 0°; on déterminerait enfin le poids P de glace fondue dans le temps t. Le nombre d'unités de chaleur traversant la surface S pendant le temps t, serait alors 75 P, et l'on aurait l'équation $\dfrac{75\text{P}}{St} = \text{K}\,\dfrac{100}{e}$, pour déterminer K. Le nombre 75 introduit dans cette formule provient de ce que, comme on le verra par la suite, un kilogramme de glace absorbe pour se fondre la quantité de chaleur capable d'échauffer un kilogramme d'eau de 0° à 75°, et de ce qu'on est convenu de prendre pour unité de chaleur celle capable d'élever de 1° la température d'un kil. d'eau (dix-huitième leçon).

258. Considérons maintenant le cas où la face B du premier mur solide que nous avons considéré, au lieu d'être en contact avec une source constante, rayonne vers la paroi d'une enceinte dont la température soit c. Désignons toujours par b la température maintenant inconnue de la surface B dans l'état d'équilibre; la perte de chaleur faite par cette face peut être regardée comme proportionnelle à $(b - c)$, si l'on suppose cette différence assez petite pour que la loi du refroidissement de Newton puisse être appliquée dans cette circonstance. Représentons par h la quantité de chaleur que perdrait dans l'unité de temps l'unité de surface de B, si $(b - c)$ était égal à l'unité de tempé-

rature ; h est ce qu'on appelle le coefficient de la conductibilité extérieure. $h\,(b - c)$ représentera la quantité de chaleur qui s'échappe actuellement par l'unité de surface de B ; or cette quantité doit être égale à celle qui traverse l'unité de surface d'une section quelconque du solide ; on a donc l'équation : $h\,(b - c) = \text{K}\,\dfrac{a - b}{e}$, qui peut servir à déterminer b lorsque les coefficiens h et K sont connus pour la substance qui compose le mur.

La détermination du nombre h pourrait être déduite d'expériences faites au moyen de l'appareil que MM. Dulong et Petit ont appliqué à la recherche des lois du refroidissement (dix-septième leçon). Il importe de remarquer que ce coefficient de la conductibilité extérieure, qui dépend à la fois de la surface du corps rayonnant et du milieu ambiant, ne doit pas être confondu avec le pouvoir émissif qui dépend uniquement de la surface. Toutefois, si le corps rayonnait dans le vide, la valeur de h correspondante pourrait servir de mesure à son pouvoir émissif.

Les nombres h et K jouent un rôle important dans la théorie analytique du mouvement et de la propagation de la chaleur dans les corps solides, que les travaux des géomètres, et principalement ceux de Fourier et de M. Poisson, ont élevée au premier rang parmi les sciences physiques-mathématiques. Il importait donc de donner leur définition exacte, et c'est le but que nous nous sommes proposé dans les paragraphes précédens.

Lois des températures d'une barre solide.

259. Pour déduire de la théorie des conséquences qu'on pût soumettre à l'épreuve de l'expérience, on a cherché par le calcul la loi de la distribution de la chaleur dans une barre solide homogène, dont une extrémité serait ex--

posée à un foyer constant, en supposant l'épaisseur de
cette barre assez petite pour qu'il fût permis de regarder
tous les points intérieurs d'une même section, perpendiculaire à la longueur du solide, comme ayant la même température. Le principe de cette analyse est qu'une couche,
comprise entre deux sections très voisines, d'une part reçoit
par le rayonnement intérieur une certaine quantité de chaleur de la couche qui la précède, et de l'autre part en perd
par le rayonnement de la surface extérieure et en transmet à la
couche suivante. Tant que la couche considérée reçoit plus
qu'elle ne perd, sa température s'élève ; mais il doit arriver
un moment où les pertes compensent le gain, et la température de cette couche devient alors stationnaire. Il s'agit
de trouver la loi des températures variables d'une même
couche, et celle des températures stationnaires de différentes sections de la barre.

Soient c une section normale faite dans la barre prismatique ; y sa température actuelle, celle de l'enceinte
étant prise pour zéro ; x la distance qui la sépare de l'extrémité exposée à la température A de la source ; S l'aire
de cette section, et p son périmètre ; enfin soient K et h
les coefficiens des conductibilités intérieure et extérieure du
solide proposé. La température y est en général une fonction de la distance x et du temps t dont il s'agit de découvrir la forme. Considérons trois sections successives c, c', c'', Fig. 145.
aux distances x, $x + dx$, $x + 2dx$, et ayant actuellement
des températures y, $y' = y + dy$, $y'' = y + 2dy + d^2y$.
En réalité y' est moindre que y, y'' moindre que y', en sorte
que dy a une valeur négative.

La couche cc', comprise entre les sections c et c', reçoit
dans un temps très court dt, par le rayonnement intérieur

et à travers la base c, une quantité de chaleur égale à celle qui s'écoulerait dans le même temps, par une surface S prise sur une des sections d'un mur formé de la substance de la barre, d'épaisseur dx, et dont les faces seraient entretenues à des températures γ et γ^i ; cette quantité de chaleur aura donc pour expression $SK \dfrac{\gamma - \gamma'}{dx} dt$ ($\S$ 257). Cette même couche cc' transmet par une communication semblable à la couche suivante $c'\, c''$, à travers la section c', à la même époque et dans le même temps dt, une quantité de chaleur dont l'expression, obtenue de la même manière, est $SK \dfrac{\gamma' - \gamma''}{dx} dt$. Enfin, toujours dans le temps dt, cette couche cc' perd par le rayonnement de la surface latérale, dont l'étendue est pdx, une quantité de chaleur proportionnelle à l'excès actuel de sa température sur celle des corps environnans, en admettant que la loi du refroidissement de Newton puisse être appliquée dans cette circonstance; cette seconde perte aura alors pour valeur $hpydxdt$.

Il résulte de là qu'il ne peut rester dans la couche considérée, pour élever sa température, qu'une quantité de chaleur communiquée égale à $\left(SK \dfrac{d^2y}{dx} - hpydx \right) dt$. Ce gain définitif, distribué sur toute la masse solide de la couche, élevera sa température dans l'instant dt de $\dfrac{dy}{dt}dt$; et si γ représente la quantité de la chaleur nécessaire pour élever d'un degré la température de l'unité de poids de la matière solide qui forme la barre, on aura une autre expression de ce même gain, en multipliant l'effet thermométrique produit $\dfrac{dy}{dt} dt$, par γ et par la masse solide $SD\, dx$

de la couche cc' ; D représentant sa pesanteur spécifique, ou le poids de sa substance sous l'unité de volume. On devra donc avoir identiquement $\dfrac{d^2 y}{dx^2} = \dfrac{hp}{KS} y + \dfrac{D\gamma}{K} \dfrac{dy}{dt}$. Telle est l'équation qui exprimera, d'après la théorie, l'état variable des températures des différentes parties de la barre.

Lorsque ces températures cesseront de croître, $\dfrac{dy}{dt}$ sera nul, et les pertes éprouvées par chaque couche compensant exactement le gain qu'elle fait du côté de la source, on devra avoir (1) $\dfrac{d^2 y}{dx^2} = \dfrac{hp}{KS} y$. Nous nous contenterons d'interpréter cette dernière équation, qui renferme la loi des températures dans la barre parvenue à son état final. Posons pour simplifier $\dfrac{hp}{KS} = a^2$; l'équation (1) sera évidemment vérifiée par une fonction de la forme (2) $y = Me^{ax} + Ne^{-ax}$, quelles que soient les deux constantes arbitraires M et N, en sorte que cette fonction sera son intégrale complète. Les deux constantes peuvent être déterminées par ces deux conditions, que la température soit $y = A$ pour $x = o$, ou sur la section en contact avec la source de chaleur, et que, si la barre a une longueur l suffisante pour que la source ne puisse pas faire parvenir de chaleur sensible à l'extrémité opposée, on ait $y = o$ pour $x = l$; ce qui donnera deux relations d'où l'on conclura facilement M et N. On pourrait supposer aussi que la seconde extrémité de la barre fût entretenue à une température constante A' moindre que A, ce qui modifierait la dernière des équations de condition.

260. Mais la fonction (2) conduit à une conséquence indépendante des valeurs numériques des constantes, et

qu'il est possible de vérifier par l'expérience. Si l'on y substitue successivement à x les valeurs x_1, $x_1 + i$, $x_1 + 2i$, on trouvera facilement que les valeurs correspondantes y_1, y_2, y_3, de la température y, vérifient la relation...

$$\frac{y_1 + y_3}{y_2} = c^{ai} + c^{-ai};$$ c'est-à-dire que le quotient......

$\dfrac{y_1 + y_3}{y_2}$ est indépendant de x_1, et des constantes M et N.

D'après cela, si y_1, y_2, y_3, y_4, y_5... désignent les températures stationnaires d'une série de sections de la barre, situées à des distances de la source formant une progression arithmétique dont la raison est i, on devra avoir

$$\frac{y_1 + y_3}{y_2} = \frac{y_2 + y_4}{y_3} = \frac{y_3 + y_5}{y_4} = \ldots = c^{ai} + c^{-ai}.$$

261. Parmi toutes les expériences entreprises pour vérifier cette dernière conséquence théorique, et en déduire les rapports des coefficiens de conductibilité relatifs à différens corps, celles faites par M. Despretz sont les plus complètes et méritent le plus de confiance. Voici le mode d'observation employé, et les résultats obtenus par ce physicien. Dans une barre de cuivre carrée, de 21 millimètres de largeur, on fit creuser, à 1, 2, 3, 4, 5, 6, décimètres d'une de ses extrémités, des trous de 6^{mm} de diamètre et

de 14^{mm} de profondeur. La barre étant disposée horizontalement, et sa surface couverte d'une couche de vernis suffisamment épaisse, on mit dans chaque trou du mercure, puis le réservoir cylindrique d'un petit thermomètre qui devait indiquer la température moyenne, variable et ensuite stationnaire, de la barre au même lieu. L'extrémité située en-deçà du premier thermomètre fut chauffée par un quinquet, dont la cheminée opaque aboutissait à une petite distance en-dessous. La température de l'air ambiant était

maintenue sensiblement constante, et indiquée par un thermomètre très sensible.

La source conservant la même intensité, les thermomètres équidistans ne devinrent stationnaires qu'après plus
de deux heures. L'expérience fut ensuite prolongée plusieurs heures encore pour s'assurer de l'invariabilité de l'état
d'équilibre établi. t_1, t,.. t_6, étant les excès des températures constantes indiquées par les six thermomètres, sur
celle de l'air, on a trouvé $\frac{t_1 + t_3}{t_2} = 2,14$; $\frac{t_2 + t_4}{t_3} = 2,15$;

$\frac{t_3 + t_5}{t_4} = 2,11$; $\frac{t_4 + t_6}{t_5} = 2,17$. M. Despretz a soumis à
la même épreuve des barres de fer, d'étain, de zinc, de
plomb, ayant les mêmes dimensions que celle de cuivre,
et toutes recouvertes du même vernis afin qu'elles eussent
la même conductibilité extérieure. L'état stationnaire de la
barre de fer a donné pour quotiens successifs 2, 34; 2, 34;
2, 33; 2, 31. Celui de l'étain 2, 42; 2, 36. Le zinc 2, 35;
2, 20. Enfin le plomb 2, 72; 2, 64.

Les quotiens correspondans à une même barre étant
à très peu près égaux, on peut regarder la loi du § 260
comme suffisamment vérifiée par les expériences précédentes. Il faut remarquer d'ailleurs que la théorie développée plus haut suppose l'invariabilité des coefficiens de
conductibilité; elle admet en outre la loi du refroidissement
de Newton, qui n'est exacte que pour de faibles excès,
tandis que, dans les expériences de M. Despretz, l'excès
indiqué par le thermomètre le plus voisin de la source atteignait 40 et même 50 degrés; enfin les formules calculées
sont seulement applicables au cas d'une barre infiniment
mince. Il n'y a donc pas identité parfaite entre les circons-

tances supposées et celles des expériences ; ce qui suffit pour expliquer les faibles différences que l'on remarque entre les quotiens successifs obtenus par M. Despretz pour une même barre métallique.

262. On peut déduire facilement des nombres précédens les rapports des pouvoirs conducteurs des métaux éprouvés. Soient : $2n$ et $2n'$ les quotiens constans qui correspondent à deux barres différentes ayant les mêmes dimensions ; K et K' les coefficiens de leurs conductibilités intérieures ; h celui de la conductibilité extérieure du vernis de même nature qui les recouvre ; S l'aire et p le périmètre de leur section normale ; i l'intervalle constant qui sépare les thermomètres ; enfin soit posé $a^2 = \dfrac{hp}{KS}$, $a'^2 = \dfrac{hp}{K'S}$, d'où $K : K' :: a'^2 : a^2$. On a, d'après la loi théorique, $e^{ai} + e^{-ai} = 2n$; d'où l'on déduit facilement . . . . .

$$a = \frac{1}{i} \log \left(n + \sqrt{n^2 - 1} \right), \text{ et enfin.} \dots \dots \dots$$

$$K : K' :: \left[\log \left(n' + \sqrt{n'^2 - 1} \right) \right]^2 : \left[\log \left(n + \sqrt{n^2 - 1} \right) \right]^2 \cdot$$

Par exemple, les expériences de M. Despretz donnant pour le cuivre et le fer : $2n = 2{,}14$, $2n' = 2{,}34$, la proportion précédente conduit à $K : K' = 2{,}408$. Ainsi le cuivre conduit la chaleur près de deux fois et demi mieux que le fer.

Si la barre, considérée théoriquement, est infinie, la loi de ses températures stationnaires se trouve exprimée par l'équation $y = Ne^{-ax}$; car, à une distance infinie de la source, la température ne pourrait être que celle de l'air environnant, ou zéro, ce qui exige que le terme Me^{ax} de la formule générale n'existe pas, ou que la constante M soit nulle. Ainsi les températures décroîtraient en progression géométrique, pour des distances à la source croissant en progression arithmétique. Les excès de température t_1, t_2,... atteints par les six thermomètres de la barre de cuivre, dans les expériences de M. Despretz, formaient exactement une progression géométrique dont la raison était 1,4. Mais pour le fer, l'étain, le zinc, et surtout le plomb, le décroissement des températures stationnaires était sensiblement plus rapide que celui d'une progression géométrique. Toutefois, pour trouver des nombres qui pussent représenter approximativement les pouvoirs conducteurs de ces métaux, M. Despretz a supposé que la nouvelle loi théorique se vérifiait pour tous. Dans cette hypothèse, si q est le quotient de deux excès successifs, ou $\frac{t_1}{t_2}$, pour une même barre, on a $q = e^{ai}$, et $a = \frac{1}{i} \log. q$. On obtient facilement d'après cela $K : K' : : (\log q')^2 : (\log q)^2$, formule plus simple, mais nécessairement moins exacte que celle de l'article précédent.

C'est par cette nouvelle formule que M. Despretz a déduit des expériences que nous avons citées, et d'autres du même genre, une table des pouvoirs conducteurs de différens corps. Celui de l'or étant pris pour 1000, les conductibilités d'autres substances sont représentées par les nombres suivans : platine 981, argent 973, cuivre 898, fer 374, zinc 363, étain 304, plomb 180, marbre 24, porcelaine 12, terre des fourneaux 11. Les nombres correspondans aux trois dernières substances sont beaucoup plus incertains que ceux relatifs aux métaux; car dans l'état stationnaire d'une barre de marbre, par exemple, maintenue en contact avec une source de chaleur par une de ses extrémités, les excès de température, indiqués par des thermomètres équidistans, n'ont aucun rapport avec les deux lois théoriques énoncées plus haut; M. Despretz a trouvé dans ce dernier cas, pour deux quotiens succes-sifs, $\dfrac{t_1 + t_3}{t_2} = 10, 83, \dfrac{t_2 + t_4}{t_3} = 3, 87.$

Il y a donc une grande différence entre les pouvoirs conducteurs des métaux, et des pierres ou des substances terreuses. Mais cette anomalie ne doit rien faire conclure contre le principe qui sert de base à la théorie, savoir : que la propagation de la chaleur dans un corps solide est due au rayonnement intérieur, ou aux échanges de chaleur qui s'opèrent à distance entre les particules de ce corps. En effet, les lois trouvées plus haut supposent une homo-généité et une constitution uniforme, que ne sauraient pos-séder des substances aussi hétérogènes, et aussi composées que le marbre, la porcelaine, la brique. Il suffirait qu'un corps solide fût formé de deux sortes de particules, pour que la communication de la chaleur, toujours due au rayon-nement intérieur, s'y fît suivant des lois très différentes de celles obtenues dans le cas d'une seule substance. En outre, une substance cristallisée devrait aussi com-muniquer la chaleur suivant des lois particulières et plus compliquées, car les pertes qu'un rayon de cha-leur émis par une particule éprouverait sur une même longueur ne pourraient plus être regardées comme indépendantes de sa direction, puisque le nombre des systèmes de particules qu'il traverserait, varierait d'une direction à une autre.

De la théorie analytique de la chaleur.   263. Quand on considère combien les circonstances simplifiées que suppose la théorie diffèrent de celles, même les moins dissemblables, qu'il est possible de réaliser, il y

a lieu de s'étonner que les observations faites sur les substances métalliques n'aient pas conduit à des résultats plus
éloignés de ceux fournis par le calcul ; et l'on est en droit
de conclure de la coïncidence presque complète des lois
calculées et de celles observées sur les métaux, que le principe fondamental énoncé dans le paragraphe précédent est
exact et réel. C'est ce principe ainsi vérifié, mieux même
qu'il n'était possible de s'y attendre, qui sert de point de
départ à la théorie analytique de la propagation de la chaleur dans les corps solides.

Le problème général que se propose cette théorie consiste à déterminer l'état variable et l'état final des températures, dans l'intérieur d'un corps solide homogène de
forme donnée, dont la surface est exposée à des sources de
chaleur constantes, ou rayonne dans une enceinte ayant
une température connue. Les géomètres ont résolu complétement ce problème dans les cas d'un cylindre droit à
base circulaire, d'une sphère et d'un corps peu différent
de la sphère, d'un prisme droit à base rectangle, d'un
prisme triangulaire régulier. On possède des solutions particulières pour les corps et les enveloppes terminées par des
surfaces du second degré. Le cas général de la sphère, et
celui d'un sphéroïde, ont conduit à des conséquences
remarquables sur les lois de la distribution de la chaleur à
la surface et dans l'intérieur du globe terrestre.

Mais toutes ces solutions ne doivent être considérées que
comme offrant une première approximation ; il reste à
trouver les perturbations que doivent apporter dans les lois
trouvées la variation réelle de certains coefficiens qu'on a
supposés constans. Ces recherches mathématiques peuvent
conduire par la suite à des découvertes importantes sur

l'histoire physique du globe ; mais il ne faut pas se dissimuler que leur utilité dans la théorie physique de la chaleur est extrêmement restreinte. Elles considèrent presque uniquement un seul fait particulier, celui de l'équilibre et du mouvement de la chaleur dans les corps solides homogènes ; et la plupart des autres phénomènes produits par cet agent naturel sont hors de leur atteinte.

De ce que les expressions dont se servent les géomètres, dans la théorie analytique de la chaleur, pour définir les variables et les fonctions qu'ils emploient, paraissent se rapporter plus spécialement au système de l'émission, il serait erroné de croire que les formules obtenues, et les lois qu'elles comprennent, ne peuvent être vraies que dans l'hypothèse adoptée pour simplifier les énoncés. Elles s'appliqueraient tout aussi bien, et ne subiraient aucune modification essentielle, si tout autre système venait à prévaloir ; on en serait quitte pour changer les définitions ; et par exemple, la quantité de chaleur, quoique variant toujours de la même manière, ne serait plus une masse de calorique transportable, ce serait, ou la force vive d'un mouvement vibratoire dans l'hypothèse des ondulations, ou la masse même du fluide qui transmet ce mouvement.

Procédés pour comparer les conductibilités.

264. Divers moyens ont été proposés pour reconnaître, parmi plusieurs substances solides, celles qui conduisent le mieux la chaleur. Ces procédés ne peuvent donner des résultats comparables, mais ils remplissent assez bien et d'une manière simple le seul but qu'on se propose d'atteindre. Voici celui qu'a imaginé Ingenhoux. Il est fondé sur ce principe évident, qu'à égalité de faculté rayonnante, une barre chauffée par un bout et parvenue à l'état stationnaire, doit posséder une température donnée, à une dis-

tance d'autant plus grande de la source que sa conductibilité intérieure est plus puissante. On forme avec différentes substances des cylindres de mêmes dimensions, que l'on recouvre d'une couche de cire qui fond à 68°; on plonge chacun d'eux par une de ses extrémités dans une caisse dont il traverse horizontalement la paroi. Cette caisse étant ensuite remplie d'eau bouillante, on remarque que la cire se fond sur une étendue très différente d'un cylindre à l'autre; c'est-à-dire que la température stationnaire de 68°, qui appartient à la section séparant la cire fondue de celle solide, se trouve située à des distances différentes de la source de chaleur. Le cylindre pour lequel cette section est plus éloignée est évidemment le meilleur conducteur.

Fig. 147.

On peut encore comparer les conductibilités des corps réductibles en feuilles minces, au moyen d'un instrument imaginé par Fourier, et qui se compose d'un vase ayant la forme d'un entonnoir renversé, dont le fond est une peau tendue et fortement attachée; ce vase contient du mercure et le réservoir d'un thermomètre. On place successivement cet appareil sur des plaques de différentes substances, ayant la même épaisseur, et posées sur un support solide entretenu à une même température élevée. Il est évident que les températures finales et stationnaires du thermomètre, observées dans ces circonstances, seront d'autant plus hautes que les conductibilités des plaques éprouvées seront plus grandes.

Fig. 148.

265. La mobilité relative des particules qui composent les liquides et les gaz, complique le phénomène de la communication de la chaleur dans l'intérieur de ces corps. Lorsqu'un liquide est échauffé par la partie inférieure de sa masse, il semble ne se mettre en équilibre de tempéra-

Communication de la chaleur dans les liquides.

ture que par des courans intérieurs, dus aux parties plus chaudes et moins denses qui s'élèvent, tandis que celles plus froides et plus lourdes descendent vers le fond du vase. On peut manifester l'existence de ces courans, en mêlant à l'eau contenue dans un vase de verre, que l'on échauffe par son fond, de la sciure de bois de chêne dont la densité est à peu près égale à celle du liquide ; les particules de cette poudre partageant les mouvemens du fluide indiquent à l'œil leurs directions et leurs vitesses. Lorsqu'un liquide, d'abord échauffé, se refroidit, c'est encore par des courans analogues et inverses des précédens ; on peut même diminuer la rapidité de ce refroidissement, en rendant le liquide plus visqueux ou moins mobile par une dissolution de gomme ou d'autre substance. Enfin quand une masse liquide est échauffée par sa partie supérieure, on peut tenir long-temps à la main le vase qui le contient, très près du point où une portion du liquide est en ébullition.

On avait cru devoir conclure de ces faits que les liquides ne peuvent s'échauffer et se refroidir que par des mouvemens qui s'opèrent dans leur masse, et qui amènent successivement en contact avec les parois chaudes ou froides leurs différentes parties. On attribuait à la chaleur rayonnée ou communiquée par les parois solides, les effets thermométriques observés dans l'intérieur d'un liquide, lorsque les circonstances étaient telles que des courans ne pussent pas s'y établir. Mais on ne concevrait pas que les couches les plus voisines des sources pussent gagner ou perdre de leur chaleur, autrement que par un rayonnement particulaire semblable à celui qui a lieu dans les corps solides. D'ailleurs si l'expérience prouve que ce mode de transport de la chaleur est extrêmement faible dans les liquides, elle constate en même temps son existence.

Si l'on verse de l'éther sur de l'eau contenue dans un vase dont la paroi est traversée par la tige horizontale d'un thermomètre, ayant son réservoir cylindrique à une certaine distance au-dessous du niveau, ce thermomètre marche sensiblement, quoique d'une petite quantité, quelque temps après qu'on a mis le feu à l'éther. On ne peut pas attribuer l'augmentation de température observée dans cette circonstance au rayonnement seul des parois du vase; car si ce vase est formé de glace, qu'il contienne du mercure au lieu d'eau, et que l'on verse dessus un liquide plus chaud, le thermomètre est encore influencé; or la glace absorbe de la chaleur plutôt qu'elle n'en envoie; en outre le liquide échauffé par en haut ne peut entrer en mouvement; on ne peut donc attribuer l'effet produit qu'à la conductibilité propre du mercure.

Fig. 149.

266. Les fluides élastiques s'échauffent et se refroidissent comme les liquides par des courans intérieurs. Il est d'ailleurs impossible de constater leur conductibilité propre, à cause de la grande mobilité de leurs particules, et du passage facile qu'ils donnent à la chaleur rayonnante. Il existe cependant une différence entre les pouvoirs que possèdent divers gaz d'enlever de la chaleur aux corps solides qu'ils touchent. Mais cette différence doit être attribuée à la plus ou moins grande rapidité du mouvement ascensionnel des couches échauffées. C'est ainsi que l'hydrogène refroidit plus promptement les corps que l'acide carbonique.

Communication de la chaleur dans les gaz.

Pour empêcher un corps chaud de se refroidir trop rapidement, on peut le placer dans une enceinte entourée de plusieurs parois solides, séparées les unes des autres par de l'air ou tout autre gaz ; les températures des couches d'air contenues entre les enveloppes successives formeront une série décroissante à partir de l'intérieur, et la quantité de chaleur perdue par le corps dans un certain temps deviendra moindre ; car elle ne dépendra plus que de l'excès de sa température sur celle de l'enveloppe voisine, laquelle pourra être beaucoup plus élevée que la température de l'air extérieur. C'est par la même raison que l'on parvient à modérer le refroidissement d'un corps, en l'entourant de substances organiques qui recèlent toujours des gaz, ou d'enveloppes filamenteuses telles que la laine et le coton. Ces dernières substances agissent encore en gênant les mouvemens des fluides élastiques qui tendent à faire disparaître les différences de température.

Lorsqu'on expose aux rayons solaires un thermomètre entouré de plusieurs enveloppes successives de verre, sa température s'élève, et peut même devenir dix fois plus grande que celle de l'air extérieur. Les expériences relatives à la transparence des corps pour la chaleur ont donné la raison de ce fait singulier ; car on sait maintenant que le verre, très diathermane pour la chaleur provenant d'une source lumineuse, ne l'est presque plus pour celle émanée d'une source obscure, telle que le thermomètre échauffé dans l'enceinte dont il s'agit.

Applications des conductibilités. 267. La faculté que possèdent les corps de conduire plus ou moins la chaleur, d'accélérer ou d'arrêter le refroidissement, est fréquemment utilisée dans les arts. En outre, la construction des habitations et des appareils de chauffage, le choix des vêtemens suivant les saisons, le transport des masses chaudes ou froides dont il convient de conserver la température, donnent souvent lieu à des questions relatives à la conductibilité. Ces applications sont trop nombreuses pour trouver place dans ce cours, mais il ne sera peut-être pas inutile d'en décrire une, avec des détails qui permettent d'apprécier son importance.

Dans les contrées du Nord, la nécessité de se garantir du froid pendant des hivers longs et rigoureux, et avec le moins de frais possible, a rendu en quelque sorte populaire la propriété dont jouissent certains corps de s'opposer beaucoup plus efficacement que d'autres à la déperdition de la chaleur. Pour entretenir dans les habitations une température sensiblement constante, de 15 à 17° centigrades, lorsque l'air extérieur peut se maintenir plusieurs mois au-dessous de — 15 ou — 20°, on se sert de poêles en brique de grandes dimensions et d'une construction particulière. Chaque chambre a ordinairement le sien ; il est placé contre le mur, le plus loin possible des portes et des fenêtres ; sa hauteur est de 3 à 4 mètres, et sa base, dont la forme varie, est équivalente à un carré de $1^m,25$ de côté ; sa surface faïencée a un pouvoir réflecteur assez grand. Il se compose intérieurement d'un foyer placé vers le bas, ayant 2 à 3 pieds cubes, et recouvert d'une voûte en brique ; un conduit part du fond de cette voûte, s'élève en serpentant dans la masse jusqu'au sommet, redescend de la même manière, et débouche dans une cheminée étroite pratiquée dans le mur voisin.

Ce poêle ne reste allumé qu'une ou deux heures le matin ; il consume de 1 à $1\frac{1}{2}$ pieds cubes de bois de bouleau ; la flamme et la fumée circulent dans le conduit et en échauffent les parois. Lorsqu'il ne reste plus dans le foyer que de la braise sans flamme, on l'étouffe en fermant la cheminée et toutes les issues. La chaleur se distribue alors plus uniformément dans l'intérieur. Cette masse chaude, dont le refroidissement est suffisamment modéré par la nature de la surface, suffit pour entretenir la température désirée dans l'appartement, pendant 24 heures. Mais il faut pour cela que l'épaisseur et la nature des murs du bâtiment, la disposition et le nombre des fenêtres, soient tels, qu'il ne se perde pas au dehors une plus grande quantité de chaleur que le poêle n'en peut fournir.

On conçoit que l'épaisseur des murs devra être d'autant moindre, pour satisfaire à cette condition, que leur substance sera moins conductrice. Les maisons en bois sont les plus chaudes et les plus économiques ; des poutres de 8 à 10 pouces d'équarrissage, superposées horizontalement, dont les joints sont remplis avec de l'étoupe tassée au marteau, et dont l'ensemble est recouvert des deux côtés par des planches de 2 pouces d'épaisseur, suffisent pour former une enceinte convenable. Dans les grandes villes les bâtimens, et même les palais, sont tous en brique ; les murs ont une épaisseur de 2 à 3 pieds. Les maisons de pierre ou de marbre sont très rares ; et la théorie en indique la raison, puisque le marbre conduisant deux fois mieux la chaleur que la brique, il faudrait donner aux murs une épaisseur de 6 pieds pour produire le même effet.

A l'entrée de l'hiver toutes les fenêtres sont hermétiquement fermées ; on fixe ensuite derrière chacune d'elles, et à 3 pouces de distance, un panneau vitré dont on calfeutre les joints. L'air renfermé dans cette double fenêtre doit être maintenu constamment sec, afin d'éviter le rideau de glace que formerait la vapeur d'eau en se précipitant sur les vitres refroidies par l'air extérieur. Pour cela, avant de placer le panneau, on garnit le fond de l'intervalle d'une couche de sable chaud dans laquelle on implante des cornets remplis de sel marin calciné. Par cette disposition les appartemens sont garantis d'un refroidissement trop rapide, comme les corps disposés au milieu de plusieurs enceintes successives ; la lumière du jour n'est pas masquée, et l'on profite même de la chaleur qui s'introduit avec les rayons solaires.

C'est ainsi que sans aucun foyer continu on se procure une température constante de 15 à 17° centigrades, dans laquelle on peut vivre, même vêtu légèrement, sans éprouver la plus petite sensation de froid, quoique l'atmosphère extérieure soit à 30 ou 40° plus bas. Toutefois cette vie en serre chaude a ses inconvéniens ; les courans devant être soigneusement évités, l'air vicié par la respiration n'est pas assez fréquemment renouvelé, malgré les vasistas, les grandes dimensions des appartemens, et l'activité des foyers périodiques. Les promenades au dehors deviennent indispensables pour se maintenir en état de santé par la respiration d'un air vif et pur ; des vêtemens convenablement ouatés ou garnis de fourrures permettent alors de braver les froids les plus rigoureux. Ces enveloppes, composées de masses disjointes et filamenteuses, s'opposent au refroidissement de toutes les parties du corps ; et l'on peut toujours leur donner une épaisseur suffisante, pour qu'elles ne laissent pas s'écouler au dehors plus de chaleur que n'en développe la vie organique.

Dans les climats tempérés, où l'on adopte comme moyen de chauffage des sources de chaleur entretenues par des foyers continus, les appareils doivent satisfaire à des conditions différentes, et en quelque sorte inverses, de celles exigées par le mode qui vient d'être décrit. Ici, comme l'air se renouvelle constamment, il importe d'augmenter l'étendue et la température des parois qui doivent lui communiquer la chaleur, afin que son échauffement soit suffisamment rapide. Il y a alors de l'avantage à ce que ces parois soient métalliques ; car pour une même épaisseur leur conductibilité étant plus grande, la température de leur surface extérieure différera moins de celle de la source qui touche la surface interne ; d'ailleurs si ces parois doivent s'opposer à un certain effort, leur nature métallique les rendant en général plus résistantes, on pourra diminuer beaucoup leur épaisseur, ce qui favorisera encore le but proposé. On explique ainsi l'usage et l'efficacité des calorifères de toute espèce, et des simples poêles en fonte avec leurs longues lignes de tuyaux de tôle.

DIX-SEPTIÈME LEÇON.

Loi du refroidissement dans le vide. — Loi du rayonnement particulaire. — Lois du refroidissement dû au contact des gaz. — Pouvoirs refroidissans des gaz. — Lois du refroidissement dans l'air.

268. Les recherches expérimentales que nous avons décrites, et les théories partielles qu'elles ont fait naître, prouvent que le refroidissement et l'échauffement des corps par l'émission et l'absorption de la chaleur rayonnante, l'établissement de l'équilibre de température, la communication de la chaleur dans les masses pondérables, sont des faits complexes qui dépendent des propriétés calorifiques des dernières particules de la matière. C'est donc en étudiant ces propriétés mêmes que l'on peut espérer de découvrir les véritables lois de la chaleur. Le phénomène élémentaire le plus important, celui qui joue le principal rôle dans les phénomènes composés de la théorie physique de la chaleur, est la faculté que possède toute particule pondérable d'émettre à chaque instant une certaine quantité de sa chaleur propre, ou de se refroidir dans une enceinte dont le rayonnement ne lui restitue pas autant de chaleur qu'elle en perd. La loi de ce phénomène est au-

jourd'hui complétement connue par les recherches de MM. Dulong et Petit.

Le travail qui a conduit ces deux physiciens à la loi dont il s'agit, est sans aucun doute le plus parfait et le plus remarquable de tous les travaux que possède la physique actuelle, tant par le nombre et la grandeur des difficultés vaincues, que par la précision et la fécondité des résultats obtenus. Nous allons exposer succinctement le principe de ces recherches, et le but qu'elles ont atteint; il est à regretter cependant que les bornes du cours actuel ne permettent pas de donner les nombreux tableaux où MM. Dulong et Petit ont consigné les résultats de leurs observations, et ceux déduits par le calcul des lois qu'ils ont trouvées; car il est indispensable de faire un examen approfondi de ces tableaux, pour demeurer convaincu que toutes les lois énoncées ne sont pas seulement empiriques et approchées, mais bien réelles et exactes.

Principes des recherches de MM. Dulong et Petit.

269. Considérons une simple particule pondérable, ou un corps de dimensions assez petites pour qu'on puisse supposer à chaque instant toutes ses parties à la même température. S'il était possible d'observer son refroidissement dans une enceinte totalement privée de chaleur, ou de la faculté de rayonner et de réfléchir, la quantité de chaleur perdue par ce corps, dans un instant très court dx, ne dépendrait évidemment que de sa propre température T. Il en serait de même de la fraction de degré dT dont cette température s'abaisserait dans le même temps, laquelle peut servir à mesurer ou plutôt à comparer les pertes éprouvées aux différentes époques du refroidissement. Or nous avons démontré que cette fraction est proportionnelle à la vitesse du refroidissement V, ou au coefficient différen-

tiel de la température $-\dfrac{dT}{dx}$, considéré comme fonction du temps x. La vitesse du refroidissement dépendrait donc uniquement de la température du corps. Si la fonction $V = F\,(T)$ qui exprime cette dépendance pouvait être déterminée par l'expérience, on en conclurait, au moyen d'une intégration convenable, la température du corps en fonction du temps, et par suite toutes les circonstances du refroidissement proposé.

Mais l'hypothèse d'une enceinte sans chaleur ou sans rayonnement n'étant pas réalisable, il faut, pour découvrir la forme de la fonction $F(T)$, avoir recours au refroidissement dans une enceinte vide, dont la température constante soit inférieure à celle du corps supposé. Les vitesses de ce nouveau refroidissement ne sont que les différences qui existent entre celles du refroidissement absolu du corps, et celles de son échauffement par les rayons venant des parois. Lorsque en outre l'enceinte contient un fluide élastique, le phénomène est encore compliqué par les pertes de chaleur dues au contact du gaz, lesquelles doivent suivre une autre loi que celles faites par le rayonnement. C'est en observant le décroissement des températures dans ces circonstances composées, que MM. Dulong et Petit sont parvenus à connaître la loi élémentaire du refroidissement, ou celle que suivrait un corps de petites dimensions.

Pour constater exactement les températures, il était nécessaire d'observer celles d'une masse pondérable ayant un volume assez grand, pour que son refroidissement ne fût pas tellement rapide qu'on ne pût en suivre le progrès. Dès lors on ne pouvait se servir d'un corps solide, car le phénomène eût été compliqué par l'inégale distribution de la chaleur dans son intérieur, dépendant de la conductibilité. MM. Dulong et Petit ont levé cette difficulté en observant le refroidissement d'une masse liquide peu étendue, renfermée dans une enveloppe solide très mince, et dont la température pouvait être regardée à chaque instant comme sensiblement la même en tous les points, à cause de la facilité avec laquelle la chaleur se distribue uniformément dans les liquides, par les courans qui s'y forment.

270. Il était important avant d'entreprendre ces recherches d'obtenir un instrument comparable, servant à la mesure des températures, et dont les indications ne pussent être attribuées qu'aux effets variables de la chaleur seule. C'est dans ce but que MM. Dulong et Petit ont étudié avec soin les dilatations des corps solides, et celles des gaz à de hautes températures. Ils ont déduit de cette étude préliminaire que le thermomètre à air jouissait seul de la propriété désirée (dixième et onzième Leçon). Les températures observées dans leurs expériences sur le refroidissement devaient donc être rapportées au thermomètre à air; ils ont constaté d'ailleurs qu'en se servant des indications de tout autre thermomètre, il eût été impossible de reconnaître les lois qu'ils ont découvertes.

Méthode de calcul et d'observation.

271. Voici la méthode uniforme de calcul et d'observation dont ces deux physiciens ont constamment fait usage. Ils constataient à des intervalles de temps égaux, de minute en minute par exemple, les excès de température du corps qui se refroidissait sur le milieu environnant. Si la loi de Newton avait été exacte, la série décroissante de ces excès eût dû être représentée par la formule $t = A \left(\dfrac{1}{m}\right)^x$;

t est l'excès de température, x le temps, m un nombre variable d'un corps à l'autre. Mais cette formule ne se vérifiant jamais exactement, MM. Dulong et Petit prenaient la formule empirique $t = A \left(\dfrac{1}{m}\right)^{\alpha x + \beta x^2}$, pour représenter un petit nombre de termes consécutifs de la série des observations, en déterminant convenablement les constantes m, B et α. Cette formule donnait avec une très grande approximation la relation entre le temps et les excès de température, dans les limites toujours très rapprochées de la portion de la série qui avait servi à l'interpolation. Elle procurait par la différentiation une expression de la vitesse du refroidissement, ou . . . . .

$$V = -\frac{dt}{dx} = t(\alpha + 2\beta x)\log. m,$$ que l'on pouvait ainsi calculer numériquement pour un excès voulu de température compris dans les limites de la formule. Le nombre obtenu exprimait le nombre de degrés qu'aurait perdu la température du corps, si la vitesse du refroidissement avait conservé dans l'unité de temps la valeur qu'elle avait au commencement de cet instant.

Cela posé, MM. Dulong et Petit voulaient-ils chercher l'influence d'une des circonstances, ou de l'un des élémens du refroidissement, dans deux ou plusieurs états arbitraires et très différens de cet élément, toutes les autres circonstances restant les mêmes? Ils formaient, pour chacun de ces états, la série des vitesses du refroidissement correspondantes à des excès de température décroissant de 20 en 20° centig. Ils comparaient ensuite deux de ces séries, en calculant les rapports des termes correspondans aux mêmes excès de température.

1. 25

Si ces rapports étaient égaux, ou ne différaient les uns des autres, tantôt dans un sens et tantôt dans l'autre, que de quantités assez petites pour pouvoir être attribuées aux erreurs d'observation ; si en outre une égalité semblable se vérifiait entre les rapports des termes correspondans de deux quelconques des autres séries, ils concluaient que l'élément soumis à l'épreuve n'influait sur la loi qu'ils cherchaient, qu'en introduisant un facteur constant dans l'expression générale de la vitesse du refroidissement en fonction de l'excès de température.

Si cette circonstance élémentaire était susceptible d'une évaluation numérique, variable d'un état à l'autre, ils cherchaient à établir dans la suite successive des états comparés, une loi telle qu'il en résultât une autre loi simple évidente entre les rapports dont nous venons de parler, et qui, quoique constans pour chaque couple de séries comparées, étaient variables de l'un à l'autre de ces couples. Ils parvenaient ainsi à évaluer, en fonction de la valeur numérique et variable de la circonstance élémentaire qu'ils étudiaient, le facteur qui devait exprimer son influence dans l'expression générale de la vitesse du refroidissement.

Mais si les rapports des termes semblables des séries des vitesses du refroidissement dans deux états différens étaient inégaux, MM. Dulong et Petit concluaient au contraire que la circonstance élémentaire éprouvée influait sur la loi cherchée, en introduisant des termes ou des facteurs variables avec l'excès de température dans l'expression générale de la vitesse du refroidissement. Dans ce dernier cas, si cela était nécessaire, ils cherchaient encore à établir, par de nouveaux tâtonnemens, entre les états variables de l'élément considéré, une loi telle qu'il en résultât une autre loi simple et évidente entre les rapports obtenus par les comparaisons de toutes les séries prises deux à deux.

272. Il fallait avant tout examiner quelle influence pouvait avoir sur le refroidissement la quantité du liquide employé, sa nature, la forme et la substance de l'enveloppe. Pour la quantité du liquide, MM. Dulong et Petit ont observé le refroidissement dans l'air, de trois thermomètres à mercure ; le premier ayant 2 centimètres de diamètre, le deuxième 4 centimètres, le troisième 7. Les rapports entre les vitesses du refroidissement, correspondans aux mêmes excès de température, se sont trouvés constans du premier thermomètre au second, du premier au troisième. La partie variable de la loi cherchée est donc indépendante de la masse plus ou moins grande du liquide employé.

Recherches préliminaires.

Pour la nature du liquide, MM. Dulong et Petit ont observé le refroidissement dans l'air, d'un matras de verre successivement rempli de mercure, d'eau, d'alcool absolu et d'acide sulfurique ; la température décroissante du liquide contenu dans le matras était indiquée par un thermomètre à mercure ; l'observation a prouvé que la position de la boule du thermomètre dans l'intérieur de la masse liquide était indifférente. Il y a eu égalité entre les rapports des vitesses du refroidissement correspondantes aux mêmes excès de température pour le mercure et l'alcool, pour le mercure et l'acide sulfurique. La nature du liquide n'a donc pas d'influence sur la loi cherchée.

Pour la nature du vase, on a observé le refroidissement dans l'air, du mercure contenu dans deux sphères creuses de diamètres égaux, l'un en fer-blanc, l'autre en verre. Les rapports dont nous avons parlé ont varié, et dans le même sens ; on en a conclu que la nature du vase influait sur la loi du refroidissement dans l'air. On verra plus tard quelle est la nature de cette influence.

Pour la forme de l'enveloppe, on a observé le refroidissement dans l'air, de l'eau contenue dans trois vases de fer-blanc de même capacité : le premier sphérique, le second cylindrique ayant une hauteur double de son diamètre, et le troisième cylindrique aussi, mais ayant une hauteur moitié de son diamètre. Il y a eu égalité entre les rapports des vitesses du refroidissement correspondantes, pour deux quelconques des trois vases essayés; le rapport commun était à peu près celui des surfaces des deux vases comparés. La forme du vase n'a donc aucune influence sur la loi qui lie la vitesse du refroidissement à l'excès de température.

Ainsi, la loi du refroidissement d'une masse liquide, variable avec l'état de la surface qui lui sert d'enveloppe, est néanmoins indépendante de la nature de ce liquide, de la forme et la grandeur du vase qui le contient. C'est-à-dire que ces trois circonstances ne font que modifier un coefficient constant qui doit entrer comme facteur dans l'expression générale de la vitesse du refroidissement. Ces principes préliminaires étant constatés, MM. Dulong et Petit ont choisi les appareils que nous allons décrire, pour déduire de l'expérience la loi générale du refroidissement.

Appareils.   273. Ils ont construit deux thermomètres à mercure dont les réservoirs avaient 6 centimètres pour le premier, et 2 centimètres seulement pour le second. Le 1er servait dans les températures élevées, le second dans les basses températures, pour abréger la durée des expériences. On pouvait transformer les vitesses du refroidissement observées sur le 2e, dans celles qu'on eût observées sur le premier,

en les multipliant par un coefficient constant facile à déterminer.

L'enceinte dans laquelle s'observe le refroidissement est
un grand ballon en cuivre très mince M, de trois décimè- Fig. 150.
tres de diamètre, recouvert intérieurement de noir de fumée, et dont le col saillant est usé de manière à former
une surface bien plane, qu'on maintient horizontale à l'aide
d'un niveau. Ce ballon est plongé presque jusqu'à son orifice, et maintenu par des traverses R, dans une grande
cuve en bois pleine d'eau qu'on entretient à une température constante, soit par de la glace, soit en y faisant arriver de la vapeur, par le tube recourbé SUV. L'orifice du
ballon est fermé par une plaque épaisse de verre AB, usée
avec le plus grand soin sur les bords mêmes du ballon ; on
rend son contact très intime en l'enduisant d'une petite
quantité de matière grasse. Cette plaque est percée de petites ouvertures excentriques a et b, et vers son centre
d'une ouverture circulaire dans laquelle on introduit à
frottement un bouchon de liége portant la tige du thermomètre, dont les divisions commencent immédiatement au-
dessus, et dont la tige intermédiaire CO a une longueur
égale au rayon du ballon. Ce tube CO est d'un calibre très
petit, pour diminuer la masse du mercure hors du réservoir, pour empêcher les courans de s'y établir, et pour
que le renflement en C permette d'assujettir plus fortement
le tube dans le bouchon. La disposition de la plaque AB et
du thermomètre est indiquée dans la figure 151, où la Fig. 151.
boule est placée au-dessus d'un fourneau qui sert à l'é-
chauffer ; les écrans AA' sont des feuilles de fer-blanc qui
garantissent la plaque et la tige de l'action du feu.

La tige du thermomètre en place est recouverte par une

cloche de verre longue et étroite, dont les bords usés s'appliquent exactement sur la plaque de verre, et qui est terminée par une pièce à robinet tD vissée à un tube de plomb très flexible DEF, qui aboutit à la platine HK d'une machine pneumatique, à laquelle il est lui-même fortement vissé. Le centre de cette platine communique avec l'éprouvette par un canal qui porte une autre pièce à robinet T, dans laquelle est mastiqué un tube plein de chlorure de calcium. C'est par ce tube que s'écoule le gaz contenu dans la cloche Y, après avoir passé par le tube recourbé *mnprq*, lorsqu'on veut observer le refroidissement dans ce gaz.

Moyens d'observation

274. Voici maintenant la marche suivie dans chaque expérience. L'eau du tonneau étant à la température convenable, et le thermomètre introduit après avoir été chauffé presqu'à la température de l'ébullition du mercure, la cloche CT était abaissée. On la lutait sur la plaque AB, en même temps qu'on faisait rapidement le vide dans le ballon à 2 ou 3 millimètres près, si le refroidissement devait être observé dans le vide ; on fermait ensuite le robinet D et l'observation commençait. Si le refroidissement devait avoir lieu dans l'air, on faisait d'abord agir un peu la machine pneumatique, pour aider au contact des surfaces, et on laissait ensuite rentrer de l'air. Enfin si l'expérience devait être faite dans un gaz, on faisait d'abord le vide, on laissait entrer une certaine quantité du gaz proposé, qu'on enlevait ensuite pour entraîner les dernières portions d'air, et enfin on introduisait définitivement le gaz à essayer.

L'observation dans le vide pouvait commencer à 3oo° ; dans un gaz ce n'était guère qu'à 25o°. Elle consistait à déterminer avec soin, à l'aide d'une montre à secondes, et d'une règle verticale et bien graduée sur laquelle se mouvait une lunette, les hauteurs du mercure dans la tige du thermomètre, après des intervalles de temps égaux entre eux. De ces hauteurs on déduisait par le calcul les températures, qui étaient corrigées de l'erreur résultant de la portion du mercure contenue dans la tige du thermomètre, qu'on pouvait considérer comme ayant toujours la température de l'air ambiant ; ces températures étaient ensuite ramenées aux indications du thermomètre à air. Par la méthode de calcul indiquée précédemment, on déterminait les vitesses du refroidissement correspondantes à chaque observation, que l'on corrigeait encore de l'erreur résultant de la rentrée dans le réservoir, d'une portion du mercure plus froid de la tige, à mesure que le refroidissement s'opérait.

Pour étudier l'influenoe de la surface du thermomètre, on en a employé deux de dimensions semblables ; l'un conservant sa surface vitreuse, l'autre recouvert d'une feuille d'argent mat. Ces deux surfaces remplissaient la condition d'être inaltérables à toutes les températures de l'expérience, et jouissaient de pouvoirs rayonnans bien différens, car le verre est un des corps qui rayonnent le plus, et l'argent un de ceux qui rayonnent le moins.

275. Lorsqu'un corps se refroidit dans le vide, sa chaleur se dissipe entièrement sous forme rayonnante ; lorsqu'il est placé dans l'air ou tout autre gaz, une autre portion se perd par le contact de ce fluide. MM. Dulong et Petit ont étudié isolément ces deux causes de déperdition de chaleur. Les observations sur le refroidissement dans le vide devaient être corrigées de l'erreur résultant de la petite portion d'air

Loi du refroidissement dans le vide.

restée dans le ballon. MM. Dulong et Petit, ayant observé le refroidissement dans ce vide imparfait et dans l'air à différentes densités, et ayant calculé les différences des vitesses du refroidissement correspondantes, dans l'air à chacune des densités éprouvées, et dans le vide imparfait, ont remarqué que ces différences, que l'on pouvait regarder sans erreur appréciable comme les vitesses du refroidissement dû au contact de l'air seul, variaient suivant une loi simple avec la densité de l'air ; ils se sont alors servis de cette loi pour faire la correction dont il s'agit.

Soit maintenant F la fonction inconnue de la température absolue qui représente la loi du rayonnement ; soit θ la température absolue de l'enceinte, t l'excès actuel de la température du thermomètre, on aura, d'après la théorie connue des échanges de calorique, pour la vitesse V correspondante du refroidissement dans le vide : $V = F(\theta + t) - F(\theta)$. Si la fonction F était simplement proportionnelle à sa variable, V serait proportionnel à l'excès t, ce qui serait la loi de Newton ; puisque cette proportionnalité n'a pas lieu, la vitesse ou la loi du refroidissement doit dépendre de la température de l'enceinte.

Pour vérifier cette conséquence, MM. Dulong et Petit ont observé le refroidissement du thermomètre dans le vide, en amenant successivement l'eau du tonneau aux températures constantes de 0°, 20°, 40°, 60°, 80°. Ils ont effectivement trouvé que les séries des vitesses du refroidissement correspondantes aux mêmes excès t, étaient très différentes pour les différentes températures de l'enceinte. En comparant les termes correspondans de ces séries, ils ont remarqué qu'on pouvait obtenir une d'entre elles, au moyen de la série qui la précédait, en multi-

pliant tous les termes de cette dernière par le nombre
constant 1,165. Ils en ont conclu cette première loi : La
vitesse du refroidissement dans le vide, pour un excès
constant de température, croît en progression géométrique, quand la température de l'enceinte croît en progression arithmétique; le rapport de cette progression géométrique est le même, quel que soit l'excès de température
que l'on considère.

D'après cette loi la fonction : $V = F(\theta + t) - F(\theta)$
est de la forme $\varphi(t)\, a^\theta$, a étant un nombre constant et $\varphi(t)$
une fonction de t seulement. De là on conclut :

$$\varphi(t) = \frac{F(\theta + t) - F(\theta)}{a^\theta} = \frac{F'(\theta)}{a^\theta}\, t + \frac{F''(\theta)}{a^\theta}\, \frac{t^2}{2} + \text{etc.},$$

équation qui exige que le rapport $F'(\theta) : a^\theta$ soit constant ou indépendant de t et de θ; $m \log a$ étant ce rapport, on aura $F'(\theta) = m \log a\, a^\theta$, $F(\theta) = m a^\theta + C$,
$F(\theta + t) = m a^{t+\theta} + C$, et enfin

$$V = m a^\theta (a^t - 1). \quad (1)$$

Si l'on suppose θ constant, $m a^\theta$ le sera aussi, et la formule précédente contient cette nouvelle loi : Lorsqu'un
corps se refroidit dans une enceinte vide et entretenue à une
température constante, la vitesse du refroidissement pour
des excès en progression arithmétique, croît comme les termes d'une progression géométrique diminués d'un nombre constant. Le nombre a était, pour le thermomètre à

surface vitreuse, $a = \sqrt[20]{1,165} = 1,0077$, et l'on devait
prendre $m = 2,037$.

En faisant les mêmes observations et les mêmes calculs
sur le refroidissement de leur thermomètre à surface argentée, MM. Dulong et Petit ont trouvé que la loi de son

refroidissement était encore représentée par la formule
(1), que le nombre a avait la même valeur 1,0077, et
qu'il suffisait de diminuer m dans le rapport de 5, 7 à 1.
Ils en ont conclu que la loi du refroidissement dans le vide
restait la même, quelle que fût la nature de l'enveloppe,
et était représentée par la formule (1), le nombre a étant
toujours égal à 1,0077, et m étant un coefficient variable
suivant la nature de la surface rayonnante.

Le nombre a dépend uniquement du mode de graduation adopté pour évaluer les températures au moyen du
thermomètre à gaz. Il a pour valeur 1,0077 lorsqu'on
prend pour zéro la température de la glace fondante, et
pour 100° celle de l'ébullition de l'eau sous la pression
barométrique $0^m,76$. Mais quand cette graduation est
changée, a prend une autre valeur; par exemple, si l'on se
servait de la division de Réaumur, il faudrait poser
$a = (1,0077)^{\frac{5}{4}} = 1,0096$; pour la division de Fahrenheit on
prendrait $a = (1,0077)^{\frac{5}{9}} = 1,0043$; enfin si l'on représentait par l'unité l'intervalle de température compris entre la glace fondante et l'eau bouillante, on devrait poser
$a = (1,0077)^{100} = 2,1533$. Dans ces diverses manières
de compter les températures, le coefficient m aurait pour
chaque corps des valeurs numériques différentes, qu'il serait facile de déduire de celle correspondante à la division
centigrade.

Conséquence de la loi du refroidis-sement dans le vide.

276. La loi comprise dans la formule (1) ayant été
trouvée par un procédé indirect, il était important de la
soumettre à des vérifications immédiates pour s'assurer de
son exactitude. C'est ce qu'ont fait MM. Dulong et Petit.
Ils ont calculé au moyen de cette formule les séries des vi-

tesses du refroidissement dans le vide, correspondantes à
leurs expériences précédentes, en donnant à m et à θ les
valeurs convenables. Toutes les séries calculées se sont
trouvées identiquement les mêmes que celles déduites des
observations. Ces vérifications complètes, qui comprennent une étendue de $300°$, suffisent pour faire admettre
la réalité de la loi exprimée par l'équation (1), abstraction faite de la méthode qui a conduit à sa découverte ; en
sorte que les principes ou les hypothèses sur lesquelles
cette méthode était appuyée, peuvent être maintenant
considérés comme des conséquences nécessaires de cette
loi. Ainsi l'on peut poser synthétiquement la formule (1)
comme celle donnant la vitesse variable du refroidissement d'un corps dans le vide, prouver par l'expérience
que cette formule est rigoureusement d'accord avec les
faits, et la prendre ensuite pour point de départ ou pour
principe fondamental d'une théorie dont voici les principales conséquences.

Il résulte d'abord de la loi vérifiée, que si l'on pouvait
placer un corps dans une enceinte vide sans chaleur, ou à
une température $\theta = -\infty$, la loi de son refroidissement
serait exprimée par la fonction très simple $V = ma^T$. C'est-
à-dire que les vitesses du refroidissement décroîtraient en
progression géométrique, lorsque les températures diminueraient en progression arithmétique. Telle est la loi du
rayonnement particulaire, qu'il importait surtout de découvrir.

Cette loi, remarquable par sa simplicité, conduit aisément à celle du refroidissement observable, d'un corps
situé dans un espace vide limité par une paroi rayonnante.
Car les pertes absolues de chaleur devant être diminuées du

gain constant occasioné par le rayonnement de l'enceinte, la vitesse du refroidissement, pour des excès de température t en progression arithmétique, doit varier comme les termes d'une progression géométrique diminués d'un nombre constant. Et ce nombre exprimant le flux de chaleur absolu de l'enceinte doit croître lui-même en progression géométrique, lorsque la température θ de cette enceinte augmente en progression arithmétique. C'est là ce qu'exprime la formule $V = ma^{t+\theta} - ma^\theta$.

Le nombre $a = 1,0077$, ou la raison des progressions géométriques, étant indépendant de la nature de la surface qui se refroidit, il en résulte que la loi du refroidissement dans le vide est la même pour tous les corps, et que les pouvoirs rayonnans de différentes substances conservent leurs rapports à toutes les températures. Mais pour chaque substance le pouvoir rayonnant dans le vide varie avec sa température; s'il est m à $0°$, il devient ma^θ à la température θ. Ainsi le pouvoir émissif d'un même corps, observé dans le vide, doit croître en progression géométrique pour des températures augmentant en progression arithmétique.

Dans la valeur générale de V, on doit regarder le terme $ma^{t+\theta}$ comme représentant le refroidissement que produirait la chaleur émise par le corps, et le terme ma^θ l'échauffement qu'occasionerait la chaleur venant de l'enceinte, si chacun de ces effets pouvait être observé seul. Il en résulte que ma^θ représente le pouvoir absorbant du corps dans le vide, pour des rayons dont l'intensité correspond à la température θ. Le pouvoir émissif et le pouvoir absorbant d'un même corps dans le vide sont donc rigoureusement égaux, pour des rayons de chaleur ayant une même intensité ou provenant d'une source de même température.

Ainsi la loi du refroidissement dans le vide posée synthétiquement, et prouvée par des vérifications directes, démontre l'égalité constante des pouvoirs émissif et absorbant d'un même corps dans le vide; elle indique en outre que ces pouvoirs varient avec l'énergie de la chaleur, et donne la loi de cette variation. Ces considérations suffisent pour faire comprendre toute l'importance de la découverte faite par MM. Dulong et Petit. Elles font voir clairement que la formule (1) résume à elle seule toutes les circonstances relatives au refroidissement, à l'échauffement des corps, à leur équilibre de température, lorsque ces phénomènes ont lieu dans le vide. Mais pour compléter l'étude de ces phénomènes, il fallait connaître l'influence des gaz sur le refroidissement des corps qu'ils entourent.

277. Si l'on déduit de l'observation la série des vitesses du refroidissement dans un gaz, et si l'on en retranche respectivement les vitesses correspondantes aux mêmes excès de température, qui auraient eu lieu si le refroidissement s'était opéré dans le vide, et qu'il est facile de calculer à l'aide de la formule (1), les différences donneront évidemment les vitesses du refroidissement partiel dû au seul contact du fluide. Ce sont ces dernières vitesses que nous considérerons seules dans l'exposé suivant des expériences entreprises par MM. Dulong et Petit pour étudier l'influence des milieux élastiques sur le refroidissement des corps.

Dans une première série d'expériences ces vitesses se sont trouvées être les mêmes, dans l'air maintenu à la même pression, lorsque le thermomètre conservait sa surface vitreuse, ou lorsqu'il était à surface argentée. L'air enlève donc, toutes choses égales d'ailleurs, la même quantité de chaleur, aux surfaces vitreuses et aux surfaces métalliques. La même égalité ayant eu lieu pour les deux thermomètres se refroidissant dans l'hydrogène, on peut généraliser ces premiers résultats, et poser en principe, que les pertes de chaleur dues au contact d'un gaz sont, toutes choses égales d'ailleurs, indépendantes de l'état de la surface qui se refroidit.

Dans une autre série d'expériences, on a fait varier la température du gaz, en échauffant successivement l'eau qui entourait le ballon à 20°, 40°, 60°, 80°, mais en laissant ce gaz se dilater librement, de manière que son élasticité restât la même. Les vitesses du refroidissement, occasioné par le contact seul du gaz, sont restées constantes pour les mêmes excès de la température du thermomètre sur celle de ce gaz, quelle que fût cette dernière. On a successivement soumis à ces épreuves l'air, le gaz hydrogène, et l'acide carbonique, tous à la pression de $0^m,72$, et enfin l'air dilaté à la pression de $0^m,36$. De ces résultats MM. Dulong et Petit ont déduit la loi suivante : La vitesse du refroidissement d'un corps, dû au seul contact d'un gaz, dépend, pour un même excès de température, de la densité et de la température du fluide ; mais cette dépendance est telle, que cette vitesse du refroidissement reste la même, si la densité et la température du gaz changent de manière que l'élasticité demeure constante.

Par une troisième série d'expériences on a comparé les vitesses du refroidissement, dû au contact de l'air, successivement sous des pressions de $0^m,72$, $0^m,36$, $0^m,18$, $0^m,9$, $0^m,045$, ou décroissant comme les nombres, $1, \frac{1}{2}, \frac{1}{4}, \frac{1}{8}, \frac{1}{16}$. On a remarqué que les vitesses relatives à l'une de ces pressions, donnaient les vitesses pour la pression double, lorsqu'on les multipliait par le nombre constant 1,366. En essayant de la même manière le gaz hydrogène, l'acide carbonique, et le gaz oléfiant, on a trouvé la même loi, au nombre constant près. MM. Dulong et Petit ont déduit de ces résultats les lois suivantes : 1°. Les pertes de chaleur dues au contact d'un gaz, croissent avec les excès de température, suivant une loi qui reste la même, quelle que soit l'élasticité du gaz. 2°. Pour une même différence de température, le pouvoir refroidissant d'un même gaz varie en progression géométrique, lorsque sa force élastique varie elle-même en progression géométrique ; et si l'on suppose le rapport de cette seconde progression égal à 2, le rapport de la 1re sera 1,366 pour l'air, 1,301 pour l'hydrogène, 1,431 pour l'acide carbonique, 1,415 pour le gaz oléfiant.

On peut présenter cette loi plus simplement : si P est le pouvoir refroidissant de l'air à la pression p, il sera $P' = P(1,366)^n$ à la pression $p' = p . 2^n$; l'élimination de n entre ces deux équations donne $\dfrac{P'}{P} = \left(\dfrac{p'}{p}\right)^{0,45}$; l'exposant serait 0,38 pour l'hydrogène, 0,517 pour l'acide carbonique, 0,501 pour le gaz oléfiant. Ainsi le pouvoir refroidissant d'un gaz est, toutes choses égales d'ailleurs, proportionnel à une certaine puissance de son élasticité ; mais l'exposant de cette puissance varie en passant d'un gaz à un autre.

En comparant les vitesses du refroidissement dues au contact des différens gaz essayés, à la même pression de $0^m,72$, et fournies par les expériences précédentes, MM. Dulong et Petit ont trouvé qu'on pouvait déduire celle d'un gaz, en multipliant par un même nombre les vitesses correspondantes d'un autre gaz ; d'où ils ont con-

clu que la loi du refroidissement produit par le seul contact d'un gaz, est indépendante de la nature et de la densité de ce gaz.

Enfin ils ont reconnu, après un grand nombre de tâtonnemens, que les vitesses du refroidissement dû au contact
seul d'un gaz, sont proportionnelles aux excès de température du corps, élevés à la puissance 1, 233. Ainsi la loi
de la vitesse V' du refroidissement d'un corps dû au contact seul d'un gaz, est représenté par la formule : . . . . .
$(2)\ V = np^c t^{1,233}$; c est le même pour tous les corps, mais
varie d'un gaz à l'autre ; n varie avec l'étendue de la surface
du corps qui se refroidit et avec la nature du gaz.

Pouvoirs
refroidissans
des gaz.

278. Les valeurs de np^c correspondantes à différens gaz
peuvent servir à mesurer leurs pouvoirs refroidissans pour
chaque pression. D'après les résultats obtenus par MM. Dulong et Petit, lorsque le baromètre est à $0^m,76$, le pouvoir
refroidissant de l'air étant pris pour l'unité, celui de l'hydrogène est 3,45, celui de l'acide carbonique 0,965. Ces
rapports doivent varier avec l'élasticité, mais on peut leur
supposer les mêmes valeurs dans les limites ordinaires de
la pression atmosphérique. Lorsque le corps qui se refroidit est exposé à un courant de gaz, la chaleur enlevée
dans le même temps par le contact du fluide est d'autant
plus grande que ce courant est plus rapide ; mais le mouvement produit alors le même effet que si la surface du corps
était augmentée, en sorte que les pouvoirs refroidissans de
différens gaz pour des courans de même vitesse conservent
les mêmes rapports que ceux déduits des expériences précédentes. Dans ces circonstances diverses le rayonnement
enlève toujours les mêmes quantités de chaleur, en sorte
que le refroidissement d'un corps dans un gaz est presque

uniquement dû à son contact, lorsque ce fluide est animé d'une grande vitesse.

En effet, d'après les expériences de MM. Dulong et Petit, lorsqu'un thermomètre à surface vitreuse se refroidit dans l'air en repos, le contact du gaz lui enlève un peu moins de chaleur que le rayonnement; mais si sa surface est argentée, la première perte est 5 à 6 fois plus grande que la seconde. Si le refroidissement a lieu dans l'hydrogène en repos, la perte due au contact du gaz est au moins triple de celle faite par rayonnement, dans le cas d'une surface vitreuse; elle est 10 à 12 fois plus grande quand la surface est métallique. Ces rapports varient d'ailleurs avec les excès de température, puisque les deux pertes comparées suivent des lois très différentes. Or le mouvement des gaz augmente dans une grande proportion la première de ces pertes partielles, sans avoir d'influence sur la seconde; on conçoit donc que celle-ci doit entrer pour peu de chose dans la perte totale, lorsque le corps qui se refroidit est exposé à un courant de gaz très rapide.

279. On voit, par les recherches expérimentales qui viennent d'être décrites, que le refroidissement d'un corps dans l'air est dû à deux causes très distinctes; les lois que suivent leurs effets partiels sont simples et faciles à définir, mais comme elles sont très dissemblables, l'effet total paraît suivre une loi fort compliquée. Cette loi est exprimée par l'équation :

$$(3) \qquad U = m a_\theta \left(a^t - 1 \right) + n p^c t^{1,233}.$$

U représente la vitesse du refroidissement, dans l'air ou tout autre gaz, θ la température de l'enceinte, t l'excès de la température du corps, p l'élasticité du fluide qui l'en-

Lois du
refroidisse-
ment dans
l'air.

toure ; a est toujours égal à 1,0077 ; l'exposant c a la même valeur pour tous les corps, mais change d'un gaz à un autre ; les coefficiens m et n augmentent tous les deux avec la surface qui se refroidit, m varie seul avec la nature de cette surface, n dépend de la nature du milieu élastique. Il est facile de concevoir maintenant que les vitesses du refroidissement dans l'air doivent varier avec la nature de la surface, puisque le coefficient m, et par suite la première partie de U, changent d'un corps à un autre, tandis que n et le second terme restent les mêmes, toutes les autres circonstances étant identiques.

MM. Dulong et Petit ont soumis à de nombreuses vérifications les trois formules qu'ils ont trouvées pour exprimer les lois du refroidissement dans le vide, celles du refroidissement dû au contact seul d'un gaz, et celles du refroidissement total observé dans l'air. Tous les nombres déduits soit de leurs propres observations, soit des expériences faites par d'autres physiciens, se sont trouvées identiques avec ceux calculés à l'aide de leurs formules, en donnant aux constantes les valeurs convenables. Des vérifications aussi complètes, qui embrassent une étendue de 300° du thermomètre à air, ne permettent plus de douter de l'exactitude et de la réalité des lois découvertes par ces deux physiciens. Elles doivent maintenant servir de point de départ à toutes les recherches mathématiques qu'on entreprendra sur le rayonnement et la communication de la chaleur, si l'on veut obtenir des résultats vérifiables par l'expérience.

DIX-HUITIÈME LEÇON.

Mesure des capacités pour la chaleur des corps solides et liquides. Méthode des mélanges. — Méthode par la fusion de la glace. — Méthode du refroidissement. — Lois des chaleurs spécifiques des atomes. — Variations des capacités. — Thermomètres à capacité constante. — Mesure des caloriques spécifiques des gaz. — Méthode de compensation. — Méthode des températures stationnaires. — Méthode par le refroidissement du calorimètre.

---

280. On ne saurait estimer les quantités totales de chaleur possédées par les corps pondérables ; mais on peut comparer entre elles les portions qui doivent être absorbées ou émises, pour produire sur un même corps des effets thermométriques différens, ou le même changement de température sur différens corps. Il est évident qu'il faudra des quantités égales pour produire le même effet sur des masses égales de même matière ; ainsi l'on peut déjà dire que la chaleur nécessaire pour changer l'état thermométrique d'un corps dépend de la masse, ou si l'on veut du volume de ce corps.

Comparaison des quantités de chaleur.

Elle dépend encore évidemment d'un autre élément qui est la température ; car dans un même corps, il faudra plus de chaleur pour élever sa température de 2° que pour l'élever d'un seul degré. L'expérience prouve qu'entre certaines limites, la chaleur employée à faire passer une même

26..

masse de $t°$ à $(t + 1°)$, est sensiblement constante quel que soit t, ce qui indique que la quantité de chaleur nécessaire, pour faire varier de $\tau°$ la température d'une même masse, est proportionnelle à τ. Ainsi la chaleur employée à faire subir un changement thermométrique à un corps donné, est proportionnelle au produit de sa masse par le nombre de degrés dont sa température varie.

Il suit de là que si l'on mélange deux masses m, m', d'une même matière, d'un liquide par exemple, qui soient à des températures différentes t et t', et si aucune cause étrangère n'enlève ou n'ajoute de la chaleur à ce mélange, sa température θ devra être telle que la relation : . . . . . .

$(m + m')\, \theta = m\,t + m'\,t'$ soit satisfaite. Par exemple,

si l'on prend deux poids égaux d'eau, l'un à $0°$, l'autre à $14°$, la température de leur mélange devra être de $7°$; c'est en effet ce que confirme l'expérience. On obtient toujours par l'observation le nombre θ donné par la formule précédente, à de légères différences près, lorsqu'on mélange des masses d'eau à des températures différentes, comprises entre $0°$ et $100°$; la formule $(m + m')\, \theta = mt + m'\,t'$

est ainsi vérifiée dans une grande étendue.

Définition des chaleurs spécifiques.

281. Mais l'expérience prouve que cette formule n'est plus exacte lorsque les masses mélangées sont de nature différente ; ce qui indique un troisième élément dans l'évaluation des quantités de chaleur. Cet élément porte le nom de *calorique spécifique*, ou de *chaleur spécifique*, ou de *capacité pour la chaleur;* il varie d'une substance à une autre. Si l'on agite ensemble 1 kil. de mercure à $100°$, avec un kil. d'eau à $14°$, on trouve que la température

commune des deux liquides, à la fin de l'expérience, est un peu moindre que 17°. La formule précédente qui eût donné, dans cette circonstance, $\theta = \dfrac{14 + 100}{2} = 57°$ n'est donc plus vraie dans le cas du mélange de corps différens.

Dans cette expérience, la quantité de chaleur perdue par le mercure, dont la température s'est abaissée de 83°, a été absorbée par l'eau qui n'a cependant gagné que 3° de température. Il résulte donc de ce fait que, pour éprouver un même changement thermométrique, l'eau exige $\frac{83}{3}$ ou à peu près 28 fois plus de chaleur que le mercure. Si donc on convient d'appeler, en général, calorique spécifique, la quantité de chaleur nécessaire pour élever d'un degré la température de l'unité de poids d'une certaine substance, et de prendre pour unité la chaleur spécifique de l'eau, on aura $\frac{3}{83}$ pour le calorique spécifique du mercure ; sa valeur exacte est plus petite, et de $\frac{1}{30}^e$.

282. Le procédé suivi dans l'expérience précédente peut ainsi servir à mesurer les capacités pour la chaleur des corps solides et liquides. Mais pour que cette détermination soit exacte il faut prendre certaines précautions. Afin de rendre négligeables les pertes ou gains de chaleur, dus au rayonnement qui s'opère entre le mélange et les corps environnans, il faut faire en sorte que la variation de température de l'eau soit très petite ; on y parvient en employant une grande masse d'eau froide, pour une petite masse du corps échauffé.

Mesure des chaleurs spécifiques. Méthode des mélanges.

Il faut avoir égard à la quantité de chaleur enlevée par le vase où le mélange s'opère. Pour cela, supposons qu'il soit de cuivre, et que sa masse ou son poids soit m' ; on commencera d'abord par déterminer le calorique spécifique c de ce métal, en plongeant une masse m de cuivre à la température T, dans la masse M d'eau que contient le vase, et qui est à la température t des corps environnans. Si θ est la température finale du mélange, l'eau aura absorbé une quantité de chaleur qu'on peut représenter par $M(\theta - t)$, puisque le calorifique spécifique de l'eau est pris pour l'unité. Le vase en cuivre aura aussi gagné une quantité de chaleur égale à $m'c\,(\theta - t)$. La masse métallique m aura au contraire perdu $mc\,(T - \theta)$ unités de chaleur, en convenant d'appeler *unité de chaleur* celle nécessaire pour élever d'un degré la température de l'unité de masse ou de poids d'eau. On devra donc avoir, en négligeant l'effet du rayonnement : $M(\theta - t) + m'c(\theta - t) = mc\,(T - \theta)$, relation qui déterminera le calorique spécifique du cuivre ou de la matière du vase.

Connaissant ainsi la capacité pour la chaleur du vase servant à opérer les mélanges, on pourra le remplacer par une masse correspondante d'eau, dans les déterminations subséquentes. Si l'on a trouvé par exemple pour c le nombre $\frac{1}{10}$, on ajoutera à la masse liquide contenue dans le vase une masse d'eau $\mu = \dfrac{m'}{10}$, qui absorberait toujours la même quantité de chaleur que l'enveloppe solide, pour des variations égales de température. On aura ainsi la formule . . . . . $(M + \mu)\,(\theta - t) = mc\,(T - \theta)$, pour déterminer le calorique spécifique c, d'une autre substance de masse m, que l'on plongera à la température T, dans l'eau à $t°$; θ étant la température finale du mélange. Pour que les résultats obtenus par ce procédé soient plus exacts, il faut recommencer plusieurs fois l'expérience, en faisant varier la masse M, jusqu'à ce que l'eau prise à une température t

inférieure de quelques degrés à celle des corps environnans, ne s'élève après le mélange que de quelques degrés au-dessus de cette température ; de cette manière on établit une sorte de compensation entre les gains et les pertes de chaleur dus aux rayonnemens, et il devient inutile d'y avoir égard dans le calcul. Il est nécessaire de se servir d'un thermomètre qui puisse indiquer des centièmes de degré, afin d'obtenir des résultats précis.

283. Outre la méthode des mélanges, il existe un autre moyen de déterminer les capacités pour la chaleur des corps solides. Ce procédé est fondé sur l'évaluation de la quantité de chaleur nécessaire pour opérer la fusion de la glace. On a observé qu'en mélangeant un kilogramme de glace pilée à $0°$, avec un kilogramme d'eau à $75°$, on obtenait toujours deux kilogrammes d'eau à $0°$; ce fait indique qu'un kilogramme de glace absorbe pour se fondre les 75 unités de chaleur cédées par un kilogramme d'eau passant de la température de $75°$ à celle de $0°$. D'après cela, si l'on détermine par l'expérience la quantité en poids (P) de glace, que peut faire fondre une masse m d'un corps, dont le calorique spécifique est c, et la température t, lorsqu'il passe à $0°$, et qu'il cède ainsi toute la chaleur (mtc), qu'il contenait primitivement au-dessus de cette dernière température, on aura évidemment la relation . . . .

$$mtc = 75\,P,\ \text{d'où}\ c = \frac{75\,P}{m\,t},$$

pour le calorique spécifique du corps éprouvé.

C'est sur ce principe qu'est fondé l'emploi du calorimètre imaginé par Lavoisier et Laplace. Des trois enveloppes métalliques successives qui composent cet instrument, la plus petite sert à contenir le corps chaud. L'intervalle

Méthode par
la fusion de
la glace.

Fig. 152.

compris entre cette enveloppe interne et la moyenne, est
rempli de glace pilée ou de neige à 0°. L'eau provenant de
la fusion de cette glace, opérée par la chaleur que cède le
corps éprouvé, est conduite au-dessous de l'appareil par
un tuyau à robinet ; c'est son poids total P qu'il faut mesurer. Enfin l'intervalle compris entre l'enveloppe externe
et la seconde contient aussi de la glace à 0°, qui, recevant
directement la chaleur étrangère rayonnée vers l'appareil,
empêche qu'elle ne pénètre dans l'intérieur. Des couvercles
recouverts de glace servent à compléter les différentes
enceintes.

On a reproché à ce procédé d'exiger une trop grande
quantité de la matière à éprouver. Il est d'ailleurs soumis
à deux causes d'incertitude : l'eau adhérente aux parois de
la glace est impossible à évaluer ; de plus, quelque précaution que l'on prenne pour l'éviter, l'air circule toujours
un peu dans l'intérieur et y laisse pénétrer de la chaleur
étrangère. On remédie en partie à ces inconvéniens, en se
servant d'un morceau de glace bien compacte, dans lequel
on pratique un trou au moyen d'un fer chaud ; on y plonge
ensuite le corps dont il s'agit de mesurer le calorique spécifique, après l'avoir échauffé à une température connue,
celle de 100° par exemple ; on ferme le trou au moyen
d'un couvercle de glace usé au fer chaud. Quand le corps
est parvenu à 0°, on le retire ainsi que l'eau provenant de
la fusion de la glace, dont on détermine le poids P.

On peut faire usage de la fusion de la glace, pour déterminer le calorique spécifique d'un liquide ; mais en se servant du calorimètre, il faut avoir égard, comme dans la
méthode des mélanges, au vase qui contient le liquide. On
a essayé d'employer le calorimètre pour mesurer la capa-

cité des gaz pour la chaleur ; mais ce procédé est très défectueux : car le vase qui sert d'enveloppe, quelque mince qu'il soit, a toujours une masse très grande par rapport à celle du gaz contenu ; en sorte qu'en retranchant de l'effet du refroidissement total, celui dépendant du vase seul, pour obtenir la faible part qui doit être attribuée à la chaleur cédée par le gaz, le résultat qu'on obtient est du même ordre de grandeur que les erreurs d'observation possibles. D'ailleurs on s'est servi, pour mesurer les chaleurs spécifiques des gaz, de procédés particuliers et beaucoup plus exacts, dont nous donnerons bientôt la description.

284. La méthode des mélanges et celle du calorimètre ne permettent pas d'évaluer avec exactitude le calorique spécifique d'une substance solide ou liquide, lorsqu'on n'a qu'une petite masse de cette substance. Il convient alors d'employer un autre procédé, connu sous le nom de *méthode du refroidissement,* inventé par Mayer, et que divers physiciens ont pratiqué depuis, mais qui n'a acquis tout le degré de précision dont il est susceptible qu'entre les mains de MM. Dulong et Petit. Ce procédé consiste à comparer les temps que plusieurs corps de différentes natures mettent à perdre, par le refroidissement dans le vide, un même nombre de degrés de température, lorsque leur volume, la nature de leur surface rayonnante, leur température primitive et celle de l'enceinte, sont identiquement les mêmes.

Voici l'appareil dont se sont servis MM. Dulong et Petit : une caisse cylindrique en cuivre AB, couverte intérieurement d'une couche de noir de fumée, est entourée d'un manchon CD rempli de glace pilée à 0°. Au milieu de AB est suspendu un petit vase cylindrique (E) très mince et en argent poli, dans lequel se trouve la substance qu'il faut éprouver, réduite en poudre ou en limaille. La boule d'un thermomètre est disposée au centre de cette masse; sa tige s'élève verticalement et traverse dans un bouchon métallique le fond supérieur de AB. Un tuyau en plomb muni d'un robinet, qui débouche dans le cylindre AB, et qui peut se visser à la platine d'une machine pneumatique, permet de faire le vide autour de la masse E.

Pour faire une expérience au moyen de cet appareil, on plonge le cylindre E, renfermant la substance à étudier et le thermomètre, au milieu d'un vase de métal entouré d'un manchon qui contient de l'eau chaude. Lorsque le thermomètre indique que toute la masse a pris la température de l'eau, on porte le cylindre E au milieu de AB; le bouchon qui le soutient est luté dans l'ouverture qu'il ferme; on fait ensuite le vide. On observe le thermomètre avec une lunette horizontale, mobile sur une règle verticale; lorsque la température qu'il indique est de $10°$ au-dessus de zéro, on compte, au moyen d'un chronomètre à secondes, le temps t que le thermomètre emploie à descendre à $5°$. Le rapport des temps t et t', ainsi observés successivement pour deux substances différentes, est lié par une équation fort simple au rapport de leurs chaleurs spécifiques; c'est cette relation qu'il s'agit de trouver maintenant.

285. La loi du refroidissement de Newton peut être adoptée dans ces circonstances, puisque les excès de température sont très petits, et que d'ailleurs le refroidissement a lieu dans le vide. Soit alors A l'excès primitif de la température que possède la masse E, sur celle de l'enceinte, à l'époque $t = 0$, ou lorsqu'on commence l'observation du refroidissement. L'excès variable T, existant après

le temps t, sera donné par l'équation (1) $\mathrm{T} = \mathrm{A}\,\mu^{-t}$. Posant pour simplifier $\log\mu = m$, on déduit de cette formule (2) $m = \dfrac{1}{t} \log \dfrac{\mathrm{A}}{\mathrm{T}}$, et pour la vitesse du refroidissement (3) $\mathrm{V} = -\dfrac{d\mathrm{T}}{dt} = m\mathrm{T}$. L'observation indiquée ci-dessus donnant le temps t, que la masse E emploie à descendre de la température $\mathrm{A} = 10°$ à celle $\mathrm{T} = 5°$, l'équation (2) donne pour la valeur numérique du nombre m, $m = \dfrac{1}{t} \log 2$. Or d'après l'équation (3) le coefficient constant m, est la fraction de degré que perdrait dans l'unité de temps le corps qui se refroidit, si l'excès T n'était que de $1°$; d'après cette définition, m est directement proportionnel à la surface S du corps, à la conductibilité extérieure h de cette substance, et aussi inversement proportionnel à la masse M et au calorique spécifique c du corps qui se refroidit ; on pourra donc poser : $m = \dfrac{\mathrm{S}\,h}{\mathrm{M}c}$. On a donc :

$$\frac{1}{t} \log 2 = \frac{\mathrm{S}\,h}{\mathrm{M}c}, \text{ ou } \mathrm{M}c = \frac{\mathrm{S}ht}{\log 2}.$$

Si donc M et M', c et c', sont les masses et les caloriques spécifiques de deux substances successivement éprouvées dans l'appareil de MM. Dulong et Petit ; que t et t' soient les temps que le thermomètre a employés dans les deux circonstances, pour descendre de la même température $10°$ à la même température $5°$, l'étendue et la nature de la surface rayonnante restant d'ailleurs les mêmes dans les deux cas, on aura :

$$\mathrm{M}c = \frac{\mathrm{S}ht}{\log 2}, \ \mathrm{M}'\,c' = \frac{\mathrm{S}ht'}{\log 2}; \text{ et par suite } \frac{\mathrm{M}'c'}{\mathrm{M}c} = \frac{t'}{t},$$

d'où l'on déduira le rapport cherché $\dfrac{c'}{c}$.

Dans ce genre d'expérience, il était important de n'employer que des substances réduites en petites masses, de rendre leur refroidissement le plus lent possible, et de ne l'observer que pour de faibles excès de température, afin de rendre insensible l'influence de la conductibilité intérieure, qui est différente d'une substance à l'autre. Il fallait observer le refroidissement dans le vide, ou au moins dans l'air très raréfié, tel qu'il existe sous le récipient d'une machine pneumatique lorsque l'éprouvette n'indique plus que quelques centimètres de pression intérieure, afin de n'avoir pas à tenir compte des quantités de chaleur enlevées par le contact du gaz, qui suivent une autre loi que celle indiquée par Newton (§ 277). Les précautions prises par MM. Dulong et Petit ont éloigné toutes les causes d'erreur ; ces physiciens ont ainsi obtenu avec exactitude les capacités pour la chaleur d'un grand nombre de substances et particulièrement des métaux.

Loi des chaleurs spécifiques des atomes.

286. En rapprochant les résultats qu'ils ont obtenus d'une autre espèce de nombres spécifiques fournis par l'analyse chimique, ils ont découvert une loi importante qu'il importe d'énoncer ici. Toutes les combinaisons inorganiques peuvent se définir facilement, en admettant qu'il existe dans la nature un certain nombre de corps ou de substances pondérables simples, dont les dernières particules ou les atomes indivisibles aient des poids égaux dans la même substance, mais différens d'une substance à l'autre ; les rapports de ces poids ont été trouvés par l'expérience. MM. Dulong et Petit ont ajouté une preuve nouvelle en faveur de l'existence des atomes chimiques, en déduisant des valeurs qu'ils ont obtenues pour les chaleurs spécifiques des substances métalliques, cette loi remarquable :

que la chaleur spécifique des atomes ou molécules des corps simples est la même pour tous.

Pour vérifier cette loi, il faudrait diviser le calorique spécifique de chaque corps simple, ou la quantité de chaleur nécessaire pour que son unité de poids s'élevât de $1°$, par le nombre de molécules ou d'atomes chimiques que contient cette unité de poids, lequel nombre est évidemment en raison inverse du poids de chacun de ces atomes. Il suffit donc de multiplier respectivement les nombres exprimant les caloriques spécifiques des corps simples, par ceux qui expriment en chimie les poids de leurs atomes, et si l'on obtient des produits sensiblement égaux, on en conclura que la loi énoncée plus haut est vraie. Or on trouve que ces produits ne diffèrent les uns des autres, que de quantités assez petites pour pouvoir être attribuées aux erreurs d'observation, ou au degré d'incertitude que comportent encore les méthodes employées dans les analyses chimiques.

Il existe encore parmi les chimistes quelques doutes sur les véritables rapports des poids des atomes de quelques corps simples, mais pour chacun de ces atomes on ne balance qu'entre deux ou trois nombres, qui sont entre eux dans des rapports simples. La loi découverte par MM. Petit et Dulong, vérifiée sur tous les corps simples à l'abri de cette incertitude, offre donc un moyen précieux de guider dans le choix à faire parmi plusieurs nombres également probables, offerts au chimiste pour représenter les poids de certains atomes.

Le tableau suivant contient les caloriques spécifiques de différens corps simples obtenus par MM. Dulong et Petit; on y a joint les poids des atomes chimiques des mêmes corps, et les produits dont l'égalité a fait découvrir la loi précédente.

SUBSTANCES.	CALORIQUES spécifiques (c).	POIDS atomiques (a).	PRODUITS (ca).
Bismuth. . .	0,0288	13,30	0,3830
Plomb.	0,0293	12,95	0,3794
Or.	0,0298	12,43	0,3704
Platine.	0,0314	11,16	0,3740
Étain.	0,0514	7,35	0,3779
Argent.	0,0557	6,75	0,3759
Zinc.	0,0927	4,03	0,3736
Cuivre.	0,0949	3,957	0,3755
Nickel.	0,1055	3,69	0,3819
Fer.	0,1100	3,392	0,3731
Cobalt.	0,1498	2,46	0,3685
Soufre.	0,1880	2,011	0,3780

Variations des capacités pour la chaleur.

287. Les capacités pour la chaleur des corps solides et liquides sont sensiblement constantes entre 0° et 100°; mais entre des limites plus étendues, entre 0° et 200° ou 300°, l'expérience indique que ces capacités éprouvent des variations très sensibles à mesure que la température s'élève, et qui ne sont pas les mêmes pour toutes les substances. Il était facile de prévoir ce résultat : en effet, l'augmentation de température occasionant la dilatation des corps qui la subissent, l'exemple des fluides élastiques, que nous exposerons tout-à-l'heure, autorise à regarder l'accroissement du volume comme déterminant une absorption de chaleur plus grande que celle qui résulterait de la variation de la

température seule. Or l'expérience indique qu'un même corps solide ou liquide éprouve des dilatations inégales pour des variations égales de température, il y a donc une partie de la chaleur spécifique qui doit varier avec la dilatabilité. Car la chaleur spécifique, telle qu'on la mesure par la méthode des mélanges ou celle du calorimètre, contient à la fois la chaleur nécessaire pour élever d'un degré la température du corps sans changement de volume, et celle qu'exige sa dilatation.

MM. Petit et Dulong ont mesuré la chaleur spécifique moyenne de plusieurs métaux pour de hautes températures, en se servant de la méthode des mélanges. Outre les précautions que nous avons déjà citées, et qui ont pour but d'annuler autant que possible l'influence du rayonnement, ils avaient soin d'employer des anneaux métalliques, afin d'augmenter la surface du corps chaud, et par suite la rapidité de l'établissement de l'équilibre thermométrique. Ils plongeaient d'abord un de ces anneaux dans un bain d'huile à la température élevée qu'ils voulaient éprouver, et ensuite dans le bain d'eau ; la température finale de ce dernier donnait, au moyen de la formule indiquée plus haut (§ 282), la chaleur spécifique moyenne du métal de l'anneau, entre les températures des deux bains. MM. Petit et Dulong ont ainsi trouvé que la capacité moyenne du fer était :

$$0,1098 \quad \text{de} \quad 0° \quad \text{à} \quad 100°,$$
$$0,1150 \quad \text{de} \quad 0° \quad \text{à} \quad 200°,$$
$$0,1218 \quad \text{de} \quad 0° \quad \text{à} \quad 300°,$$
$$0,1255 \quad \text{de} \quad 0° \quad \text{à} \quad 350°,$$

la chaleur spécifique de l'eau étant prise pour unité, et les températures étant indiquées par le thermomètre à air. On voit par cet exemple que la capacité d'un métal va en augmentant avec la température.

Thermo-
mètres
à capacité
constante.

288. Si l'on convenait d'appeler unités de température ou degrés, les dilatations résultant de l'augmentation par quantités égales, de la chaleur contenue dans un même corps, on aurait des thermomètres d'une espèce différente de ceux que nous avons considérés. Lorsque l'on connaît la capacité moyenne d'un corps pour de basses et de hautes températures, on a les données suffisantes pour en conclure les degrés qui seraient indiqués par ces nouveaux thermomètres dans des circonstances voulues. Soient par exemple, c le calorique spécifique d'un corps entre $0°$ et $100°$, limites entre lesquelles on peut le supposer constant; c' le calorique spécifique moyen du même corps entre $0°$ et $T°$, température élevée indiquée par le thermomètre à air; enfin τ le degré qui serait indiqué par le thermomètre fondé sur la capacité constante c, lorsqu'il serait exposé à la température T; la quantité de chaleur absorbée par le corps de $0°$ à $T°$, aurait pour valeur $c'T$, et $c\tau$, ce qui donnerait $\tau = \dfrac{c'T}{c}$. Par exemple, pour le fer, et pour $T = 300$, on a $c = 0,1098$, $c' = 0,1218$, et par suite $\tau = 332°,2$.

D'après les autres résultats obtenus par MM. Petit et Dulong pour les capacités de plusieurs métaux, des thermomètres à capacité constante, construits avec ces métaux, et exposés à la température de $300°$ du thermomètre à air, indiqueraient : l'argent $329°,3$; le zinc $328°,5$; l'antimoine $324°,8$; le verre $322°,1$; le cuivre $320°$; le mercure $318°,2$; le platine $317°,9$. Ainsi les températures indiquées par ces nouveaux thermomètres, seraient plus élevées que celles du thermomètre à air ; ce qui prouve que les capacités, telles qu'elles sont mesurées, vont en augmentant avec la température. On voit en outre par le tableau précédent, que les capacités de tous les corps solides ne varient pas de la même manière ; ce qui tient sans doute à ce que les dilatabilités de ces corps suivent des lois différentes.

289. Les variations de la capacité d'un même corps avec la température s'opposent à ce qu'on puisse se servir de l'échauffement d'une masse d'eau, dans laquelle on plonge une masse solide échauffée, pour en conclure la température primitive de ce dernier corps ; ce procédé ne pourrait servir qu'à donner une première approximation. Voici au reste la formule à laquelle il conduirait : soient M la masse d'eau, t sa température primitive, et θ sa température finale, lorsqu'une masse solide m, de capacité c, plongée à la température T, lui a cédé son excès de chaleur, on aura la relation $M (\theta - t) = m c (T - \theta)$ pour déterminer T.

Une observation préliminaire, faite pour une température connue T', simplifierait beaucoup le calcul à faire pour une autre observation : car si la même masse m, élevée d'abord à T' degrés, échauffait le même bain d'eau M, de t' à θ' degrés, on aurait pareillement

$$M (\theta' - t') = m c (T' - \theta')] ;$$

et les deux équations précédentes donneraient la proportion $\dfrac{T - \theta}{T' - \theta'} = \dfrac{\theta - t}{\theta' - t'}$, d'où l'on pourrait conclure T, connaissant T' et les autres températures observées, sans qu'il fût nécessaire d'avoir les valeurs numériques des masses employées ni de leurs capacités pour la chaleur.

I. 27

Mais ces formules supposant la constance des chaleurs spécifiques, les nombres que l'on obtiendra par leur emploi donneront les degrés qui seraient indiqués par le thermomètre à capacité constante formé avec la substance solide employée ; ils varieront donc avec la nature de cette substance ; toutefois, lorsque les températures T et T′ seront comprises dans les limites des tableaux précédens, on pourra les ramener aux indications du thermomètre à air.

Définition des chaleurs spécifiques des gaz.

290. Les caloriques spécifiques des gaz, tels qu'on les considère en physique, ont une autre définition que ceux des corps solides et liquides. On ne compare plus les quantités de chaleur nécessaires pour élever d'un degré des poids égaux de diverses substances, mais celles absorbées par des volumes égaux de différens fluides élastiques, soumis aux mêmes pressions. Pour motiver ce changement de définition, il suffit de remarquer que les propriétés physiques des gaz, déjà connues, suivent des lois identiques et très simples quand elles sont rapportées à des volumes égaux de ces fluides ; il était à présumer, d'après cela, que si la comparaison de leurs capacités pour la chaleur pouvait conduire à quelque loi nouvelle, ces capacités devaient être mesurées sur des volumes égaux, et non sur des masses pondérables égales. D'ailleurs il importe de rechercher si l'identité des caloriques spécifiques des atomes chimiques des métaux a encore lieu pour les atomes des gaz simples. Or il résulte de la loi de combinaison des vapeurs, découverte par M. Gay-Lussac, que les poids atomiques des gaz simples sont proportionnels aux densités de ces fluides. Il suffira donc de comparer les capacités pour la chaleur, mesurées sur des volumes égaux, pour reconnaître si la loi

découverte par MM. Dulong et Petit est applicable aux gaz simples.

Mais le calorique spécifique d'un fluide élastique, rapporté au volume, peut être considéré sous deux points de vue différens. Si l'on pouvait mesurer la quantité de chaleur nécessaire pour élever d'un degré la température de l'unité de volume d'un gaz renfermé dans un vase inextensible et invariable, on obtiendrait le *calorique spécifique* de ce gaz *sous volume constant*; dans cette circonstance la pression du fluide changerait avec la température suivant la loi indiquée par la formule (3) du § 196. Si au contraire on mesure la quantité de chaleur nécessaire pour élever d'un degré la température de l'unité de volume du gaz proposé, contenu dans une enveloppe extensible, soumise à une pression extérieure invariable, le gaz se dilatant librement, on obtiendra son *calorique spécifique sous pression constante*; dans cette nouvelle circonstance, le volume du fluide varie en suivant la loi exprimée par la formule (4) du § 196.

Ces deux caloriques spécifiques sont essentiellement différens. Le second surpasse le premier de toute la quantité de chaleur que le gaz, dilaté de $\frac{1}{267}$ par la variation d'un degré de température, pourrait dégager, si on le comprimait subitement de cette même fraction, pour réduire le nouveau volume à sa grandeur primitive. Plusieurs expériences indirectes, que nous aurons l'occasion de citer par la suite, prouvent que cette opération dégagerait effectivement une certaine quantité de chaleur, capable d'élever la température du gaz comprimé. Or cette quantité de chaleur pouvant être évaluée par l'effet thermométrique qu'elle produit, on possède le moyen de connaître la dif-

férence, ou plutôt le rapport des deux caloriques spécifiques d'un même fluide élastique ; il suffit donc d'en mesurer un seul directement.

Mesure des
caloriques
spécifiques
des gaz.

291. On ne peut obtenir avec quelque exactitude que
le calorique spécifique sous pression constante. A cet effet
on fait circuler dans un serpentin, un courant du gaz proposé, ayant une vitesse connue, au milieu d'une masse d'eau
à laquelle il cède une portion de sa chaleur. On déduit
ensuite des variations de température du gaz et de l'eau,
le calorique spécifique cherché. Mais pour conduire à cette
détermination, l'expérience peut être dirigée de deux manières différentes. L'appareil ou le calorimètre dont on se
sert est d'ailleurs le même dans les deux cas ; son invention
est due à Rumford.

La caisse qui contient l'eau, et le serpentin que parcourt
le gaz, sont en cuivre. Rumford proposait d'évaluer la
température de l'eau par un thermomètre dont le réservoir
cylindrique occupât toute la hauteur du liquide ; mais il
est préférable de mélanger les couches au moyen de petites plaques ou volans mobiles, afin que la température
soit uniforme ; un thermomètre ordinaire peut alors suffire.
Le gaz s'échappe avec une vitesse constante, par un des
procédés que nous avons indiqués, d'une cloche ou d'un
vase voisin ; il traverse un tube horizontal entouré d'un
manchon cylindrique, dans lequel on entretient un courant de vapeur d'eau à 100°, et qui se termine à peu de
distance de la caisse. Le fluide élastique y pénètre alors,
ayant la température de 100°, et après avoir cédé une portion de sa chaleur à la masse d'eau, et aux parties métalliques de l'appareil, s'échappe par l'orifice extérieur du serpentin. Un thermomètre peut indiquer sa température à la

sortie ; mais il est préférable de donner assez de développement au tube intérieur pour que cette température soit à chaque instant la même que celle du bain.

292. Rumford a indiqué un moyen fort ingénieux de Méthode de compensation. rendre les résultats indépendans de la perte et du gain de chaleur occasionés par le rayonnement ; il consiste à commencer l'expérience lorsque l'eau a une température de quelques degrés au-dessous de celle t des corps environnans, et à l'arrêter lorsque la température du bain s'est élevée du même nombre de degrés au-dessus de t. De cette manière il y a un gain de chaleur dans la première moitié de l'expérience, qui se trouve à très peu près compensé par la perte éprouvée pendant la seconde ; car on peut regarder la loi du refroidissement de Newton comme applicable dans ces circonstances, à cause du peu de différence des températures de l'appareil et des corps environnans.

La dépense du gazomètre permet d'évaluer le volume V de gaz qui a produit l'échauffement de la masse d'eau. Soient T la température que le manchon communique au fluide élastique ; t celle primitive de la caisse, θ sa température finale ; M la masse d'eau augmentée de celle qui remplacerait toutes les enveloppes métalliques. La température du gaz à la sortie aura varié de t' à θ, mais on peut supposer qu'elle ait été constamment égale à la moyenne arithmétique $\dfrac{t' + \theta}{2} = t$, entre ces températures extrêmes. $M(\theta - t')$ sera le nombre d'unités de chaleur gagnées par l'appareil pendant la durée de l'expérience, et cédées par un volume V de gaz, dont la température s'est abaissée de $(T - t)$ degrés. D'après cela le quotient $\dfrac{M}{V} \cdot \dfrac{\theta - t'}{T - t}$ donnera le nombre d'unités de chaleur cédées par l'unité de volume du gaz éprouvé, pour un abaissement d'un degré de température, ou son calorique spécifique c sous la pression constante de l'atmosphère.

293. Tel est le procédé indiqué par Rumford; il a été mis en pratique par MM. de Laroche et Bérard, qui ont ainsi obtenu les chaleurs spécifiques des différens gaz. Ils ont ensuite vérifié leurs résultats par un autre procédé que Rumford avait aussi indiqué. Ce nouveau procédé consiste à faire circuler dans le serpentin un courant de fluide élastique, jusqu'à ce que la température de l'appareil devienne stationnaire. Cet état d'équilibre a lieu lorsque la quantité de chaleur cédée par le gaz dans l'unité de temps, est égale à celle perdue par le rayonnement à la surface de la caisse : cette dernière quantité étant, d'après la loi du refroidissement de Newton, proportionnelle à l'excès de la température du bain sur celle des corps environnans, on pouvait en conclure que les quantités de chaleur fournies dans l'unité de temps, par deux gaz différens successivement éprouvés, étaient entre elles comme les excès des températures stationnaires qu'atteignait l'appareil. Ce qui donnait une relation entre les caloriques spécifiques des deux gaz.

En effet : soit v le volume de l'un des gaz qui s'écoulait dans l'unité de temps, c son calorique spécifique, T sa température initiale, θ la température stationnaire obtenue, et t celle des corps environnans; v', c', T', θ', t', les quantités correspondantes pour le second gaz. Les quantités $vc\,(\,T - \theta\,)$ et $v'\,c'\,(\,T' - \theta'\,)$ de chaleur cédées pendant l'unité de temps à l'appareil, lors des températures stationnaires θ et θ', devront être entre elles comme les excès $(\theta - t)$, $(\theta' - t')$, puisque elles sont égales aux quantités de chaleur perdues par le rayonnement de la caisse, dont la surface conserve toujours la même nature, et que la loi de Newton est applicable dans ces circons-tances. On a donc l'équation $\dfrac{v'c' \; (T' - \theta')}{vc \; (T - \theta)} = \dfrac{\theta' - t'}{\theta - t}$, qui peut donner le rapport $\dfrac{c'}{c}$. On peut supposer ici $T' = T = 100°$.

294. Le procédé qui vient d'être décrit ne peut fournir que les rapports des caloriques spécifiques des gaz à celui de l'un deux; il faut donc avoir recours à un autre moyen, pour déterminer la valeur absolue de la capacité du fluide élastique à laquelle on sera convenu de rapporter toutes les autres. Mais cette détermination peut se déduire du mode d'expérience précédent; car si l'on parvient à éva-luer la quantité du chaleur perdue pendant un certain temps par le rayonnement de la caisse, lorsqu'elle est parvenue à une température stationnaire, il suffira de l'é-galer à la quantité de chaleur cédée dans le même temps par le fluide élastique; ce qui donnera une relation où la seule inconnue sera le calorique spécifique du gaz. L'excès de la température stationnaire de la caisse sur celle des corps en-vironnans devant toujours être d'un petit nombre de degrés, la loi du refroidissement de Newton peut encore être admise.

Méthode par le refroi-dissement du calorimètre.

D'après cette loi, la quantité de chaleur perdue dans un temps très court par un corps qui se refroidit, est pro-portionnelle à l'excès de la température de ce corps sur celle des corps environnans. Si donc T est cet excès varia-ble au bout du temps t, on aura comme au § 285 : (1) $T = A \, \mu^{-t}$; et en posant aussi pour simplifier $\log \mu = m$, on en déduira pareillement (2) $m = \frac{1}{t} \log \frac{A}{T}$, et pour la vitesse du refroidissement (3) $V = mT$. V est l'abaissement thermométrique qu'éprouverait pendant l'unité de temps le corps exposé au refroidissement, s'il laissait échapper sa chaleur avec la même vitesse qu'au commencement de cet instant ; en sorte que M étant la masse de ce corps, et G son calorique spécifique, MGV représenterait la quantité de chaleur qui serait alors perdue par le corps dans l'unité de temps. Or si par une cause quelconque l'excès T se conserve pendant un temps τ, on aura évidemment $MGV\tau$, pour la mesure exacte de la quantité de chaleur perdue par le corps durant ce temps τ.

Pour déterminer la valeur de V qu'il faut prendre dans le cas dont il s'agit ici, celui où un courant constant de gaz a fait atteindre à l'appareil de Rumford un excès de température stationnaire A, on interrompt le passage du gaz ; la caisse se refroidit, et l'on observe son abaissement de température. Supposons qu'au bout de 20 minutes, par exemple, l'excès de température ne soit plus que T', l'équation (2) donnera alors : $m = \frac{1}{20} \log \frac{A}{T'}$; et le coefficient m étant ainsi déterminé numériquement, l'équation (3) fera connaître la vitesse du refroidissement, $V = mA$, correspondante à l'état stationnaire de la caisse, lorsque l'excès A était maintenu constant par le courant de gaz.

Ainsi, pendant une minute de temps, le nombre d'unités de chaleur perdues par l'appareil, lorsqu'il a atteint son état stationnaire, est MV ; M étant la masse d'eau contenue dans la caisse, augmentée de celle qui peut remplacer toutes les parties solides, et V étant calculé comme il vient d'être dit. Or la quantité de chaleur cédée par le gaz pendant le même temps est ubc, u étant le volume de ce ga z qui traverse l'appareil dans une minute, c son calorique spécifique, et b le nombre de degrés dont sa température primitive s'est abaissée lorsqu'il sort du serpentin. On a donc la relation $ubc = \mathrm{MV}$, pour déterminer le calorique spécifique c du gaz éprouvé.

2()5. Les divers procédés qui viennent d'être décrits peuvent servir à mesurer les capacités des gaz, rapportées à l'unité de poids de leurs substances. Il suffit pour cela de remplacer dans les formules précédentes les volumes v, v', des différens gaz, qui traversent le serpentin dans un certain temps, par les masses m, m', comprises sous ces volumes, et qu'il est facile de déduire des densités connues des fluides élastiques éprouvés. Les nombres c, c', donnés par les formules, sont alors les capacités des gaz rapportées à l'unité de poids, la capacité de l'eau étant prise pour l'unité.

296. Les mesures prises au moyen du calorimètre de Corrections. Rumford doivent être rapportées à une même pression pour donner des résultats comparables. Voici le mode de correction employé par MM. de Laroche et Bérard. Ayant mesuré directement, et à plusieurs reprises, les caloriques spécifiques de l'air c, c', sous deux pressions constantes P, $\mathrm{P'}$, l'une inférieure, l'autre supérieure à la pression normale adoptée $0^m,76$, ils en ont déduit la valeur numérique du rapport $r = \dfrac{c' - c}{c} : \dfrac{P' - P}{P}$. C'est ce rapport qu'ils ont supposé constant entre les limites très rapprochées des diverses pressions atmosphériques sous lesquelles toutes leurs expériences ont été faites. non-seulement pour

l'air, mais pour tous les gaz, dont les caloriques spécifiques ne paraissent différer que de très peu les uns des autres. D'après cela, ayant obtenu un nombre λ, qui représentait la chaleur cédée par l'unité de volume d'un certain gaz, pour chaque abaissement d'un degré de température, sous une pression barométrique ϖ inférieure à $0^{m},76$, ils posaient l'équation : $\dfrac{\lambda' - \lambda}{\lambda} : \dfrac{0^{m},76 - \varpi}{\varpi} = r$, pour en conclure le calorique spécifique λ' du même gaz correspondant à la pression normale.

Des corrections d'une autre nature sont nécessaires pour tenir compte de l'échauffement du calorimètre dû au voisinage du manchon où circule la vapeur d'eau ; et pour évaluer la véritable température du gaz à l'entrée dans le serpentin, laquelle est nécessairement moindre que $100°$, à cause du refroidissement que le fluide subit dans son trajet du manchon à la caisse. Au reste, ce genre d'expérience ne peut donner dans tous les cas que des résultats approchés : le gaz en circulant dans le serpentin se contracte en se refroidissant de près du tiers de son volume, puisqu'il conserve la même élasticité ; or son calorique spécifique doit varier en même temps que sa densité, les formules ne fournissent donc que sa valeur moyenne entre les limites de ces variations.

297. Il résulte des expériences de MM. de Laroche et Bérard, qu'en représentant par l'unité le calorique spécifique de l'air, l'hydrogène donne pour le sien $0,9033$; l'azote $1,0000$; l'oxigène $0,9765$; l'acide carbonique $1,2583$; le gaz oléfiant $1,5530$; l'oxide de carbone $1,0340$; l'oxide d'azote $1,3503$; ces caloriques spécifiques sont tous rapportés à l'unité de volume, sous la pression constante de

o^m,76. La chaleur dégagée par l'unité de poids de l'air atmosphérique, pour un abaissement d'un degré de température, sous la pression o^m,76, a été trouvée directement de 0,2669 unités de chaleur. On a déduit de ce résultat, des nombres précédens et des densités connues des autres gaz, que leurs capacités pour la chaleur, rapportées à l'unité de poids et à la même pression normale, sont exprimées par les nombres suivans : hydrogène 3,2936 ; azote 0,2754 ; oxigène 0,2361 ; acide carbonique 0,2210 ; gaz oléfiant 0,4207 ; oxide de carbone 0,2884 ; oxide d'azote 0,2369 ; la chaleur spécifique de l'eau étant prise pour l'unité.

On voit que les caloriques spécifiques sous pression constante des gaz simples, tels que l'azote, l'oxigène, l'hydrogène, ne diffèrent entre eux que de quantités assez petites pour pouvoir être attribuées aux erreurs, et à la complication des observations faites au moyen de l'appareil de Rumford. Tout porte donc à regarder ces caloriques spécifiques comme réellement égaux. Ainsi la loi découverte par MM. Dulong et Petit, qui consiste dans l'égalité des caloriques spécifiques des atomes des métaux, peut être encore admise pour les corps simples à l'état gazeux, puisque sous le même volume et la même pression ils comprennent le même nombre d'atomes. Des expériences indirectes, dont les résultats seront exposés dans les vingt-deuxième et trentième leçons, ont fait connaître pour chaque gaz le rapport de ses deux caloriques spécifiques, l'un sous pression constante, l'autre sous volume constant ; elles ont conduit en outre à la découverte d'une loi nouvelle et fort remarquable, qui régit les quantités de chaleur dégagées par la compression subite des fluides élastiques.

La mesure des chaleurs spécifiques, et l'identité de leurs valeurs obtenues par différentes méthodes expérimentales, fournissent la preuve la plus directe de l'existence d'un agent, dont la quantité varie pour un même corps avec sa température, et qui ne peut augmenter ou diminuer dans un milieu pondérable, sans diminuer ou augmenter dans d'autres milieux voisins, de telle sorte que sa quantité totale reste constante. Ce fait général s'accorde très bien avec les deux hypothèses du § 216 : dans la théorie de l'émission, le calorique, considéré comme un fluide matériel, ne peut disparaître sur un point sans être refoulé sur un autre, où l'on doit pouvoir constater son accumulation ; dans la théorie des ondulations, la force vive des mouvemens vibratoires ne peut diminuer dans un corps sans augmenter dans d'autres. Ainsi les deux hypothèses dont il s'agit s'appuient sur deux principes incontestables, l'indestructibilité de la matière, et la constance de la somme des forces vives, pour expliquer complétement les résultats fournis par les mesures des chaleurs spécifiques. Sous ce point de vue, l'une des deux théories n'a aucun avantage essentiel sur l'autre.

DIX-NEUVIÈME LEÇON.

Changemens d'état des corps. — Effets mécaniques produits par la
chaleur. — Des vapeurs dans le vide. — Tensions des vapeurs.—
Expériences de MM. Dulong et Arago pour déterminer les forces
élastiques de la vapeur d'eau. — Tables et formules empiriques.

298. Le premier effet de la chaleur sur les corps solides est d'augmenter leur volume, mais cette dilatation n'a
lieu que jusqu'à une certaine limite, au-delà il y a changement d'état : le corps fond, ou passe de l'état solide à
l'état liquide. On peut rendre ce phénomène sensible par
la fusion de la glace, de la cire, des résines, du plomb, de
l'étain, etc. ; si l'on ne peut pas l'observer pour tous les
corps, c'est que la température à laquelle doit exister la
fusion varie d'un corps à l'autre, et peut être trop élevée
pour être produite dans les laboratoires. On doit donc admettre que tous les corps solides indéfiniment échauffés doivent finir par passer à l'état liquide ; il existe d'ailleurs des
moyens de concentrer assez de chaleur dans un petit espace, pour que toute substance, quelque réfractaire qu'elle
soit, puisse y être liquéfiée.

299. Un autre changement d'état s'observe encore lorsqu'on expose un liquide à des températures continuellement

Fusion des
solides.

Vaporisation
des liquides

croissantes : après s'être dilaté, il se gazéifie ou se vaporise. L'existence du corps à l'état de gaz ou de vapeur est alors manifestée par les effets qu'il produit, ou les forces mécaniques qu'il déploie. On peut observer ce changement d'état sur un grand nombre de substances; et l'analogie porte à croire que si l'on pouvait produire artificiellement une température aussi élevée qu'on le voudrait, tous les corps solides et liquides de la nature finiraient par être vaporisés.

Liquéfaction des vapeurs et des gaz.

300. Inversement, lorsqu'un espace rempli de vapeur est exposé au refroidissement, cette vapeur se liquéfie. On doit admettre, d'après cela, que les corps qui sont ordinairement à l'état de gaz, ou de fluide élastique, seraient ramenés à l'état liquide, si l'on pouvait produire artificiellement un décroissement indéfini de température. C'est ce que prouve l'existence du chlore à l'état liquide à des températures inférieures à — 8°, et sous la pression ordinaire de l'atmosphère. D'ailleurs les vapeurs, sans changer de température, peuvent encore se liquéfier lorsqu'on diminue l'espace qu'elles occupent, en exerçant sur les parois extensibles qui les contiennent des pressions convenables; la plupart des gaz nommés permanens ont pu être ainsi transformés en liquides, et si plusieurs fluides élastiques ont résisté jusqu'ici à ce moyen de liquéfaction, c'est sans doute parce qu'on n'a pu encore réaliser les énormes pressions nécessaires pour ramener ces gaz à l'état liquide aux températures ordinaires.

Congélation des liquides.

301. Lorsque certains liquides sont exposés à des températures continuellement décroissantes, ils finissent par atteindre la température de fusion des corps solides formés de la même substance; il y a alors passage de l'état liquide à l'état solide, quelquefois sous une contexture cristalline,

le plus souvent en masse compacte et sans clivages. La température de la solidification est variable d'un liquide à l'autre ; elle est de 0° pour l'eau, de — 40° pour le mercure. Si plusieurs liquides, tels que l'alcool, l'éther, certains acides, semblent faire exception à cette loi générale du passage à l'état solide par une diminution de température, c'est sans doute parce qu'il a été impossible jusqu'ici de réaliser un refroidissement artificiel assez étendu pour que cet effet put être observé. Lorsqu'un liquide se solidifie, il y a généralement changement brusque de densité, mais pour certaines substances c'est une dilatation, pour d'autres une contraction ; par exemple, l'eau, la fonte, le bismuth diminuent de densité, le mercure se contracte au contraire.

302. Les changemens de forme et d'état occasionés dans les corps par des variations de température donnent lieu à des forces énergiques, souvent nuisibles, qui ne pourraient être détruites qu'en leur opposant des résistances considérables, mais qui peuvent être utilisées dans certaines circonstances pour produire des effets mécaniques. La force de dilatation du fer par la chaleur déterminerait des mouvemens destructibles dans les constructions où ce métal est souvent employé, si l'on n'y avait pas égard, en ménageant un espace qui permette à la dilatation de s'effectuer librement, ou bien en contre-balançant cette force par des résistances qui la détruisent.

Effets mécaniques produits par la chaleur.

Par exemple, considérons deux massifs de pierre ou de bois réunis par une barre de fer de cinq mètres de longueur, qui leur soit invariablement fixée à une température de 10° ; supposons que la température vienne à s'abaisser jusqu'à — 10°. Dans cette variation de 20°, la barre de 5 m. aurait dû se raccourcir, d'après son coefficient de dilatation linéaire qui est $\frac{1}{84633}$, de $\frac{1}{846}$ de mètre ou de $0^m,0012$. Les massifs auront donc dû se rapprocher d'autant, à moins qu'on ait employé une disposition qui force la barre à conserver sa longueur primitive, en exerçant sur elle une traction capable de l'allonger de $0^m,0012$. Il est possible d'évaluer cette traction, car si l'on prend le nombre 8000 pour le coefficient d'élasticité du fer, la formule

$$w = \frac{1}{A}\frac{2F}{5}z$$

du § 117 donnera, en y faisant $z = 5$, $w = 0^m,0012$, la valeur $F = 4,8$, ou environ 5 kilogr. par chaque millimètre carré. Si la section de la barre est équivalente à un carré de 5 centimètres de côté, son aire aura 2500 millimètres carrés, et les massifs seront tirés l'un vers l'autre par un effort de 12500 kilogr., ou de $12\frac{1}{2}$ tonneaux métriques. Il faudra donc que leur inertie ou leur mode de liaison puisse résister à cette traction, s'il importe de conserver la distance qui les sépare.

On a utilisé la force de dilatation et de contraction par la chaleur, pour rapprocher et maintenir les pieds-droits d'une galerie voûtée, qui menaçait ruine, dans le bâtiment du Conservatoire des arts et métiers. M. Molard imagina à cet effet de disposer des barres de fer horizontales, qui traversant les murs présentaient leurs bouts taraudés vers l'extrados; ces barres ayant été chauffées par des foyers convenables, de forts écrous furent vissés à leurs extrémités, jusqu'au contact des faces extérieures de la maçonnerie; lorsqu'ensuite les foyers furent éloignés, les barres se contractant par le refroidissement ramenèrent les pieds-droits dans la position verticale, et la poussée de la voûte est maintenant détruite par la résistance que ces barres opposent à la traction.

3o3. La densité de l'eau diminue peu à peu lors que sa température s'abaisse au-dessous de 4°,08 (§ 177); mais au moment de sa congélation il y a une augmentation soudaine et très considérable de volume, à laquelle aucun vase ne résiste, et qui peut produire des effets comparables à ceux de la poudre. On a fait en Angleterre une expérience curieuse pour constater cette force : une bombe fut remplie d'eau, et son orifice bouché avec un tampon de bois; on l'exposa ensuite à un froid intense; l'eau se dilata d'abord, mais au moment de la congélation le tampon de bois fut lancé avec explosion, et il sortit par l'orifice un bourrelet cylindrique de glace.

C'est à cette force d'expansion qu'on doit attribuer la dégradation de certaines pierres de construction qui contiennent de l'argile, lorsque l'eau dont elles sont imprégnées vient à se solidifier. Ces pierres sont appelées *gélives;* on a trouvé un moyen de reconnaître si une pierre est gélive ou propre aux constructions : on en plonge un morceau dans une dissolution saturée de sulfate de soude, ou d'un autre sel qui augmente de volume en cristallisant; et qui produit le même effet que la congélation de l'eau, si la pierre se laisse pénétrer par la dissolution. La fonte de fer et le bismuth produisent des effets analogues. C'est par l'expansion qui accompagne sa solidification que la fonte peut se mouler, et rendre fidèlement en relief les traits les plus délicats et les plus variés. Si l'on coule du bismuth fondu dans des tubes de verre, on les entend se briser par la dilatation du métal, lorsqu'il se solidifie.

3o4. Mais de tous les effets mécaniques que la chaleur peut produire, le plus important est celui dû à la force élastique des vapeurs, qui constitue maintenant un des

Force expansive de la glace.

Théorie physique des vapeurs.

moteurs les plus répandus. Cette circonstance suffirait à elle seule pour motiver l'étude que nous allons faire des vapeurs, s'il n'était pas d'ailleurs indispensable d'exposer ces propriétés, pour compléter la théorie physique des corps à l'état gazeux. Nous considérerons d'abord les vapeurs seules, ou non mélangées avec des gaz permanens.

Il importe de remarquer que la température à laquelle s'opère la vaporisation d'un liquide dépend de la pression que supporte ce liquide. Si l'on prend un tube recourbé à branches inégales, la plus courte étant fermée, l'autre ouverte, que l'on introduise du mercure dans ces deux branches et un peu d'éther dans la plus petite, on observe en plongeant cet appareil dans un bain d'eau chaude, que l'éther change d'état ou se gazéifie, en refoulant le mercure dans la partie ouverte du tube. Si d'abord le niveau du mercure s'élève au-dessus du fond supérieur de la branche fermée, il faudra soumettre l'appareil à une température d'autant plus élevée, pour faire passer l'éther à l'état de vapeur, que la colonne de mercure sera plus considérable, ou que la pression supportée par le liquide à vaporiser sera plus forte.

305. Dalton est le premier physicien qui ait fait des expériences exactes dans le but de construire des tables indiquant les forces élastiques ou les tensions des vapeurs à différentes températures. Son appareil ne peut convenir que jusqu'à la température d'ébullition du liquide éprouvé; il se compose de deux tubes barométriques plongés dans la même cuvette; un d'eux contient au-dessus du mercure une couche du liquide dont on veut étudier les vapeurs; un manchon de verre les entoure et sert à recevoir de l'eau à diverses températures. Le liquide supérieur au mercure,

dans l'un des tubes, se vaporise à chacune de ses températures différentes, et la tension ou la force élastique de sa
vapeur est mesurée par la différence des deux hauteurs barométriques, ramenée à une température normale afin de
rendre tous les résultats comparables.

Lorsque l'eau du manchon est en ébullition, et que le
liquide essayé est aussi de l'eau, on remarque que le mercure du premier baromètre est déprimé par la vapeur jusqu'au niveau de la cuvette ; d'où l'on conclut qu'à la température de l'ébullition de l'eau, la vapeur de ce liquide,
formée dans un espace vide de toute autre matière ponde-
rable, a précisément une force élastique égale à la pression de
l'atmosphère. En étudiant les tensions des vapeurs d'autres
liquides, de l'alcool et de l'éther, par exemple, on reconnaît cette loi générale, que la force élastique de la vapeur
formée dans le vide par un liquide, à la température de son
ébullition à l'air libre, est égale à la pression atmosphérique.

Il résulte de ce fait important que pour mesurer les tensions des vapeurs à des températures supérieures au degré
d'ébullition du liquide qui les fournit, il faut nécessairement employer un appareil autre que le précédent ; car la
force élastique de la vapeur surpassant la pression atmosphérique, cette vapeur s'échapperait par le bout ouvert du
tube à travers le mercure de la cuvette. On peut alors se
servir d'un tube recourbé, tel que celui décrit au § 304,
et ajouter du mercure dans la branche ouverte, jusqu'à ce
que la vapeur cesse de s'échapper. Sa tension est mesurée,
dans ces circonstances, par la colonne d'un baromètre
voisin, augmentée de la différence de niveau du mercure
dans les deux branches. S'il s'agit de vapeur d'eau, on em-

ploie un bain d'huile fixe, afin d'obtenir des températures plus élevées que 100°.

M. Dulong a imaginé un autre appareil pour mesurer les tensions des vapeurs. Il est basé sur ce fait que lorsqu'un liquide, en contact avec une atmosphère de gaz ayant une pression constante, est de plus en plus échauffé, il arrive un moment où ce liquide entre en ébullition, pour conserver ensuite une température stationnaire ; la vapeur qui se forme alors ayant une tension égale à celle de l'atmosphère gazeuse surperposée au liquide. L'appareil se compose d'un ballon qui communique avec une machine pneumatique ou de compression, afin d'y faire varier à volonté la pression de l'air intérieur, qu'un baromètre permet d'évaluer ; le liquide à vaporiser est contenu dans une cornue placée sur un foyer, et communiquant avec le ballon par un tube incliné vers elle ; ce tube est entouré d'un manchon de verre où l'on fait arriver un courant d'eau froide ; enfin un thermomètre dont le réservoir est plongé dans le liquide indique sa température.

Dans cette expérience, le liquide s'échauffant atteint une température stationnaire, qui est celle de son ébullition sous la pression de l'air intérieur. La vapeur formée va se liquéfier sur les parois froides du tube de communication, qui par son inclinaison ramène le liquide précipité dans la cornue ; ainsi, par cette disposition, il se forme constamment de nouvelles vapeurs, qui se condensent dans le tube réfrigérant. En faisant varier la pression de l'air intérieur, la température stationnaire du liquide varie en même temps, et l'on peut par ce procédé construire une table de leurs valeurs correspondantes.

306. Il semble résulter de ces divers moyens de mesure

que tous les liquides peuvent fournir des vapeurs à toute
température ; mais M. Faraday et d'autres physiciens ont
fait connaître quelques exceptions à cette conclusion générale. Si l'on suspend une feuille d'or au bouchon d'un
flacon qui contient un peu de mercure, on remarque au
bout de quelques jours que la feuille d'or est devenue
blanche, ce qui prouve que le mercure s'est vaporisé ;
mais si l'appareil est exposé à une température constante
de — 7°, la feuille d'or ne blanchit pas, ce qui semble
indiquer qu'alors il n'y a point de vapeur mercurielle.
Lorsqu'aux températures ordinaires on met sous une même
cloche deux vases ouverts, l'un contenant de l'acide sulfurique étendu d'eau, l'autre une dissolution de nitrate de
baryte, on ne remarque dans le dernier vase aucun précipité, aucun nuage de couleur blanche ; on conclut de là
que l'acide sulfurique ne fournit pas de vapeurs sensibles
à ces températures. Il n'est pas indispensable que ces expériences soient faites dans le vide ; il suffit de prouver qu'un
certain liquide ne dégage pas de vapeur dans l'air ou tout
autre fluide élastique, pour qu'on doive en conclure qu'il
ne se vaporiserait pas dans le vide à la même température ;
car le dégagement des vapeurs n'est pas annullé par la
pression d'un gaz, la présence de ce fluide n'a d'autre effet
que de ralentir l'évaporation.

307. De toutes les expériences qui ont été faites dans
le but de déterminer les forces élastiques de la vapeur
d'eau à des températures supérieures à 100°, celles que
MM. Dulong et Arago ont entreprises, sont sans contredit
celles qui méritent le plus de confiance, tant par la grandeur et la nature des appareils dont ils se sont servis, que
par les nombreuses précautions qu'ils ont prises pour éloi-

gner les causes d'erreurs. Parmi les moyens imaginés dans le but de prévenir les explosions des chaudières des machines à vapeur, et que la loi rend obligatoires, il en est un qui exige la connaissance exacte de la véritable température à laquelle la vapeur d'eau acquiert une tension donnée. L'Académie des Sciences, consultée sur cet objet, sentit la nécessité d'entreprendre des recherches expérimentales nouvelles, afin d'établir cette correspondance sur des résultats précis et étendus. Le gouvernement ayant donné les fonds que nécessitait ce travail, une commission fut nommée pour aviser aux moyens de l'exécuter. M. Dulong seul fut particulièrement chargé de la construction et de l'établissement des appareils ; les observations furent ensuite faites par MM. Dulong et Arago.

Telle est l'origine des recherches dont il s'agit. Elles sont d'une haute importance dans la théorie physique de la chaleur et dans celle des gaz ; elles fournissent en outre des données indispensables à l'emploi de la vapeur d'eau comme force motrice. Quant au moyen de sûreté qu'elles avaient pour but d'éclairer et de régulariser, la pratique signale tous les jours ses inconvéniens et son inefficacité, et tout porte à croire qu'on ne tardera pas à l'abandonner. Nous allons donner la description de ces expériences, en adoptant à très peu près la marche suivie dans le rapport de M. Dulong, afin de ne négliger aucun des détails nécessaires pour comprendre les difficultés qu'il s'agissait de vaincre, les erreurs qu'il fallait éviter, et toute l'efficacité des moyens de mesure qu'on a dû choisir. Il résultera de cette description détaillée une conviction plus complète de l'exactitude des résultats numériques obtenus ; elle offrira d'ailleurs l'exemple le plus frappant que l'on puisse imaginer, pour donner une idée de toute la rigueur qu'exigent des expériences fondamentales, dont le but est de déterminer des nombres indispensables à la pratique des arts mécaniques.

Les limites entre lesquelles la force élastique de la vapeur d'eau peut être mise en jeu dans les machines, exigeaient que les observations s'étendissent jusqu'à vingt atmosphères au moins; jusque alors on n'avait pas été au-delà de huit. Plusieurs observateurs s'étaient servis, pour évaluer les tensions, d'une soupape chargée d'un poids, que l'on déterminait de telle sorte qu'elle pût résister à l'effort de la vapeur; ce procédé de mesure était d'une exécution facile, mais comme il pouvait conduire à des erreurs graves, on se détermina à recourir à un moyen plus pénible, mais beaucoup plus exact, celui de mesurer directement la colonne de mercure capable de faire équilibre à l'élasticité de la vapeur. L'adoption de ce procédé, quoiqu'il fût le plus simple en apparence, présentait cependant de grandes difficultés; car il s'agissait de contenir dans un tube de verre une colonne de mercure qui devait pouvoir atteindre 20 à 25 mètres de hauteur.

L'appareil eût pu se réduire à deux parties seulement: une chaudière pour la génération de la vapeur, et le tube contenant la colonne mercurielle. Mais il était à craindre que l'accroissement trop rapide de la tension lors de l'échauffement, et la diminution instantanée due au soulèvement de la soupape de sûreté, n'occasionassent des secousses dangereuses pour les parois fragiles du tube, et la projection au dehors d'une grande quantité de mercure. Dans le but d'éviter ces accidens on ajouta un manomètre, pour servir de mesure intermédiaire ou de terme de comparaison. Le travail général se divisa en deux parties successives : la graduation du manomètre, et la mesure des tensions de la vapeur au moyen de ce manomètre gradué.

308. La première de ces opérations fut exécutée dans la tour carrée, enclavée dans les bâtimens du collége de Henri IV, et qui contient trois voûtes percées dans leur centre. Au milieu s'élève verticalement un arbre suffisamment bien dressé, formé de trois poutres de sapin de 15 centimètres d'équarrissage, assemblées à traits de Jupiter, et solidement fixées par des liens de fer aux voûtes, et à la charpente qui supportait les cloches de l'ancienne église de Sainte-Geneviève. C'est à cet arbre que fut appliquée la colonne de verre. Elle se composait de treize tubes de cristal de 2 mètres de longueur, 5^{mm} de diamètre et autant d'épaisseur. Voici le moyen qui fut adopté pour décharger les tubes inférieurs du poids des tubes plus élevés et de leurs viroles d'assemblage, qui eût été suffisant pour les écraser.

Le mode de jonction de deux tubes consécutifs est représenté en coupe, élévation et projection horizontale, dans les figures 158, 159 et 160. La virole qui termine le

tube supérieur s'appuie par un bord bien plan, sur un cuir qui recouvre le fond d'une cuvette formée par la virole du tube inférieur. Un écrou roulant, que l'on peut serrer avec une griffe, permet d'assurer le contact parfait des surfaces de joint, de manière à résister à la pression du liquide. Le bord cc' de la cuvette sert à contenir du mastic, que l'on coule, s'il est nécessaire, pour s'opposer à toute fuite du mercure, et assujettir en même temps, au moyen d'un pied annulaire aa', la languette de repère r qui sert à la mesure des hauteurs. Le tube inférieur est

maintenu dans un collier en fer ff', fixé par une patte à

l'arbre de sapin; la vis v sert à maintenir l'assemblage dans une position à peu près invariable, de manière à éviter les secousses latérales. Au-dessus de chaque virole à cuvette sont disposées deux poulies, sur lesquelles passent des cordons attachés par un bout au-dessous de l'assemblage, et portant à l'autre extrémité un seau de fer-blanc, où l'on mettait de la grenaille de plomb, de manière à composer un poids total équivalent à celui du tube soutenu et de ses deux viroles.

Cette disposition a parfaitement rempli le but désiré; les tubes n'étaient pas plus comprimés les uns que les autres, et toute la colonne pouvait être soulevée facilement, pour opérer sa jonction aux autres parties de l'appareil. La première virole de la colonne par le bas s'appuyait sur le bord d'un canal communiquant avec un réservoir en fonte douce R, de 2 centimètres d'épaisseur et capable de contenir 50 kilogrammes de mercure. Sur un autre orifice du même vase, opposé au premier, était fixé le manomètre. Il consistait dans un tube de même diamètre et de même épaisseur que ceux de la colonne, mais ayant seulement $1^m,70$ de hauteur.

Fig. 161.

Le manomètre, avant d'être placé, avait été gradué en parties d'égale capacité, mais sans faire aucun sillon sur la paroi extérieure, afin de ne pas diminuer la résistance qu'il devait opposer à de très fortes pressions. Dans cette opération, deux petites lames d'étain, appliquées sur la surface du verre avec du vernis, avaient servi de points de repère; le tube ayant d'abord été fermé à la lampe par le bas, et étranglé vers le haut de manière à le terminer par un canal très délié, on l'avait placé dans la position même qu'il devait occuper lors de l'expérience; puis introduisant successivement des volumes égaux de mercure, on avait dressé une table des longueurs occupées, et qui correspondaient ainsi à des divisions d'égale capacité. Ce procédé avait pour but d'éviter l'erreur qui eût pu résulter de la convexité du mercure, si les mesures du volume de la masse d'air comprimé n'eussent pas été faites dans les mêmes circonstances que la graduation.

Le tube ayant été coupé vers le bas fut ensuite assujetti au moyen d'une virole particulière à l'orifice du réservoir en fonte. Pour diminuer l'effort qu'il pouvait supporter dans les expériences, son bord s'appuyait sur la base de la virole, dans laquelle était pratiquée une ouverture circulaire, ayant précisément le même diamètre que la colonne de mercure. De cette manière la pression exercée contre la surface annullaire du verre se trouvait supprimée. Cette disposition était nécessaire pour éviter que le tube ne fût arraché par cette pression, à laquelle les mastics n'auraient peut-être pas résisté; la même précaution avait été prise pour les tubes de la grande colonne.

Avant d'être fixé, le tube manométrique avait été desséché intérieurement; mais après sa pose, et pour plus de sûreté, on fit passer pendant long-temps, à l'aide d'une machine pneumatique, un courant d'air sec, qui entrait par le canal étroit existant encore à l'extrémité supérieure, et qui s'échappait à travers une couche de quelques centimètres de mercure au fond du réservoir. Lorsqu'on put être certain qu'il n'existait plus d'humidité dans l'intérieur du tube, on fondit avec un chalumeau le canal capillaire, à un point marqué lors de la graduation, et le manomètre se trouva fermé et rempli d'air sec.

Deux règles verticales en laiton s'élevaient près du manomètre, dans un même plan passant par l'axe du tube ; elles étaient assujetties vers le haut à une traverse en cuivre, et fixées par le bas sur la virole. L'une de ces règles était divisée en millimètres, et portait un vernier attaché à un voyant semblable à celui du baromètre de Fortin. Pour évaluer facilement et avec exactitude la température du manomètre, on faisait couler continuellement, dans un manchon dont il était entouré, un courant d'eau qui s'échappait par un robinet inférieur après avoir parcouru toute la longueur du tube. La masse de gaz du manomètre avait ainsi une température uniforme, qu'un thermomètre plongé dans le courant d'eau faisait connaître à chaque instant. Un système de poulies et un cordon de soie, dont il est facile de concevoir le jeu à l'inspection de la figure 161, servait à manœuvrer le voyant, pour prendre le niveau à chaque observation. Ce mécanisme, la division de la règle et celle du vernier, avaient été exécutés par Fortin.

Une troisième tubulure, pratiquée dans le fond supérieur du vase de fonte, pouvait recevoir à volonté une pompe à liquide ou à gaz. On avait cru d'abord devoir se servir de la dernière pour éviter toute humidité ; mais, après avoir reconnu que la hauteur du mercure dans le réservoir était plus que suffisante, pour empêcher l'eau de pénétrer dans le manomètre, on adopta la première comme beaucoup plus expéditive. C'est donc en faisant agir la pompe à eau qu'on exerçait sur le mercure du réservoir des pressions variables, qui d'une part comprimaient l'air du manomètre, et de l'autre part soulevaient le mercure dans la colonne de verre.

MM. Dulong et Arago commencèrent alors plusieurs séries d'observations, par lesquelles ils ont déterminé les volumes successivement occupés par l'air du manomètre, soumis à des pressions croissant depuis une jusqu'à vingt-sept atmosphères. Ce travail eût été inutile si l'on avait admis que la loi de Mariotte existait réellement entre ces limites, mais les expériences entreprises antérieurement pour vérifier cette loi n'étaient pas assez étendues, et ne méritaient pas d'ailleurs une confiance entière. Il importait donc de graduer directement le manomètre, pour éviter tout doute sur l'exactitude des mesures qu'il devait fournir ; ce qui permettait d'ailleurs d'éprouver la loi de Mariotte, pour des pressions plus énergiques que toutes celles essayées jusqu'à cette époque. Voici maintenant en quoi consistait chaque observation.

Le volume initial de l'air sec du manomètre avait été déterminé sous une pression et à une température connues. Chaque nouveau volume qu'il occupait était donné par l'observation du point de la règle correspondant au sommet de la colonne de mercure, et en transportant les mesures prises sur la table de graduation. L'élasticité correspondante était égale à la hauteur du baromètre observée au moment de l'expérience, augmentée de la différence de niveau des deux colonnes de mercure, dans le grand tube vertical ouvert et dans le manomètre lui-même.

Pour évaluer facilement cette dernière différence on avait mesuré avant tout la distance verticale invariable de deux languettes de repère r, qui se suivaient sur la ligne des tubes partiels, en se servant d'une règle divisée ll', dont le zéro coïncidait avec la face supérieure du repère d'en-bas, et dont l'autre bout portait une petite règle mobile que l'on poussait jusqu'à ce qu'elle se trouvât dans le plan horizontal de la face supérieure du repère suivant. Le relevé de toutes les distances entre les viroles consécutives étant ainsi déterminé, il suffisait de connaître le numéro du tube où se terminait la colonne de mercure, et de mesurer la hauteur de son sommet au-dessus du repère situé immédiatement au-dessous, ce qui se faisait avec la même règle, munie à cet effet d'un voyant et d'un vernier. On en concluait facilement la hauteur totale de la colonne au-dessus de la virole qui la terminait vers le bas, à laquelle on pouvait rapporter le niveau du liquide dans le manomètre, à l'aide d'une lunette mobile sur une règle verticale (§ 166), ou de tout autre moyen micrométrique.

Les tubes ayant le même diamètre, on était dispensé de toute correction relative à la capillarité. Six thermomètres distribués sur toute l'étendue de la colonne permettaient d'apprécier la densité du mercure ; leurs réservoirs plongeaient dans des portions de tube ayant les mêmes dimensions que ceux de l'appareil, et remplis de mercure. Des échafauds avaient été construits de 2 mètres en 2 mètres sur toute la hauteur de l'arbre de sapin, avec des échelles de communication ; cet établissement avait paru indispensable pour effectuer les manipulations assez délicates que devaient nécessiter la jonction des tubes. On pouvait alors observer facilement les indications des thermomètres, et placer l'œil au sommet de la colonne liquide, en quelque point qu'elle se trouvât.

309. Les résultats de trois séries d'expériences faites au moyen de cet appareil gigantesque, et néanmoins très précis, ayant été convenablement corrigés et ramenés à une même température, ont donné les valeurs exactes du volume de la masse d'air du manomètre correspondantes à toutes les pressions comprises entre une et vingt-sept atmosphères.

Vérification
de la loi
de Mariotte.

Ces valeurs, rapprochées de celles qu'eut donné la loi de Mariotte, n'ont offert que de très faibles différences, qui pouvaient s'expliquer facilement par les petites erreurs que comporte inévitablement le mode de graduation du tube manométrique en subdivisions d'égale capacité. On doit conclure de ce rapprochement que la loi de compression de l'air atmosphérique, énoncée par Mariotte, est vérifiée jusqu'à vingt-sept atmosphères.

310. La seconde opération du travail général, celle de la mesure des tensions de la vapeur au moyen du manomètre gradué, fut faite dans une des cours de l'Observatoire. La crainte d'une explosion qui pouvait entraîner l'éboulement des voûtes de la tour, occasioner de graves accidens, et même compromettre les bâtimens voisins, exigeait impérieusement ce déplacement. La translation du manomètre et du réservoir en fonte fut faite en prenant des précautions multipliées, afin d'éviter que la masse d'air intérieure ne subît quelque changement ; des vérifications ultérieures ont prouvé que ce but important avait été rempli.

La figure 163 représente l'appareil imaginé pour obtenir les résultats cherchés. La chaudière A avait une capacité de 80 litres environ ; elle était composée de trois morceaux de tôle de première qualité fabriquée exprès, ayant 13 millimètres d'épaisseur dans la partie cylindrique, et beaucoup plus vers le fond et près de l'orifice. Cet orifice, de 17 centimètres de diamètre, était fermé par une plaque circulaire de fer battu de $4^{mm},5$ d'épaisseur et de 26 centimètres de diamètre, qui était boulonnée fortement en-dessus du bord recourbé de la chaudière ; des lames de plomb, interposées dans les joints, s'étaient étendues pendant le serrage de manière à les fermer hermétiquement. Cette chaudière avait été soumise, au moyen d'une pompe à eau, à une forte pression intérieure, jusqu'à ce que l'eau introduite s'échappât par les fissures et les joints rivés, cette épreuve était nécessaire pour s'assurer d'avance que les parois pouvaient résister aux tensions qu'on se proposait d'éprouver. Le fourneau sur lequel la chaudière fut établie avait une masse assez considérable pour que le système n'éprouvât pas des variations trop brusques de température.

Une soupape de sûreté d'une forme particulière fut adaptée en $ss's''$; elle avait pour objet de donner une libre issue à la vapeur aussitôt que son élasticité dépassait un terme donné. Les poids mobiles sur les deux bras de levier qui formaient le mécanisme de cette soupape, étaient composés de plusieurs parties qu'on pouvait séparer ou réunir, afin de faire varier la grandeur de la pression qu'on voulait atteindre. Il est facile de voir qu'au moindre soulèvement la soupape devait être écartée définitivement par les poids, glissant l'un vers le centre du mouvement, l'autre vers l'extrémité la plus éloignée de l'autre bras du levier, de telle sorte que l'orifice restant constamment ouvert, offrait une issue libre à la vapeur.

Un tuyau de fer $tt't''$, composé de plusieurs canons de fusils, s'élevait d'abord verticalement au-dessus du couvercle, et par une branche inclinée communiquait avec la tubulure supérieure du réservoir en fonte; c'est par ce tuyau que la tension de la vapeur se communiquait au manomètre. La capacité du réservoir au-dessus du mercure, et le tuyau $t't''$, jusqu'au coude t', étaient remplis d'eau qu'on entretenait à une température constante, au moyen d'un courant extérieur d'eau froide tombant sur le coude même, et qui circulait ensuite dans un manchon. La chaudière en activité étant purgée d'air, il s'opérait alors une distillation continuelle qui remplaçait les portions de liquide que l'accroissement de tension de la vapeur refoulait dans le réservoir de fonte, en sorte que le mercure était surmonté, vers la chaudière, d'une colonne d'eau froide ayant constamment son niveau supérieur en t'.

Quant au niveau variable nn' du mercure, il était aperçu au dehors dans un tube de cristal $ü'$, fixé sur l'orifice latéral opposé au manomètre, et communiquant aussi par le haut avec la capacité du réservoir au moyen d'un tube de plomb. On y observait la hauteur du mercure au-dessus d'un point de repère fixe, à l'aide d'une règle divisée et munie d'un voyant et d'un vernier. La tension de la vapeur s'obtenait en ajoutant à l'élasticité de l'air du manomètre déduite du volume qu'il occupait, la hauteur du mercure dans cet instrument au-dessus du niveau nn', et retranchant ensuite la pression due au poids de la colonne d'eau comprise entre ce niveau et le coude t'.

Deux canons de fusil fermés par le bas, et amincis au point de ne conserver qu'une épaisseur suffisante pour ne pas être déchirés par la tension de la vapeur, avaient été introduits dans la chaudière. L'un descendait presque jusqu'au fond, l'autre allait au plus au quart de la profondeur totale; leurs extrémités supérieures traversaient le couvercle, où ils étaient fixés solidement et leurs joints lutés. Ces cylindres, ouverts à l'extérieur, contenaient du mercure et les réservoirs de deux thermomètres; l'un de ces instrumens devait donner la température de l'eau, le second celui de la vapeur. Cette disposition avait paru indispensable pour qu'on ne fût pas obligé de tenir compte de la contraction des enveloppes, si les réservoirs des thermomètres avaient été exposés immédiatement aux pressions intérieures de la chaudière, correction qu'il eût été difficile d'évaluer exactement. La tige de chacun des thermomètres se recourbait horizontalement à la sortie du cylindre, et Fig. 164. cette branche était entourée d'un manchon où circulait un courant d'eau. Les températures des courans qui baignaient les deux tiges étaient indiquées par de petits thermomètres horizontaux, et l'on avait ainsi le moyen d'évaluer exactement les véritables températures correspondantes aux indications des deux grands thermomètres (§ 167).

Les observations furent conduites de la manière suivante. La chaudière contenant la quantité d'eau convenable pour que le plus court des cylindres aux thermomètres fut entièrement au-dessus de sa surface, on tenait le liquide en ébullition pendant 16 à 20 minutes, en laissant la soupape ouverte ainsi que la branche verticale du tube $tt't''$, l'air intérieur était alors expulsé par la vapeur. Cela fait, on fermait toutes les ouvertures, et l'on réglait les robinets d'écoulement autour du manomètre, sur le tuyau incliné $t't''$, et enfin autour des tiges horizontales des thermomètres. Le fourneau était ensuite chargé de la quantité de combustible jugée nécessaire pour atteindre à peu près le degré où l'on se proposait de faire une observation; on attendait que la marche ascendante de la température se ralentit, et, lorsque l'échauffement ne faisait plus que des progrès très lents, on notait les indications simultanées des 4 thermomètres de la chaudière, du manomètre et du tube latéral ii'. On prenait ainsi des nombres très rapprochés, jusqu'à ce que l'on eût atteint le maximum; l'observation correspondante à ce point était seule calculée; les précédentes et les suivantes ne servaient qu'à garantir des erreurs de lecture.

Lorsque le manomètre et les thermomètres avaient sensiblement baissé, on ajoutait une nouvelle dose de combustible, et l'on procédait à une nouvelle observation. On ne pouvait pas ainsi déterminer directement la pression correspondante à une température donnée; mais en multipliant beaucoup les expériences, MM. Dulong et Arago ont obtenu des termes suffisamment rapprochés, dans toute l'étendue de l'échelle qu'ils ont pu parcourir. La chaudière perdant une grande quantité d'eau, il a été impossible d'aller au-delà de vingt-quatre atmosphères. Dans toutes les observations, les températures correspondantes de l'eau de la chaudière et de la vapeur, déduites des indications des thermomètres, ont été sensiblement égales entre elles; les faibles différences qu'elles présentaient s'expliquaient d'ailleurs par les conditions spéciales de l'appareil.

Tables des tensions de la vapeur d'eau.

311. MM. Dulong et Arago ont ainsi déterminé la force élastique de la vapeur d'eau, à toutes les températures comprises entre 100° et 224°,2; ils ont trouvé qu'elle varie entre ces limites de une à vingt-quatre atmosphères. Voici le tableau qu'ils ont construit d'après leurs observations.

ÉLASTICITÉ en atmosphères.	TEMPÉRATURE en degrés centigrad.	ÉLASTICITÉ en atmosphères.	TEMPÉRATURE en degrés centigrad.
1	100°	10	181°,6
1 ¼	112,2	11	186,03
2	121,4	12	190,0
2 ¼	128,8	13	193,7
3	135,1	14	197,19
3 ½	140,6	15	200,48
4	145,4	16	203,60
4 ½	149,06	17	206,57
5	153,08	18	209,4
5 ½	156,8	19	212,1
6	160,2	20	214,7
6 ½	163,48	21	217,2
7	166,5	22	219,6
8	172,1	23	221,9
9	177,1	24	224,2

312. On a cherché à lier la force élastique y de la vapeur d'eau, et sa température x, par plusieurs formules empiriques; celles de la forme $y = (a + bx)^c$ sont les plus commodes dans la pratique. MM. Dulong et Arago ont proposé celle-ci : $y = (1 + 0{,}7153\,x)^5$; x étant pris à partir de 100°, en plus ou en moins, et exprimé en prenant pour unité de température l'intervalle de 0° à 100°; y étant exprimé en atmosphères de 0^m,76 chacune. Le seul coefficient numérique, que contient cette expression, a été déterminé au moyen de l'observation extrême de vingt-quatre atmosphères, pour 224°,2 centigrades. Cette formule représente mieux que toute autre les observations de

de la table précédente au-dessus de quatre atmosphères ; au-dessous il est préférable d'employer une formule de Tredgold de la forme $y = (a + bx)^6$, et qui, résolue par rapport à x, donne $x = 85 \sqrt{y} - 75$; x étant exprimé en degrés centigrades à partir de $0°$, et y en centimètres de mercure. Au moyen de leur formule, MM. Dulong et Arago ont étendu leur table jusqu'à 50 atmosphères, point auquel il est à présumer qu'elle pourrait cesser d'être exacte.

313. Il résulte évidemment de la table et des formules empiriques qui précèdent, que la tension de la vapeur d'eau croît dans une plus grande proportion que la température. Ce résultat général paraît applicable aux forces élastiques des vapeurs de tous les liquides, autant qu'on en peut juger par les expériences incomplètes ou peu étendues, faites jusqu'ici pour étudier les vapeurs du mercure, de l'alcool, de l'éther. Dalton avait cru reconnaître une loi qui établirait une relation fort simple entre les tensions des vapeurs de différens liquides. Elle consisterait en ce que pour un même nombre de degrés, au-dessus ou au-dessous du degré d'ébullition de chaque liquide, les forces élastiques de leurs vapeurs seraient les mêmes pour tous. Ainsi le mercure bouillant à 350°, l'eau à 100°, l'alcool à $79°,7$, l'éther à $37°,8$, les forces élastiques des vapeurs du mercure à $(350 \pm x)°$, de l'eau à $(100 \pm x)°$, de l'alcool à $(79,7 \pm x)°$, de l'éther à $(37,8 \pm x)°$, seraient toutes égales entre elles. Mais Dalton a depuis reconnu lui-même l'inexactitude de cette loi ; néanmoins cette relation, considérée comme une première approximation, peut être utilisée dans certaines circonstances ; il faudra se rappeler alors qu'elle ne se vérifie pas pour des températures éloignées de l'ébullition des liquides.

VINGTIÈME LEÇON.

Formation de la vapeur dans un espace limité. — Phénomène de
l'ébullition. — Marmite de Papin. — Condenseur de Watt. —
Propriétés générales des vapeurs. — Mélanges des gaz et des va·
peurs. — Échauffement d'un liquide à l'air libre. — Correction
du point fixe de l'ébullition de l'eau. — Problème sur les vapeurs. — Manomètre de Berthollet.

314. Lorsqu'on fait passer un liquide dans le vide barométrique de l'appareil de Dalton, la vapeur s'y développe instantanément. Si le tube qui sert à faire cette expérience, et la cuvette qui le reçoit, ont des dimensions
convenables, on observe qu'en soulevant ou abaissant rapidement le tube, ce qui tend à augmenter ou à diminuer
la chambre barométrique, le niveau du mercure reste toujours à la même hauteur au-dessus de celui de la cuvette.
La force élastique reste donc constante, et comme la température est maintenue stationnaire par le liquide du manchon, on doit en conclure que la vapeur conserve la même
densité, et que sa masse augmente ou diminue proportionnellement à l'espace qui lui est offert. La vitesse avec
laquelle la vapeur se forme dans ce genre d'expérience est
très grande et inconnue.

Si le manchon est élevé successivement à différentes températures, la force élastique observée change de l'une à l'autre, mais reste encore constante pour chacune d'elles, quand on augmente ou diminue l'espace que peut occuper la vapeur, pourvu que le liquide qui la fournit reste toujours en excès. Ces faits démontrent que la tension, et par suite la densité de la vapeur qui se forme dans le vide, ne dépendent que de la température.

Ce qui caractérise principalement l'ébullition d'un liquide, c'est l'égalité entre la pression extérieure et la force élastique de la vapeur qui se forme ; quant à l'apparition des bulles, elle n'accompagne pas toujours la formation libre de la vapeur. Ainsi dans l'expérience précédente, lorsqu'on soulève le tube barométrique, la vapeur qui se forme a précisément une tension égale à celle de la vapeur préexistante, et cependant on n'observe pas le phénomène apparent de l'ébullition. Cela tient à ce que, l'espace étant limité et très petit, la vapeur s'y développe dans un temps très court et inappréciable.

Formation de la vapeur dans un espace indéfini.

315. En effet, quand l'espace offert à la vapeur est indéfini, le phénomène de l'apparition des bulles a toujours lieu, à moins que par certaines circonstances la vapeur ne se forme plus tôt à la surface du liquide qu'en d'autres points de sa masse. Si l'on place un vase contenant de l'eau sous le récipient de la machine pneumatique, on soutire à chaque coup de piston une portion de la vapeur qui remplissait le récipient, ce qui produit le même effet qu'un espace indéfini au-dessus du liquide à vaporiser. Aussi observe-t-on une ébullition très vive lorsque le jeu de la machine a suffisamment diminué la pression intérieure, quelle que soit d'ailleurs la température du liquide.

316. Si l'on s'oppose au contraire à la sortie de la vapeur en plaçant le liquide dans un vase limité et fermé de toute part, lors même qu'on élève la température on ne détermine pas d'ébullition apparente. La vapeur augmente cependant en masse, car sa tension et sa densité doivent croître avec la température ; une éprouvette convenable, placée dans l'espace fermé, indique en effet un accroissement de tension.

Formation
de la vapeur
dans
un espace
limité.

M. Cagniard-Latour a observé que dans ces circonstances, l'eau, l'éther et d'autres liquides finissent par se gazéifier en totalité à une certaine température très élevée, c'est-à-dire qu'ils passent alors instantanément de l'état liquide à l'état gazeux, sans que leur volume augmente dans une grande proportion. Par exemple, si l'on expose à une très haute température un fort tube de verre contenant un quart de son volume d'eau, et que l'on a fermé à la lampe quand le liquide était en ébullition, ou voit à une certaine époque la masse liquide disparaître tout-à-coup, et occuper ainsi, à l'état de vapeur, un espace seulement quatre fois plus grand que son volume à l'état liquide.

Pour faire ce genre d'expérience de manière à évaluer la tension de la vapeur, M. Cagniard-Latour s'est servi d'un tube recourbé, semblable au baromètre à syphon, mais beaucoup plus épais. La longue branche fermée, ayant seulement un millimètre de diamètre, renferme de l'air et sert de manomètre. La plus courte, beaucoup plus large, a 45 millimètres de diamètre ; elle contient du mercure et le liquide qu'il s'agit d'éprouver ; on la ferme à la lampe au moment où le liquide est en ébullition. Quand il s'agit de l'éther ou de l'alcool, on peut plonger l'appareil dans un bain d'huile placé sur un foyer, et dont la tem-

Fig. 165.

pérature est indiquée par un thermomètre convenable.

M. Cagniard a trouvé de cette manière que l'éther sulfurique se réduit totalement en vapeur à 200°, dans un espace moindre que le double de son volume liquide, et que la tension de cette vapeur est d'environ 38 atmosphères. A 259°, l'alcool se vaporise totalement sous un volume triple de celui correspondant à l'état liquide, et exerce alors une pression de 119 atmosphères. Le bain d'huile ne peut s'échauffer assez pour produire le même phénomène sur l'eau ; il faut porter la température de l'appareil jusqu'à celle de la fusion du zinc ; mais le tube recourbé s'étant toujours brisé dans cette circonstance, on n'a pu évaluer la tension correspondante. Ces expériences confirment une conséquence déduite des tables et des lois empiriques indiquées dans la leçon précédente, savoir, que la tension et la densité des vapeurs augmentent beaucoup plus rapidement que leur température.

Marmite
de Papin.

317. Considérons toujours le cas d'un vase fermé, contenant un liquide et sa vapeur. Si la température de ce vase est supérieure à celle de l'ébullition à l'air libre du liquide éprouvé, la tension de la vapeur intérieure surpassera la pression de l'atmosphère ; en sorte que si l'on rend libre une ouverture pratiquée dans la paroi, la vapeur s'échappant avec force, le liquide pourra manifester les signes ordinaires de l'ébullition. Ces phénomènes peuvent être observés au moyen de l'appareil appelé marmite de Papin. C'est un vase cylindrique de bronze fort épais ;

Fig. 166.

lorsqu'il est rempli d'eau, on le recouvre d'une feuille de carton imprégnée d'huile, sur laquelle on presse fortement le couvercle, à l'aide d'une vis mobile dans un écrou de fer lié invariablement à l'appareil ; par cette disposition les joints se trouvent hermétiquement fermés. Une petite ouverture, pratiquée dans la partie supérieure de l'appareil, est bouchée par une soupape, qu'un levier chargé de poids convenables presse contre cette ouverture.

Lorsqu'on échauffe cet appareil fermé, le liquide intérieur passe à des températures de plus en plus élevées. La vapeur qu'il forme ou qu'il tend à former acquiert des tensions de plus en plus grandes, qui s'exercent sur les parois du vase, et qui finiraient par le briser sans la présence de la soupape. Celle-ci à une certaine époque est pressée de dedans en dehors avec une intensité égale à sa charge ; elle s'ouvre alors, et donne issue à la vapeur qui ne peut plus acquérir une force élastique supérieure à celle nécessaire pour produire cet effet. La charge de la soupape étant arbitraire, on en dispose pour limiter la tension finale de la vapeur, et par suite la température maxima de l'appareil ; on peut ainsi éviter sa rupture, et c'est par cette raison qu'on donne au mécanisme dont il s'agit le nom de soupape de sûreté. Lorsque la marmite de Papin est convenablement échauffée, et qu'on enlève la soupape, la vapeur s'échappe avec sifflement ; la température baisse jusqu'à 100°, et le phénomène se réduit à celui de l'ébullition ordinaire de l'eau.

318. Au lieu de donner issue à la vapeur, qui s'est formée dans la partie supérieure d'un vase contenant un liquide suffisamment échauffé, par un orifice que l'on rend libre comme dans l'appareil précédent, on peut faire naître le phénomène de l'ébullition en mettant un corps froid en contact avec la paroi supérieure, qui reste alors hermétiquement fermée. On peut se servir à cet effet d'un matras de verre à moitié plein d'eau que l'on échauffe ; quand le

liquide est en pleine ébullition, on retire le matras du foyer
pour le boucher hermétiquement et le renverser ensuite.
Lorsqu'il est maintenu dans cette position, toute apparence
d'ébullition cesse, mais le contact d'un morceau de glace,
ou simplement de l'eau froide projetée sur le fond du vase,
détermine la formation des bulles dans la masse liquide
intérieure. L'explication de ce phénomène est facile à trouver : la vapeur en contact avec la paroi se refroidit, s'y
liquéfie en partie, et la tension restante ayant diminué, le
liquide peut alors fournir de nouvelle vapeur.

Ce fait sert de base à la théorie du condenseur de Watt ;
il peut être ainsi généralisé. Lorsqu'un espace fermé contient un liquide et sa vapeur à la température T, et en outre un corps, ou simplement une surface entretenue à une
température t moindre que T, la vapeur se liquéfie sur la
surface froide, jusqu'à ce que tout le liquide chaud se soit
gazéifié. Quand l'équilibre est rétabli, et le liquide précipité
vers la paroi froide à la température t, la vapeur qui remplit l'espace fermé ne possède plus que la force élastique
correspondante à cette dernière température.

D'après ce principe, supposons que l'espace fermé soit
partagé en trois parties, l'une A contenant l'eau chaude,
l'autre B la vapeur, la troisième C le réfrigérant, et que
des robinets R et R′ permettent d'interrompre ou d'établir
les communications entre la seconde partie et les deux autres. Quand R sera ouvert et R′ fermé, B se remplira de
vapeur à la température T ; si l'on ferme au contraire R et
qu'on ouvre R′, une partie de la vapeur de B se liquéfiera,
et elle n'aura plus lors de l'équilibre que la tension correspondante à la température du réfrigérant. Cet appareil
composé existe dans toute machine à vapeur : la chaudière

est la capacité A , le cylindre l'espace B , et le condenseur
le réfrigérant C. Le cylindre contient un piston , que la différence des tensions de la vapeur, correspondantes aux deux
états d'équilibre , détermine à se mouvoir tantôt dans un
sens tantôt dans l'autre.

Dans la machine à vapeur de Watt dite à simple effet ,
la tige du piston est fixée par une articulation à une extré- Fig. 169
mité d'un balancier, qui porte à l'autre bout un contre-
poids convenable. Lorsque le cylindre communique avec
la chaudière , la vapeur qui le remplit a une force élastique
égale à la pression de l'atmosphère , qui équivaut à environ
$0^m,76$ de mercure. Le piston est alors autant pressé par-des-
sous qu'en-dessus, et le contre-poids agit pour le soulever.
Quand il est au plus haut de sa course, la communication
R avec la chaudière se ferme ; celle R' avec le condenseur
s'ouvre en même temps. La vapeur du cylindre n'a bientôt
plus que la tension correspondante à la température du condenseur, habituellement de 30°, cette tension équivaut à
quelques centimètres de mercure seulement. Le piston est
alors pressé plus fortement en-dessus par l'atmosphère ; il
cède à cet excès, et s'abaisse en soulevant le contre-poids
ou la résistance à vaincre , dont la grandeur doit être telle
que cet effet puisse être produit.

Dans la machine à vapeur à double effet, les communications sont doubles, ainsi que les robinets R et R'. Une Fig. 170
des parties du cylindre séparées par le piston communique
avec la chaudière , tandis que l'autre communique avec le
condenseur. Le piston est donc pressé d'un côté avec la
tension existant dans la chaudière, et de l'autre avec celle du
condenseur ; il marche dans la direction de la plus grande
pression. Lorsque sa course est achevée dans un sens , les

communications s'établissent dans un ordre inverse, et son mouvement change de direction. La tige du piston traverse le fond supérieur du cylindre dans une boîte à cuir, pour agir sur une des extrémités du balancier, et le forcer à vaincre les résistances appliquées à son autre extrémité.

Le condenseur est ordinairement une cavité dans laquelle on fait arriver l'eau froide par une pomme d'arrosoir ; c'est le contact de cette eau avec la vapeur qui détermine la liquéfaction de cette dernière ou sa condensation. Lorsqu'on emploie la vapeur comme force motrice à des températures supérieures à 100°, ou ayant une force élastique de plusieurs atmosphères, on se contente souvent de mettre en communication avec l'air extérieur la partie du cylindre où la pression doit être la plus faible ; l'air est alors le véritable condenseur ; la machine à vapeur est dite à haute pression. Une soupape chargée de poids convenables, disposée à la partie supérieure de la chaudière, comme dans la marmite de Papin, donne le moyen d'obtenir la vapeur motrice à la tension voulue.

Le fait physique de la condensation de la vapeur est sans contredit la cause fondamentale de l'effet des machines à feu, mais il n'entre que pour une très faible partie dans la description de ce genre de moteur. Pour en donner une théorie complète il faudrait détailler les nombreux mécanismes qui servent à transformer le mouvement du piston pour produire un effet utile, à ouvrir et fermer les robinets aux instans convenables, à introduire l'eau froide dans le condenseur, à alimenter la chaudière ; il faudrait décrire en outre les moyens de chauffage les plus économiques ou les plus rapides, et les nombreuses précautions qu'il faut prendre pour maîtriser la force de la vapeur, et prévenir le danger des explosions. Ces détails et cette description, qui composeraient seuls un cours fort étendu, ne peuvent trouver place dans celui qui nous occupe.

319. Le fait sur lequel est fondé le condenseur de Watt, est aussi le principe d'un appareil imaginé par M. Gay-Lussac pour mesurer les tensions des vapeurs, à des températures égales ou inférieures à 0°. Le tube barométrique où l'on introduit le liquide à vaporiser est recourbé à sa partie supérieure, et entouré en cet endroit d'un mélange réfrigérant ayant la température à laquelle on veut observer. Le liquide se vaporise totalement, pour se liquéfier et même se congeler sur la partie froide du tube. Lorsque l'équilibre existe, la vapeur n'a que la tension correspondante à la température du mélange réfrigérant. Un baromètre voisin permet d'évaluer la dépression occasionée par cette tension. M. Gay-Lussac a ainsi trouvé que la force élastique de la vapeur d'eau était de 5 millimètres environ à 0°, et de $\frac{4}{3}$ de millim. à — 20°.

Tensions des vapeurs à de basses températures.

Fig. 171.

320. Les faits que nous avons cités suffisent pour faire connaître les propriétés générales des vapeurs. On peut les résumer ainsi qu'il suit. Lorsqu'un espace, vide de toute autre matière pondérable, renferme toute la vapeur qu'il peut contenir à la température à laquelle il est exposé, on dit que cet espace est *saturé de vapeur*. Ce fluide possède alors la plus grande tension, et la plus grande densité qu'il puisse avoir à cette température; il est dit *vapeur à saturation*, ou *vapeur au maximum de tension*.

Propriétés générales des vapeurs.

Le volume ne variant pas, la tension et la densité de la vapeur à saturation, en contact avec son liquide, augmentent et diminuent avec la température; mais elles obéissent alors à des lois très différentes de celles que suivent la pression et la densité d'un gaz permanent. Car lorsqu'un même volume de gaz est porté de la température de 0°, à celle de 100°, sa densité ne change pas, et sa force élastique n'augmente que de 1 à 1,375; tandis qu'entre les mêmes limites de température, un même volume de vapeur d'eau, par exemple, en contact avec ce liquide, augmente beaucoup en densité, et acquiert une force élastique plus grande dans le rapport de 5 à 760 millimètres, ou de 1 à 152.

Si la vapeur n'est plus en contact avec son liquide, qui puisse en augmenter la masse lorsque la température s'élève, sa tension sous le même volume augmente alors avec la température suivant la même loi que la pression d'un gaz placé dans les mêmes circonstances. Si l'espace n'est pas saturé de vapeur, en sorte qu'elle n'ait pas son maximum de tension, sa force élastique commence à diminuer avec la température, comme celle d'un gaz permanent, mais cette vapeur, dont la densité ne change pas, finit par saturer l'espace proposé, à une certaine température inférieure à celle d'où l'on est parti; la loi de diminution des tensions change à cette époque, car la vapeur se liquéfie en partie par un nouvel abaissement de température, ou se trouve en contact avec son liquide comme dans les cas précédens.

La température restant constante, et le volume variant, la masse de vapeur à saturation augmente et diminue proportionnellement au volume, si elle est en contact avec son liquide; sa densité et sa pression ne changent pas, bien différente en cela d'un gaz permanent, dont la densité et la force élastique varient en raison inverse du volume, pour la même masse et la même température. Si la vapeur existe dans l'espace proposé sans son liquide, sa tension et sa den-

sité diminuent, lorsque le volume augmente, en suivant la
loi de Mariotte. Si cette vapeur ne sature pas l'espace, sa
tension augmente comme celle d'un gaz, lorsque le volume
diminue sans changement de température, jusqu'à ce que
ce volume soit assez diminué pour que la quantité de vapeur primitive puisse saturer l'espace réduit; à partir de
cette époque la tension de la vapeur reste constante.

On voit par cet exposé des propriétés générales des vapeurs, en quoi elles diffèrent des gaz permanens. Tant
qu'elles ne sont pas en contact avec leur liquide, ou qu'elles
n'y sont pas amenées, elles se comportent comme les gaz
quand le volume et la température varient. Mais lorsqu'au
contraire elles sont en présence de leur liquide, ou qu'elles
sont amenées à se liquéfier, les vapeurs suivent des lois
particulières, et très différentes de celles des gaz permanens.

321. Néanmoins il n'y a aucune raison d'établir une différence de nature entre les gaz permanens et les vapeurs;
on doit au contraire admettre leur identité. Car les vapeurs
répandues dans un espace qu'elles ne saturent pas se conduisent comme les gaz, par les variations de température
et de pression qui ne leur font pas atteindre l'état de saturation; et réciproquement les gaz permanens se conduisent
comme des vapeurs qui ont des températures plus élevées,
ou des densités moindres que celles correspondantes à leur
point de saturation. Cette identité a d'ailleurs été vérifiée par
la liquéfaction de certains gaz, regardés autrefois comme
permanens, et que l'on a obtenus à l'état liquide, soit en
leur faisant subir de grandes pressions à la même température, soit en les exposant à des températures très basses
sous la même pression.

Identité
des gaz et
des vapeurs.

322. Dalton a démontré que lorsque des vapeurs se mélangent à des gaz, la force élastique du mélange est la somme des forces élastiques des vapeurs et des gaz composans, chacune d'elle étant rapportée au volume total. C'est en se fondant sur ce principe que M. Gay-Lussac a imaginé un appareil qui sert à vérifier cette loi remarquable, que la force élastique de la vapeur capable de saturer un certain espace, à une température donnée, est la même, que cet espace soit vide, ou qu'il contienne un ou plusieurs gaz plus ou moins dilatés. Cet appareil se compose d'un large tube en verre, vertical, gradué en parties d'égale capacité, soudé par les deux extrémités dans des boîtes métalliques munies chacune d'un robinet, et qui communique par le bas avec un petit tube de verre se recourbant verticalement pour aboutir ouvert dans l'atmosphère.

Le grand tube étant plein de mercure, et les robinets fermés, on visse au-dessus de l'appareil un ballon renversé, dont la tubulure est fermée par un troisième robinet, et qui contient un gaz très sec. On ouvre ensuite les trois robinets; le mercure s'écoule par le bas, et une partie du gaz sec du ballon entre dans le grand tube. Quand la quantité de gaz introduite paraît suffisante, on ferme les communications; on ramène la pression du fluide intérieur à celle de l'atmosphère en versant du mercure par le petit tube, jusqu'à ce que ce liquide s'élève au même niveau dans les deux branches; on observe alors le volume V occupé par le gaz sec.

Après cette première opération, on enlève le ballon pour visser à sa place une petite cuvette métallique contenant un liquide, et dont le fond est traversé par un cylindre plein et horizontal. Ce cylindre présente une cavité sur sa surface, et peut faire une demi-révolution de manière à présenter cette cavité latérale, tantôt au fond de la cuvette où elle se remplit, tantôt vers le bas pour que la goutte prise tombe dans le grand tube, dont on ouvre le robinet supérieur. On répète plusieurs fois ce double mouvement jusqu'à ce que le gaz, sec d'abord, soit enfin saturé de vapeur; ce but est atteint quand le niveau du mercure dans le tube étroit cesse de s'élever.

Quand le gaz est saturé de vapeur, son volume s'est augmenté, mais on le ramène à sa première grandeur V en versant du mercure par le petit tube. Lors de cet état, la différence de hauteur a des niveaux dans les deux branches, mesure évidemment l'augmentation de force élastique due à la formation de la vapeur dans le volume invariable occupé par le gaz, ou la tension de cette vapeur seule. Or si à la température de l'expérience, on introduit quelques gouttes du même liquide dans le vide d'un baromètre, il en résulte une dépression dans la colonne, que l'on trouve précisément égale à a. Ainsi la tension et par suite la densité de la vapeur, qui sature un certain espace à une température donnée, restent les mêmes, que cet espace soit vide ou déjà occupé par un gaz.

Lorsque l'expérience précédente se fait sur l'éther, il arrive souvent que ce liquide dissout le corps gras dont le robinet supérieur est enduit pour fermer plus exactement; il en résulte alors une fuite de fluides élastiques, ou l'introduction de l'air extérieur par les joints. Pour éviter cette cause d'erreur, M. Gay-Lussac a modifié son appareil en supprimant le robinet supérieur; on le remplit alors de mercure par le bas. On le dispose ensuite dans sa position ordinaire sur une cuve à mercure, pour y faire passer le

Fig. 171.

fluide élastique ; puis on ferme le robinet. On verse dans le tube latéral une petite colonne d'éther ; de là on fait passer ce liquide dans le grand tube, en laissant écouler du mercure par le bas pour diminuer la pression du gaz, en sorte que le niveau dans le petit tube puisse s'abaisser jusqu'au-dessous de son orifice dans le grand. Enfin on remet du mercure par le bout ouvert, et l'expérience s'achève comme avec l'ancien appareil.

Il suit de ces diverses expériences qu'un espace limité en contact avec un liquide, et contenant un gaz, se sature de vapeur comme s'il était vide. Il n'y a d'autre différence que dans la rapidité avec laquelle s'opère cette évaporation ; car elle se fait instantanément dans le vide, tandis que la vapeur emploie un certain temps pour se former dans un lieu déjà occupé par un fluide élastique. La même indépendance existe encore lorsque l'espace proposé renferme plusieurs gaz, et même d'autres vapeurs qui ne puissent agir chimiquement sur celle que l'on éprouve ; cette dernière se développe toujours en même quantité que si l'espace ne contenait aucune autre matière pondérable.

Échauffement d'un liquide à l'air libre.

323. Il est facile de se rendre compte maintenant de l'échauffement d'une masse liquide, contenue dans un vase ouvert à l'air libre et placé sur un foyer. Les couches en contact avec les parois s'échauffent et s'élèvent à la surface, où elles développent de la vapeur qui se mélange à l'air ; elles sont remplacées au fond du vase par des couches plus froides qui s'échauffent et s'élèvent pareillement ; de cette manière la température moyenne du liquide va en augmentant. Aucune bulle ne peut apparaître à cette époque, car la tension de la vapeur est encore inférieure à la pression atmosphérique.

Par suite du progrès de l'échauffement, les couches intérieures finissent par atteindre une température telle que
la tension de leur vapeur surpasse la pression atmosphérique du poids du liquide qui les surmonte ; il se forme
alors des bulles de vapeur qui s'élèvent du fond du vase.
Mais les couches supérieures ayant encore une température plus basse, les bulles, obligées de les traverser, s'y
condensent et disparaissent avant d'atteindre la surface. Ce
phénomène produit un frémissement dans la masse liquide,
d'où résulte le bruit particulier qui précède toute ébullition.

Enfin la chaleur cédée par les bulles précipitées accélère
l'échauffement ; la température de toutes les parties du liquide atteint bientôt celle où la tension de la vapeur est
égale à la pression de l'atmosphère, et les bulles s'élèvent
partout jusqu'à la surface ; elles conservent toute la chaleur qu'elles ont reçues des parois et qui a déterminé leur
formation, en sorte que la température du liquide restant
devient stationnaire. Le phénomène de l'ébullition est alors
complet.

324. Diverses circonstances peuvent retarder l'ébullition d'un liquide. M. Gay-Lussac a observé que l'eau bout
plus tard, ou à une température un peu plus haute, dans
un vase de verre que dans une enveloppe métallique ; il
attribue ce retard à l'action attractive du verre sur le liquide, laquelle s'ajoute à la pression extérieure, et exige
que la vapeur ait une plus forte tension pour parvenir à se
former. Aussitôt que sa force élastique a acquis un accroissement suffisant pour vaincre cet excès de résistance, une
bulle se forme, et le liquide n'étant plus directement en
contact avec la paroi, cette bulle augmente rapidement de

volume, et soulève en quelque sorte instantanément toute la masse liquide. C'est là l'origine des soubresauts que l'on remarque quand on fait bouillir de l'eau dans un vase de verre, et qui produisent souvent sa rupture. On les évite en projetant au fond du vase des parcelles métalliques ; on voit alors de petites bulles prendre naissance autour d'elles, et l'ébullition s'opère aussi tranquillement que dans une enveloppe de métal.

En général le degré de l'ébullition d'un liquide n'éprouve aucun retard de la part des corpuscules solides qu'il tient en suspension. Mais il peut être beaucoup changé par les substances dissoutes dans le liquide, ou combinées chimiquement avec sa masse. Par exemple, le degré de l'ébullition de l'eau est retardé de 9 degrés par le sel marin, de 14 par le muriate d'ammoniaque, de 40 par le sous-carbonate de potasse, quand le liquide est saturé de ces différens sels.

Correction du point fixe de l'ébullition de l'eau. 325. C'est ici le lieu d'indiquer la correction que nécessite la variation de la pression atmosphérique, lorsque l'on détermine le point fixe de l'ébullition de l'eau sur les thermomètres. Dans nos climats la pression barométrique varie de $0^m,73$ à $0^m,78$; on la suppose de $0^m,76$ lorsqu'on marque la température de 100°. L'expérience a indiqué qu'une différence dans la hauteur barométrique de 27 millimètres, en plus ou en moins de la pression normale $0^m,76$, en apportait une d'un degré dans le même sens sur le point d'ébullition de l'eau. Or on peut supposer, entre les limites extrêmes et peu distantes de la pression atmosphérique, que la différence des températures de l'ébullition est proportionnelle à la différence des hauteurs barométriques ; il suffira donc de diviser la distance comprise sur le thermomètre, entre les points de la glace fondante et de l'eau

bouillante, en $\left(100 \pm \dfrac{n}{27}\right)$ parties, si le baromètre indique,

lors de la détermination du dernier de ces points fixes, une

hauteur de $\left(76 \pm n\right)$ millimètres.

326. Wollaston a imaginé de construire un thermomè- Thermomè-
tre ba-
rométrique.
tre dont le réservoir est très vaste, et qui n'indique sur
toute sa tige que le petit nombre de degrés auxquels l'eau Fig. 175.
peut bouillir dans un climat donné, entre les limites de la
pression atmosphérique. Ce thermomètre, appelé barométrique, peut servir à déterminer directement la température
de l'ébullition de l'eau, au moment où l'on gradue un
thermomètre, ce qui dispense de faire le calcul précédent.
Il peut aussi tenir lieu du baromètre, puisque étant plongé
dans la vapeur de l'eau bouillante, la température qu'il
indiquera, pourra donner, par un calcul inverse du précédent, la hauteur barométrique correspondante. Sur ce
thermomètre chaque degré occupe 2 ou 3 centimètres, ce
qui permet d'observer facilement des centièmes de degré, et rend très exactes les observations faites avec cet
instrument.

327. Au moyen de la loi du mélange des vapeurs et des Problèmes
sur les
vapeurs.
gaz, et en faisant un usage convenable de la loi de Ma-
riotte, des formules de dilatation, et des forces élastiques
des vapeurs, on résout plusieurs problèmes utiles. S'il s'a-
git, par exemple, de déterminer le volume X que prendra, sous une même pression P, un gaz occupant sec un
volume V, lorsqu'il pourra se saturer de vapeur à la tem-

pérature t, on trouvera facilement $X = \dfrac{PV}{P - F}$; en désignant par F la force élastique de la vapeur à t degrés, et remarquant que l'élasticité du gaz seul doit diminuer en raison inverse de l'augmentation du volume total.

Le problème le plus général que l'on puisse se proposer sur les vapeurs et les gaz, peut s'énoncer ainsi : un gaz, toujours en contact avec un liquide, occupe à t^{o} sous la pression P un volume V, on demande quel volume V' il occupera à t'^{o} sous la pression P'. La solution en est facile, car F et F' étant les forces élastiques des vapeurs du liquide à t et t' degrés, (P — F) et (P' — F') représenteront dans les deux états les forces élastiques du gaz seul, et l'on aura d'après la loi de Mariotte et le coefficient de dilatation des gaz :

$$(1) \quad \frac{V'}{V} = \frac{P - F}{P' - F'} \cdot \frac{267 + t'}{267 + t}.$$

Quand le gaz, saturé de vapeur lors du premier état, n'est plus en contact avec le liquide, il peut arriver que la formule précédente soit encore applicable, ou qu'elle cesse de l'être ; il est important de démêler ces cas différens. Soient à cet effet D et D' les densités des vapeurs à saturation pour les températures t et t'; nous supposerons qu'on puisse leur appliquer les formules relatives aux gaz permanens, ce que l'expérience indique n'être pas tout-à-fait exact, comme nous en parlerons ci-après. On aura dans cette hypothèse :

$$(2) \quad \frac{D'}{D} = \frac{F'}{F} \cdot \frac{267 + t}{267 + t'}.$$

Si l'on multiplie cette équation par la précédente, on obtient :

$$\frac{V' D'}{V D} = \frac{P F' - F F'}{P' F - F F'}.$$

pour le rapport des masses de vapeur $V'D'$, VD, saturant les deux volumes V et V' aux températures t et t'.

Cette valeur conduit aux conséquences suivantes. 1° Si $PF' = P'F$, $V'D'$ sera égal à VD, en sorte que, pour passer du premier état au second, le gaz conservera la même quantité de vapeur; la formule (1) peut donc être appliquée alors, quand même il n'y aurait pas de liquide en excès. 2°. Si l'on a $PF' < P'F$, on aura $V'D' < VD$, le gaz pour passer du premier état au second devra précipiter de la vapeur, d'où il suit que l'excès primitif du liquide sera inutile; la formule (1) pourra donc toujours être employée dans le cas présent. 3°. Mais si l'on a $PF' > P'F$, on en déduira $V'D' < VD$, et le gaz devrait absorber de la vapeur pour rester saturé; la formule (1) cessera donc d'être vraie s'il n'y a pas en présence un excès de liquide. Dans cette dernière circonstance, il faudra se servir de la formule relative aux gaz seuls ou mélangés, qui est :

$$\frac{V'}{V} = \frac{P}{P'} \cdot \frac{267 + t'}{267 + t}.$$

On conçoit que la formule (2), trouvée pour les gaz permanens dont la cohésion est nulle, puisse n'être pas applicable aux vapeurs à leur état de saturation : car, dans cet état, la moindre augmentation de pression ou la moindre diminution de température déterminant la précipitation d'une portion de liquide, on peut admettre qu'alors la cohésion ou l'attraction réciproque des molécules de la vapeur, qui est sur le point de donner un signe aussi sensible de son existence que celui de la liquéfaction, n'est réellement pas nulle. M. Dulong, par des expériences dont il n'a pas encore publié les résultats, a en effet reconnu que la formule (2) n'est pas exacte pour les vapeurs à saturation.

Manomètre
de
Berthollet.

Fig. 176.

328. **Si dans un manomètre fermé, rempli d'un gaz** connu, et muni d'un thermomètre et d'un baromètre indiquant la température et la pression intérieure, on introduit une substance animale ou végétale et de l'eau, il peut se faire qu'au bout d'un certain temps il y ait eu absorption ou dégagement de gaz, par suite d'une décomposition de la matière organique. Or pour reconnaître lequel de ces deux effets a été produit, il suffit d'observer la température et la pression intérieure. En effet, soient P la pression et t la température constatées au commencement ; P' et t' celles indiquées à la fin de l'expérience ; enfin F et F' les forces élastiques de la vapeur d'eau à t et t' degrés ; s'il n'y avait eu ni absorption ni dégagement de gaz, la pression P' devrait être égale à $(P - F) \dfrac{267 + t'}{267 + t} + F'$; suivant qu'elle sera plus grande ou plus petite, il y aura eu dégagement ou absorption. On néglige ici les variations de la capacité du vase, à cause de la petitesse du coefficient de dilatation du verre, et de la faible différence des températures t et t'. L'appareil dont on se sert dans ce genre d'expériences est connu sous le nom de *Manomètre de Berthollet*.

VINGT-UNIÈME LEÇON.

Densités des vapeurs. — Chaleur latente et chaleur sensible. — Chaleur latente de fusion. — Chaleur latente des vapeurs.

——◦◦◦——

329. On ne peut se servir, pour déterminer la densité des vapeurs, du procédé que l'on suit pour obtenir la pesanteur spécifique d'un gaz permanent : car lorsqu'on place une lame de verre dans la vapeur d'eau, la température étant plus que suffisante pour la maintenir à l'état de fluide élastique, il arrive toujours cependant qu'une portion se liquéfie au contact de la lame ; ainsi en faisant arriver de la vapeur d'eau dans un ballon de verre, elle se condenserait en partie sur les parois, et il serait par conséquent impossible d'avoir exactement sa densité. M. Gay-Lussac a résolu la question en la renversant : au lieu de chercher le poids de la vapeur contenue dans un volume donné, il s'est proposé de déterminer au contraire le volume qu'occuperait un poids connu de vapeur.

Mesure des densités des vapeurs

330. Pour cela on renferme le liquide qui doit fournir la vapeur dans une enveloppe très mince, ou une ampoule de verre, qui puisse se briser par l'élévation de la température. Cette ampoule se compose d'un petit réservoir sphérique terminé par un tube effilé en pointe ; on le remplit

Procédé de M. Gay Lussac.

de liquide, par une opération semblable à celle employée dans la construction du thermomètre à alcool ; on ferme ensuite la pointe à la lampe. La différence des poids de l'ampoule pleine et vide donne le poids du liquide qu'elle contient ; des tâtonnemens préliminaires ont dû indiquer les limites entre lesquelles doit être compris ce dernier poids, pour que l'expérience puisse réussir.

On fait passer l'ampoule, pleine et fermée, dans la partie supérieure d'une éprouvette, graduée avec soin et renversée sur un bain de mercure. Ce bain placé au-dessus d'un foyer sert de chaudière ; on entoure l'éprouvette d'un manchon de verre où l'on verse de l'eau. Tout le système s'échauffe à la fois ; la vapeur qui se forme, ou plutôt qui tend à se former dans l'ampoule, la brise : il y a alors dépression du mercure dans l'éprouvette, et tout le liquide de l'ampoule se gazéifie. On chauffe jusqu'à ce que la vapeur formée ait évidemment une densité moindre que celle maxima, correspondante à la température du bain ; ce qui a lieu lorsque la pression supportée par la vapeur est moindre que la tension correspondante à la température observée, et qui est donnée par les tables des forces élastiques.

Lorsque cette condition est remplie, on mesure la température au moyen d'un thermomètre plongé dans l'eau du manchon ; soit t cette température. On observe ensuite le nombre de divisions de l'éprouvette dont la capacité est connue, et qui sont occupées par la vapeur ; on en déduit facilement son volume V exprimé en litres. Il ne reste plus qu'à déterminer la pression qu'elle supporte : cette pression est mesurée par la hauteur barométrique, diminuée de la différence des niveaux du mercure dans l'éprouvette, et dans la chaudière en dehors du manchon.

Pour mesurer cette différence on se sert d'une tige métallique taillée en vis, maintenue verticale par un cadre qui s'appuie sur le bord horizontal de la chaudière, et que cette tige traverse dans une ouverture taraudée. On abaisse cette tige en la faisant tourner, jusqu'à ce que sa pointe touche la surface nue du mercure dans la chaudière, ou jusqu'à ce que cette pointe se confonde avec son image. Un disque métallique horizontal, percé en son centre d'un trou taraudé, est mobile comme un écrou sur la partie supérieure de la tige ; on l'élève au niveau du mercure dans l'éprouvette. La distance qui le sépare alors de la pointe inférieure est la différence de niveau cherchée ; or on peut facilement mesurer cette distance, en transportant tout le système de la tige parallèlement à une règle divisée en millimètres.

On réduit cette longueur à ce qu'elle serait si la température du mercure était $0°$ au lieu de $t°$, et la retranchant de la hauteur du baromètre ramenée aussi à $0°$, on obtient la pression H supportée par la vapeur. Pour déduire sa densité des nombres t, V, H, il faut remarquer d'abord que le volume V est évalué d'après la capacité de chaque division de l'éprouvette correspondante à $0°$, en sorte que le volume réel de la vapeur à la température t est $V(1 + kt)$, k étant le coefficient de dilatation du verre. D'après cela, $\dfrac{P}{(V\,1 + kt)}$ sera le poids d'un litre de la vapeur proposée, à la température t et sous la pression H. Il faut maintenant trouver quel serait le poids d'un litre d'air dans les mêmes circonstances. Or un litre d'air à $0°$, sous la pression normale $0^m,76$ pèse $1,3$; un litre d'air à $t°$ sous la pression H pèsera donc $\dfrac{H}{0,76} \cdot \dfrac{267}{267 + t} \cdot 1^{gr},3$. Ainsi la densité cherchée, celle de l'air étant prise pour unité, sera

$$\frac{0,76}{H} \cdot \frac{267 + t}{267} \cdot \frac{P}{1^{gr},3.\, V\,(1 + kt)}.$$

On trouve de cette manière, pour la densité de la vapeur d'eau 0,6235, pour celle de la vapeur d'alcool 1,6138, pour celle de l'éther sulfurique 2,5860.

Poids de l'air saturé de vapeur d'eau.

331. On peut admettre sans erreur sensible que la vapeur d'eau pèse les $\frac{5}{8}$ seulement du poids de l'air dans les mêmes circonstances de volume, de température et de pression. Ce résultat permet de déterminer facilement le poids d'un volume V d'air, saturé de vapeur d'eau à la température t et sous la pression H. Soit F la force élastique maxima de la vapeur d'eau à t^{o}; on aurait $1^{gr}, 3.\, V. \dfrac{H}{0,76} \cdot \dfrac{267}{267 + t}$ pour le poids du volume proposé, s'il n'était rempli que d'air sec; mais il y a une portion de cet air, laquelle peserait $1^{gr},3.\, V. \dfrac{F}{0,76} \cdot \dfrac{267}{267 + t}$, qui est actuellement remplacée par de la vapeur ne pesant que les $\frac{5}{8}$ de ce poids; on aura donc pour le poids cherché $1^{gr}, 3.\, V. \dfrac{267}{267 + t} \cdot \dfrac{H - F + \frac{5}{8} F}{0,76}$, ou bien $1, 3.\, V. \dfrac{267}{267 + t} \cdot \dfrac{H - \frac{3}{8} F}{0,76}$.

Si l'air atmosphérique est saturé de vapeur lors de la détermination du poids d'un corps, l'expression précédente donne la correction qu'il faut ajouter à la pesée obtenue, pour en déduire le poids du même corps dans le vide. Mais l'air n'étant presque jamais saturé de vapeur, il faut encore une autre donnée, dans les circonstances ordinaires, pour évaluer exactement la correction du poids.

La formule précédente indique que sous le même volume et la même pression, une portion d'air atmosphérique doit être d'autant moins pesante qu'elle contient plus de vapeur d'eau. Il suit de là que si, par des circonstances particulières, une partie limitée de l'atmosphère vient à se saturer de vapeur, son poids devenant moindre, la pression barométrique observée au-dessous d'elle doit diminuer; ainsi, toutes choses égales d'ailleurs, le baromètre doit être d'autant plus bas, dans un lieu donné, que l'air est plus chargé de vapeurs; d'autant plus haut au contraire que l'air est plus sec. Mais plusieurs causes très différentes peuvent occasioner des variations dans la pression atmosphérique, et c'est ce qui ne permet pas de prédire, avec certitude, de la pluie quand le baromètre baisse, ni du beau temps lorsque le baromètre monte.

332. Quand la vapeur dont on veut mesurer la densité est celle d'un liquide qui ne bout qu'à une température de beaucoup supérieure à 100°, le procédé de M. Gay-Lussac exige que le manchon contienne une huile fixe. Mais au-delà de 200° ce liquide se colore, et l'on ne peut plus voir ce qui se passe dans l'éprouvette ; il faut alors avoir recours à un autre procédé, imaginé par M. Dumas. L'appareil se compose d'un ballon de verre, dans lequel on met une certaine quantité de la substance solide ou liquide qui doit former la vapeur ; après en avoir effilé le col à la lampe, on le dispose dans un bain d'huile, de mercure, ou d'un alliage fusible si l'on a besoin d'une température très élevée, afin qu'elle soit supérieure à celle de l'ébullition de la matière introduite. Cette matière entre alors en ébullition ; sa vapeur chasse l'air, et quand il n'y a plus de liquide en excès, ou que le jet de vapeur cesse d'être

aperçu, on ferme l'ouverture à la lampe, et on laisse refroidir le ballon.

La température t du bain est connue. Le baromètre donne la pression atmosphérique H; V étant le nombre de litres qui représente la capacité du ballon à $0°$, et qu'un jaugeage préliminaire a fait connaître, cette capacité doit être $V(1+kt)$ à $t°$; k étant le coefficient moyen de dilatation du verre entre $0°$ et $t°$. Enfin en retranchant du poids du ballon refroidi, celui du même vase vide de toute matière pondérable déterminé par des pesées antérieures, on obtient le poids P de la vapeur qui occupait le volume $V(1+kt)$, à la température t et sous la tension H. On a ainsi toutes les données nécessaires pour évaluer la densité cherchée, au moyen de la formule du § 330. Parmi les nombreux résultats que M. Dumas a obtenus au moyen de ce procédé, et qui l'ont conduit à des découvertes importantes en chimie, il convient de citer ici la densité de la vapeur de mercure, qui est 6,976, celle de l'air étant prise pour unité.

Volume d'un poids donné de vapeur.

333. Il est facile de déduire de la densité de la vapeur d'un liquide, rapportée à celle de l'air, le volume que doit occuper un poids donné de cette vapeur à une certaine température. Soit proposé, par exemple, de trouver le volume d'un gramme de vapeur d'eau à $100°$, ayant sa tension maxima. Puisqu'un litre d'air sec, sous la pression de $0^m,76$, pèse $1^{gr},3$ à $0°$, et par suite $\frac{267}{367}$ $1^{gr},3$ à $100°$. un litre ou mille centimètres cubes de vapeur d'eau à $100°$, et au maximum de tension peseront les $\frac{5}{8}$ du dernier poids ou $\frac{5}{8}.\frac{267}{367}$ $1^{gr},3$. On conclut de là qu'un gramme de cette vapeur occupe $\frac{8}{5}.\frac{367}{267}.\frac{10000}{13}$ ou à très peu près 1700 centimètres cubes. Ainsi un gramme d'eau, qui à la tempéra

ture du maximum de condensation de ce liquide occupe un centimètre cube, peut saturer, à l'état de vapeur à 100°, un espace 1700 fois plus grand.

334. Si les formules relatives aux gaz étaient rigoureusement applicables aux vapeurs à saturation, il suffirait d'avoir déterminé la densité de la vapeur d'un liquide, à une température et sous une pression particulière, pour pouvoir conclure de la table de ses tensions, la densité de cette même vapeur saturant un espace limité à toute autre température. Mais il y a de fortes raisons de croire que les vapeurs suivent dans ces circonstances des lois particulières et encore inconnues (§ 327). D'après cela on ne doit voir que des résultats plus ou moins approchés, dans les nombres obtenus par les physiciens, pour représenter constamment les densités des vapeurs de différens liquides, en prenant pour unité celle de l'air à la même température et sous la même pression. Il peut se faire que la densité de la vapeur d'un même liquide, exprimée de cette manière, soit réellement variable. La découverte de la loi que suit cette variation est une lacune qui reste à remplir dans la théorie physique des vapeurs; complétée par cette découverte, elle parviendra sans doute à démêler complétement les circonstances qui limitent ou accélèrent la formation de la vapeur, et qui produisent des phénomènes dont on n'a pu encore se rendre compte, tels que les explosions des chaudières.

335. Lorsqu'un corps change d'état, il y a toujours disparition ou dégagement d'une certaine quantité de chaleur, sans que la température du corps augmente ou diminue. La portion de chaleur absorbée ou cédée dans ces circonstances est appelée *chaleur latente*; on conserve le nom de *chaleur sensible* à celle qui peut agir sur les sens ou faire

varier la température. Ainsi la chaleur latente est exclusivement employée à exercer des actions mécaniques sur les particules pondérables, qui les déplacent et modifient leurs conditions d'équilibre. On doit admettre, en partant de ce point de vue général, que la chaleur qui pénètre ou abandonne un corps, lorsqu'il passe d'une température à une autre, se compose de deux portions distinctes, l'une sensible qu'exigerait la variation de température sans changement de volume, et l'autre latente qui produit les dilatations ou les contractions observées.

Les chaleurs spécifiques des solides et des liquides, mesurées ou comparées par les procédés que nous avons indiqués, ne sont relatives qu'à la somme de ces deux portions; on ne possède pas encore de moyen direct de les évaluer séparément. Si cette séparation pouvait être faite par des recherches expérimentales, on parviendrait sans doute à démêler les lois réelles de la dilatation par la chaleur des corps solides et liquides. Il est probable que la loi d'égalité des chaleurs spécifiques des atomes, trouvée par MM. Dulong et Petit, ne s'applique rigoureusement qu'à la portion de chaleur sensible, et que celle latente varie avec les masses des dernières particules, et avec les intervalles qui les séparent.

La théorie physique des fluides élastiques est plus avancée, sous le point de vue dont il s'agit, que celle des solides et des liquides; car des moyens indirects, que nous exposerons par la suite, ont permis d'évaluer séparément les quantités de chaleur sensible et latente qu'exige le changement de température des gaz. En effet, le calorique spécifique sous volume constant d'un gaz est uniquement composé de chaleur sensible; celui sous pression constante comprend à la fois la chaleur sensible et la chaleur latente ; or certaines expériences sur le son donnent le rapport des deux caloriques spécifiques d'un même gaz ; le second étant mesuré directement on peut conclure facilement le premier, et par suite leur différence.

336. La chaleur latente absorbée ou dégagée lors du changement d'état d'un corps, est plus facile à constater et à mesurer directement que celle qui se trouve mélangée avec la chaleur sensible, lors des variations de densité. Lorsqu'on fait fondre de la glace, de la cire, des métaux ou leurs alliages, en exposant ces corps à un foyer très actif, si l'on a soin d'agiter les liquides qui se forment jusqu'à ce que toutes les parties solides soient fondues, on observe toujours que la température du bain reste constante pendant toute la durée de cette opération. La chaleur que fournit alors le foyer, et qui est employée à produire le changement d'état, est ce qu'on appelle *chaleur latente de fusion*.

Si l'on expose à la température ordinaire, de 10 à 15°, deux vases égaux, l'un rempli d'eau à 0°, l'autre de glace fondante, et que l'on plonge un thermomètre dans chacun d'eux, on observe que la température du matras rempli d'eau s'élève graduellement jusqu'à celle des corps environnans, tandis que le thermomètre du vase qui contient la glace fondante indique toujours 0°. Si la température à laquelle deux vases égaux sont exposés, est de quelques degrés au-dessous de zéro, et que l'un d'eux contenant de l'eau pure à 0°, l'autre soit rempli d'eau pareillement à 0° mais tenant en dissolution des substances salines qui puissent empêcher sa congélation, on observe que le thermomètre placé dans le premier vase reste constamment à zéro

Chaleur latente de fusion.

et qu'il s'y forme de la glace, tandis que la température du second s'abaisse progressivement. Ces faits prouvent évidemment qu'il y a absorption de chaleur sensible lorsque le corps passe de l'état solide à l'état liquide, et inversement qu'il y a dégagement de chaleur lorsqu'un liquide se solidifie.

Mesure de la chaleur latente de la glace.

337. On peut évaluer la quantité de chaleur qui est alors absorbée ou dégagée, en mêlant le corps dans lequel on observe ce phénomène avec une autre substance, dans des circonstances telles et avec un tel rapport des masses qu'il ne puisse en résulter pour ce dernier corps aucun changement d'état. Nous prendrons toujours pour unité de chaleur, celle capable d'élever d'un degré centrigrade la température de l'unité de poids d'eau pure. Pour obtenir la chaleur latente de fusion de l'eau solide, on pourra plonger la glace dans une masse d'eau assez grande, et d'une température assez élevée, pour qu'elle puisse fournir toute la chaleur nécessaire à la fusion de la glace, sans s'abaisser au degré de congélation.

Supposons, par exemple, qu'en mélangeant 2 kilogrammes d'eau à 50° avec 1 kilogramme de glace pilée à 0°, on ait obtenu, après la fusion de la glace, 3 kilogrammes d'eau à 10° seulement, en sorte que 100 des unités de chaleur contenues dans le mélange aient été réduites à 30, lorsque toute la glace aura été liquéfiée, on en conclura que les 70 unités de chaleur sensible perdues auront été absorbées par le passage de la glace à l'état liquide. Quand cette opération est faite avec soin et précision, et corrigée de la chaleur communiquée au vase et de celle perdue par le rayonnement, on trouve 75 unités pour la chaleur latente absorbée pendant la fusion de l'unité de poids de glace. On n'a pas encore obtenu de résultats exacts qui fassent connaître la chaleur employée à l'état latent lors de la fusion d'autres substances.

Généralement : soit M une masse d'eau, à une température primitive T, que l'on mélange avec une masse m de glace pilée à zéro ; et soit θ la température finale du mélange, après la fusion de la glace. On peut faire abstraction du vase qui contient le mélange, en remplaçant dans le calcul la masse du vase par une masse d'eau correspondante. $M\,(T - \theta)$ sera la quantité de chaleur cédée par l'eau à la masse m de glace, laquelle est remplacée après la fusion par une masse m d'eau à θ degrés, ayant conséquemment gagné $m\theta$ unités de chaleur. S'il n'y avait eu aucune absorption, les quantités $M\,(T - \theta)$ et $m\theta$ seraient égales ; mais on trouve toujours que la première surpasse de beaucoup la seconde. Soit alors L le nombre d'unités de chaleur latente absorbées par la fusion de l'unité de glace, on aura $M\,(T - \theta) = m\,\theta + m\,L$, équation au moyen de laquelle on détermine L. On peut par le tâtonnement augmenter la masse d'eau M, prise à une température T supérieure de a degrés à celle des corps environnans, de telle manière que la température finale θ soit inférieure de $2a$ degrés à T, ce qui annullera les pertes par le rayonnement.

Lorsque l'eau pure est dans un état parfait de repos et de limpidité, sa température peut s'abaisser de quelques degrés au-dessous de zéro, descendre à $-10°$, $-12°$, par exemple, sans que la congélation ait lieu. Cela tient sans doute à l'inertie des molécules de l'eau, qui ont besoin d'un certain mouvement pour se disposer dans l'ordre favorable à la cristallisation : en effet, à la moindre agitation imprimée au liquide, une portion se congèle rapidement, et la température remonte à zéro. Soit alors m la masse d'eau qui s'est abaissée de t degrés au-dessous de zéro; en remontant à cette dernière température, elle gagnera mt unités de chaleur, qui proviendront de la chaleur dégagée par la formation d'une certaine masse m' de glace; on aura donc $mt = m'\mathrm{L}$, équation qui peut servir à déterminer m' ou L.

Mesure de la chaleur spécifique de la glace.

338. Par une expérience analogue, MM. Clément et Desormes ont déterminé la capacité (c) de la glace pour la chaleur. Cette expérience consistait à refroidir artificiellement une masse m de glace jusqu'à $-10°$, $-12°$, soit $-t$ degrés, et à la plonger dans une masse d'eau à zéro, dont elle prenait rapidement la température, en occasionant la formation d'une masse m' de glace, qui se joignait à elle, et que l'on mesurait en pesant le morceau de glace avant et après l'opération. On en concluait facilement l'équation suivante, $mtc = 75\,m'$, d'où $c = \dfrac{m'}{m}\,\dfrac{75}{t}$.

Causes qui déterminent ou retardent la congélation.

339. La limpidité de l'eau est une condition essentielle pour réussir à l'abaisser de quelques degrés au-dessous de zéro sans qu'elle se congèle; car lorsque l'eau est impure, les corps légers qu'elle tient en suspension ayant à peu près la même densité qu'elle, mais non le même coefficient de dilatation, se contractent plus ou moins qu'elle par le refroidissement, et le changement du rapport des densités détermine les particules en suspension à se mouvoir dans le liquide, à l'agiter, et la congélation s'ensuit.

M. Despretz, dans une série d'expériences qu'il a entreprises pour constater que le maximum de condensation de l'eau a lieu entre les températures de $4°$ et $4°\frac{1}{2}$, a observé des abaissemens de température plus considérables encore que ceux cités plus haut, au-dessous de zéro degré, sans que l'eau se congelât, quoiqu'il ne prit aucune précaution pour éviter toute agitation dans ses appareils. Ici tout mouvement intérieur de la masse liquide, nécessaire pour déterminer la congélation, était sans doute gêné par les parois des tubes très étroits qui la contenaient. Il paraît que l'eau ou le liquide qui circule dans les vaisseaux des végétaux peut s'abaisser à quelques degrés au-dessous de zéro sans se congeler ; il est vraisemblable d'ailleurs, d'après le fait qui vient d'être cité, que l'eau peut se refroidir d'autant plus sans se solidifier, que le diamètre des tubes qui la contiennent est plus petit. Voilà sans doute ce qui le plus souvent empêche le froid de désorganiser les végétaux.

340. La chaleur qui passe d'un foyer dans un liquide en ébullition, dont la température reste fixe tant que la pression extérieure ne varie pas, est absorbée par le changement d'état du liquide, ou employée à le gazéifier. Pour évaluer la chaleur latente qui disparaît dans cette circonstance, on recherche la quantité de chaleur qui peut être restituée par la vapeur, lorsqu'elle retourne à l'état liquide.

Chaleur latente des vapeurs.

Rumford employait à cet effet un moyen analogue à celui qui sert à mesurer la chaleur spécifique des gaz. Au milieu d'un calorimètre rempli d'eau, à une température inférieure de a degrés, à celle t^o de l'air extérieur, on fait circuler la vapeur d'un liquide ayant une température primitive T, dans un serpentin où elle se liquéfie, cède sa chaleur latente à l'eau environnante, et sort de l'appareil à l'état liquide avec une température variable, mais dont la valeur moyenne est t, car on arrête l'expérience lorsque la température du calorimètre est $(t+a)$. Soient alors c le calorique spécifique du liquide formé par la vapeur ; M la masse d'eau du calorimètre, le vase étant converti dans le calcul en une masse d'eau correspondante ; m la masse de vapeur entrée dans le serpentin à T°, et sortie liquide à la température moyenne t ; enfin L la chaleur latente qui était contenue dans l'unité de masse de cette vapeur. La différence $2\mathrm{M}a - mc\,(\mathrm{T} - t)$, entre la quantité de chaleur sensible gagnée par le calorimètre, et celle perdue par la vapeur liquéfiée, différence qui n'est jamais nulle, sera égale à $m\mathrm{L}$; cette relation donnera L.

M. Dulong a perfectionné l'appareil de Rumford en plaçant dans l'instrument une caisse destinée à recevoir la vapeur liquéfiée, qui prend alors la température de l'eau du calorimètre. La caisse a un fond incliné vers un orifice pour faciliter l'écoulement du liquide. Le calorimètre renferme un volant, au moyen duquel on mélange toutes les couches d'eau, afin qu'un thermomètre ordinaire puisse indiquer exactement la température du réfrigérant. On peut faire communiquer l'appareil ainsi modifié avec une machine pneumatique ou une machine de compression, et mesurer ainsi la chaleur latente de la vapeur à diverses pressions. C'est ainsi que M. Dulong a déterminé le nombre $54\frac{1}{2}$ pour la chaleur latente de la vapeur d'eau ; c'est la moyenne de plus de quarante expériences. M. Despretz a trouvé pour la vapeur d'alcool 208 unités de chaleur latente, pour celle de l'éther 91, pour l'essence de thérébentine 77 ; ces nombres expriment les unités de chaleur latente absorbées par l'unité de poids de la vapeur de chaque liquide, formée à la température de son ébullition.

341. On a cherché à déterminer les variations du nombre L, lorsque la pression de la vapeur varie. Watt avait cru

remarquer qu'en ajoutant à la chaleur latente L, la chaleur sensible ou thermométrique de la vapeur ou du liquide qui la forme, on obtenait dans toùs les cas un résultat constant. Pour l'eau cette somme serait constamment 643. Ainsi, d'après Watt, la quantité totale de chaleur latente et sensible, contenue dans une même masse de vapeur, serait toujours la même à toutes les pressions et à toutes les températures. MM. Clément et Desormes ont reproduit ce résultat comme une conséquence d'expériences qu'ils ont entreprises dans le but de le constater ; il est adopté par les constructeurs de machines à vapeur.

D'autres physiciens, au contraire, ont soutenu que le nombre 543 pour l'eau, ou généralement la valeur L était seule la même à toutes les pressions. Les résultats que donnent ces deux hypothèses, si dissemblables en théorie, paraissaient différer trop peu numériquement, pour qu'on pût décider la question par l'expérience ; cependant M. Dulong s'est assuré que ni l'une ni l'autre de ces hypothèses n'est exacte ; ses recherches sur ce sujet ne sont pas encore publiées.

342. C'est ici le lieu de donner l'explication d'un fait singulier que présente la vapeur qui s'échappe par la soupape de sûreté d'une chaudière. Si l'on place la main au milieu de ce jet, on éprouve une sensation de chaleur très différente, suivant que la chaudière est à basse ou à haute pression ; dans le premier cas la chaleur est insupportable, et la main serait infailliblement brûlée comme par l'immersion dans l'eau bouillante, si l'on ne se hâtait de la retirer ; dans le second cas au contraire la chaleur éprouvée est très supportable, et la main peut séjourner impunément au milieu du jet.

Sensations produites par des jets de vapeur.

Lorsque la chaudière est à basse pression, la vapeur possède la même force élastique que l'air qu'elle déplace; elle conserve alors sa densité et la température de 100°. Quand la chaudière est à haute pression, la vapeur possédant une tension de plusieurs atmosphères se dilate rapidement à son entrée dans l'air, et une portion de sa chaleur sensible se transforme en chaleur latente; si cette dilatation s'arrêtait lorsque la tension serait devenue égale à la pression atmosphérique, la température du jet descendrait seulement à 100°; mais en vertu de la vitesse acquise par les molécules gazeuses, la dilatation dépasse cette limite, la vapeur se mélange à l'air, et sa température diminuant encore, s'abaisse d'autant plus que la tension primitive était plus considérable. Or, il suffit que la température finale ne soit que de 30 à 40°, pour que la sensation qu'elle fait éprouver devienne supportable.

Chauffage à la vapeur.
343. La chaleur latente de la vapeur d'eau est utilisée pour transporter la chaleur d'un lieu dans un autre. Au moyen d'un seul foyer, par exemple, on échauffe l'eau, même à la température de l'ébullition, dans plusieurs vases de bois, en faisant arriver un courant de vapeur au milieu du liquide de chacun de ces vases. Si l'on ne veut pas altérer le liquide qu'il s'agit d'échauffer, on l'enferme dans un vase entouré d'un serpentin où de la vapeur d'eau circule et se condense. Dans le chauffage des lieux d'habitation par la vapeur, c'est l'air qui s'échauffe par son contact avec des tuyaux ou des enveloppes, dans lesquels la vapeur se condense pour retourner à l'état liquide à la chaudière d'où elle est sortie. Le bâtiment de la Bourse, celui où se trouve la nouvelle salle de l'Institut, sont échauffés de cette manière.

344. Outre l'emploi de la vapeur comme force motrice, et comme moyen de chauffage, nous pourrions citer un grand nombre d'industries où les propriétés des vapeurs sont utilisées. C'est par elles qu'on se procure généralement une évaporation rapide et économique, dans les distilleries, les raffineries et les fabriques de sucre. La liqueur, qu'il s'agit d'évaporer ou de réduire, est renfermée dans un vase clos qui communique avec un serpentin. On l'échauffe au moyen de la vapeur d'eau, soit par un conduit contourné en spirale au milieu de la masse, soit par un double fond. Des robinets convenables permettent ensuite d'introduire dans le vase lui-même un courant de vapeur, qui chasse l'air intérieur par l'orifice du serpentin. Lorsque l'appareil ne contient plus que de la vapeur, on ferme les robinets; le serpentin est ensuite refroidi, soit par un bain d'eau fraîche, soit par un simple courant d'eau qui descend le long des spires, soit même par une autre portion de la liqueur qui éprouve ainsi une première réduction. La vapeur intérieure se condense alors sur les parois internes du réfrigérant, sa tension diminue dans une grande proportion, et la liqueur s'évapore pour ainsi dire dans le vide avec une grande rapidité, et sans qu'il soit nécessaire de l'échauffer autant que si l'opération se faisait à l'air libre dans un vase ouvert.

Il existe des établissemens où l'on accélère l'évaporation en faisant directement le vide dans le vase clos, au moyen d'un appareil pneumatique mis en mouvement par une machine à vapeur. Dans d'autres on fait parvenir un courant d'air chaud au milieu de la liqueur; cet air fortement échauffé se sature de vapeurs qu'il entraîne avec lui dans l'atmosphère. Le choix à faire parmi ces différens appareils évaporatoires, dépend de la nature des produits que l'on se propose d'obtenir, et des circonstances locales. S'il importe d'éviter que la liqueur ne soit portée à une trop haute température, et qu'elle soit en contact avec une trop grande quantité d'acide carbonique, il peut arriver que l'évaporation au moyen d'un courant d'air chaud doive être rejetée ; car malgré la petite proportion d'acide carbonique contenue dans l'atmosphère, la grande masse d'air indispensable au but qu'on se propose pourrait en introduire assez pour altérer les produits de la fabrication.

Dans les raffineries de sucre , tous les procédés que nous venons d'indiquer ont été mis en pratique, afin de réduire le sirop, et de l'amener au point de concentration nécessaire pour que la cristallisation puisse avoir lieu par le refroidissement. C'est alors que les circonstances locales influent beaucoup sur le choix de l'appareil, et particulièrement sur celui du réfrigérant. Si l'eau abonde on peut entourer le serpentin d'un bain complet. Si l'eau est rare, il y a de l'avantage à se servir de simples filets de ce liquide, qui descendent le long du serpentin entouré d'un manchon de bois ; la chaleur latente, cédée par la vapeur condensée, est employée en partie à échauffer et même à vaporiser le liquide descendant ; le reste est enlevé par le courant ascendant d'air atmosphérique qui s'établit au milieu du manchon. Dans les fabriques de sucre de betterave, au lieu d'eau, on peut faire écouler sur le serpentin du jus froid qui s'échauffe et éprouve une première réduction, de telle sorte qu'il acquiert, sans nouveaux frais, la température et le point de concentration nécessaires pour être introduit directement dans la chaudière close.

VINGT-DEUXIÈME LEÇON.

Sources de chaleur et de froid. — Insolation. — Chaleur centrale du globe. — Chaleur produite par la percussion, par le frottement. — Chaleur dégagée par la compression des gaz. Froid produit par leur dilatation. — Rapport des caloriques spécifiques de l'air. — Mélanges réfrigérans. — Froid produit par la vaporisation. — Chaleur développée dans les combinaisons chimiques.

—◦—

445. Lorsque la température d'un corps augmente ou diminue, sans que ce changement puisse être attribué à une nouvelle répartition de chaleur sensible, ou bien lorsque la température reste constante, sous l'influence d'une cause de réchauffement ou de refroidissement, on dit qu'il y a production de chaleur ou de froid. La plupart des phénomènes de ce genre peuvent être attribués au dégagement ou à l'absorption d'une portion de chaleur qui de latente devient sensible, ou réciproquement; c'est ce qui arrive, par exemple, lorsque les corps qui les manifestent subissent des changemens d'état ou de densité par suite d'une action chimique ou mécanique.

Mais dans beaucoup de circonstances, il y a production de chaleur ou de froid, sans qu'elle paraisse accompagnée d'une cause de dégagement ou d'absorption de chaleur latente; souvent même les modifications que subissent les matières pondérables sont inverses de celles qui devraient avoir lieu, pour rendre compte de l'effet calorifique observé. La combustion ou le phénomène des combinaisons chimiques, les courans produits par l'électricité, fournissent de nombreux exemples de cette anomalie. Les faits particuliers dont il s'agit signalent toute l'imperfection des hypothèses adoptées comme bases de la théorie physique de la chaleur; et il y a lieu de présumer que c'est en les étudiant de plus près et complétement, qu'on parviendra à découvrir l'origine véritable de cet agent naturel.

Insolation.   346. L'insolation est une source de chaleur. En effet, lorsqu'on expose un corps à l'action des rayons solaires, sa température s'élève, mais plus ou moins suivant sa nature : les corps transparens s'échauffent peu, les corps opaques beaucoup au contraire. La propriété de recueillir ainsi la chaleur solaire doit être distinguée du pouvoir absorbant, tel qu'il a été considéré précédemment, car l'expérience indique de grandes différences entre l'action de la chaleur lumineuse et celle de la chaleur obscure. La chaleur que les corps absorbent par l'insolation est donc soumise à des lois particulières. La décomposition de la lumière, opérée par des prismes diaphanes et diathermanes, a permis d'étudier la nature ou la qualité des rayons de chaleur qui accompagnent les diverses couleurs du spectre solaire; nous aurons l'occasion d'exposer les résultats remarquables que M. Melloni a obtenus sur ce sujet important, au moyen de son appareil thermoscopique.

Chaleur propre du globe.   347. La terre est maintenant considérée comme une source de chaleur. Des observations nombreuses, faites dans l'intérieur des mines, ont constaté que la température propre du globe augmente d'un degré pour un accroissement de profondeur de 25 à 30 mètres. Les géomètres ont démontré que cet accroissement ne pouvait s'expliquer par les variations diurnes et annuelles de la température à la surface, dues à l'absorption inégale de la chaleur solaire. On a donc conclu que la terre possède une chaleur primitive, qu'elle perd successivement par son refroidissement dans l'espace. Les faits qui prouvent l'existence de cette chaleur centrale, et l'examen de l'influence qu'elle peut avoir sur la température moyenne de la surface de la terre, et de ses divers climats, sont développés dans le cours d'astronomie, où l'on expose l'histoire physique du globe.

348. La percussion produit de la chaleur. On peut attribuer ce phénomène au rapprochement des molécules qui résulte de la percussion, et qui doit faire passer une certaine portion de chaleur latente à l'état de chaleur sensible. En effet, lorsqu'un corps solide est comprimé de manière à augmenter de densité, sa température s'élève, et quand la percussion réitérée ne produit plus une contraction aussi forte, il y a moins de chaleur produite. C'est ce qui semble résulter du fait observé par Berthollet, qu'après plusieurs coups donnés à une pièce de monnaie, il y a décroissement très rapide dans les effets thermométriques. Mais cette cause n'est pas la seule, car le plomb, qui n'augmente pas de densité quand on le frappe, s'échauffe cependant. Il paraît plus probable que la percussion donne lieu à un dégagement de chaleur en déterminant un mouvement vibratoire dans les corps solides.

349. Il ne semble pas que l'on puisse expliquer autrement que par ce mouvement vibratoire, la production de chaleur due au frottement. Rumford ayant fait tourner, au moyen d'un manége, une masse de bronze sur une autre masse fixe de la même substance, et ayant entouré d'eau

la partie échauffée, de manière à apprécier la chaleur produite par l'élévation de température de cette masse liquide, trouva qu'un décimètre carré de surface frottante, faisant 32 tours par minute, avait donné 250 grammes de limaille en 2 heures, et que l'échauffement produit aurait été capable d'élever de 100° la température de 50 litres d'eau, ou de 50000 degrés celle de la masse de limaille formée. On ne saurait expliquer ce fait par la compression, qui, une fois produite au commencement de l'expérience, restait ensuite la même, ni par une moindre chaleur spécifique de la limaille comparée à celle du métal, car l'observation n'indique pas la plus légère différence entre elles.

Davy ayant frotté l'un contre l'autre deux morceaux de glace, dans une atmosphère un peu au-dessous de 0°, parvint à les réduire en eau. La chaleur nécessaire pour la fusion de la glace ne pouvait provenir des corps environnans, car ici, comme dans l'expérience de Rumford, les deux corps frottés étaient à une température plus élevée que le milieu ambiant, et devaient perdre et non gagner de la chaleur par le rayonnement.

Principe théorique.

350. Pour que ces faits fussent compatibles avec la théorie de l'émission, ou plutôt avec l'hypothèse de la matérialité du calorique, il faudrait admettre que la quantité totale de chaleur que possède une particule d'un corps solide, à une certaine température, dépend de la position qu'elle occupe dans ce corps, ou de sa profondeur au-dessous de la surface qui le limite. Pour développer cette idée,

Fig. 180.

imaginons le corps solide terminé par une face plane **AB**, et soit **CD** un cylindre infiniment délié, normal à cette surface en un point **C**; le principe posé serait qu'une particule p, située sur **CD**, contiendrait, dans l'état d'équilibre calorifique, d'autant plus de chaleur absolue que la distance Cp serait plus grande ; cette quantité ayant son minimum au point C, et croissant à mesure que l'on considèrerait des particules plus éloignées vers D.

Autrement, si l'on imagine sur CD, comme ligne des abscisses, des ordonnées proportionnelles aux quantités de chaleur absolue possédées par les particules qui occupent leurs pieds, la ligne formée par leurs secondes extrémités serait une courbe, ascendante à partir du point C, et non une ligne droite parallèle à CD, comme on le suppose tacitement, lorsqu'on veut chercher dans l'égalité des chaleurs spécifiques d'une masse de métal et de sa limaille, une preuve de l'incompatibilité de l'hypothèse de l'émission, avec le fait du développement de chaleur produit par le frottement. La courbe dont il s'agit, après s'être éloignée de la ligne des abscisses, deviendrait sensiblement parallèle à cet axe, au-delà d'une certaine distance, finie et très petite, de la surface AB.

D'après cela, la quantité de chaleur possédée par toutes les particules, comprises dans le cylindre CD, serait mesurée par l'aire $CC'D'D$ de la courbe $C'D'$. Si par une action mécanique quelconque, par le frottement ou l'écrasement, le corps solide proposé était rompu ou séparé en deux parties distinctes, l'équilibre de température exigerait que les particules voisines des deux nouvelles surfaces, déterminées par la fracture, perdissent une certaine quantité de leur chaleur absolue, mesurée par les aires curvilignes $KD'C''$. Il y aurait donc d'autant plus de chaleur développée dans ces circonstances que le corps serait réduit en parties plus tenues.

La constance des chaleurs spécifiques d'un métal et de

sa limaille n'objecterait rien contre cette manière d'envisager le phénomène ; il faudrait seulement en conclure que l'accroissement de chaleur nécessaire pour élever d'un degré la température d'une particule solide est indépendante de sa position, et par suite de la chaleur absolue qu'elle contient déjà et qui peut varier avec cette position. Il résulterait enfin de ces idées théoriques, que la chaleur absolue d'une particule solide comprendrait deux termes distincts, l'un variable avec la température seule, l'autre avec le lieu de la particule dans le corps dont elle fait partie.

L'identité de pesanteur spécifique d'un corps en masse et de sa poussière, ainsi que la conservation de l'état solide dans le vide, viennent appuyer l'adoption du principe précédent ; car il en résulterait, près des surfaces, une variation dans les forces répulsives, qui pourrait se combiner avec celle de la résultante des forces attractives, de manière à maintenir sensiblement constant l'intervalle des molécules, dans toute l'étendue du corps, quelle que soit sa forme.

351. La compression ou la dilatation des gaz produit de la chaleur ou du froid. Dans le briquet à air, qui consiste en un cylindre fermé par un bout dans lequel on fait mouvoir rapidement un piston, l'air comprimé brusquement s'échauffe au point d'enflammer de l'amadou ; pour que cet effet ait lieu, il faut que l'air soit réduit au $\frac{1}{5}$ de son volume. En comprimant différens gaz dans le même appareil, mais sans y introduire directement une matière combustible, on a remarqué que l'oxigène, les gaz qui le contiennent à l'état de mélange, et le chlore, donnent généralement lieu à un dégagement de chaleur et de lumière, tandis que les autres fluides élastiques ne dévelop-

pent que de la chaleur. Cette différence est due à la combustion instantanée des particules de substances organiques qui se trouvent dans l'instrument, soit en suspension dans le gaz introduit, soit sur les parois du tube ou sur les joints du piston ordinairement enduits d'une matière grasse. M. Thénard a en effet observé qu'il n'y avait plus de lumière produite dans un gaz quelconque, subitement comprimé, lorsqu'on avait écarté avec soin toutes les matières combustibles..

En exploitant certaines mines, on rencontre quelquefois des cavités remplies de gaz humides très comprimés, et qui s'échappent avec sifflement lorsqu'on leur offre une issue. Si l'on présente un corps solide dans le courant qu'ils forment, l'eau qu'ils contenaient à l'état de vapeur se liquéfie sur le corps, et s'y congèle même par l'abaissement de température dû à la dilatation rapide de ces gaz. On peut produire le même effet avec de l'air comprimé à deux ou trois atmosphères et saturé de vapeur d'eau, qu'on laisse s'échapper par une petite ouverture, et auquel on présente une boule de verre qui ne tarde pas à se recouvrir d'une petite couche de glace.

Le thermomètre de Breguet ($\S$ 201), par la grande sensibilité ou le peu de masse, la grande conductibilité et la faible chaleur spécifique des substances qui le composent, offre un moyen facile de constater la production de chaleur ou de froid qui accompagne la contraction ou la dilatation des gaz. Il suffit de le placer sous le récipient de la machine pneumatique; son index marche au froid aussitôt qu'on fait mouvoir les pistons, ou quand l'air intérieur se dilate. Lorsque le jeu de la machine est suspendu, la chaleur rayonnée des corps environnans et le contact des parois de la cloche rétablit l'équilibre de température. Si ensuite on tourne la clé, pour faire communiquer le récipient avec l'atmosphère, l'air extérieur ayant une force élastique plus grande, comprime l'air raréfié du récipient, et la chaleur dégagée par cette compression agit sur le thermomètre, dont l'index marche effectivement en sens contraire de son premier mouvement.

352. M. Gay-Lussac a imaginé un appareil qui constate à la fois la chaleur dégagée par la condensation d'un gaz, et le froid produit par sa dilatation. Il se compose de deux grands ballons de verre, l'un vide et l'autre contenant un gaz; ces ballons sont réunis par un tube à robinet, et munis de deux thermomètres à air très sensibles qui occupent leurs centres. Lorsqu'on ouvre la communication, le gaz se précipite dans le vide; il se dilate alors dans le vase qui le contenait seul, et dont le thermomètre indique en effet un abaissement de température. Il parvient donc refroidi par cette dilatation dans le second vase, mais le contact des parois et le rayonnement des corps environnans lui restituent promptement la chaleur perdue dans le premier instant, et les parties qui suivent comprimant celles déjà parvenues, on observe une élévation de température, jusqu'à ce que l'équilibre de force élastique soit établi dans les deux ballons. En promenant un thermomètre très sensible dans le vase où le gaz se précipite, on a effectivement remarqué un abaissement de température près de l'orifice de communication, mais qui diminue rapidement à mesure que le thermomètre s'éloigne, de telle sorte qu'à une assez petite distance sa température est celle du milieu qui environne l'appareil; au-delà le thermomètre monte encore, et indique conséquemment une production de chaleur.

Lorsque cette expérience est faite avec soin, on trouve que l'élévation d'un des thermomètres à air, placés aux centres des ballons, est égal à l'abaissement de l'autre. Mais on ne peut déduire de cet appareil aucune mesure exacte, parce que les masses des thermomètres, quelque petites qu'elles soient, sont toujours très grandes relativement à celles du fluide élastique. Il indique toutefois une inégalité singulière dans l'étendue des effets produits par différens gaz : les variations de température des deux thermomètres sont plus grandes pour l'hydrogène que pour l'air ; elles sont moindres au contraire lorsque le gaz employé est de l'acide carbonique.

Cette inégalité n'a pas d'abord été attribuée à sa véritable cause. De ce que l'hydrogène faisait varier dans une plus grande étendue la chaleur sensible contenue dans les thermomètres de l'appareil précédent, on en concluait que ce gaz avait une capacité pour la chaleur plus grande que tout autre. Mais on avait été conduit à une conséquence tout-à-fait opposée, en plongeant un ballon de verre, qui contenait successivement différens gaz, dans une masse d'eau dont la température avait toujours le même excès sur celle des gaz ; on avait remarqué qu'il fallait moins de temps à l'hydrogène qu'à l'air pour prendre cette température, plus de temps au contraire à l'acide carbonique ; ce qui faisait conclure que l'hydrogène avait moins de capacité pour la chaleur que tout autre gaz.

Ces phénomènes dépendent de ce que l'on peut appeler le pouvoir conducteur des fluides élastiques, dû à la grande mobilité de leurs particules, qui n'est gênée par aucune force de cohésion. Cette mobilité est plus ou moins grande suivant la masse relative de ces particules, ou mieux sui-

vant la densité des gaz, avec laquelle augmente leur inertie ou la force nécessaire pour imprimer à leurs molécules
la même vitesse. C'est à cette différence de mobilité qu'il
faut attribuer l'inégalité des effets produits quand les gaz
s'échauffent ou se refroidissent, laquelle est tout-à-fait indépendante des différences de capacité. Elle explique aisément les circonstances que présentent les expériences que
nous venons de citer ; car le gaz le plus mobile emprunte
ou cède plus rapidement, aux corps qu'il touche, la chaleur
qui lui est nécessaire ou superflue, pour que sa température devienne celle qui convient à l'équilibre.

Mesure de la chaleur dégagée par la compres-sion d'un gaz.

Fig. 182.

353. MM. Clément et Desormes ont imaginé un appareil analogue à celui de M. Gay-Lussac, qui permet de
déterminer d'une manière plus exacte la quantité de chaleur produite par la compression de l'air. Ils se sont servi à
cet effet d'un ballon de verre à large ouverture, auquel
était adapté un baromètre, ou mieux un simple tube recourbé plongeant à l'extérieur dans un vase rempli de mercure, ou d'eau pour plus de sensibilité. La pression de l'air
étant P, et sa température t, on ôtait une portion de l'air
intérieur au moyen d'une pompe pneumatique, de manière
que la pression devînt P′ moindre que P ; la différence P-P′
était indiquée par le niveau du liquide dans le tube.

On ouvrait ensuite le robinet qui fermait l'ouverture ;
une portion de l'air extérieur se précipitait dans le ballon,
en quelque sorte instantanément, à cause de la largeur de
l'orifice, qui permettait de négliger d'ailleurs les pertes et
les gains de chaleur dus à la première dilatation du gaz et
au contact des parois. L'équilibre d'élasticité était établi
lorsque le niveau du liquide dans le tube se trouvait le
même qu'à l'extérieur, et lorsqu'on n'entendait plus le

bruit produit par l'air affluent ; on fermait alors le robinet. Mais à cette époque la pression de l'air intérieur n'était égale à celle P de l'atmosphère, qu'à cause de l'accroissement de température que le gaz entré avait produit, en comprimant celui qui était seul renfermé primitivement ; aussi la température baissant par le contact des parois, le niveau du liquide dans le tube s'élevait en indiquant finalement, pour l'élasticité intérieure, une pression P'' plus petite que P, mais plus grande que P', puisque sous le même volume le ballon contenait, à la même température t, plus d'air qu'au commencement de l'expérience.

On pouvait déduire des pressions observées P, P', P'', la chaleur et la condensation produite par la compression de l'air, en partant de la loi connue que l'élasticité d'un gaz, conservant le même volume, augmente de $\frac{1}{267}$ pour une augmentation de température d'un degré à partir de zéro, ou de $\frac{1}{267 + t}$ à partir de $t°$. Soit $t + x$ la température qu'avait l'air du ballon, au moment où une portion d'air extérieur étant entrée, et où la pression intérieure étant devenue P, on fermait le robinet ; on avait évidemment la relation $\frac{P}{P''} = \frac{1 + a(t + x)}{1 + a t}$, en désignant par α le coefficient $\frac{1}{267}$; d'où $x = \frac{P - P''}{P''} \cdot \frac{1 + at}{a}$.

La masse d'air contenue dans le ballon au commencement de l'expérience, et qui occupait un certain volume V' sous la pression P' et à la température t, était réduite par la compression à un volume plus petit V'', sous la pression P'' et lorsque la température était redevenue t. On avait donc, d'après la loi de Mariotte, $V''P'' = P'V'$, d'où

$$\frac{V' - V''}{V'} = \frac{P'' - P'}{P''}$$ pour la condensation produite. Dans une des expériences faites avec l'appareil précédent, MM. Clément et Desormes ont trouvé, pour $t = 12°$, $P = 0^m,7665$ de mercure, $P' = 0^m,7527$, $P'' = 0^m,7629$; ce qui donne $x = 1°,316$, et $\dfrac{P'' - P'}{P''} = 0,0135$.

Connaissant l'effet thermométrique produit par une certaine condensation, on peut en conclure celui (γ) que produirait une autre condensation, par exemple, celle de $\frac{1}{267}$ du volume à zéro, ou de $\dfrac{\alpha}{1 + \alpha t}$ du volume à la température t. Il suffit pour cela de remarquer que les différences des pressions P, P', P'', étant toujours assez petites comparativement à ces pressions elles-mêmes, on peut poser, sans grande erreur, la proportion suivante :

$$\frac{P'' - P'}{P''} : \frac{P - P''}{P''} : \frac{1 + \alpha t}{\alpha} :: \frac{\alpha}{1 + \alpha t} : \gamma = \frac{P - P''}{P'' - P'}.$$

Les nombres cités plus haut donnent $\gamma = 0°,348$; c'est-à-dire qu'en comprimant l'air à zéro, de $\frac{1}{267}$ de son volume, on l'échauffe d'un peu plus d'un tiers de degré.

354. On peut déduire de là le rapport (K) des chaleurs spécifiques de l'air sous pression constante et sous volume constant, rapport qu'il est important de connaître, à cause de son utilité dans plusieurs questions de physique. En effet, si l'on représente par l'unité la quantité de chaleur nécessaire pour élever d'un degré l'unité de volume d'un gaz à zéro, sans variation de volume, ou ce qui est la même chose la chaleur spécifique de ce gaz sous volume constant, il faudra pour l'échauffer aussi d'un degré, la pression restant constante et le volume variant alors de $\frac{1}{267}$, lui don-

ner en sus une quantité de chaleur qui l'eût échauffé à elle

seule de $y = \dfrac{P - P''}{P'' - P'}$ degrés, ou de $o^o,348$ pour l'air, sous

volume constant. Les quantités de chaleur nécessaires pour
élever d'un degré la température de l'unité de volume du
gaz proposé, dans ces deux circonstances différentes, ou
les chaleurs spécifiques de ce gaz sous volume constant et
sous pression constante, seront donc entre elles comme

l'unité est à $1 + \dfrac{P - P''}{P'' - P'}$ ou à $\dfrac{P - P'}{P'' - P'}$, c'est-à-dire pour

l'air comme l'unité est à $1,348$; d'où $K = 1,348$.

MM. Gay-Lussac et Welter ont trouvé, par un autre
procédé $K = 1,375$ pour l'air, au lieu de $1,348$; ils ont
ont en outre observé que ce rapport conservait sensiblement la même valeur à diverses températures. La comparaison qu'on a pu faire entre la vitesse réelle du son dans l'air, et
celle que le calcul avait donnée, conduit plus exactement,
comme nous le verrons à $K = 1,421$. M. Dulong, par une
série d'expériences que nous aurons l'occasion de décrire par
la suite, lorsque nous parlerons de la propagation du son
dans les différens gaz, a trouvé que ce rapport K variait
d'une manière très sensible des gaz simples aux gaz composés, et a déduit de la comparaison de ces différentes valeurs, cette loi remarquable par sa simplicité : 1° que des
volumes égaux de tous les fluides élastiques, pris à une
même température et sous une même pression, étant comprimés ou dilatés subitement d'une même fraction de leur
volume, dégagent ou absorbent la même quantité absolue
de chaleur; 2° que les variations de température qui en résultent sont en raison inverse de leurs chaleurs spécifiques
sous volume constant.

355. Lorsque deux corps mélangés, dont un au moins est à l'état solide, ont une grande affinité chimique l'un pour l'autre, cette affinité peut déterminer brusquement une liquéfaction ou une fusion, et il en résulte ordinairement un changement de température. Ainsi l'on peut accélérer la fusion de la glace par des acides ou des substances salines qui ont de l'affinité pour l'eau. Dans ce genre d'expérience il se produit de la chaleur par la combinaison de l'eau avec l'acide ou le sel, et du froid par la liquéfaction de la glace. Suivant qu'un de ces effets l'emporte sur l'autre, il y a élévation ou abaissement de température. Par exemple, si l'on mélange de la glace et de l'acide sulfurique, on aura élévation de température quand la masse de glace sera moindre et l'acide sulfurique concentré, tandis qu'on obtiendra facilement un abaissement de 15 à 20° au-dessous de zéro, si la masse de glace est plus considérable et l'acide sulfurique étendu d'eau.

En refroidissant préalablement les corps dont le mélange devait produire un abaissement de température, on est parvenu à obtenir un froid de 65 à 70 degrés au-dessous de zéro. Toutefois, dans le cas des mélanges de glace pilée et de sel marin, on ne gagne rien à refroidir d'abord ces corps, parce que le liquide que leur combinaison tend à former se congèle à — 20° environ, ce qui empêche d'obtenir un froid plus intense ; lors de la congélation de l'eau saturée de sel marin, exposée à un froid suffisant, le sel se précipite, et l'eau se congèle seule, ce qui prouve que le sel marin et l'eau sont sans action mutuelle au-dessous de la température où ce phénomène a lieu. Voici la disposition la plus avantageuse pour obtenir le maximum de froid : il faut employer trois enveloppes ou couches réfrigérantes

successives : l'enveloppe extérieure de sel marin et de glace
pilée; la seconde de chlorure de calcium et de neige; enfin
le mélange central d'acide nitrique ou sulfurique étendu et
de neige.

356. La vaporisation produit aussi du froid. Pour rendre *Froid produit par la vaporisation.*
ce fait très sensible, il faut opérer sur de petites masses de
liquide, et augmenter par quelque moyen énergique la
rapidité de leur passage à l'état gazeux. Par exemple, si
dans l'espace où la vapeur se forme, on place une substance
qui l'absorbe à mesure, on aura un abaissement progressif
de la température du liquide. Leslie a produit ce résultat
en plaçant sous le récipient de la machine pneumatique
une petite capsule couverte d'une couche d'eau, et un *Fig. 183.*
vase contenant de l'acide sulfurique concentré, assez éloigné de la capsule pour que la chaleur développée par la
combinaison de l'eau et de l'acide ne lui fût pas communiquée. Dans cette expérience l'eau se congèle, mais l'évaporation continuant toujours, le froid peut descendre au
point de congeler le mercure.

Wollaston a imaginé un appareil dans lequel l'eau se
congèle aussi par suite d'une vaporisation rapide. Pour le
former on introduit de l'eau dans un large tube fermé des *Fig. 184.*
deux côtés, à l'exception d'une petite ouverture par laquelle on chasse l'air en faisant bouillir le liquide, et que
l'on ferme lorsqu'il n'y a plus que de la vapeur. On place
ensuite ce tube verticalement, et l'on entoure sa partie supérieure d'un mélange réfrigérant; la vapeur s'y liquéfie
et se congèle sur les parois; l'eau qui occupe la partie inférieure, fournissant constamment de nouvelles vapeurs,
se refroidit au point de se congeler.

Si l'on met de petits matras de verre pleins d'eau, dans

un vase rempli d'éther, liquide dont on accélère la vaporisation sous le récipient de la machine pneumatique, le froid produit transforme en glace l'eau des matras. En employant des liquides plus volatiles encore que l'éther, tels que l'acide sulfureux, on parvient facilement à congeler le mercure. Le froid produit par la vaporisation a été utilisé dans la construction de plusieurs appareils destinés à faire connaître la proportion d'eau en vapeur que contient l'atmosphère, et qui seront décrits dans les leçons suivantes. En exposant les lois de l'évaporation à l'air libre (vingt-quatrième leçon), nous aurons l'occasion d'étudier de nouveaux faits relatifs à l'abaissement de température qu'elle peut occasioner.

Chaleur produite lors des combinaisons.

357. La chaleur dégagée ou absorbée lors des variations brusques de la densité des gaz, et le froid produit par la vaporisation, s'expliquent facilement par le passage de la chaleur de l'état latent à l'état sensible, ou réciproquement ; mais on ne connaît encore aucune explication satisfaisante du fait de la chaleur produite dans les combinaisons chimiques. Lorsque deux masses m, m', de substances différentes, ayant des chaleurs spécifiques c et c', forment en se combinant un corps de masse $m + m'$, dont la capacité mesurée directement est γ, s'il y a de la chaleur dégagée durant la combinaison, il semble qu'elle pourrait être attribuée à ce que la chaleur absolue du composé est inférieure à la somme des chaleurs absolues que contenaient les composans. C'est-à-dire qu'en désignant par t, t', et τ, les températures primitives des masses m, m', et celle de leur combinaison, on devrait avoir. . . . .

$$mct + m'c't' > (m + m')\gamma\tau.$$ Mais cette inégalité ne se vérifie pas, ou bien la faible différence qui existe entre ses

deux membres est évidemment insuffisante pour expliquer l'effet produit, à quelque point que l'on suppose abaissé le zéro absolu des températures.

En général on trouve un excès considérable dans la chaleur produite par une combinaison, dont il paraît impossible de trouver la cause, même en tenant compte des chaleurs latentes correspondant aux changemens de densité ou d'état que paraissent éprouver les composans, et qui souvent sont inverses de ce qu'ils devraient être pour fournir de la chaleur sensible. Par exemple, la combustion d'un kilogramme de carbone, ou sa combinaison avec l'oxigène, donne lieu au dégagement de 7914 unités de chaleur; cependant le volume du gaz acide carbonique formé est le même que celui de l'oxigène employé, à la même température, et le carbone paraît avoir passé de l'état solide à l'état gazeux, passage qui devrait absorber une grande quantité de chaleur latente.

Pour se rendre compte des phénomènes de ce genre, en partant de l'hypothèse de la matérialité du calorique, il faudrait admettre que dans la chaleur absolue que possède un atome d'un corps simple, la portion qui varie suivant sa position dans un groupe d'atomes semblables (§ 350), diminue dans une grande proportion lorsque cet atome se combine avec une autre substance. Il semble au premier abord que la chaleur produite par la percussion, par le frottement, et par les combinaisons chimiques, s'expliquerait plus complétement dans l'hypothèse des ondulations, sans adopter de nouveaux principes. On conçoit en effet que des forces mécaniques, et celles qui président aux combinaisons, doivent imprimer aux molécules des mouvemens vibratoires dont la force vive, étant en rapport avec les efforts qui les produisent, peut être très considérable.

358. Mais les observations relatives à la chaleur dégagée, dans les circonstances dont il s'agit, ne sont pas encore assez multipliées pour qu'on puisse vérifier par le calcul les résultats déduits d'une hypothèse posée sur la nature de la chaleur. Il est même douteux que l'analyse mathématique, à moins qu'elle ne fît de nouveaux pas, pût lever les difficultés que présenteraient la recherche ou l'interprétation des équations, nécessairement très complexes, qui devraient représenter les faits à expliquer. D'ailleurs les phénomènes électriques développent de la chaleur dans un grand nombre de circonstances, et il ne paraît pas que l'on puisse aborder l'essai d'une théorie positive de la chaleur, avant d'avoir démêlé les lois de cette nouvelle source, qui resteront sans doute ignorées pendant long-temps, si l'on en juge d'après l'état actuel de la théorie physique de l'électricité, sans contredit la moins avancée de toutes les parties de la physique, malgré les progrès certains qu'elle a faits dans ces derniers temps.

Ainsi, quoique les lois du rayonnement de la chaleur, et celles de sa propagation dans les corps solides, puissent être traitées avec une rigueur suffisante par le calcul, presque tous les faits dans lesquels la chaleur est produite ou disparaît, ne peuvent encore être compris dans aucune théorie de physique mathématique. Il convient donc de ne considérer les hypothèses et les principes que nous avons énoncés, soit sur l'origine même de la chaleur, soit dans le but de grouper un certain nombre de faits particuliers, que comme des moyens de coordonner ou de rapprocher des phénomènes dont la liaison paraissait évidente.

VINGT-TROISIÈME LEÇON.

Phénomènes météorologiques. — De l'atmosphère. — Des aérostats. — Variations des températures de l'air. Thermomètres à
maxima et minima. — De l'hygrométrie. — Hygromètre de
Saussure. — Construction des tables hygrométriques. — Hygromètres donnant directement l'état hygrométrique de l'air. —
Observations et applications de l'hygrométrie.

359. Les phénomènes météorologiques dépendent pour Météorologie
la plupart des variations de la température de l'air ; il convient de les décrire après la théorie physique de la chaleur ; comme pour offrir une application de ses lois. Toutefois cette description ne peut être donnée complétement
dans le cours limité qui nous occupe. Les observations
relatives aux phénomènes dont il s'agit se sont tellement
multipliées, les lois qu'elles ont constatées et celles qu'elles
laissent entrevoir ont acquis une telle importance, qu'il a
paru nécessaire de séparer leur ensemble, pour en former
un cours spécial, sous le titre de géographie physique ou
de météorologie. Ce nouveau cours, déjà fort étendu, comprend non-seulement les phénomènes généraux qui dépendent de la chaleur, mais aussi ceux qui se rattachent à
l'électricité et à la lumière. Outre plusieurs théories partielles dont la perfection laisse peu de chose à désirer, et
qui seront développées par la suite, il embrasse un grand
nombre de faits, dont les lois et les causes sont totalement

ignorées ou très vaguement aperçues, et qui ne feraient que compliquer la physique proprement dite sans servir actuellement à ses progrès.

360. L'atmosphère qui enveloppe notre globe serait de peu d'étendue si l'air y avait partout la même densité qu'à la surface de la terre, où sa pression barométrique est d'environ $0^m,76$; car cette densité étant 10466 fois plus petite que celle du mercure, la hauteur verticale de l'atmosphère ne serait alors que de $10466 \times 0^m,76$, ou 7600^m à peu près; mais elle est réellement beaucoup plus grande, puisqu'on s'est élevé en ballon à une hauteur presque égale à 7600^m. Cette différence tient à ce que l'air étant un fluide pesant et compressible, sa densité diminue à mesure qu'on s'élève, en même temps que sa force élastique.

La loi de ce décroissement serait fort simple si la température était partout la même : car si l'on imagine dans l'atmosphère une colonne cylindrique verticale, ayant l'unité de surface pour base, deux sections horizontales situées à des hauteurs infiniment peu différentes z et $(z+dz)$, seraient soumises à des pressions $p, p+dp$, dont la différence $-dp$ serait égale au poids $g\rho dz$ de la couche d'air comprise entre ces sections; g étant l'intensité de la pesanteur, et ρ la densité de l'air qui serait proportionnelle à la pression p; en sorte que l'on aurait $\rho = \dfrac{p}{m}$, $-dp = g\rho dz = \dfrac{g}{m} p dz$, $\dfrac{dp}{p} = -\dfrac{g}{m} dz$, d'où en intégrant :

$p = P e^{-\frac{gz}{m}}$, ou $z = \dfrac{m}{g} \log \dfrac{P}{p}$; P étant la pression à la surface de la terre, et m un coefficient constant dont la valeur numérique pourrait être déterminée par deux observations à des hauteurs connues.

On n'aurait donc qu'à observer les pressions barométriques à la surface de la terre, et au point dont on voudrait connaître la hauteur, laquelle serait ensuite donnée
par la formule précédente. Mais cette formule a besoin
d'être modifiée : 1°. parce que la température diminue en
général à mesure que l'on s'élève; 2°. parce que l'intensité
g de la pesanteur ne peut pas être regardée comme constante quel que soit z. Les modifications nécessaires pour
tenir compte de ces variations sont développées dans un
autre cours.

361. On s'est occupé dès la plus haute antiquité de rechercher les moyens de s'élever dans l'atmosphère, mais
tous les essais avaient été infructueux, lorsque Mongolfier
imagina d'imiter la formation des nuages. A cet effet il
construisit avec du papier une enveloppe sphérique, et la
remplit avec les gaz dilatés résultant de la combustion de
certaines matières, et introduites par un orifice inférieur; le
ballon s'éleva, entraînant avec lui des poids considérables.
C'était réellement l'exhaussement de la température des
gaz contenus dans l'enveloppe, qui occasionait la légèreté
spécifique de l'appareil et déterminait son ascension; car
lorsque l'on retirait le feu, la température baissait rapidement, et la Mongolfière retombait.

Deux ou trois mois après ce premier essai, Charles imagina de substituer à l'air raréfié par la chaleur, un gaz spécifiquement plus léger que l'air à la température ordinaire,
et il choisit l'hydrogène, le plus léger de tous les gaz. La
difficulté ne consistait plus qu'à trouver un genre d'enveloppe suffisamment légère, et en même temps imperméable
à l'air et à l'hydrogène. On trouva que du taffetas enduit
de caoutchouc, remplissait très bien ces conditions. On se

sert aussi quelquefois d'une enveloppe de baudruche, faite avec une membrane mince du bœuf, mais elle laisse tamiser l'hydrogène et ne pourrait servir pour de grands appareils.

L'enveloppe ne doit pas être totalement pleine de gaz au moment du départ : car dans les hautes régions de l'atmosphère, où la pression est beaucoup moindre qu'à la surface de la terre, et où le volume du gaz doit augmenter, on serait obligé d'en chasser une grande partie, sans quoi le ballon pourrait se déchirer. Il faut donc introduire une quantité de gaz seulement suffisante pour gonfler l'appareil, à la hauteur à laquelle on veut s'élever, et qu'il est facile de calculer. Ce calcul n'est toutefois qu'approximatif, car pour qu'il fût exact, il faudrait connaître la véritable loi du décroissement de la densité de l'air, à mesure qu'on s'élève dans l'atmosphère.

Soient : V le volume du ballon gonflé, v celui de la nacelle ; Δ et D les densités de l'hydrogène et de l'air, sous la pression barométrique normale de $0^m,76$; H la pression barométrique correspondante à la hauteur inconnue Z ; enfin P le poids de l'enveloppe et de la nacelle. Supposons en outre, que la température ne varie pas sensiblement dans le trajet de l'aérostat. $V\Delta \dfrac{H}{0,76}$ et $(V+v)\dfrac{DH}{0,76}$, seront les poids de l'hydrogène qui gonflera le ballon, et de l'air déplacé par l'appareil, à la hauteur Z. Or d'après un principe connu, en ajoutant P au premier de ces poids, on doit avoir le second, si comme on le suppose l'appareil reste en équilibre dans la couche d'air située à la hauteur que l'on cherche ; on aura donc :

$$V\Delta \frac{H}{0,76} = P + (V+v)D\frac{H}{0,76},$$

$$\text{ou } v D \,\frac{H}{0,76} + V \,\frac{H}{0,76}\,(D - \Delta) - P = 0.$$

Cette formule donnera H ; on en déduira Z au moyen de la formule donnée plus haut (§ 36o). Si au contraire Z est donné, H s'ensuivra, et $\dfrac{HV}{0,76}$ sera la quantité d'hydrogène, à la pression de o,76, exprimée en fraction de volume du ballon gonflé, qu'il faudra introduire dans l'appareil au moment du départ.

En tout autre endroit de l'atmosphère que dans la couche où il pourrait rester en équilibre, le ballon tendra à monter ou à descendre d'un mouvement accéléré : soit, outre les quantités de l'article précédent, h la hauteur barométrique correspondante à une hauteur quelconque z ; le volume du ballon sera $\dfrac{VH}{h}$ à cette hauteur ; l'hydrogène qu'il contiendra pesera toujours $V \Delta \dfrac{H}{0,76}$; le poids de l'air déplacé sera $\left(V \dfrac{H}{h} + v \right) \dfrac{Dh}{0,76}$. D'après cela, $\left(V \dfrac{H}{h} + v \right) \times \dfrac{Dh}{0,76} - \Delta V \dfrac{H}{0,76} - P$, ou $\dfrac{HV}{0,76}(D - \Delta) - P + \dfrac{v D h}{0,76}$, ou enfin, d'après la formule de l'art. précédent, $\dfrac{D}{0,76}(h - H)$, sera la force motrice ascensionnelle ; si h est plus grand que H, ou $z < Z$. En changeant le signe de cette expression on aura la force motrice qui tendra à faire descendre l'appareil, si h est moindre que H, ou $z > Z$; dans ce dernier cas il faut supposer évidemment que le ballon ne soit pas gonflé totalement à la hauteur z et sous la pression H, c'est-à-dire lorsque la force motrice est nulle.

Ainsi, soit qu'il monte, soit qu'il descende, le ballon

tendra à prendre un mouvement accéléré. La résistance de l'air, agissant comme force retardatrice, tendra à détruire cette accélération, et pourra finir par rendre le mouvement sensiblement uniforme. Lorsque le ballon s'élevant sera parvenu à la couche où la force motrice est nulle, il la dépassera en vertu de la vitesse acquise, et finira par s'y maintenir après quelques oscillations verticales; il sera alors emporté avec la masse d'air qui l'entoure dans la direction du vent régnant à cette hauteur.

Lorsque l'aéronaute veut faire descendre son ballon, il ouvre une soupape placée à la partie supérieure de l'enveloppe, au moyen d'une corde attachée à la tige de cette soupape et dont l'autre extrémité est à sa disposition; une portion de l'hydrogène s'échappe, et l'appareil devenant spécifiquement plus lourd que l'air déplacé descend. Mais pour éviter les dangers d'une chute trop rapide, cette descente doit être faite par cascades; pour cela l'aéronaute jette de temps en temps une portion du sable qu'il a dû emporter, opération qui diminuant le poids total tend à faire remonter le ballon; il ouvre aussi de temps en temps la soupape, autre opération qui tend à le faire tomber; un baromètre lui indique, par les variations de la hauteur du mercure, le sens dans lequel il marche et la rapidité de son mouvement; il juge d'après cela s'il doit jeter du lest, ou ouvrir la soupape.

L'impossibilité qui existe encore de diriger à volonté le mouvement horizontal des ballons, n'a pas permis jusqu'ici de s'en servir pour voyager. Pour atteindre ce but, il faudrait pouvoir développer, au moyen d'un moteur peu pesant, une force suffisante pour vaincre l'impulsion du courant d'air dans le lieu occupé par le ballon; ou bien, après avoir reconnu les directions variables du mouvement de l'air, qui existent simultanément à différentes hauteurs, il faudrait élever et maintenir l'aérostat à la hauteur où le vent aurait précisément la direction que l'on voudrait suivre. Mais il y a encore un autre problème à résoudre, c'est de connaître, à chaque instant et dans toute circonstance, la véritable direction du mouvement imprimé au ballon ; ici la boussole marine serait sans efficacité, puisque les aérostats ne laissent derrière eux aucune trace analogue au sillage des vaisseaux, que l'on puisse rapporter à la direction de l'aiguille aimantée ; placé au-dessus d'un nuage, l'aéronaute n'a plus aucun moyen d'apprécier le chemin qu'il parcourt ; il serait donc nécessaire de maintenir constamment l'appareil en vue de la terre. Il est probable que toutes ces difficultés ne pourront être levées qu'à la suite de progrès nouveaux et très étendus dans les arts mécaniques. Les ascensions aérostatiques ont fourni le moyen d'étudier l'état et la composition de l'atmosphère dans ses hautes régions. La plus remarquable de ces ascensions a été exécutée par MM. Gay-Lussac et Biot ; nous aurons l'occasion de citer quelques-unes de leurs observations.

362. Ce serait ici le lieu d'exposer la théorie des vents réguliers, quelques notions très vagues sur les vents irréguliers, les variations périodiques du baromètre, ses variations irrégulières correspondantes aux changemens qui surviennent dans l'atmosphère. Mais ces diverses questions font maintenant partie du cours de Géographie physique. Ces phénomènes sont dus pour la plupart aux variations de température de l'air atmosphérique, soit dans un même lieu aux différentes heures du jour et suivant les saisons, soit à la même époque dans des lieux différens. Il

Tempé-
ratures
de l'air
à la surface
de la terre.

33.

ne sera donc possible de trouver les lois que suivent ces phénomènes, que quand on connaîtra celles des températures à la surface du globe. C'est afin de démêler ces dernières qu'on a multiplié les observations thermométriques. Pour résumer celles de ces observations faites dans un même lieu, on en déduit les températures moyennes de chaque jour, de chaque mois, de chaque année, et enfin celle d'un grand nombre d'années. Le rapprochement des températures moyennes correspondantes à différens lieux a déjà conduit à des conséquences importantes; d'autres se déduisent de la comparaison des plus grandes variations thermométriques.

Mais, dans l'état actuel de cette partie de la physique générale, les résultats les plus précieux sont ceux qui permettent de réduire le nombre des observations nécessaires pour en conclure les données que l'on cherche. Ainsi, l'on a reconnu que, pour déterminer la température moyenne d'un jour dans un lieu donné, il suffisait de prendre la moyenne de trois observations faites, l'une au lever du soleil, l'autre à deux heures de l'après-midi, et la troisième au coucher du soleil; ou bien de prendre la moyenne entre la plus grande et la plus petite température de la journée. On a remarqué pareillement que la température moyenne de l'année est sensiblement la même que celle du seul mois d'octobre, et qu'on l'obtient encore en prenant la moyenne des observations faites tous les jours à une même heure, variable avec la latitude, et qui est celle de 9 heures du matin à Paris.

La température moyenne de chaque jour est l'élément principal de toutes ces recherches; car on adopte pour celle de chaque mois la moyenne entre les températures

moyennes de ses différens jours, et pour celle de l'année
la moyenne entre les températures moyennes des douze
mois. Le procédé le plus expéditif, et peut-être le plus
exact que l'on puisse employer, pour se procurer cette donnée fondamentale, consiste à déterminer la plus grande et
la plus petite température du jour. On peut se servir à cet
effet d'un thermomètre à maxima et minima.

363. Le plus commode des instrumens de cette espèce
est celui de Rutherford. Sur un même cadre sont fixés
deux thermomètres dont les tiges sont recourbées horizontalement : l'un est à alcool coloré, l'autre à mercure ; le
premier renferme un petit cylindre d'émail, substance qui
est mouillée par l'alcool, le second un petit cylindre de
fer, métal que le mercure ne mouille pas. Les deux index
ont un diamètre moindre que celui des tubes ; celui d'é-
mail reste constamment dans l'alcool, qui l'entraîne vers
la boule lorsque la température diminue ; quand elle augmente ensuite, le liquide se dilatant dépasse le cylindre et
le laisse en arrière de sa surface. L'index de fer est toujours
au contraire en dehors du mercure, qui le pousse devant lui
lorsque la température augmente ; quand elle diminue le
liquide abandonne le cylindre au point le plus éloigné.
Les degrés où stationnent ces index , quand on observe le
double thermomètre , indiquent évidemment les températures maxima et minima de la période de temps pendant
laquelle l'instrument a été abandonné. Pour le rendre capable de donner de nouveaux résultats, il suffit de placer
un instant le système des tubes dans la position verticale ;
à l'aide de quelques secousses légères, le cylindre de fer retombe sur le mercure , et celui d'émail remonte à la surface
de l'alcool.

Thermo-
mètres à
maxima et
minima.

Fig. 185.

On emploie aussi le thermomètre de Six, perfectionné par Bellani. C'est un thermomètre à alcool renversé, dont le réservoir est très vaste, et dont la tige doublement recourbée contient du mercure dans les deux branches verticales du coude inférieur. Des deux surfaces du mercure, l'une touche la colonne liquide du thermomètre, l'autre est surmontée d'une autre colonne d'alcool, qui se termine vers le haut au fond d'une cuvette ouverte dans l'atmosphère. Sur ces deux surfaces flottent deux petits cylindres de fer, qu'elles soulèvent lors des variations de la température, mais qui sont retenus aux plus grandes hauteurs qu'ils atteignent, par de petites boucles de cheveux qui pressent à la manière des ressorts les parois du tube. D'après cette disposition, il est évident que leurs lieux de stationnement indiqueront, l'un la plus haute, l'autre la plus basse des températures de la période de temps pendant laquelle l'instrument aura été abandonné à lui-même. Quand on veut faire descendre les index sur les surfaces du mercure, afin de procéder à de nouvelles observations, on se sert d'un aimant assez fort pour vaincre le frottement des boucles de cheveux sur les parois qu'elles pressent.

364. Les variations de la quantité d'eau, contenue à l'état de vapeur dans l'air atmosphérique, se combinent avec celles de la température, pour occasioner la plupart des phénomènes météorologiques. Il importe donc de savoir déterminer à chaque instant l'état d'humidité de l'air, afin de recueillir une nouvelle série d'observations, qui rapprochée des températures moyennes, puisse faire découvrir par la suite les lois générales de ces phénomènes.

On reconnaît que l'atmosphère contient toujours de l'eau à l'état de vapeur, en y exposant des corps appelés déliquescens, ou qui ont une grande affinité pour l'eau, ils absorbent alors l'humidité de l'air, et deviennent liquides au bout de quelque temps, en se dissolvant dans l'eau qu'ils ont précipitée. On peut encore reconnaître l'existence de l'eau dans l'air, par le dépôt en croûte glacée qui se forme sur la surface extérieure d'un vase contenant un corps très froid, phénomène que l'on peut observer en tout temps et en tout lieu.

Pour évaluer la vapeur qui se trouve dans l'atmosphére, au lieu de chercher à absorber la quantité d'eau en poids contenue dans un volume donné d'air, on se sert de substances dont la forme subit des changemens d'autant plus grands que l'air qui les entoure est plus ou moins humide, et que l'on nomme pour cela *substances hygrométriques*. Parmi les substances organiques il n'en est aucune qui ne fût propre à former un hygromètre. Mais pour que l'hygromètre soit utile, il faut que la substance employée soit très sensible aux variations de l'humidité de l'air, inaltérable par le temps, d'une petite masse pour que ses indications soient plus promptes, qu'elle n'éprouve aucun changement permanent afin que dans les mêmes circonstances ses indications redeviennent les mêmes, enfin que l'instrument étant ainsi comparable à lui-même, deux hygromètres construits avec la même substance soient comparables entre eux.

De toutes les substances hygrométriques connues, les seules qui paraissent remplir ces conditions, sont les cheveux et les plaques minces des fanons de baleine prises dans une direction perpendiculaire à celle des fibres ; ces substances s'allongent par l'humidité. Les hygromètres à cheveu et à baleine sont connus sous les noms d'hygromètre de Saussure et d'hygromètre de Deluc; celui de Saussure est le plus généralement employé; voici les détails de sa construction.

365. Un cadre métallique, dont on néglige les dilatations par la chaleur, comme incomparablement plus petites que les changemens de dimensions qu'il s'agit d'observer, présente à sa partie supérieure une pince dans laquelle est fixé le cheveu, dont l'autre bout est attaché à la gorge d'une poulie ; un poids de 2 ou 3 grains est pareillement attaché à la même gorge, de manière à tendre constamment le cheveu ; avec la poulie se meut une aiguille, dont l'extrémité indique sur un cadran si le cheveu s'allonge ou se raccourcit. Les cheveux dans leur état ordinaire sont enveloppés d'une matière grasse qui les soustrait en partie à l'humidité, et qui réduit leur allongement à $\frac{1}{200}$, de l'extrême sécheresse au maximum d'humidité, mais lorsqu'ils en sont dépouillés, leur allongement total est 4 fois plus considérable, ou $\frac{1}{55}$ environ. Il est donc important de laver ces cheveux dans une eau un peu alcaline que l'on fait bouillir; $\frac{1}{100}$ de sous-carbonate de soude en dissolution suffit, d'après Saussure, pour enlever cette matière grasse.

Pour graduer l'instrument, on le place d'abord sous une cloche contenant de l'air, et une substance déliquescente calcinée, qui absorbe l'humidité du récipient. L'aiguille de l'hygromètre descend d'abord très rapidement; son mouvement se ralentit ensuite, mais elle n'atteint une position stationnaire qu'au bout de 3 jours ; on marque alors sur le cadran, au point où l'aiguille s'arrête, le zéro de l'hygromètre. Pour s'assurer si ce point correspond réellement à celui de sécheresse extrême, il est bon de présenter la cloche aux rayons solaires ; si le cheveu contient encore de l'humidité, la vaporisation étant excitée par l'accroissement de température, l'aiguille continue à descendre ; mais si le cheveu est parfaitement sec , il n'éprouvera qu'une petite dilatation par la chaleur qui fera au contraire monter l'aiguille. On abrége beaucoup cette première opération de la graduation , et on la rend même plus sûre , en disposant l'hygromètre dans le vide avec des morceaux de chaux vive.

On place ensuite l'hygromètre sous un autre récipient dont les parois sont mouillées ; l'air renfermé se sature d'humidité, l'aiguille monte alors rapidement et devient stationnaire au bout d'une heure au plus. On marque 100° au point où s'arrête la pointe de l'aiguille. L'arc compris sur le cadran entre les deux points marqués est enfin divisé en 100 parties, qui sont les degrés de l'hygromètre. Lorsque cet instrument a été construit avec tout le soin nécessaire, on remarque que lorsqu'il est placé dans les mêmes circonstances, ses indications sont toujours identiques ; quelle que soit la température de l'air, s'il est saturé , l'instrument indique toujours 100°, et s'il est parfaitement sec toujours 0°. On fait toutefois abstraction de la dilatation du cheveu par la chaleur, qui est très petite, car 33° de différence de température ne font varier l'hygromètre que de $\frac{1}{4}$ de degré.

On doit conclure de là que les variations de longueur du cheveu, dues à sa dilatation par la chaleur, sont négligeables dans les limites de température de l'atmosphère, et que le cheveu s'empare toujours de la même quantité d'eau , dans l'air saturé de vapeur, quelle que soit sa température , puisqu'il s'allonge de la même quantité. On concevra facilement ce dernier résultat, en remarquant que l'eau est en quelque sorte retenue à l'état de vapeur avec une force nulle, dans l'air qui est saturé, puisqu'à la moindre diminution de volume ou de température, une portion de cette vapeur se liquéfie. Dans ces circonstances, quelle que soit la température, l'affinité du cheveu pour l'eau n'étant contre-balancée par aucune autre force, cette substance précipitera toute l'eau qu'elle peut absorber, quantité qui est d'ailleurs très petite, relativement à celle qui sature l'espace dans lequel l'instrument est placé.

Tables hygrométriques.

366. L'état hygrométrique de l'air est le rapport qui existe entre la quantité de vapeur d'eau qu'il contient réellement, et celle qu'il contiendrait s'il en était saturé, ou ce qui est la même chose, c'est le rapport des forces élastiques des vapeurs correspondantes. Or les degrés de l'hygromètre ne sont pas proportionnels aux états hygrométriques de l'air. La relation qui existe entre ces deux espèces de quantités, a été recherchée par plusieurs séries d'expériences, et l'on a construit des tables qui la représentent.

Pour cela Saussure prenait un ballon rempli d'air sec, muni d'un baromètre et d'un thermomètre; après y avoir introduit l'hygromètre, il plaçait dans ce ballon un linge humide, qu'il laissait un certain temps, pour le retirer ensuite. La perte de poids du linge indiquait l'eau contenue dans le ballon; on avait la température et la pression intérieure; Saussure pouvait ainsi calculer un des élémens de la table. Mais ce procédé est peu exact, à cause de la portion d'humidité absorbée par les parois, dont il est difficile de tenir compte.

M. Gay-Lussac a employé avec succès un autre moyen il est fondé sur cette propriété que la tension maxima de la vapeur, dans un espace en contact avec de l'eau contenant une substance saline, est d'autant moins grande que la dissolution est plus concentrée. M. Gay-Lussac plaçait de l'eau chargée d'un sel, ou contenant un acide, sous un récipient où se trouvait l'hygromètre ; une petite portion de cette dissolution, introduite dans le vide d'un baromètre indiquait la tension de sa vapeur ; un autre baromètre donnait aussi la tension de la vapeur de l'eau pure à la même température. Le rapport de ces deux tensions fournissait alors l'état hygrométrique de l'air du récipient, correspondant au degré observé sur l'hygromètre. Ce mode d'expérience répété pour un certain nombre de tensions différentes, à la température constante de $10°$, a donné une table très exacte.

M. Dulong s'est servi d'un autre procédé, moins long et aussi exact que celui de M. Gay-Lussac, comme l'a prouvé l'identité des résultats obtenus par ces deux physiciens. Dans un vase où l'hygromètre était suspendu, il faisait arriver un courant mixte, composé d'air et d'hydrogène ; l'air était parfaitement desséché, par des substances déliquescentes ; l'hydrogène au contraire était saturé d'humidité, par son passage au milieu de corps imprégnés d'eau. On pouvait, en donnant aux deux gaz des vitesses d'écoulement constantes, par les moyens connus, faire en sorte que leur mélange fût en proportions fixes et déterminées. L'expérience commençait lorsque tout l'air du vase était chassé par le courant mixte, et que les parois s'étaient mises en équilibre hygrométrique avec lui ; on observait alors le degré de l'hygromètre. Soit v le volume d'air arrivé sec, et u celui de l'hydrogène arrivé saturé de vapeur, pour former un volume $(v + u)$ du mélange ; u et $(v + u)$ représenteront également, l'un le volume primitif de la vapeur à saturation, l'autre celui de la vapeur contenue dans le mélange; leurs forces élastiques étant en raison inverse de ces volumes, on aura $\left(\dfrac{u}{v+u}\right)$ pour l'état hygrométrique du mélange.

Pour évaluer le rapport de u à v on analysait, dans l'eudiomètre et sur l'eau, une portion A en volume du mélange; en déterminant par le moyen connu le volume H d'hydrogène qu'il contenait; celui de l'air était $(A - H)$; mais ce dernier volume devait être corrigé de toute la vapeur qu'il contenait, car il était saturé dans l'eudiomètre, et devait être considéré comme sec dans le courant mixte; si P représentait la pression des gaz dans l'eudiomètre, et F la force élastique de la vapeur d'eau à saturation à la température régnante, on devait diminuer $(A - H)$ dans le rapport de P à $(P - F)$. On avait ainsi............

$$u : v :: H : (A - H)\,\frac{P - F}{P}\;;$$ on en concluait facilement l'état hygrométrique $\left(\dfrac{u}{v+u}\right)$ du mélange, correspondant au degré observé de l'hygromètre.

M. Melloni a pareillement imaginé, pour construire des tables hygrométriques, un procédé plus expéditif que celui de M. Gay-Lussac, mais qui exige un appareil plus compliqué et des opérations très minutieuses, que nous ne pouvons décrire ici. En représentant par 100 la tension de la vapeur à saturation, M. Melloni a formé une table qui donne en centièmes l'état hygrométrique de l'air, correspondant à chaque degré de l'hygromètre, lorsque la température est de 22 à 23°. Si l'on rapproche cette table de celle semblable que M. Biot a construite, en interpolant les résultats obtenus par M. Gay-Lussac pour la température de 10°, on remarque que les degrés de l'hygromètre à cheveu approchent un peu plus d'être proportionnels aux états hygrométriques dans la première table que dans la seconde. On peut toutefois regarder sans grande erreur ces deux tables comme étant identiques.

Ainsi, quoique la table publiée par M. Biot, d'après les expériences de M. Gay-Lussac, n'ait été calculée que pour la température de 10°, elle peut être regardée comme applicable à toute température comprise dans les limites thermométriques de l'atmosphère. L'état hygrométrique de l'air étant $\frac{1}{10}$, $\frac{1}{2}$, $\frac{9}{10}$, et 1, cette table indique que l'hygromètre doit marquer 20°, 72°, 95° et 100°; les degrés de cet instrument ne sont donc pas proportionnels aux états hygrométriques de l'air.

367. La moyenne des indications hygrométriques à la surface de la terre est d'environ 72°, c'est-à-dire que l'air y contient moyennement à peu près la moitié de la vapeur capable de le saturer; mais il n'en contient quelquefois que $\frac{1}{5}$, et même $\frac{1}{6}$. L'atmosphère n'est jamais au maximum d'humidité; même dans les grandes pluies l'hygromètre de Saussure, placé sous un abri, n'indique guère plus de 95°. L'état de non saturation est favorable et même indispensable à la nutrition des végétaux, et à la respiration des animaux; car la nutrition des plantes est due à une aspiration des liquides contenus dans le sol, qui ne peut avoir lieu qu'autant qu'il y a évaporation à la surface des feuilles; et le but principal de la respiration des animaux est d'entraîner à l'état de vapeur une certaine quantité de liquide avec l'air sortant des poumons.

En général, l'état hygrométrique de l'air diminue à mesure qu'on s'élève dans l'atmosphère. Sur le sommet des

Alpes, Saussure n'a pas vu l'hygromètre monter au-dessus de 40°; d'où il suit que l'air ne contient jamais à cette hauteur plus du $\frac{1}{4}$ de la vapeur capable de le saturer. Dans le voyage aérostatique fait par M. Gay-Lussac, à 6000 mètres environ de hauteur, le thermomètre marquant 10°, l'hygromètre est descendu à 26°; ce qui indique que l'air ne contenait à cette hauteur que la $\frac{1}{6}$ partie de la vapeur nécessaire pour la saturation.

Hygromètres divers.

368. Pour donner plus de précision aux indications de l'hygromètre à cheveu, M. Babinet a imaginé d'observer ses variations avec une vis micrométrique; cette vis, dont le bouton est gradué, permet d'apprécier des fractions de tour, et par suite des allongemens très petits du cheveu,

Fig. 188.

qui, attaché à cette vis, est tendu librement par un petit poids. Une lunette, fixée horizontalement, est dirigée vers la partie inférieure du cheveu, sur un point de repère, que l'on ramène à chaque observation dans l'axe de la lunette au moyen de la vis.

L'hygromètre de Deluc, ou à plaque de fanon de baleine, peut se construire et se graduer comme celui de Saussure ; il est d'un aussi bon emploi, en ce qu'il n'éprouve pas non plus de changemens permanens par les variations atmosphériques ; il peut être aussi sensible que l'hygromètre à cheveu, lorsqu'il est construit avec soin, et donne même des allongemens plus étendus, en sorte qu'on peut en diminuer le volume, ce qui le rend plus commode à transporter ; mais comme il n'est pas comparable à l'hygromètre de Saussure, il faudrait construire pour lui de nouvelles tables hygrométriques.

Une corde à boyau se détord par l'humidité ; une de ses extrémités étant encastrée fixement, l'autre peut en tournant autour de l'axe faire mouvoir une aiguille ou un levier, et indiquer le plus ou moins de torsion; on forme ainsi l'hygromètre à corde. On se sert encore des barbes de certaines plantes qui se détordent aussi par l'humidité. Enfin, si l'on adapte au bout d'un tube de verre un tuyau de plume, fermé par l'extrémité opposée et rempli de mercure, ce tuyau se dilatant par l'humidité, le mercure descend à différentes hauteurs dans le tube de verre; cet appareil est l'hygromètre à plume. Mais tous ces hygromètres sont très défectueux; rarement ils donnent les mêmes indications lorsqu'on les place dans les mêmes circonstances à des époques différentes.

369. Plusieurs hygromètres ont pour but de déterminer à quelle température la vapeur que contient l'air serait capable de le saturer; on cherche ensuite, dans les tables, les forces élastiques de la vapeur d'eau correspondantes à la température indiquée par ce genre d'hygromètres, et à la température de l'air extérieur; on a ainsi les deux termes du rapport qui représente l'état hygrométrique de l'atmosphère. Un simple vase à parois très minces, que l'on refroidit peu à peu, en projetant dans l'eau qu'il contient de petits morceaux de glace pilée, peut remplir le but proposé; il arrive un moment où la couche d'air qui enveloppe le vase, et qui se refroidit avec lui, dépose de la rosée sur sa surface extérieure; on note alors la température indiquée par un thermomètre qu'on a eu soin de placer dans l'eau du vase; on laisse l'appareil se réchauffer un peu par le rayonnement, jusqu'à ce que cette rosée disparaisse; on note encore la température du thermomètre intérieur; la moyenne de ces deux observations peut être prise pour la température à laquelle il faudrait abaisser l'air extérieur.

Hygromètres
donnant
directement
l'état hygro-
métrique de
l'air.

pour que la vapeur qui le contient fût capable de le saturer.

L'hygromètre de Daniel est fondé sur le même principe; il consiste en deux boules de verre réunies par un
tube doublement recourbé. L'une de ces boules contient de
l'éther; elle est noircie pour laisser apercevoir plus facilement la rosée qui doit s'y déposer; à son centre correspond
la boule d'un thermomètre dont la tige s'élève dans la
partie voisine du tube. La seconde boule est vide de liquide, et terminée par une ouverture capillaire effilée en
pointe, par laquelle on chasse l'air intérieur, en faisant
bouillir l'éther, et que l'on ferme au chalumeau quand il
n'y a plus que de la vapeur. L'appareil étant ainsi préparé, on entoure la seconde boule d'un linge sur lequel on
verse de l'éther; le froid produit par son évaporation détermine la précipitation de la vapeur intérieure; l'éther de
la première boule en fournissant de nouvelle vapeur se
refroidit; la température que l'on cherche est indiquée par
le thermomètre intérieur, quand la rosée commence à se
déposer sur la surface noircie. Ces hygromètres ne sont pas
employés, à cause des manipulations exigées pour chaque
observation, qui les rendent moins commodes que celui de
Saussure.

270. L'hygromètre peut servir à déterminer l'état
d'humidité de l'air où commence la déliquescence d'un sel;
il suffit pour cela de suspendre cet instrument sous un récipient, au-dessus d'une dissolution saturée de la substance
que l'on veut étudier, et de noter le degré qu'il indiquera
dans cette circonstance. Lorsque l'état hygrométrique de
l'air sera supérieur à cette indication, le sel proposé qu'on
exposera sec dans l'atmosphère y tombera en déliques-

cence ; dans le cas contraire, une dissolution saturée du même sel fournira de la vapeur à l'air ambiant.

L'usage des tables hygrométriques permet de calculer le poids exact d'un volume donné d'air atmosphérique, et par suite la correction qu'exige le poids d'un corps solide. Il suffit pour cela de substituer à la place de $\mathbf{F}$, dans la formule du § 331, la force élastique maxima de la vapeur d'eau pour la température existante, multipliée par l'état hygrométrique donné par les tables, et correspondant au degré observé sur l'hygromètre.

Les progrès de la météorologie exigeaient avant tout la recherche de plusieurs instrumens comparables, qui pussent donner, dans chaque lieu et à chaque instant, les valeurs exactes de tous les élémens variables qui constituent l'état de l'atmosphère. Ce premier but est maintenant atteint : on peut connaître la température, la pression et l'état hygrométrique de l'air par des procédés d'observation faciles et précis ; des instrumens suffisamment perfectionnés indiquent la direction et la force des vents ; enfin d'autres appareils qui seront décrits plus tard, permettent de constater l'état électrique de l'atmosphère.

Déjà des observations météorologiques suivies avec soin ont conduit à des résultats généraux d'une grande importance. Mais il faudra multiplier et rapprocher, beaucoup plus qu'on n'a pu le faire encore, les lieux et les époques des observations, si l'on veut accumuler les données indispensables pour découvrir les lois des phénomènes atmosphériques, et arriver à les prédire avec quelque certitude. Les connaissances spéciales, le temps et l'attention que ce travail exigerait d'un grand nombre de personnes, forment sans contredit le principal obstacle qui s'oppose

1.   34

aujourd'hui à l'avancement rapide de la météorologie.

Pour vaincre cet obstacle, il faudrait imaginer des instrumens qui pussent tracer d'eux-mêmes, avec exactitude, la table de toutes leurs indications successives pendant un certain temps. Quelques tentatives faites dans ce but même et suivies d'un demi-succès, l'existence des thermomètres à maxima et minima, le haut point de perfection auquel est parvenu l'art de l'horlogerie, et surtout la précision que les physiciens savent donner à leurs appareils, permettent de croire à la possibilité de semblables instrumens. Leur découverte ne paraît pas d'ailleurs devoir présenter plus de difficulté que celle de l'héliostat ou que celle de l'appareil ingénieux servant à la mesure des sons. Quoi qu'il en soit, des instrumens qui permettraient de réunir facilement les observations continues, faites dans un grand nombre de lieux suffisamment voisins, conduiraient indubitablement à des rapprochemens inattendus, et peut-être par la suite aux lois des phénomènes météorologiques, soit généraux, soit particuliers à chaque contrée.

VINGT-QUATRIÈME LEÇON.

De l'évaporation. — Théorie du mélange des fluides. — Lois de l'évaporation. — Maximum du froid dû à l'évaporation. Hygromètre de Leslie. — Des nuages. — De la pluie. — De la neige. — De la rosée. Refroidissement des corps avant la rosée. Rayonnement nocturne. — De la gelée blanche. Effets divers du rayonnement nocturne. — Des brouillards.

371. On donne particulièrement le nom d'évaporation à la propriété dont jouit une masse liquide, exposée dans l'atmosphère, de se dissiper en vapeur avec plus ou moins de facilité. On se rend facilement compte de cette propriété, et des circonstances qui favorisent son développement, après avoir étudié le mélange des fluides, phénomène plus général dont il paraît possible de donner une théorie satisfaisante, en admettant l'existence de certaines actions moléculaires, qu'une multitude de faits rendent très probable.

Lorsque deux ballons de verre, contenant, par exemple, l'un de l'hydrogène, l'autre de l'acide carbonique, sont mis en communication, il s'établit d'abord un équilibre de pression ; c'est-à-dire que le gaz, dont la force élastique est la plus grande, se précipite en partie dans le ballon oc-

34..

cupé par l'autre gaz, dont le volume diminue. Mais l'expérience indiquant que les deux gaz finissent par se mélanger en proportions égales dans les deux vases, quelles que soient leurs positions et les densités relatives des fluides (§ 88), il faut conclure de ce fait que l'équilibre ne pourrait avoir de stabilité, malgré l'égalité de force élastique, de part et d'autre d'une surface de séparation nette et tranchée entre les deux milieux. Une molécule d'hydrogène voisine de cette surface doit généralement éprouver deux actions ou pressions résultantes, l'une de la part du milieu homogène dont elle fait partie, l'autre provenant des molécules d'acide carbonique situées du côté opposé de la surface de séparation. Si ces deux actions étaient égales et contraires, la molécule d'hydrogène resterait en équilibre, et le mélange des gaz n'aurait pas lieu; puis donc que ce mélange s'opère, il faut en conclure que la différence des masses des dernières particules des deux gaz considérés établit une inégalité, ou une sorte d'incommensurabilité, entre les deux actions résultantes dont il s'agit, qui faisant marcher la molécule d'hydrogène, dans un sens ou dans l'autre, trouble l'équilibre et force les gaz à se mélanger; jusqu'à ce qu'enfin les deux pressions exercées des deux côtés d'un élément plan, auquel appartient une molécule d'hydrogène, deviennent égales par une distribution symétrique des deux fluides de part et d'autre de l'élément plan, ou ce qui est la même chose jusqu'à ce que le mélange se soit fait en proportions égales.

C'est à une inégalité ou à une incommensurabilité du même genre que l'on doit attribuer la dissolution des gaz dans l'eau. Lorsqu'une atmosphère gazeuse est tout-à-coup mise en contact avec une masse d'eau purgée de tout gaz, elle lui communique d'abord sa pression ; dans ce premier état, si l'on considère une molécule de gaz voisine de la surface libre du liquide, elle doit éprouver deux actions ou pressions résultantes, l'une de la part du milieu élastique, l'autre provenant des molécules d'eau; si ces deux actions de directions contraires étaient égales, la molécule de gaz considérée resterait en repos, et les fluides élastiques de l'atmosphère ne pénétreraient pas dans le volume occupé par le liquide; puis donc que cette pénétration a lieu, il faut en conclure que les deux actions dont il s'agit sont inégales ou incommensurables; d'où suit la nécessité qué le gaz s'intercale entre les molécules d'eau, jusqu'à ce qu'une molécule de l'atmosphère, voisine de la surface libre, soit également sollicitée par la pression du milieu élastique, et par la résultante contraire que l'eau et les gaz dissous exercent sur elle.

Lorsqu'un espace vide de toute matière pondérable est offert à une masse d'eau, la vaporisation rapide qui s'opère alors, prouve que les molécules qui limitent cette masse éprouvent une action répulsive de la part des molécules inférieures. La gazéification des couches superficielles a lieu, jusqu'à ce qu'une molécule de la surface libre du liquide soit également sollicitée par la pression de la vapeur formée, et par la résultante contraire des actions que le liquide exerce sur elle. Dans cet état d'équilibre, une molécule de vapeur voisine de la surface libre éprouve pareillement deux pressions égales et contraires ; c'est, pour cette molécule, comme si le volume du liquide était occupé par de la vapeur de même tension que celle située au-dessus. L'intensité de ces pressions contraires et égales, qui sollicitent les molécules d'eau ou de vapeur près de la surface de séparation, ou la tension, augmente d'ailleurs avec l'énergie de la chaleur.

Si l'espace limité offert à la masse d'eau supposée contient des gaz, les pressions étant transmises, l'équilibre du système ne pourrait subsister qu'autant que les molécules d'eau et de gaz, voisines de la surface de séparation, seraient chacune sollicitées par des actions résultantes égales, provenant des deux milieux. Mais en vertu des différences de masse et de l'état des dernières particules, ces actions ne peuvent se détruire mutuellement; les gaz pénétreront donc dans le liquide, et les couches superficielles de ce dernier milieu se vaporiseront en pénétrant dans le premier, jusqu'à ce qu'une molécule d'eau ou de gaz près de la surface libre éprouve deux sommes d'actions égales, de la part des milieux hétérogènes formés par ce double mélange. Il résulte de l'incommensurabilité des actions exercées entre des molécules de même espèce et entre celles d'espèces différentes, que l'équilibre définitif est identique à la superposition de deux états d'équilibre différens, celui du liquide et de la vapeur seuls, celui du gaz dans le liquide et dans l'atmosphère superposée. Cette identité ne prouve pas que la vapeur d'eau n'exerce aucune action moléculaire sur les gaz de l'atmosphère, et réciproquement; tout ce qu'on doit en conclure, c'est qu'à la surface de séparation une molécule de vapeur, déjà également pressée par le liquide seul et par la vapeur répandue dans l'atmosphère, éprouve en outre deux actions égales de la part des gaz superposés au liquide, et de celle des gaz dissous; et ensuite qu'une molécule gazeuse au même lieu, en équilibre sous les seules actions des gaz libres et dissous, est en outre sollicitée également par le liquide et par la vapeur.

Ces considérations théoriques supposent, il est vrai, que des molécules de substances différentes, non susceptibles de se combiner chimiquement, exercent néanmoins les unes sur les autres des actions mécaniques à distance, lorsqu'elles sont suffisamment rapprochées. Mais les phénomènes capillaires, ceux de la cohésion entre corps différens, la transmission des pressions des gaz aux solides et aux liquides qui les entourent, prouvent l'existence de ces actions. Il serait d'ailleurs impossible de concevoir, sans les admettre, le temps appréciable que les gaz emploient à se mélanger entre eux ou avec les liquides, celui que la vapeur met à saturer un espace limité contenant des gaz ; car si les mouvemens d'un fluide élastique sont gênés par la présence des molécules d'une substance étrangère, il faut nécessairement que ce fluide soit sollicité par des forces émanées de ces molécules, qui puissent retarder ou modifier son mouvement.

372. Le phénomène de l'évaporation n'est donc qu'une conséquence de l'incommensurabilité des actions exercées près du contact, entre les gaz de l'atmosphère et les masses d'eau existant à la surface de la terre, laquelle exige, pour que l'équilibre puisse être atteint, que l'eau se vaporise et que les gaz pénètrent dans les masses liquides. Or une molécule de vapeur, voisine de la surface de l'eau, ne peut éprouver que deux actions résultantes égales et contraires, de la part des gaz libres et de celle des gaz dissous, mais elle est en outre sollicitée par la tension du liquide seul, et par celle opposée de la vapeur déjà répandue dans l'atmosphère. Elle restera donc en équilibre si l'atmosphère est saturée, ou si ces deux tensions contraires sont égales. Elle se mélangera avec les gaz si l'atmosphère n'est pas sa-

turée, c'est-à-dire si la tension du liquide, ou de sa vapeur à saturation, surpasse celle de la vapeur déjà mélangée.

Dalton a reconnu que dans un air tranquille, ou animé d'une vitesse constante, la quantité de vapeur formée dans le même temps est proportionnelle à la tension maxima de la vapeur pour la température régnante, si l'air est sec, et à la différence entre cette tension maxima et celle de la vapeur contenue dans l'air, s'il est humide. Cette loi générale est une conséquence évidente de la théorie qui vient d'être exposée. Il suit évidemment de la même théorie que le mélange de la vapeur avec l'air atmosphérique doit s'opérer suivant les mêmes lois que celui de deux fluides élastiques différens. Ainsi pour se rendre compte des circonstances qui favorisent l'évaporation, il faut considérer la vapeur comme un fluide élastique qui se mêle à l'air.

L'expérience prouve qu'une moindre densité de l'air augmente la rapidité de l'évaporation; c'est par la même raison que l'hydrogène, le moins dense ou le plus poreux de tous les gaz, se mélange plus rapidement à l'air que l'acide carbonique. Le mouvement facilitant le mélange des gaz doit aussi favoriser l'évaporation, et en effet, toutes choses égales d'ailleurs, une masse d'eau se dissipe d'autant plus vite dans l'atmosphère que l'air est plus agité. L'évaporation est très rapide sur les montagnes élevées; ce qui tient au peu d'humidité de l'atmosphère à ces grandes hauteurs, et surtout à la moindre densité de l'air.

Maximum du froid produit par l'évaporation

373. Le froid produit par l'évaporation, ou plutôt la quantité de chaleur sensible enlevée à la masse liquide, doit être évidemment proportionnelle à la quantité de vapeur formée. L'abaissement de température qui en résulte atteint son maximum lorsque le rayonnement, et surtout

le contact du milieu, restituent au liquide une quantité de chaleur égale à celle que lui enlève la vapeur qui se forme. D'où il est facile de conclure que lorsque l'évaporation a lieu sur toute la surface qui rayonne le calorique, et qui est en contact avec le milieu, l'abaissement maximum reste le même, quelles que soient les masses du liquide et des corps qui participent à son refroidissement, et aussi quelle que soit la vitesse du courant d'air. Ces circonstances n'ont d'autre effet que d'accélérer ou de retarder l'instant où s'établit le maximum d'abaissement, dont la valeur ne dépend conséquemment que de la température, qui tend à augmenter la tension de la vapeur dégagée, et son excès sur celle de la vapeur déjà contenue dans l'air. On remarque en effet que plusieurs thermomètres de dimensions différentes, dont les boules sont entourées de linge ou de papier mouillé, indiquent le même abaissement lorsque la température et l'état hygrométrique de l'air extérieur restent les mêmes, que cet air soit plus ou moins agité.

M. Gay-Lussac a déterminé plusieurs élémens d'une table donnant le maximum d'abaissement correspondant à différentes températures, lorsque l'évaporation a lieu dans un air parfaitement sec. Le mode d'expérience qu'il a employé consiste à faire passer dans un tube un courant d'air sec, qui puisse y rencontrer successivement les boules de deux thermomètres, le premier à boule nue, indiquant la température du courant, et le second dont la boule est recouverte d'une éponge mouillée, indiquant le maximum d'abaissement correspondant. Lorsque le courant a pour température 0°, 10°, 20°, 30°, l'abaissement produit est de 5°,85 ; 8°,97 ; 12°,73 ; 16°,74.

374. En se fondant sur ces résultats, on peut déduire

Hygromètre
de Leslie.

avec assez d'exactitude l'état hygrométrique de l'air, d'un hygromètre imaginé par Leslie, qui n'est autre chose qu'un thermomètre différentiel dont les deux boules sont rapprochées; leur éloignement n'étant pas nécessaire dans ces nouvelles circonstances. Une des boules est recouverte d'un linge, dont on entretient l'humidité au moyen d'un vase plein d'eau, dans lequel plonge un faisceau de fils qui s'abaisse ensuite sur le linge, la seconde boule est aussi recouverte d'un linge sec, afin que son opacité la place dans les mêmes circonstances que la première, par rapport à la chaleur rayonnante. Soient t la température de l'air; t' la température déduite de l'indication de l'instrument; t'' celle obtenue par l'évaporation dans l'air sec, pour le même point de départ, et que donnerait la table dont nous venons de parler; f, f', f'', les tensions maxima de la vapeur aux températures t, t', t''; enfin x l'élasticité de la vapeur qui se forme pendant l'expérience, ou l'excès de sa tension propre sur celle de la vapeur contenue dans l'air. On aura $x : f'' :: t - t' : t - t''$, proportion qui fera connaître x; et l'état hygrométrique de l'air sera alors donné par la fraction $\dfrac{f' - x}{f}$.

En effet, si y est la force élastique de la vapeur d'eau existant dans l'air, qui a la température t lors de l'expérience, y sera moindre que f', puisque l'eau s'évapore quoique ayant la température t'. On aura ainsi $x = f' - y$, et d'après la loi de Dalton, la quantité de vapeur qui se formera dans l'unité de temps sera proportionnelle à x; la quantité de chaleur enlevée par cette vapeur dans l'unité de temps sera donc aussi proportionnelle à x; elle sera d'ailleurs égale à celle restituée dans le même temps par le rayonnement et par le contact du milieu, que l'on peut regarder comme proportionnelle à $(t - t')$, lorsque l'instrument indique la température stationnaire t'. Si l'air était sec l'instrument descendrait à la température t''; la quantité de vapeur formée dans l'unité de temps serait alors proportionnelle à f''; la chaleur perdue suivrait le même rapport; elle serait en outre égale à celle restituée par le rayonnement et le contact du milieu, laquelle serait proportionnelle à $(t-t'')$. On doit donc poser la propor-

tion $x : f'' :: t - t' : t - t''$, et l'équation $\dfrac{y}{f} = \dfrac{f' - x}{f}$.

La différence $(t - t')$ est donnée immédiatement par le thermomètre différentiel, t par un thermomètre ordinaire placé dans le lieu de l'expérience, t'' par la table des abaissemens de M. Gay-Lussac, f, f', f'', par celle des forces élastiques de la vapeur d'eau. Au lieu de l'instrument de Leslie on pourrait se contenter d'un thermomètre ordinaire, en enveloppant sa boule d'une étoffe humide, et en le faisant tourner rapidement dans l'air, jusqu'à ce qu'il indiquât un maximum d'abaissement.

375. Pour que le froid produit par l'évaporation puisse persister, il faut qu'il y ait formation de vapeur; d'où il suit que l'évaporation dans l'air ne pourra jamais produire un froid inférieur à la température à laquelle cet air serait saturé de vapeur, et que conséquemment le froid dû à l'évaporation ne saurait déterminer une précipitation d'humidité. On emploie dans l'Orient, pour se procurer de l'eau à quelques degrés au-dessous de la température de l'air, des vases de terre poreux, appelés *alcarazas;* l'eau qui s'évapore à leur surface produit un abaissement de température, dont le maximum ne dépend pas de l'agitation de l'air,

Applications du froid dû à l'évaporation.

qui ne fait qu'accélérer l'effet sans influer sur le résultat. Dans les Indes orientales on rafraîchit l'air des appartemens, en plaçant dans le trajet qu'il doit parcourir pour y arriver, des branches qu'on entretient humides par une aspersion convenable.

Des nuages.   376. Les nuages sont formés par la précipitation de l'eau évaporée à la surface de la terre; ils forment un état intermédiaire entre l'eau liquide et l'eau à l'état gazeux, auquel on donne le nom de vapeur vésiculaire. On peut observer cet état, en plaçant devant une fenêtre un liquide fortement coloré en brun et en ébullition, tel, par exemple, qu'une dissolution de café; on voit alors de petits ballons qui se meuvent avec rapidité dans tous les sens, en obéissant aux courans qui s'établissent dans l'air. On peut conclure que ces vésicules sont creuses, de ce qu'elles ne donnent pas lieu au phénomène de l'arc-en-ciel. La vapeur vésiculaire ne se forme pas dans la vapeur pure, mais toujours dans un espace contenant des gaz permanens.

L'air, comme tous les fluides élastiques, se laisse traverser par la chaleur rayonnante; l'eau la transforme en grande partie en chaleur obscure; il suit de là que l'air renfermé dans les vésicules, ou plutôt l'air qui est en contact avec elles et les entoure, peut avoir une température plus élevée que l'air extérieur aux nuages, qui n'est pas disposé comme le premier pour absorber la chaleur rayonnante; ainsi la densité moyenne d'un nuage peut être inférieure ou égale à celle de l'air environnant. A cette première cause se joint la résistance que le frottement de l'air opposerait à la chute des vésicules, ou la difficulté qu'éprouverait ce fluide à se tamiser entre elles, pour donner une explication satisfaisante de la suspension des nuages dans l'atmosphère.

D'après cette explication, lorsque la température vient à diminuer, les nuages doivent se rapprocher de la surface de la terre, et c'est en effet ce que confirme l'observation. Les variations de grandeur que l'on remarque dans les nuages, et qui les font souvent grossir et diminuer rapidement, sont évidemment produites par les changemens qui surviennent dans la température et l'état hygrométrique de l'atmosphère, lorsque les vents amènent de divers climats des masses d'air chaudes ou froides, sèches ou humides, et que l'intensité de la chaleur solaire augmente ou diminue, par la marche ascendante ou descendante de l'astre au-dessus de l'horizon.

La quantité de vapeur vésiculaire, ou la masse des nuages qui se forment annuellement dans un lieu donné, dépend de la quantité moyenne d'eau que l'atmosphère peut y contenir ; elle doit donc être plus grande en général dans les pays chauds. Cette conséquence est vérifiée par ce fait, que la quantité de pluie que forme annuellement la condensation des nuages, est en général d'autant plus grande que la latitude est moindre. Toutefois plusieurs circonstances locales, telles que la nature et l'élévation du sol, le voisinage des montagnes, des forêts ou de la mer, sont autant de causes accidentelles qui modifient ces résultats.

377. Lorsque les nuages sont très chargés d'humidité, De la pluie. un nouveau progrès dans le refroidissement de l'air, ou dans son état thermométrique, détermine la précipitation de la vapeur vésiculaire à l'état de pluie ; le mode de transformation des vésicules en gouttes d'eau, qui a lieu lors de cette précipitation, n'est pas bien connu. Il existe souvent

dans l'atmosphère, à des hauteurs différentes, des courans d'air dirigés en sens inverse l'un de l'autre, et à des températures différentes; lorsqu'ils viennent à se mélanger, ils prennent une température intermédiaire, et s'ils sont tous deux très voisins de l'état de saturation, il doit en résulter la précipitation d'une certaine quantité de vapeur, soit à l'état de vapeur vésiculaire, soit même à l'état de pluie.

En effet, considérons le cas général où deux volumes d'air v et v' qui se mélangent seraient saturés de vapeurs, ayant des tensions maxima γ et γ', aux températures différentes t et t'; soient T la température du mélange et Y la tension maxima de la vapeur d'eau à cette température. Les températures t, t', T étant toujours comprises entre des limites très rapprochées, on peut négliger, comme fort petites, les corrections dues à la dilatation de l'air et à la variation de sa chaleur spécifique sous volume constant; d'après cela, on peut prendre pour la force élastique que la valeur tendra à conserver dans le mélange, l'expression $\dfrac{v\gamma + v'\gamma'}{v'+v'}$,

et pour la température T la fraction $\dfrac{vt + v't'}{v+v'}$.

Imaginons maintenant la courbe dont les abscisses seraient proportionnelles aux températures, et les ordonnées aux forces élastiques de la vapeur d'eau. Toutes les tables, qui lient ces deux élémens, s'accordent à indiquer que les tensions maxima de la vapeur d'eau croissent suivant une progression plus rapide que les températures, ou que leurs différences secondes sont positives; la courbe proposée tourne donc sa convexité vers l'axe des abscisses. Soient alors m et m', les deux points de cette courbe dont les abscisses sont t et t'; si l'on partage la corde mm', au point

Fig. 192.

n, en deux parties nm' et nm, qui soient entre elles dans le rapport inverse de v et v', de manière qu'on ait la proportion $mn : nm' :: v' : v$, il est aisé de voir que les coordonnées Aq et nq de ce point n seront $Aq = \dfrac{vt + v't'}{v + v'}$ et $nq = \dfrac{vy + v'y'}{v + v'}$; d'un autre côté l'ordonnée nq coupera la courbe en un point M dont l'ordonnée sera évidemment Y ; or, d'après la forme de 'la courbe, on a évidemment $nq > Mq$, ou $\dfrac{vy + v'y'}{v + v'} > Y$.

Ainsi la tension moyenne, que la vapeur tend à conserver dans le mélange, est plus grande que la tension maxima que ce même mélange peut admettre à la température qu'il doit posséder. On doit conclure de là que toutes les fois que deux masses d'air, saturées de vapeurs à deux températures différentes, viendront à se mélanger, il y aura nécessairement précipitation de vapeur, et cela quel que soit le rapport de ces masses. Telle est sans doute la cause la plus générale de la formation des nuages et de la pluie.

On évalue la quantité de pluie qui tombe chaque année, en la supposant répartie régulièrement sur le sol, et estimant l'épaisseur de la couche qu'elle y formerait si elle n'y pénétrait pas. On se sert à cet effet d'un vase cylindrique à fond plat et horizontal, appelé *udomètre*, au-dessus Fig. 193. duquel est un entonnoir dont l'orifice supérieur a les mêmes dimensions en largeur que la base du cylindre ; un tube de verre sort du fond de ce vase, et se recourbe dans l'air, pour indiquer le niveau intérieur. On a trouvé de cette manière que la quantité d'eau qui tombe chaque année dans un même lieu n'est pas constante, et qu'elle peut varier du simple au double ; que ce qu'on appelle communément une année pluvieuse, c'est-à-dire une année où il a plu fréquemment, n'est pas toujours celle où il est tombé le plus d'eau, car il suffit quelquefois d'un seul orage pour donner plus de la moitié de l'eau annuelle. Si l'udomètre est placé à une certaine hauteur au-dessus da la surface de la terre, on obtient un résultat moindre que lorsqu'il est à la surface même ; on peut expliquer ce fait, en remarquant que l'air est en général plus froid à mesure que l'on s'élève dans l'atmosphère, et que les gouttes de pluie, apportant dans les couches d'air inférieures une température plus basse que la leur, peuvent y déterminer une nouvelle précipitation d'eau.

En général la quantité d'eau annuelle déduite comme moyenne d'un grand nombre d'années, est d'autant plus grande que le lieu de l'observation est plus près de l'équateur. Cependant il y a des pays chauds, tels que la basse Égypte, où il pleut très peu ; ce qui tient probablement à la nature sablonneuse du terrain, qui s'échauffe beaucoup par la chaleur solaire, et s'oppose à la précipitation des nuages. A Paris, latitude à peu près moyenne, il tombe annuellement environ 18 à 20 pouces d'eau.

De la neige.   378. La *neige* paraît due à la congélation de l'eau de l'atmosphère, au moment même de sa précipitation par le refroidissement de l'air. Les formes très variées des flocons de neige présentent toutes une cristallisation régulière, en aiguilles très fines réunies par des facettes secondaires, et cette agglomération ne saurait avoir lieu par la congélation des gouttes d'eau, quelque fines qu'elles fussent. En général lorsque la température de l'air est de beaucoup inférieure à zéro degré, dans le lieu où la vapeur d'eau se précipite, elle passe immédiatement de l'état gazeux à l'état solide; et ce passage se faisant lentement et par petites masses, les solides formés présentent tous les caractères des cristaux.

Dans les contrées du Nord, par un froid d'au moins 10 à 12 degrés au-dessous de zéro, l'atmosphère dépourvue de nuages est presque constamment parsemée de très petites aiguilles de glace ou de neige visibles à l'œil nu, et qui, réfractant ou réfléchissant la lumière solaire, plus régulièrement et en plus grande quantité dans de certaines directions que dans d'autres, donnent lieu aux phénomènes des halos et des parhélies. Pendant l'hiver de ces climats rigoureux, les vapeurs épaisses qui s'élèvent des cheminées, ou des trous formés dans la glace des fleuves, se précipitent immédiatement, non à l'état de pluie, mais en aiguilles glacées.

La *grêle* de petites dimensions est sans doute le résultat de la congélation des gouttes de pluie toutes formées. Quant aux grêlons d'un très gros volume, leur formation paraît se rattacher à l'électricité.

379. **La découverte de la cause véritable du phénomène** De la rosée. de la rosée, due au docteur Wells, et qui ne date que du commencement de ce siècle, est un des progrès les plus féconds que la physique ait encore faits; elle a eu une grande influence sur la météorologie, en groupant sous une même explication une multitude de faits isolés, et la théorie physique de la chaleur a trouvé dans cette explication une vérification importante de la plupart de ses lois. Il convient de développer avec quelques détails la part que l'observation et l'expérience ont eue dans cette découverte, qui paraît avoir tracé la meilleure marche à suivre dans l'étude des phénomènes naturels, si l'on veut parvenir à démêler leurs causes physiques.

Les circonstances les plus favorables au dépôt de la rosée sur les corps situés à la surface de la terre, sont la pureté du ciel et l'absence complète de vent. Ce dépôt n'a jamais lieu sous un ciel couvert, lorsque l'air est très agité. La rosée ne s'observe que la nuit; elle est moins abondante avant minuit que durant les heures qui précèdent le lever du soleil. Elle est plus fréquente au printemps, et surtout en automne qu'en été. Dans un même lieu, les courans qui amènent l'air des contrées où se trouvent de grandes masses d'eau favorisent la formation de la rosée; à Paris ce sont les vents du sud et de l'ouest.

La rosée ne se dépose pas sur tous les corps en quantités égales ou proportionnellement à leurs surfaces. L'herbe et les feuilles, le bois, le papier, le verre, se couvrent abondamment de rosée, tandis que les substances métalliques placées dans les mêmes circonstances restent sèches ou sont très peu mouillées. Parmi les métaux, le fer, l'acier, le zinc, le plomb, sont quelquefois humides; l'or, l'argent, le cuivre, l'étain, sont toujours secs; les premiers se recouvrent d'autant plus de rosée qu'ils sont moins polis. L'état de division mécanique influe aussi sur le dépôt humide : les copeaux s'humectent plus que le bois; les flocons de filasse, de coton et de laine, augmentent plus de poids que le linge et le drap. Cette inégalité du dépôt de la rosée sur différens corps suffisait pour détruire l'ancienne explication de ce phénomène, qui l'attribuait au refroidissement de l'atmosphère; car cette explication conduisait nécessairement à conclure que l'eau, provenant de la vapeur précipitée, devait tomber par quantités égales et indifféremment sur toutes les surfaces.

La rosée est d'autant plus abondante, dans un point situé à la surface de la terre, qu'on peut y apercevoir une plus grande étendue du ciel, non masquée par les corps environnans. Ce résultat général a été conclu par M. Wells d'un grand nombre d'expériences et d'observations. De deux flocons de laine du même poids, l'un placé sous une planche ou au fond d'un long tube opaque vertical et ouvert par le haut, l'autre dans un lieu voisin non abrité, le premier s'est beaucoup plus humecté que le second. Le dépôt humide est sensiblement moindre et souvent nul sur les plantes situées sous les arbres ou près d'un édifice. La rosée est plus abondante sur le sommet des collines que dans les vallées.

380. Il résulte des observations précédentes, que la nature des corps et l'état de leurs surfaces, qui favorisent le plus la précipitation de l'humidité, sont en rapport direct avec leur plus grande faculté rayonnante; et que la quantité d'eau accumulée est d'autant plus grande que moins de corps voisins peuvent restituer par échange une portion de la chaleur perdue par le rayonnement. Ce rapprochement conduisit le docteur Wells à penser que les corps à la surface de la terre se refroidissaient pendant la nuit, plus ou moins suivant leur nature et leur position ; et que ce refroidissement préalable pouvait être la cause immédiate du dépôt de la rosée sur leur surface, comme de celui qui s'opère sur les vitres des appartemens, ou sur la boule noircie de l'hygromètre de Daniel. Des expériences nombreuses ont confirmé cette conjecture et cette explication.

Dans les nuits les plus favorables à la production du phénomène, des thermomètres placés sur l'herbe, et en contact avec les corps où la rosée devait se déposer de préférence, ont toujours indiqué une température plus basse de 4. 5, 6 et même 8° que celle indiquée par un thermomètre exposé dans l'air à quelques pieds au-dessus du sol. Dans ces circonstances, lorsqu'un nuage vient à passer au zénith, les thermomètres inférieurs montent rapidement, et leurs indications se rapprochent beaucoup de la température de l'air. Le même effet est produit quand on place un écran opaque, soit horizontalement au-dessus, soit verticalement à côté d'un des thermomètres qui touchent le sol. Loin de tout abri les métaux se refroidissent rarement de 1 ou 2°; la température des substances organiques, du papier, du verre, descend ordinairement de 4 à 8°. Toutes choses égales d'ailleurs, à l'entrée d'une nuit sereine, un thermomètre à boule nue, placé au-dessus du sol, se refroidit plus qu'un thermomètre dont la boule est recouverte d'une feuille métallique.

Il est donc certain que le phénomène de la rosée est précédé par le refroidissement des corps qu'elle recouvre. Ce refroidissement est par conséquent la cause immédiate de la précipitation de la vapeur contenue dans l'air, dont les couches inférieures se refroidissent par leur contact avec des surfaces devenues plus froides. C'est ce qui fait que toutes les circonstances qui tendent à accroître l'humidité de l'air favorisent la formation de la rosée. Un faible courant d'air venant d'une mer, d'un lac, d'un fleuve, où l'évaporation a pu être active, est très favorable; en Égypte, la rosée est beaucoup plus abondante par les vents du nord; en France, c'est par les vents du sud et de l'ouest. Néanmoins un vent trop violent s'oppose au dépôt de l'humidité, parce que les couches d'air, en passant rapidement sur les corps refroidis, les échauffent par contact, sans que leur propre température ait le temps de beaucoup s'abaisser; d'ailleurs la grande agitation de l'air excitant l'évaporation gazéifierait la rosée s'il s'en était déposé.

381. Il fallait trouver la cause du refroidissement de la surface de la terre. Les abaissemens de température, constatés plus forts dans les corps dont le pouvoir rayonnant est plus grand et dans ceux qui sont exposés à une plus grande étendue d'un ciel pur, plus faibles au contraire lors de la présence des nuages ou dans le voisinage d'un abri, conduisirent M. Wells à attribuer le refroidissement préalable dont il s'agit à un échange inégal de chaleur fait par le rayonnement, entre les corps échauffés ainsi que l'air par l'insolation au jour précédent, et les régions supérieures de l'atmosphère ou même l'espace planétaire. Il est en effet facile de se convaincre qu'il n'y a aucune des circonstances, reconnues favorables ou nuisibles à l'abaissement de température observé, et par suite à la quantité de rosée, qui ne soit parfaitement expliquée par cette cause de refroidissement.

Par exemple, si lorsque le ciel est couvert de nuages on n'observe pas sensiblement de rosée, c'est que les corps de la surface de la terre, qui rayonnent vers les nuages, reçoivent en échange des quantités de chaleur presque égales à celles qu'ils ont émises, ce qui n'a pas lieu lorsque le rayonnement est libre vers les hautes régions de l'atmosphère, beaucoup plus froides que sa partie inférieure ; car les corps peuvent alors être considérés comme situés dans une enceinte dont les différentes parties sont inégalement échauffées.

D'ailleurs des expériences directes prouvent qu'il y a perte de chaleur lors du rayonnement qui s'opère durant une nuit sereine. Si l'on fait rayonner un corps plus particulièrement vers telle ou telle partie de l'atmosphère, l'abaissement de sa température est d'autant plus grand que cette portion est plus voisine du zénith, parce que l'épaisseur des couches chaudes de l'atmosphère, qui peuvent échanger leur chaleur avec le corps, va en diminuant à mesure que la direction du rayonnement s'approche de la verticale. On peut observer ce fait à l'aide d'un thermomètre différentiel formé de deux boules réunies par un tube droit; l'une des boules est placée dans une enveloppe en cuivre pour la préserver du rayonnement, l'autre est au foyer d'un miroir parabolique ou sphérique, dont on incline successivement l'axe vers différens points du ciel. Si lors de cette expérience un nuage vient à passer dans la direction de l'axe du miroir, la boule focale se réchauffe instantanément. Ces faits s'expliquent de la même manière que la réflexion apparente du froid (§ 253).

382. Plusieurs phénomènes ont les mêmes causes que celui de la rosée. La gelée blanche est due à la congélation du dépôt humide, lorsque les progrès du refroidissement des corps sur lesquels il s'opère les ont amenés à des températures inférieures à 0°. Quand on observe ce phénomène, un thermomètre à surface métallique indique ordinairement dans l'atmosphère 3, 4 ou 5° au-dessus de zéro ; preuve nouvelle que le dépôt gelé est dû au refroidissement préalable des surfaces qui en sont recouvertes ; d'ailleurs, à mesure que ce refroidissement augmente, la gelée devient plus abondante. Les jardiniers ont remarqué qu'il ne se déposait pas de gelée sur des plantes abritées par un clayonnage assez lâche, situé horizontalement à 5 ou 6 pieds au-dessus du sol ; cet abri agit évidemment en préservant les corps de l'influence du rayonnement vers les régions de l'atmosphère voisines du zénith.

Dans les campagnes, on donne le nom de lune rousse à

celle de la fin d'avril et du commencement de mai ; cette dénomination résulte de ce que, si la lune apparaît à cette époque, c'est-à-dire si le ciel est pur, il arrive souvent que les bourgeons et les feuilles rougissent ; tandis que si la lune reste toujours invisible ou masquée par des nuages , on ne remarque aucune désorganisation dans les végétaux. Mais l'influence de la lune est tout-à-fait nulle dans ces circonstances ; son apparition constate uniquement que la sérénité du ciel, et le refroidissement qui en est la suite, peuvent occasioner des gelées destructives, surtout à une époque de l'année où la température moyenne du jour est très basse.

383. On peut encore attribuer aux pertes de chaleur par rayonnement le fait, généralement observé, que la rigueur de l'hiver se fait principalement sentir pendant la nuit, lorsque l'atmosphère est dépourvue de nuages ; et que le froid est au contraire moins vif par un temps couvert, et dans les lieux abrités par des arbres ou entourés d'édifices. Dans l'hiver rigoureux de 1794, les vignes de la Bourgogne furent presque toutes gelées ; mais celles qui étaient plantées d'arbres fruitiers furent préservées. M. Arago a recueilli plusieurs observations desquelles il résulte que le refroidissement nocturne accélère la congélation des rivières : la Seine fut prise en 1762 à la suite de six jours de gelée, les nuits étaient sereines , et la température moyenne étant de $-3°,9$, le maximum de froid fut dans l'air de $-9'',7$; cependant en 1748, la Seine ne fut pas gelée après huit jours nuageux, quoique la température moyenne fût de $-4°,5$ et le maximum de froid de $-12°$; la hauteur des eaux était la même aux deux époques.

Dans l'Inde on obtient de la glace en exposant pendant la nuit, dans un endroit un peu abrité des courans d'air

Effets divers produits par le rayonnement nocturne.

horizontaux, des vases larges, peu profonds et remplis d'eau, lorsque, le ciel étant serein, la température de l'atmosphère n'est que de 7 à 8° au-dessus de zéro. Cette congélation est évidemment due au refroidissement de l'eau des vases, occasioné par le rayonnement nocturne. Dans les plaines du Nord, la neige qui recouvre le sol atteint une épaisseur de plusieurs pieds, même aux lieux où il en est peu tombé de l'atmosphère; il n'y a que les dépôts formés pendant les nuits, le plus souvent belles dans ces climats, qui puisse expliquer cette accumulation. C'est sans doute de cette manière que se forment la neige et la glace sur les pics élevés des chaînes de montagnes.

Des brouillards.

384. Les brouillards sont dus au refroidissement de l'atmosphère, qui détermine la formation d'un véritable nuage. Ceux qu'on remarque souvent sur les grandes masses d'eau sont dus à la condensation immédiate de la vapeur qui s'en élève; l'observation a appris en effet que, quand cette espèce de brouillard paraissait, l'eau avait une température plus élevée que l'air. Lors du dégel dans les climats froids, il se forme aussi des brouillards par le mélange de l'air chaud de l'atmosphère avec les couches qui se sont refroidies par leur contact avec la neige à la surface de la terre, ou avec la glace qui couvre les lacs et les fleuves. Cependant on observe quelquefois des brouillards presque secs dans les circonstances les plus opposées à celles qui président à la formation des brouillards ordinaires; ce singulier phénomène est encore inexpliqué.

FIN DU PREMIER VOLUME.

Fig. 1.

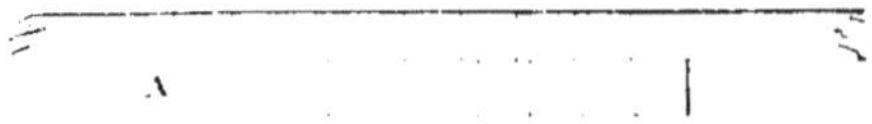

Fig. 3.

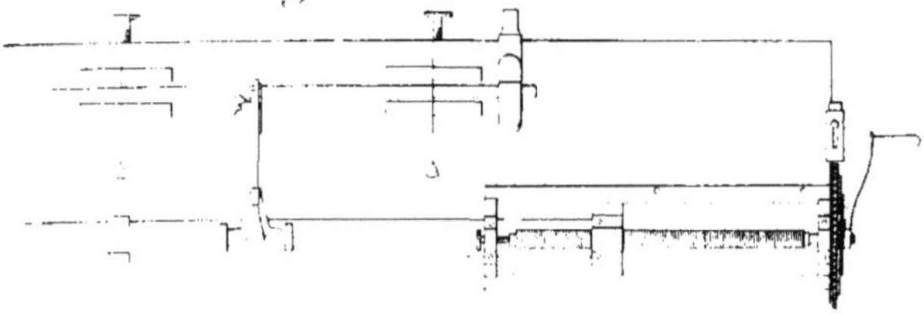

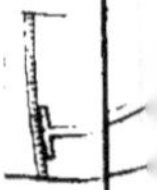

Fig. 4.

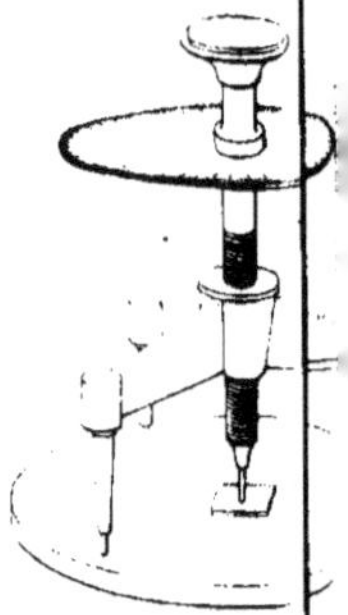

Fig. 7.

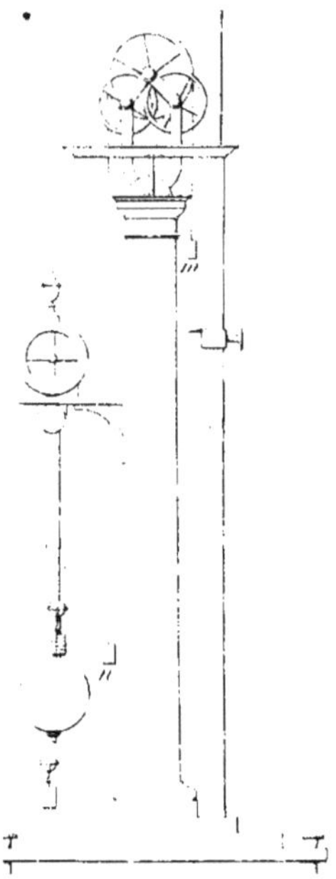

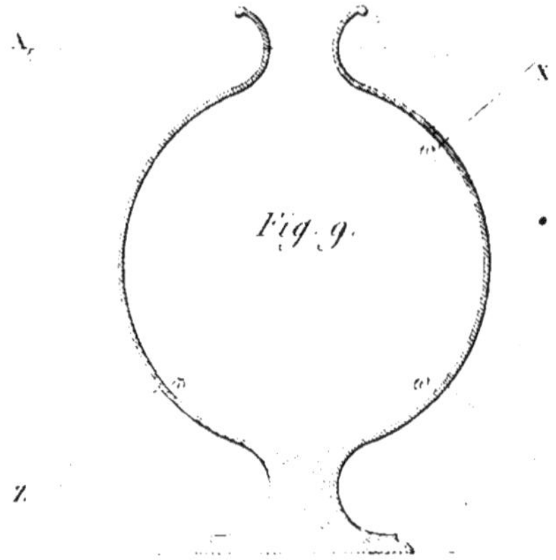

Fig. 9.

Fig. 8.

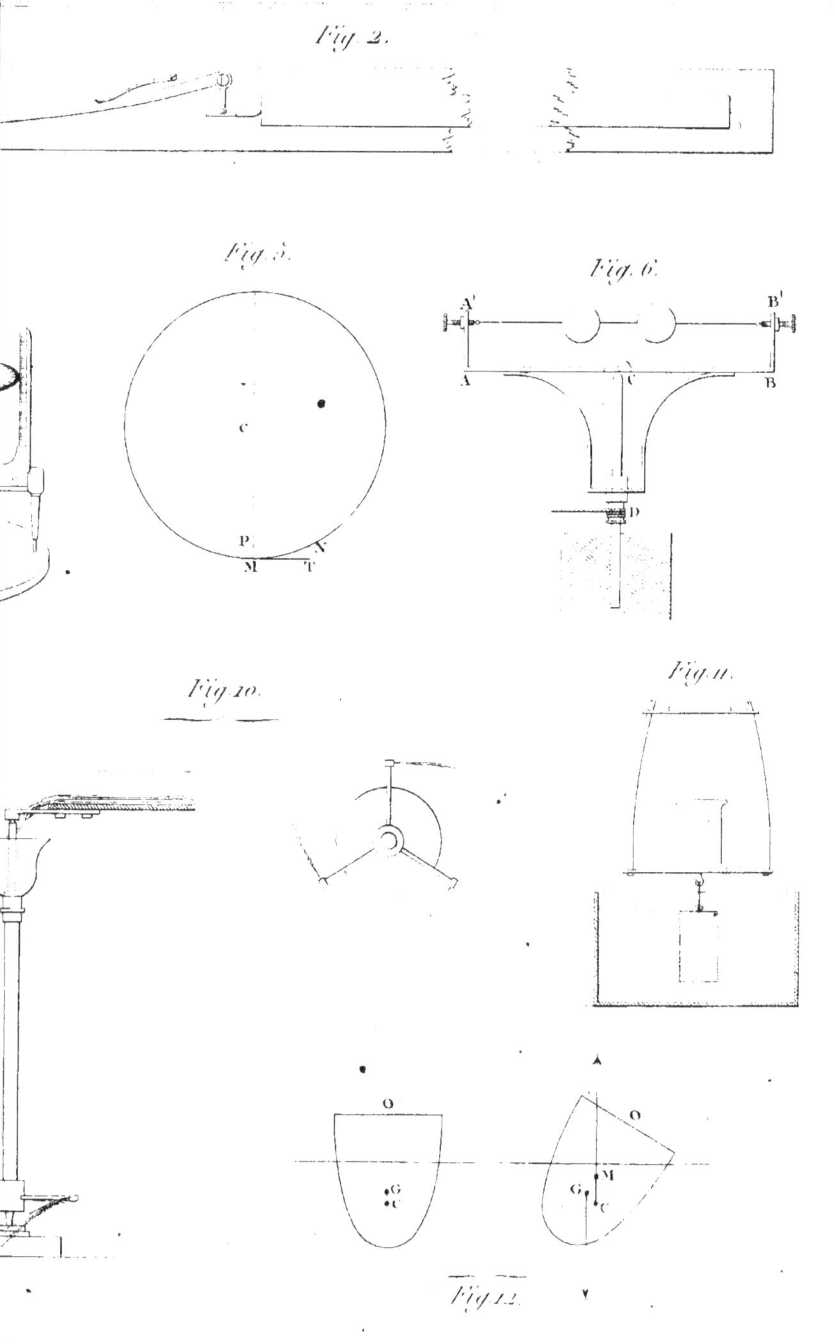

Fig. 2.
Fig. 5.
Fig. 6.
A'
B'
A
C
B
D
c
P
N
M
T
Fig. 10.
Fig. 11.
O
G
C
O
M
G
C
Fig. 12.

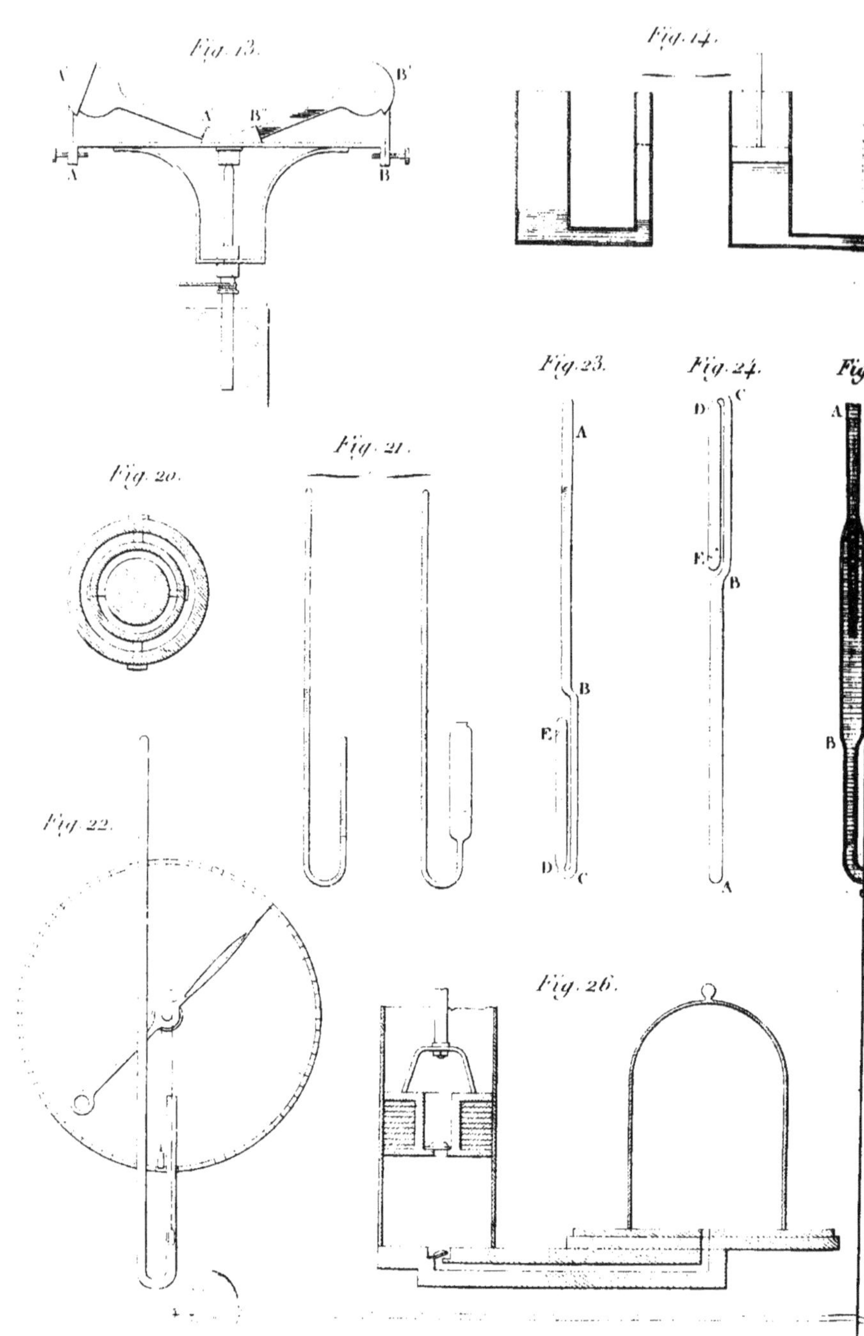
Fig. 13.
Fig. 14.
Fig. 20.
Fig. 21.
Fig. 22.
Fig. 23.
Fig. 24.
Fig.
Fig. 26.

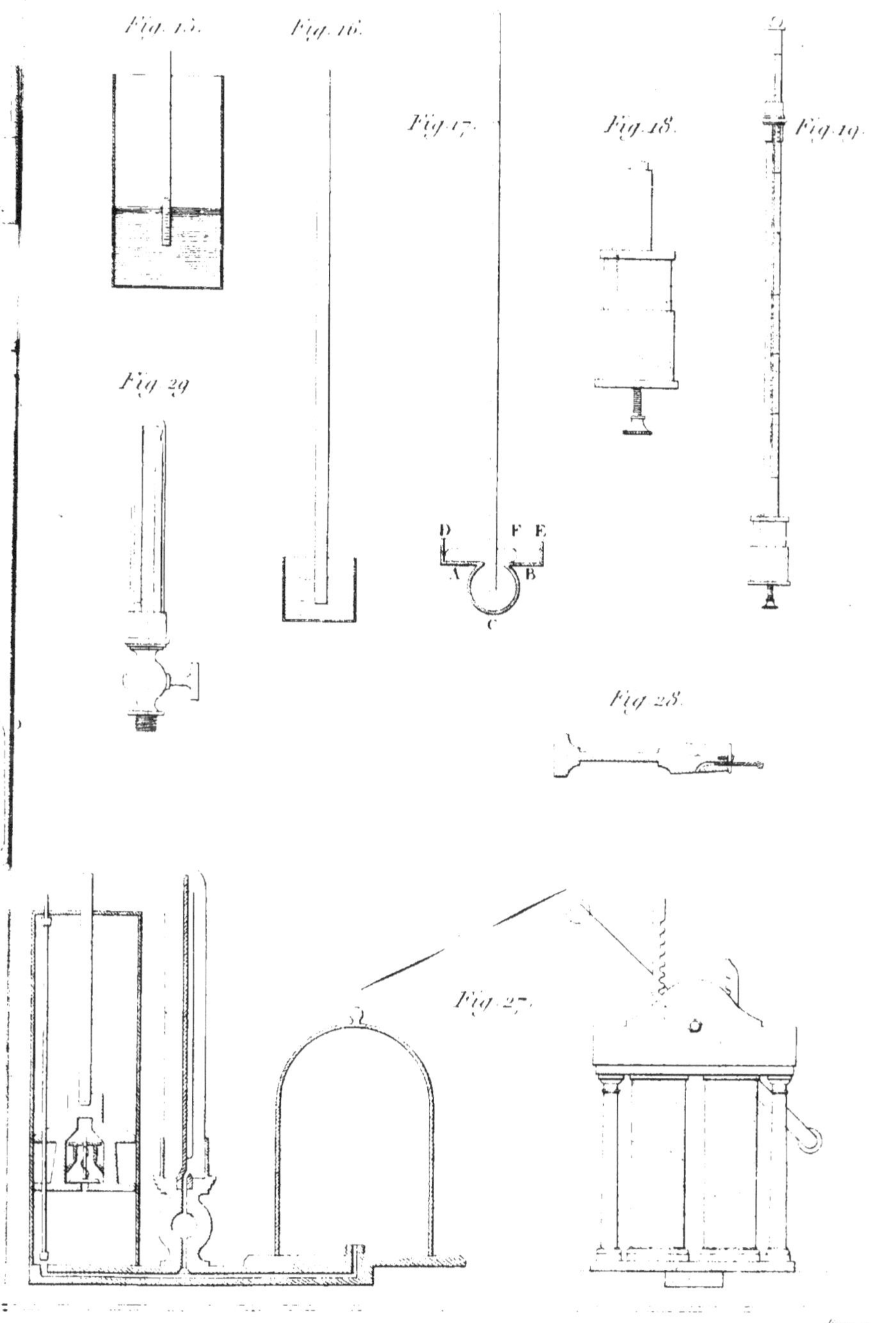
Pl. 2
Fig. 15.
Fig. 16.
Fig. 17.
Fig. 18.
Fig. 19.
Fig. 29
Fig. 28.
Fig. 27.
D
E
F
A
B
C

Fig. 30.

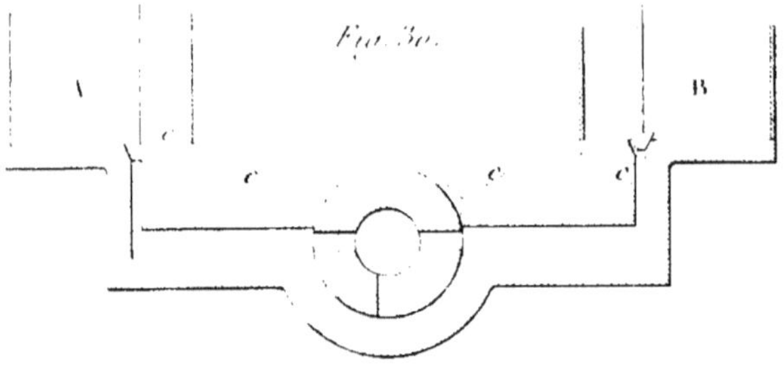

Fig. 32.

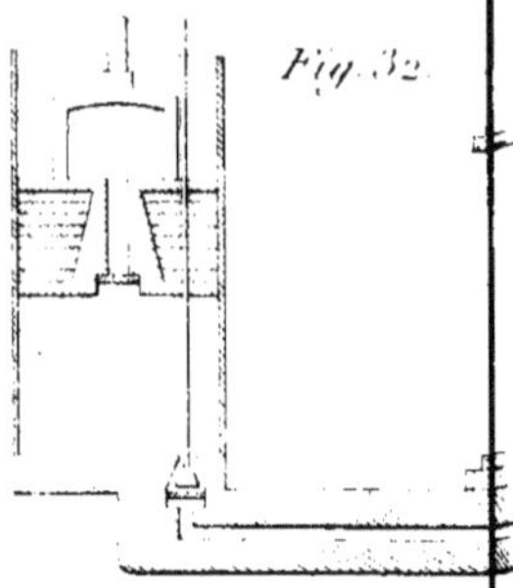

Fig. 31.

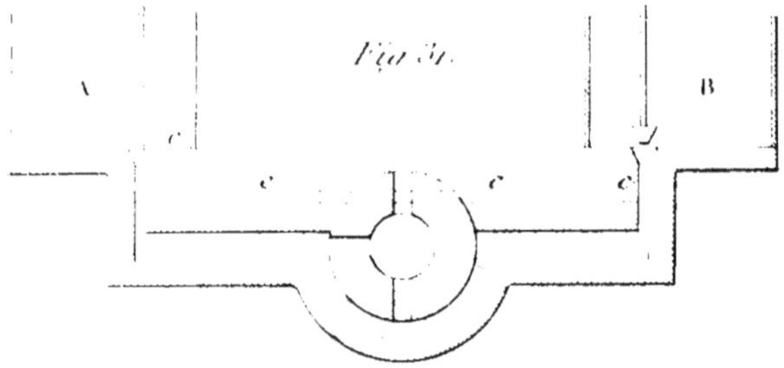

Fig. 35.

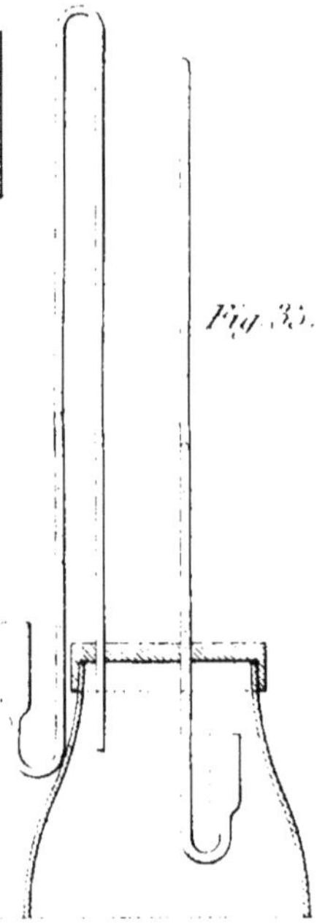

Fig. 39.

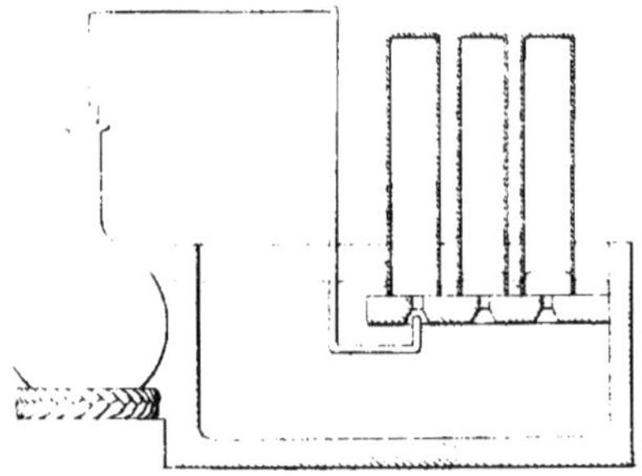

Fig. 42.

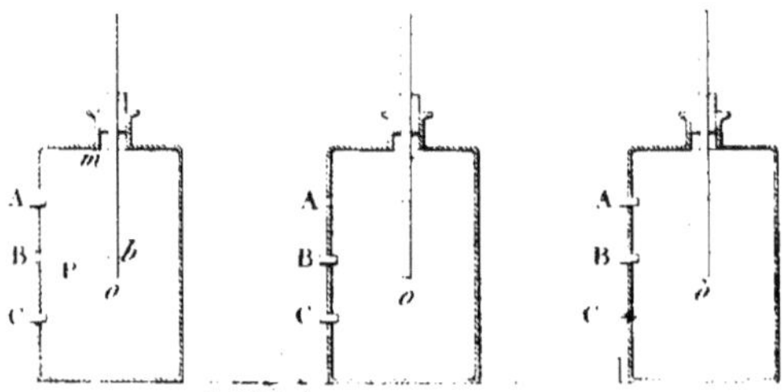

Fig. 40.

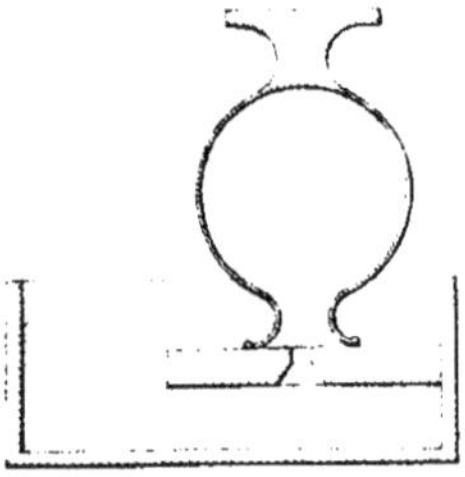

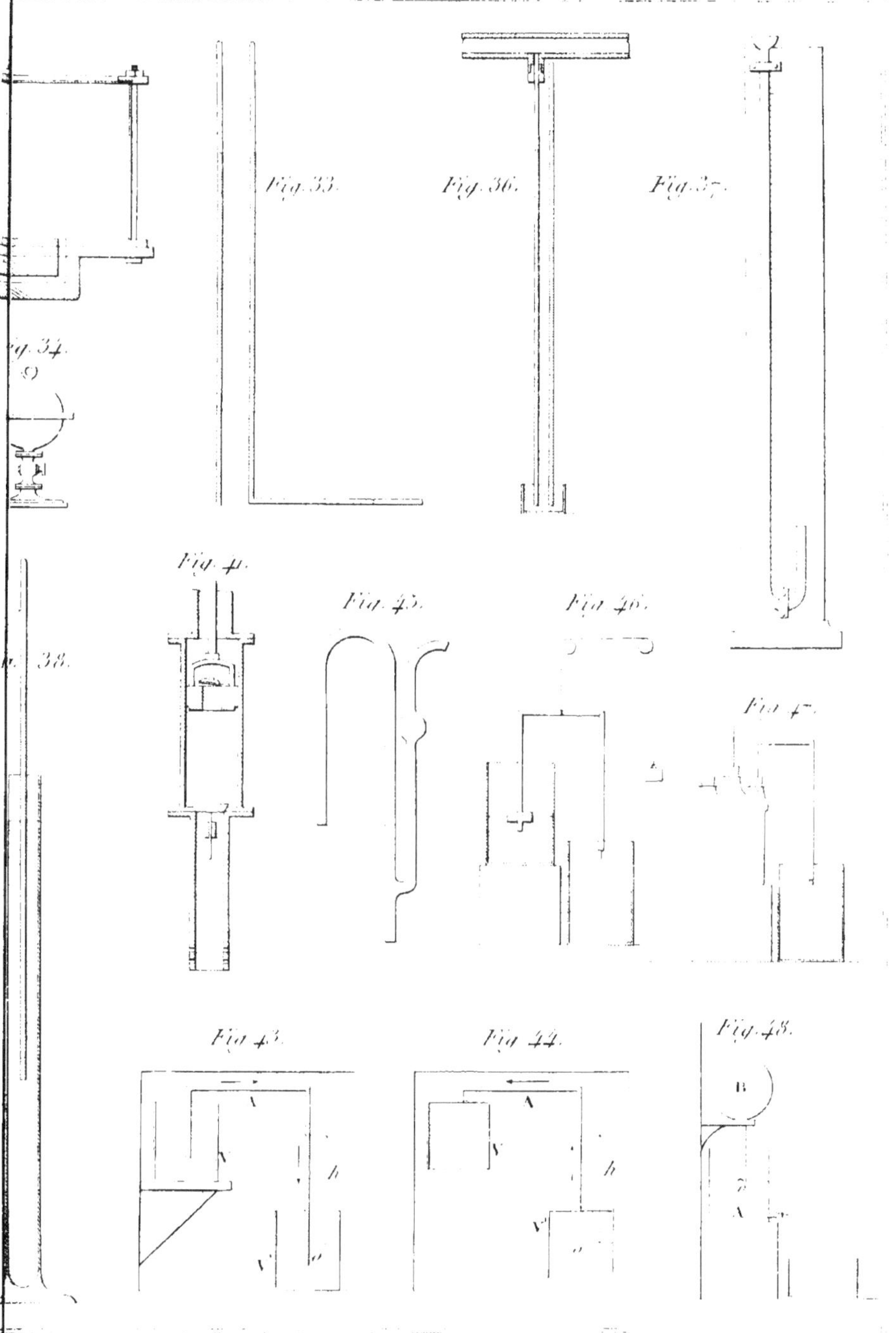

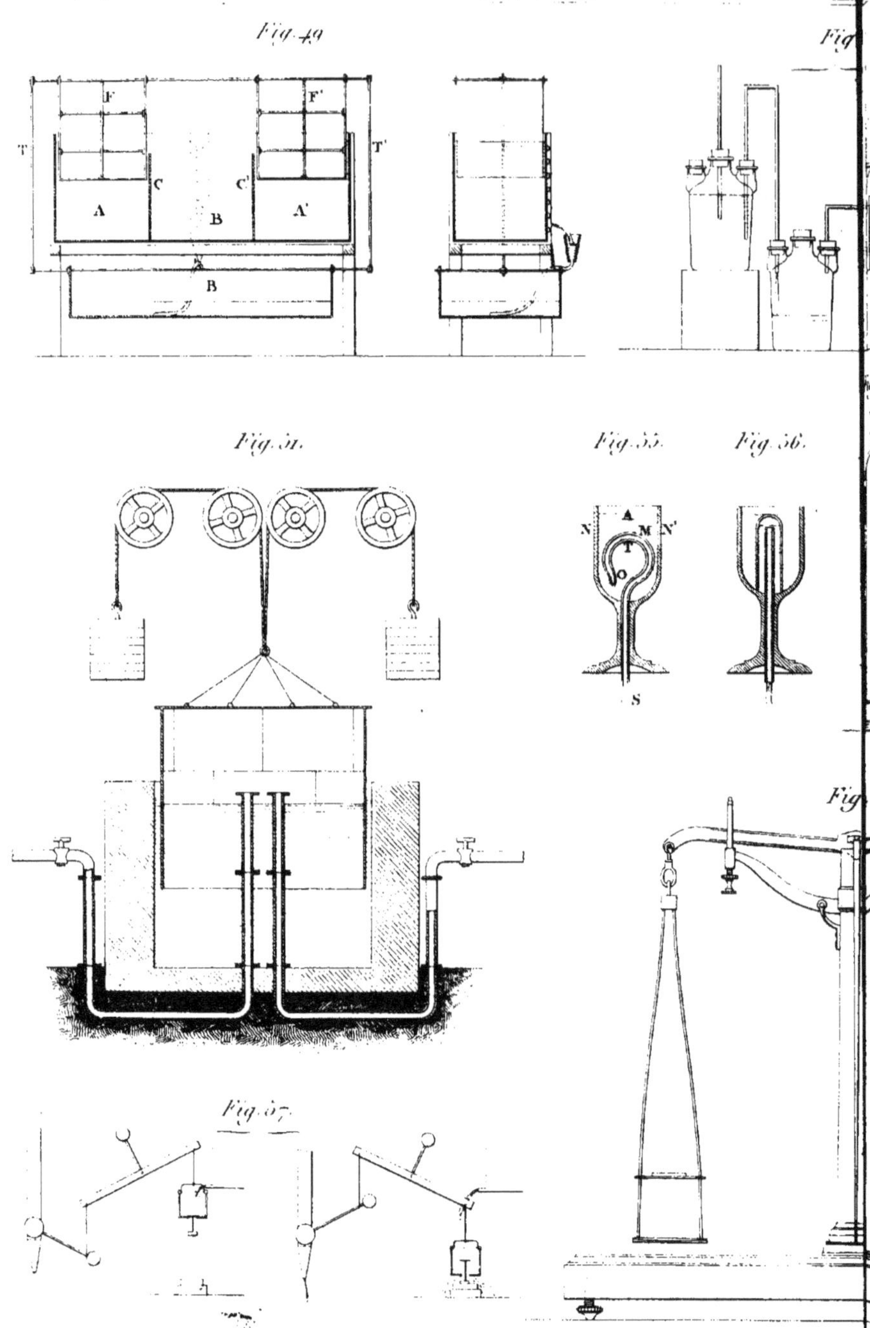
Fig. 49
F
F'
T
T'
C
C'
A
B
A'
B
Fig. 51.
Fig. 55.
Fig. 56.
N
A
M
N'
T
O
S
Fig. 57.
Fig

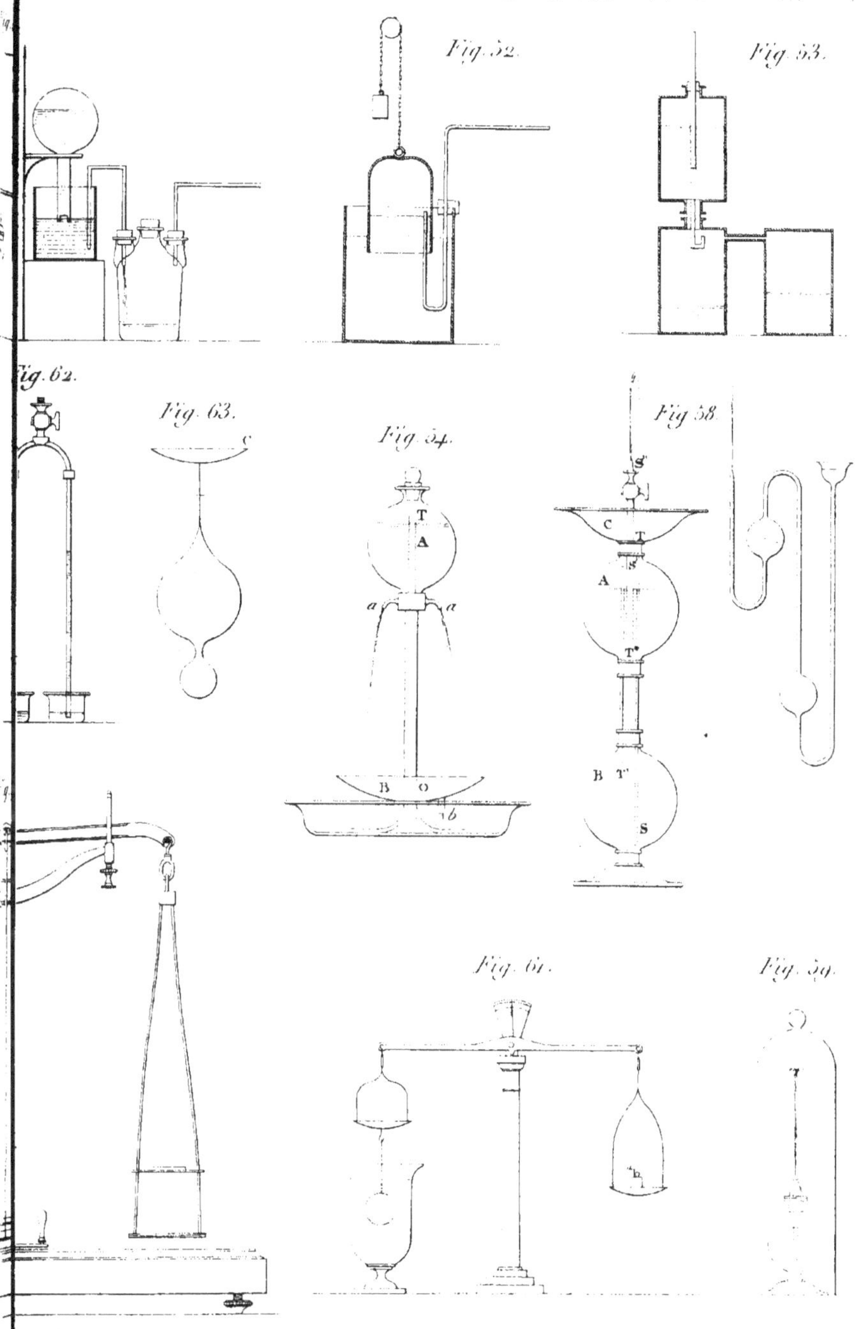

Fig. 52.
Fig. 53.
Fig. 62.
Fig. 63.
Fig. 54.
Fig. 58.
Fig. 61.
Fig. 59.

Fig. 64. 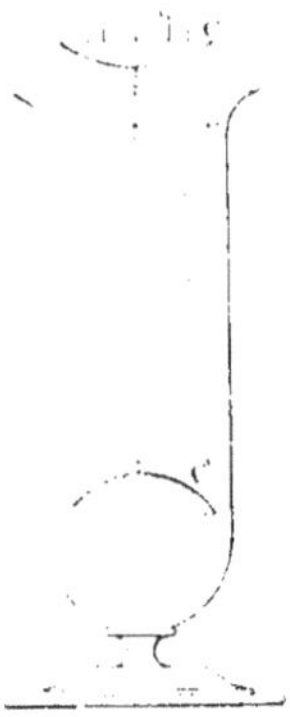
Fig. 65. 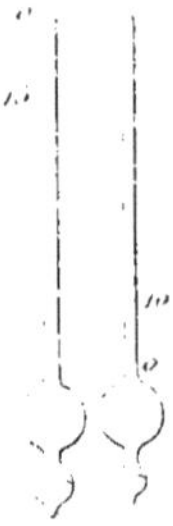
Fig. 66. 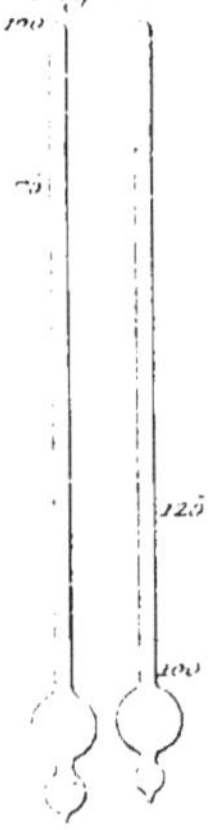
Fig. 67. 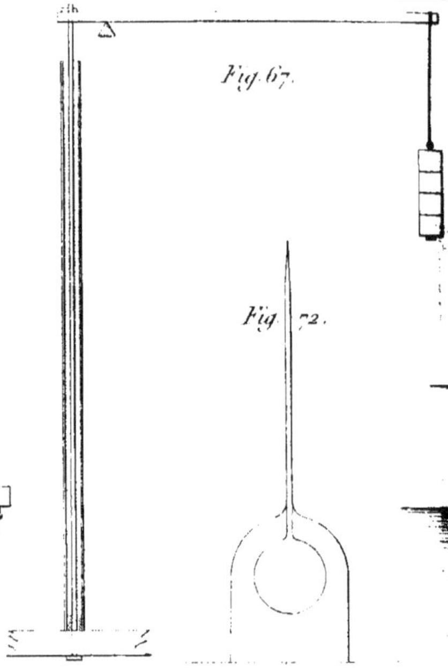
Fig. 70. 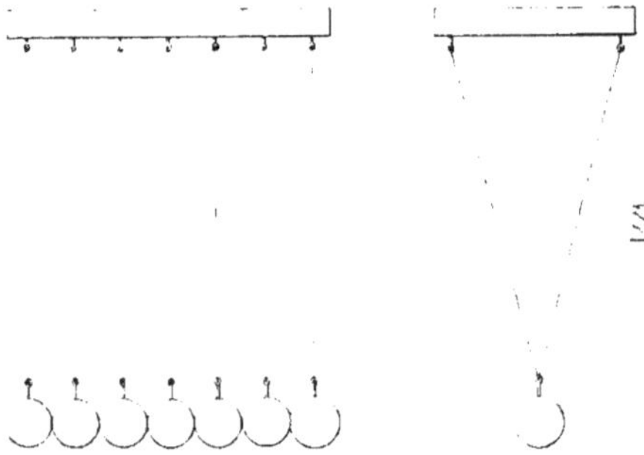
Fig. 72.
Fig. 76. 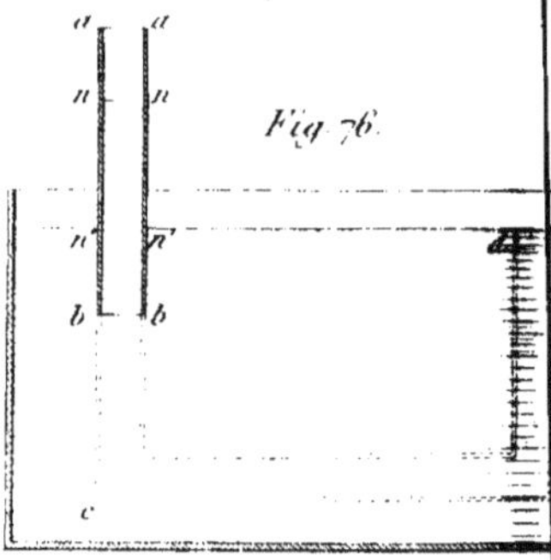
Fig. 79. 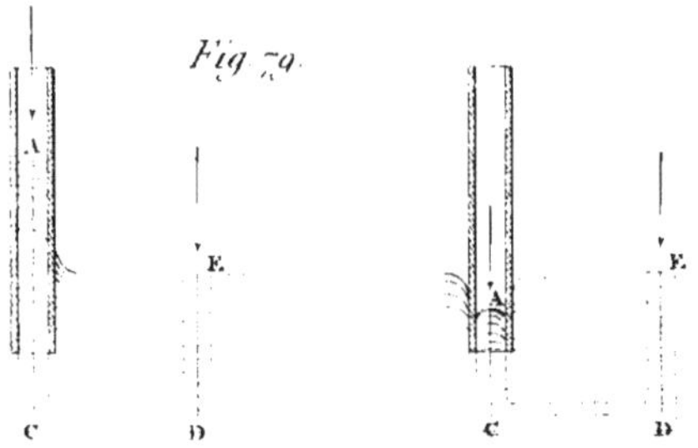
Fig. 82. 
Fig. 78.

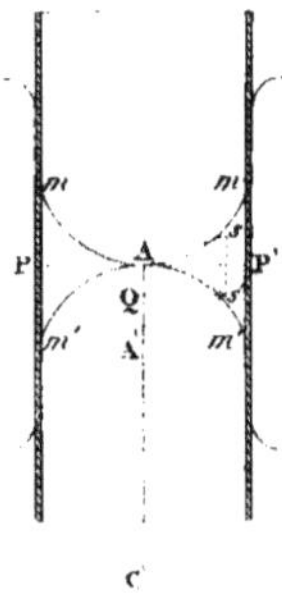

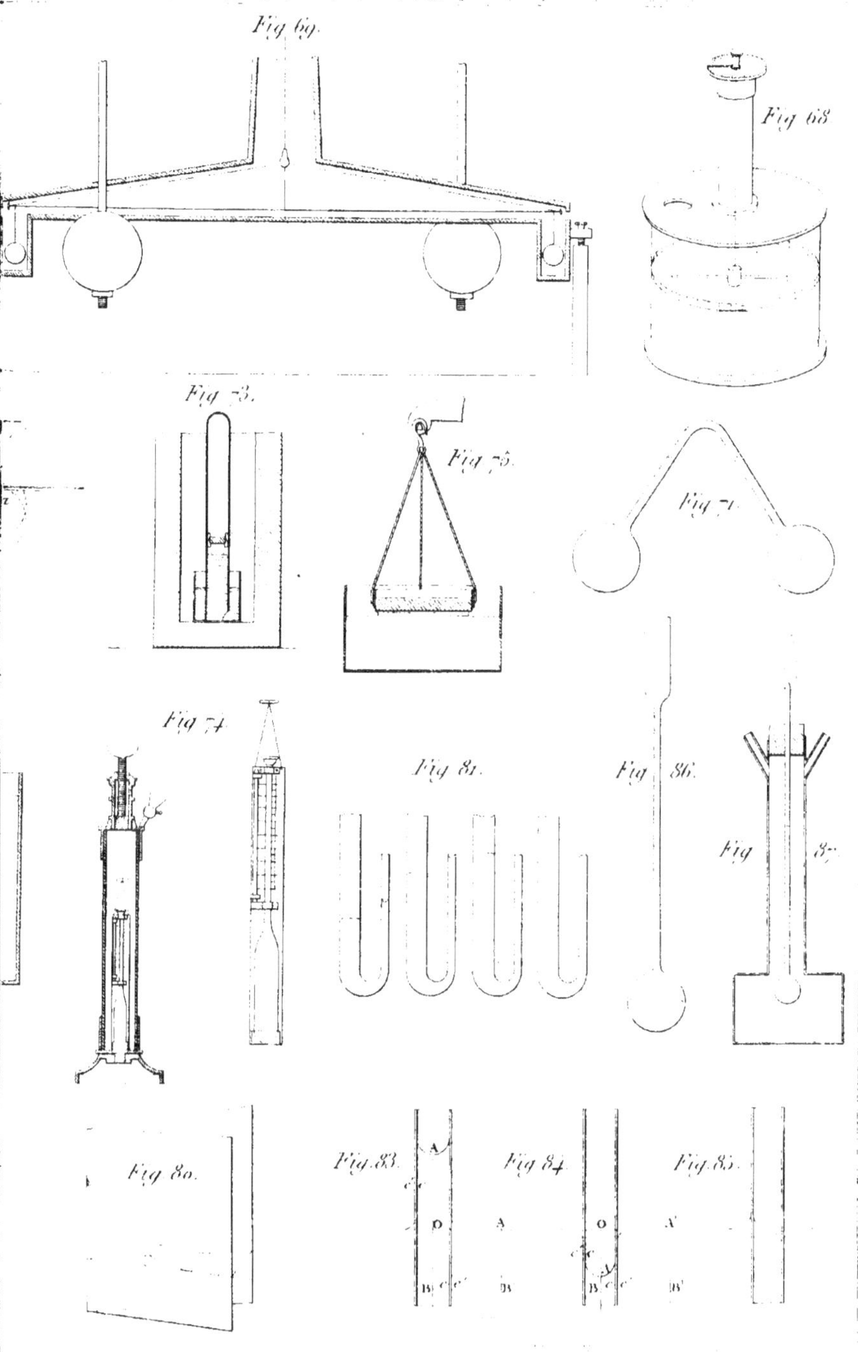
Fig. 69.
Fig. 68.
Fig. 73.
Fig. 75.
Fig. 71.
Fig. 74.
Fig. 81.
Fig. 86.
Fig. 87.
Fig. 80.
Fig. 83.
Fig. 84.
Fig. 85.
A
C
D
A
O
A
B
B
B

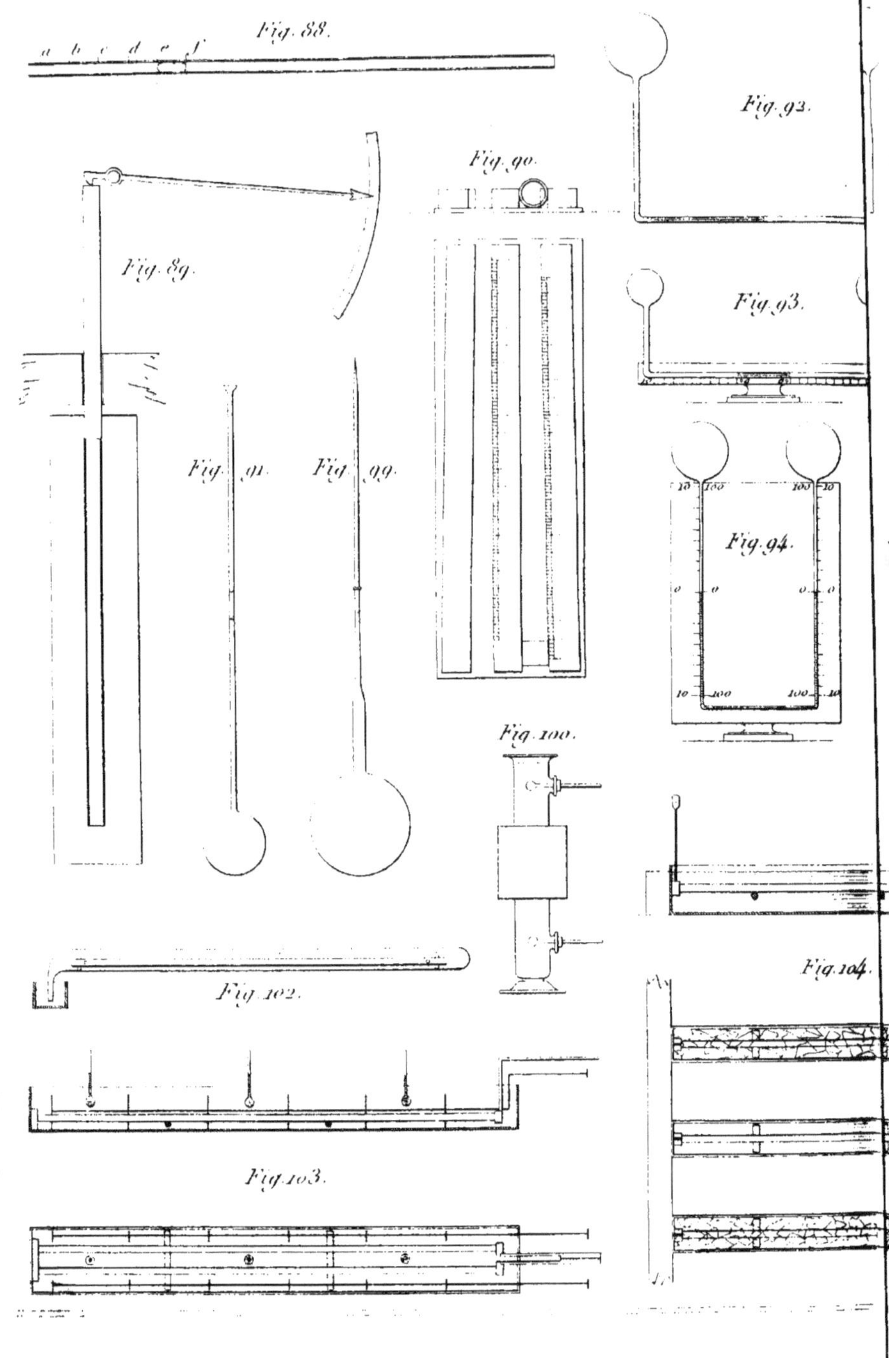

Fig. 88.
a b c d e f
Fig. 89.
Fig. 90.
Fig. 91.
Fig. 92.
Fig. 93.
Fig. 94.
Fig. 95.
Fig. 100.
Fig. 102.
Fig. 103.
Fig. 104.

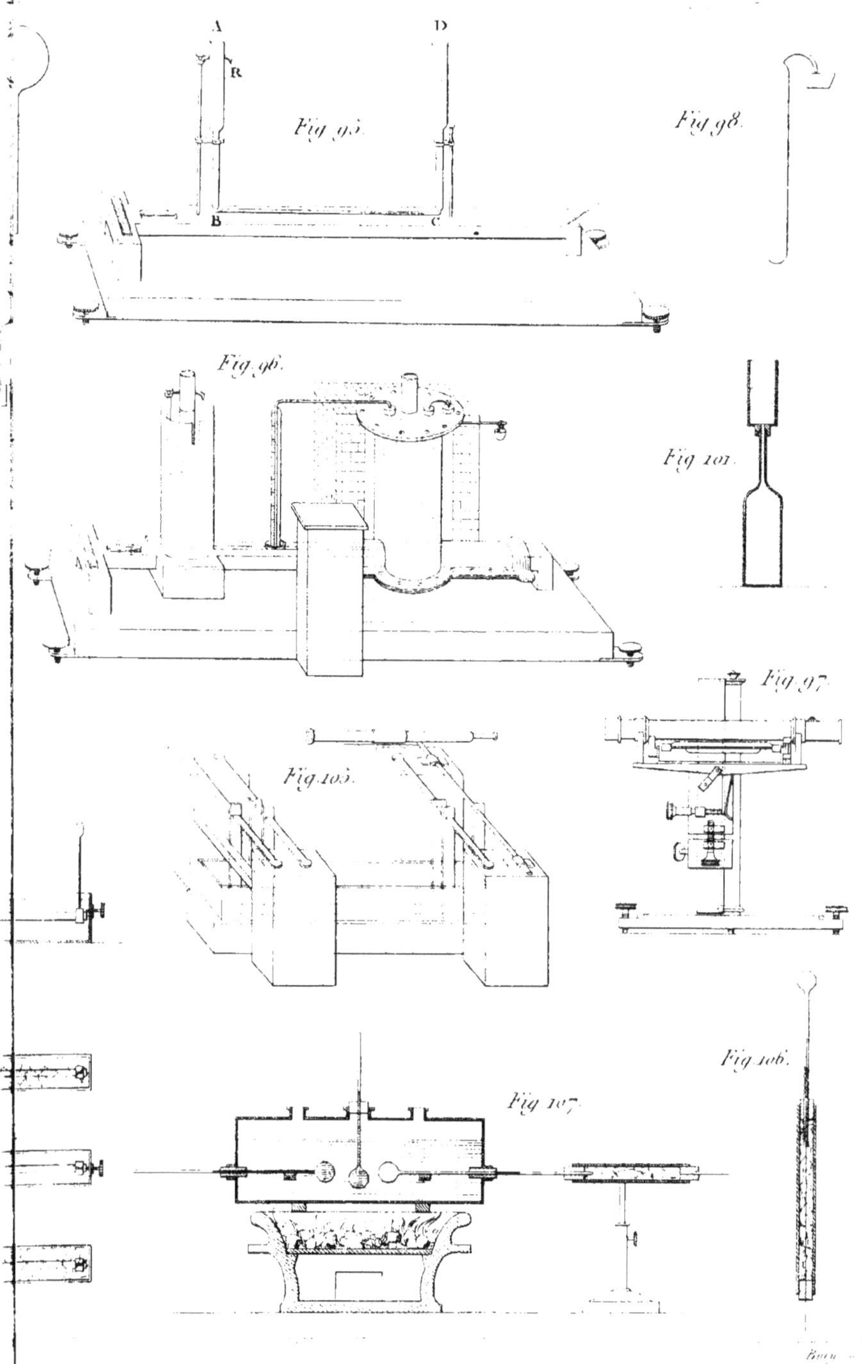
Fig. 95.
Fig. 98.
Fig. 96.
Fig. 101.
Fig. 97.
Fig. 105.
Fig. 107.
Fig. 106.
A
D
R
B
C
G

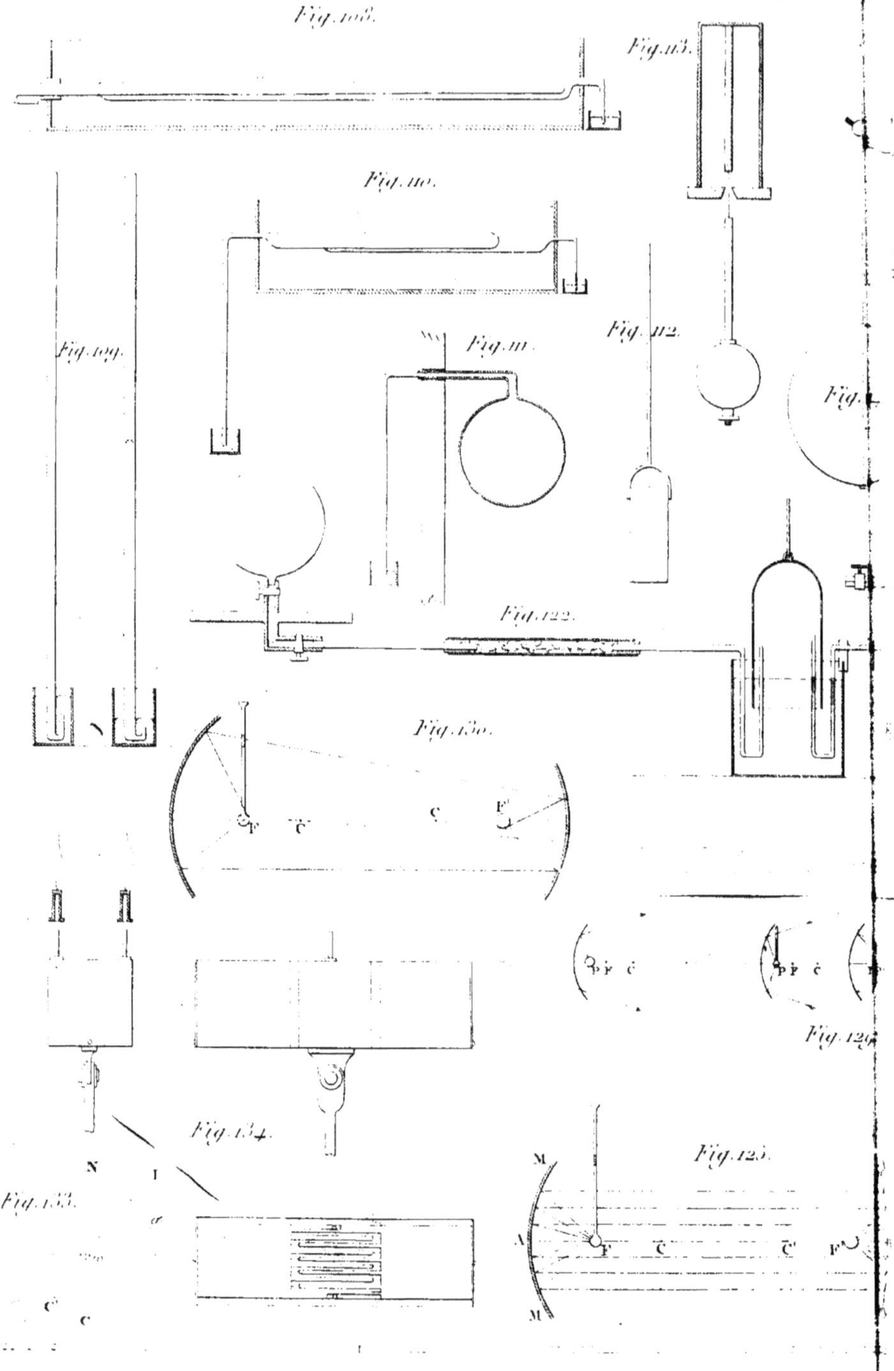

Fig. 108.
Fig. 113.
Fig. 110.
Fig. 109.
Fig. 111.
Fig. 112.
Fig.
Fig. 122.
Fig. 130.
Fig. 134.
Fig. 129.
Fig. 133.
Fig. 125.

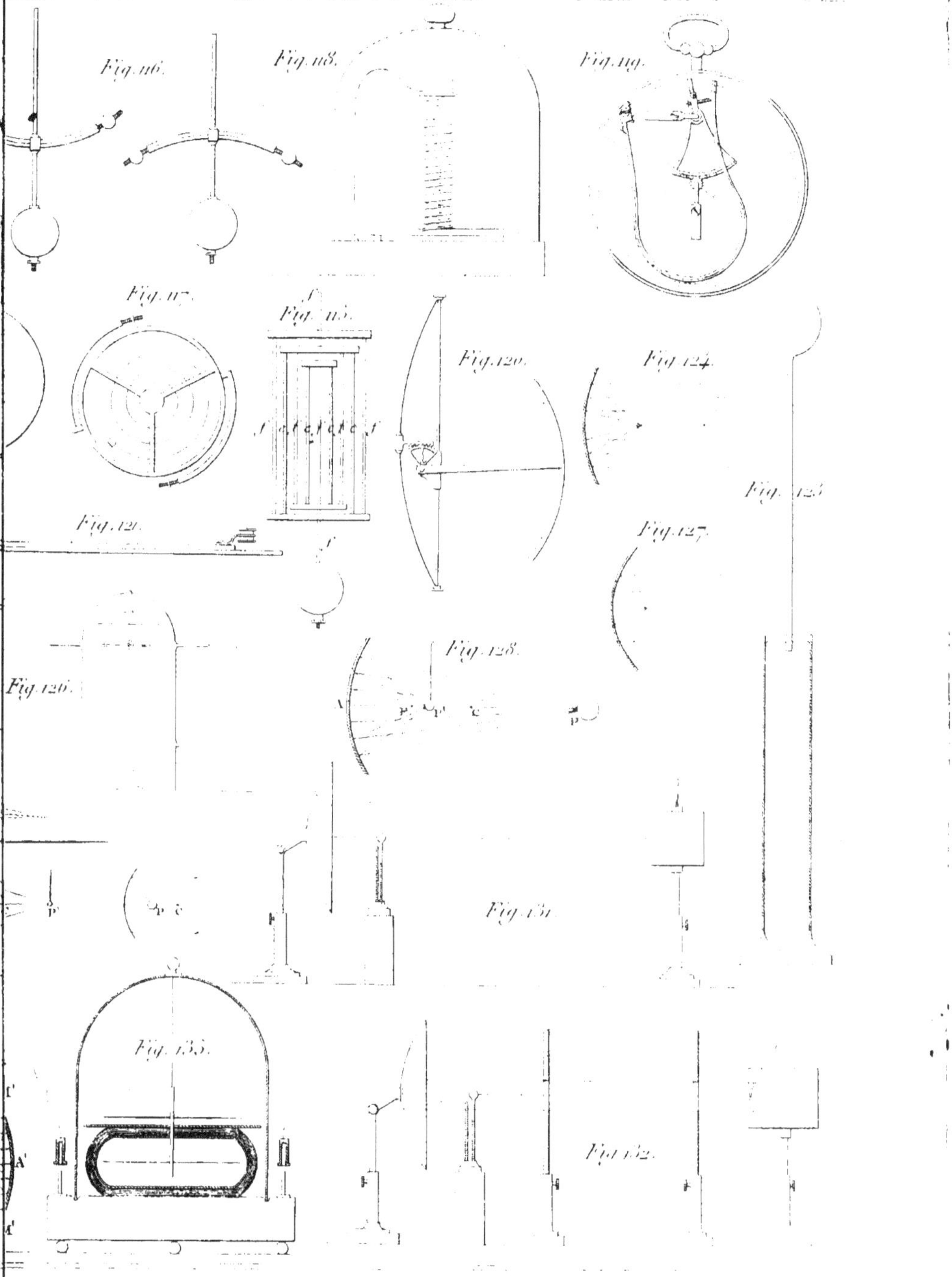

Fig. 116.

Fig. 118.

Fig. 119.

Fig. 117.

Fig. 115.

Fig. 120.

Fig. 124.

Fig. 121.

Fig. 123.

Fig. 127.

Fig. 126.

Fig. 128.

Fig. 131.

Fig. 135.

Fig. 132.

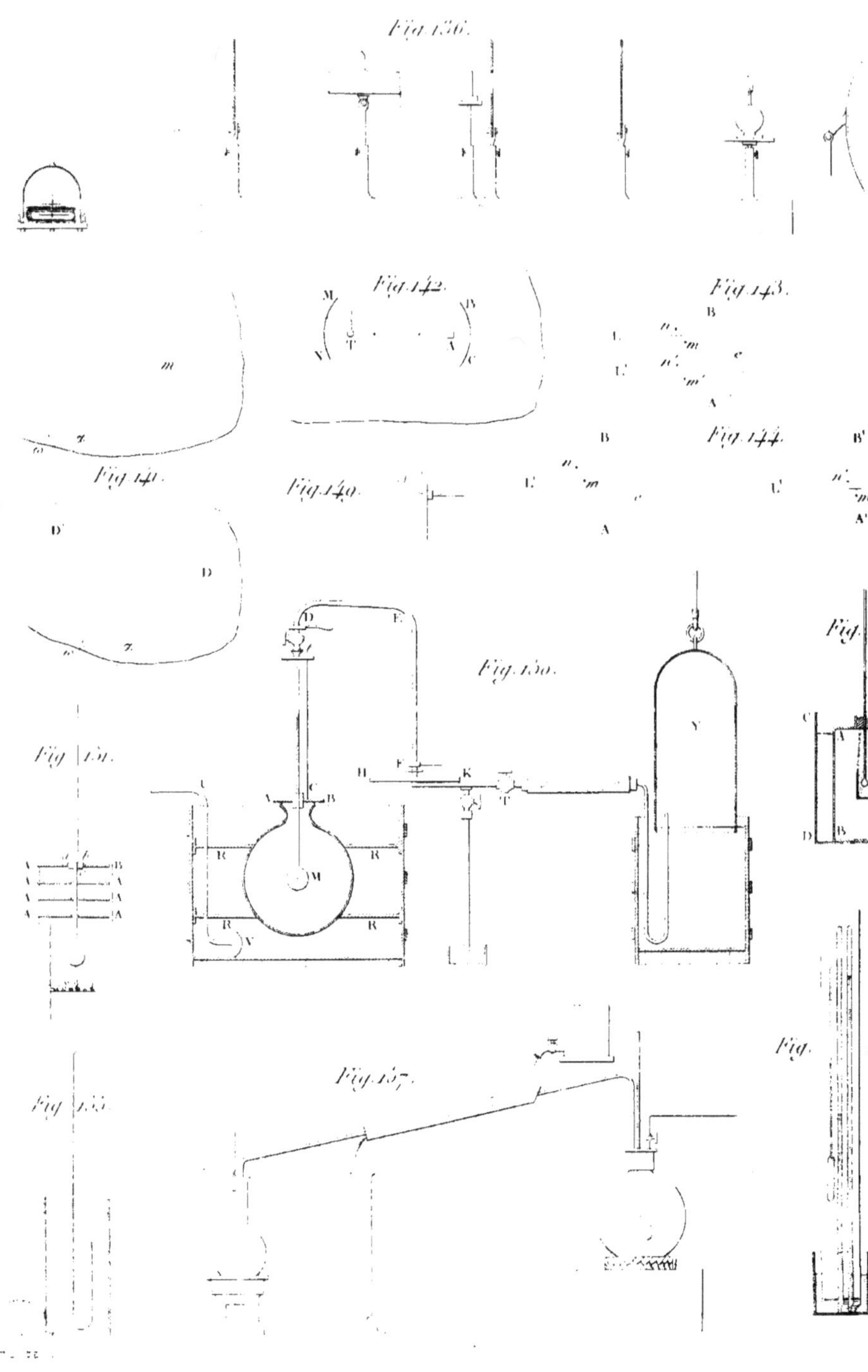
Fig. 136.
Fig. 142.
Fig. 143.
Fig. 141.
Fig. 140.
Fig. 144.
Fig. 150.
Fig. 151.
Fig. 153.
Fig. 157.

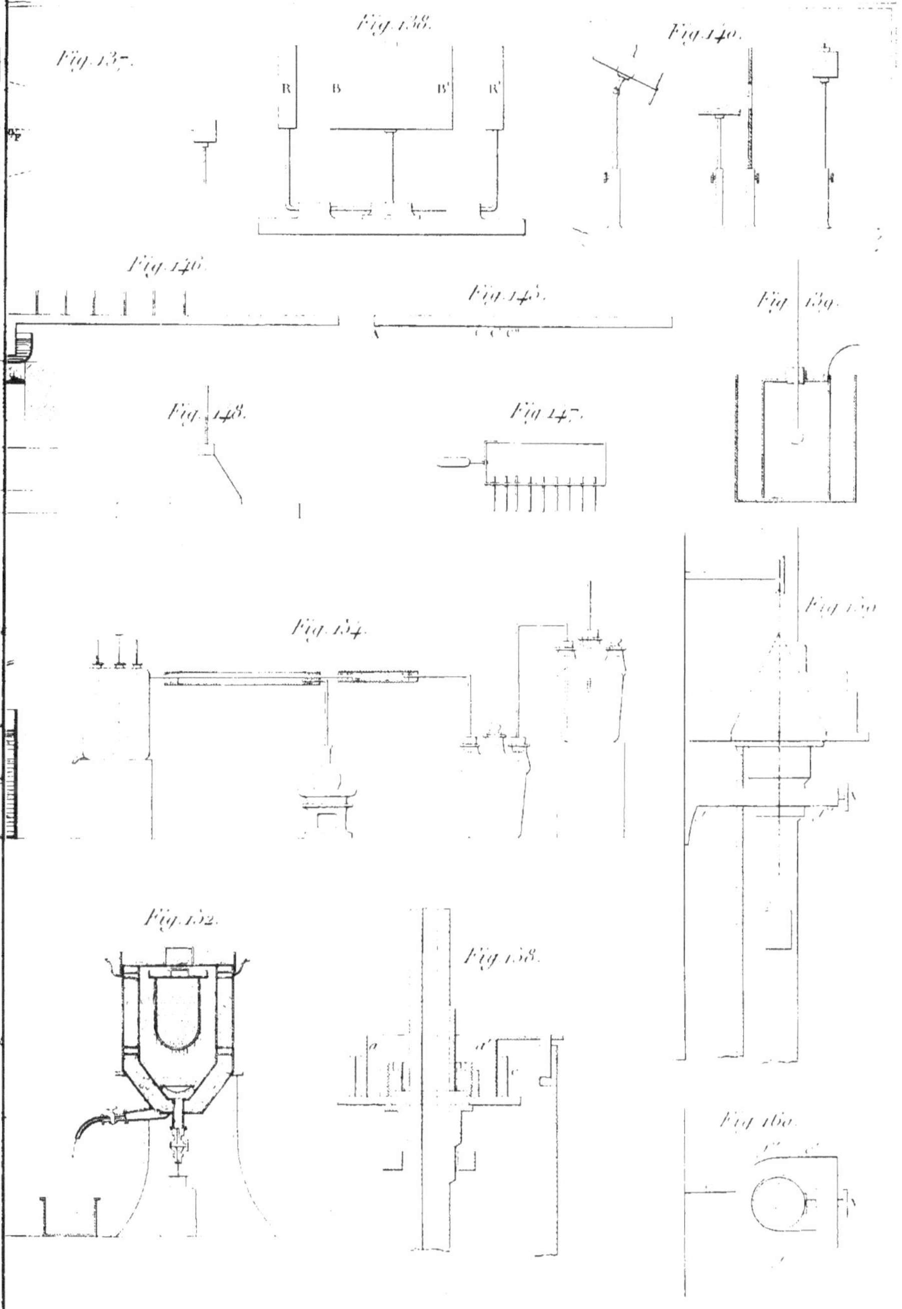
Fig. 137.
Fig. 138.
Fig. 140.
R B B' R'
Fig. 146.
Fig. 145.
Fig. 139.
Fig. 148.
Fig. 147.
Fig. 150.
Fig. 154.
Fig. 152.
Fig. 153.
Fig. 160.

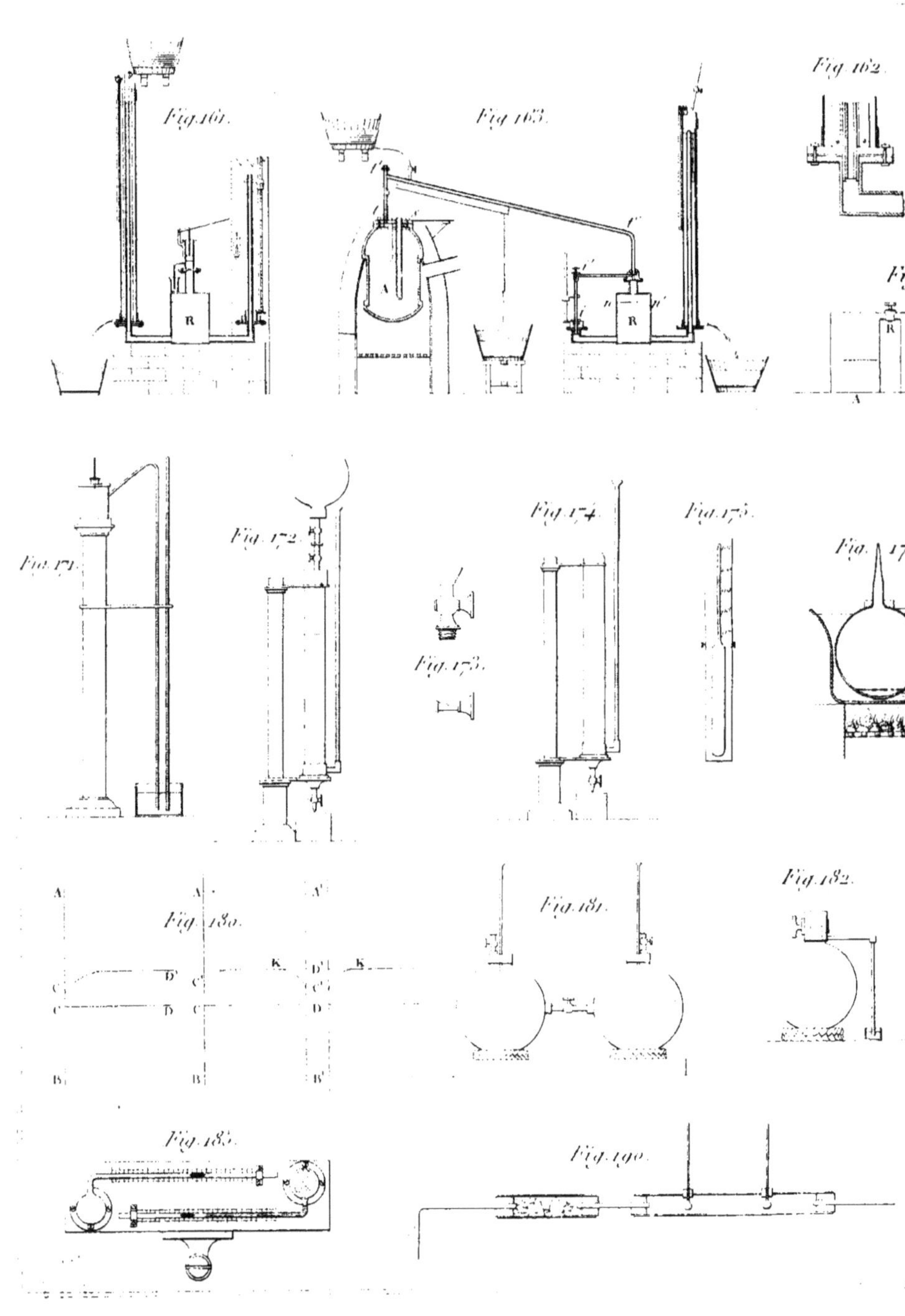
Fig. 161.
Fig. 162.
Fig. 163.
Fig. 171.
Fig. 172.
Fig. 173.
Fig. 174.
Fig. 175.
Fig. 176.
Fig. 180.
Fig. 181.
Fig. 182.
Fig. 185.
Fig. 190.
R
A
4

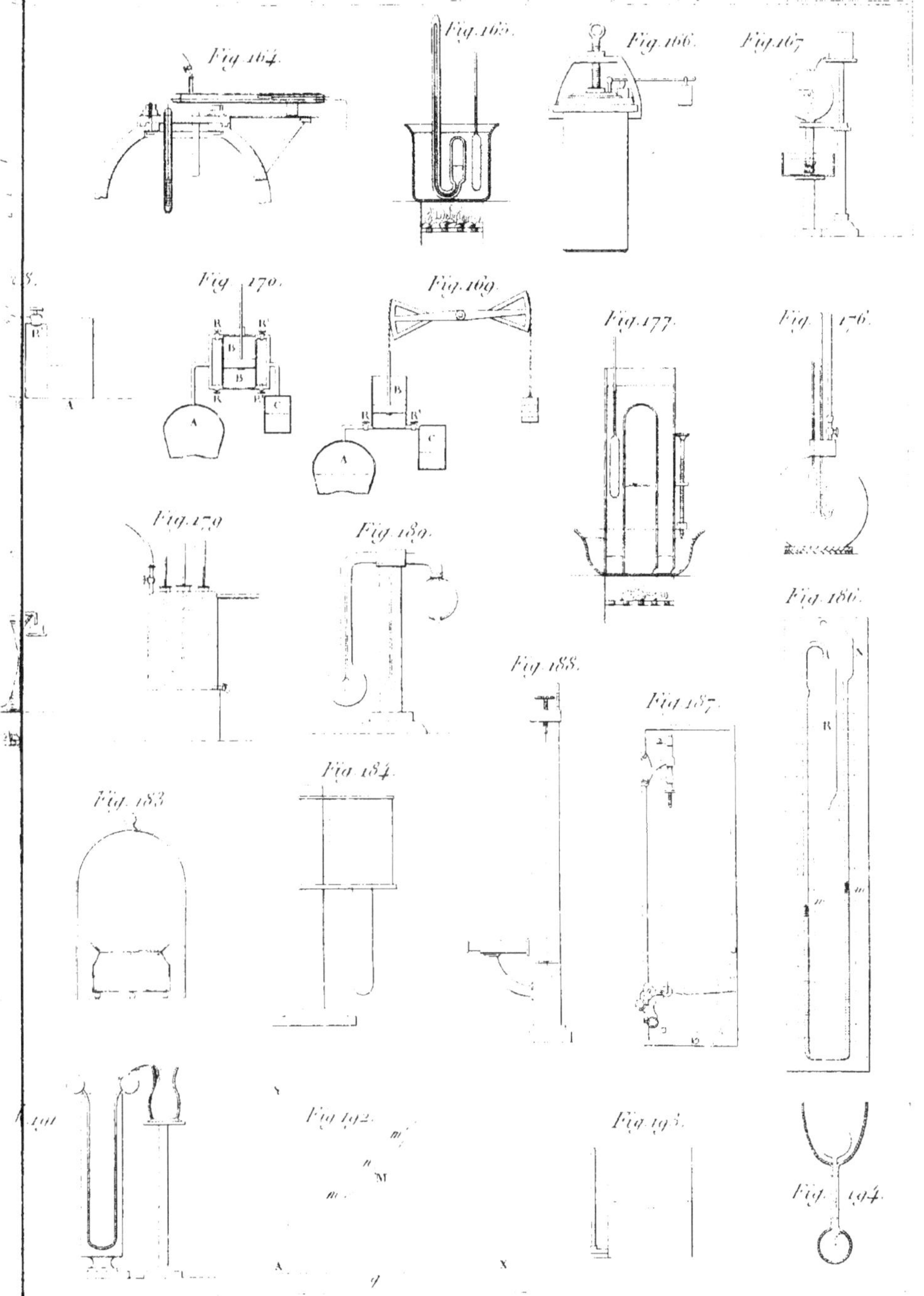

Pl. 9.
Fig. 164.
Fig. 165.
Fig. 166.
Fig. 167.
Fig. 170.
Fig. 169.
Fig. 177.
Fig. 176.
Fig. 179.
Fig. 180.
Fig. 186.
Fig. 188.
Fig. 187.
Fig. 184.
Fig. 183.
Fig. 192.
Fig. 193.
Fig. 194.